最完整犬種圖鑑百科

上

多明妮克・迪・畢托
(Dominique De Vito)
海瑟・羅素瑞維茲
(Heather Russell-Revesz)
史蒂芬妮・佛尼諾
(Stephanie Fornino) ——著

晨星出版

目錄 犬種圖鑑百科 上

引言

二十年前，TFH 出版社決定接下一項重大的任務：編訂犬種的權威性參考資料。當時沒有網路和電子郵件，無論是查證事實或連繫外國的犬舍都曠日廢時，因此這樣的著作更顯得難能可貴、成就非凡。

出版社的員工和作者邦妮・威考斯（Bonnie Wilcox）、DVM、克里斯・華克維斯（Chris Walkowicz）投注了數年的研究，與全球各地的育種者、出資者書信往來，查閱古老的圖書館藏，再加上伊莎貝拉・法蘭斯（Isabelle Francais）紮實的照片研究，才讓《最完整犬種圖鑑百科》得以順利問世。

《最完整犬種圖鑑百科》是同類專書中最完整的，立刻就成為經典，後來又經過五次改版，與時俱進。然而，TFH 出版社在 2006 年決定，是徹底翻新的時候了。《最完整犬種圖鑑百科》第六版有全新的外觀、修訂後的內文、更新的照片，以及最即時的飼育資訊。奇妙的是，第一版大部分的研究和寫作都經得起考驗，歷久彌新，我們就站在這些學者和作者的肩膀上，承接了他們辛勤付出的成果。

新的版本增加了犬科歷史和照護的最新資訊，也加入了讓人振奮的罕見新犬種。不幸的是，有些犬種被認定滅絕，因此從書中移除。我們亦投入無數小時研究、查證，透過電子郵件聯絡全球的育種者，希望新版的《最完整犬種圖鑑百科》能像第一版一樣，成為所有愛狗人士的聖經。

特別感謝大衛・鮑洛許維茲（David Boruchowitz）出色的研究與寫作，也感謝瑪莉・葛蘭吉雅（Mary Grangeia）和克雷格・瑟諾提（Craig Sernotti）在寫作與編輯上的幫助，以及安琪拉・史坦福（Angela Stanford）的美麗設計。最後，謝謝 TFH 出版社的編輯克里斯多夫・拉吉歐（Christopher Reggio）提出了修編此書的想法。

—— D 多明妮克 ・ 迪 ・ 畢托（Dominique De Vito）、
海瑟 ・ 羅素瑞維茲（Heather Russell-Revesz）以及
史蒂芬妮 ・ 佛尼諾（Stephanie Fornino）

第一部分

關於犬科

歷史與發展
犬種類型
滅絕的犬種

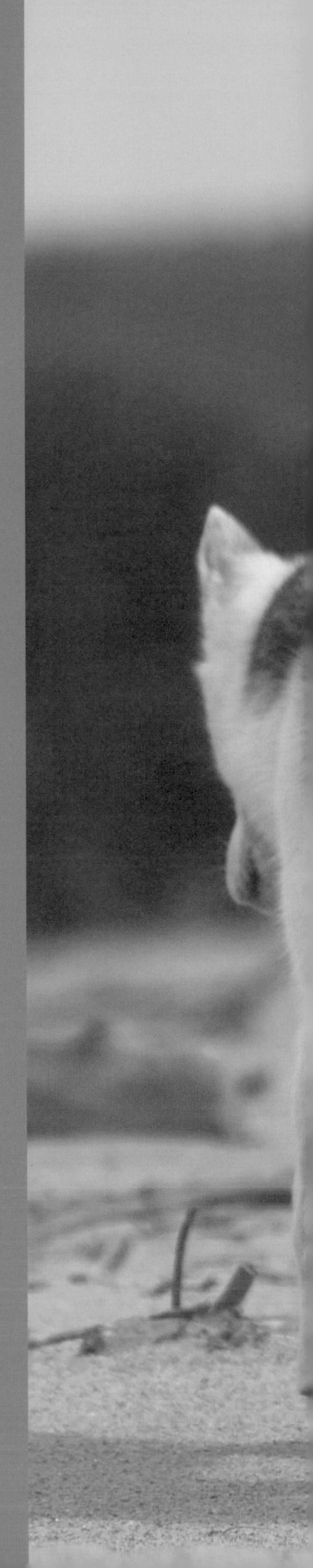

歷史與發展

從嬌小的吉娃娃犬到魁梧的獒犬，其實所有的狗都屬於同一個物種。有些科學家把家犬歸類為 *Canis familiaris*，有些則歸類為灰狼（*Canis lupus*）的亞種 *Canis lupus familiaris*。無論如何歸類，狗可以說是世界上變異性最大的動物，不同的品種之間差異甚大，假如有來自外星的訪客，大概會認為牠們是不同物種吧！

家犬的演化

狗是肉食性動物，犬科（Canidae）家族的眾多物種之一，家族其他成員包含狼、郊狼、狐狸、非洲野犬、胡狼等，牠們分布廣泛，從熱帶到極地都可見其足跡，而灰狼等物種在歐洲及美洲都有分布。因為不同的犬種各有與其他犬科動物相似的特質，人們向來認為家犬的基因來自數個物種。然而，近年的DNA分析指出，家犬僅源自灰狼這個物種。

狗的馴化在史前時代就已發生，很可能是第一種被馴化的動物。關於人類最好的朋友何時進入我們的生活，科學家提出許多理論，有些認為過程中包含了狼的自我馴化。在這個假設中，狼群開始跟著游牧民族，以垃圾和人類獵物的殘骸維生。漸漸地，狼群中較溫馴的個體與人類建立連結。然而，假如考量狼的特性，這個假設顯然有其問題，而近來的 DNA 證據也不支持。

DNA

近代的 DNA 與考古學的證據指出，狗的演化與馴化並非同時發生。基因證據指出，狗和狼的演化分歧大約出現在十萬多年前。DNA 的研究則顯示，雖然狗的馴化過程確實如預測一般，發生在一萬到一萬五千年前，但狗當時已是獨立的物種，受到馴化的確實是狗，而不是狼。雖然 DNA 數據沒辦法確切判定從灰狼演化成狗的過程是否遠早於狗的馴化，但可以肯定的是，狗的祖先是狼，而非豺狼、野犬或其他犬科生物。

雖然狗和包含狼在內的數個物種雜交後，都能產生有生殖力的後代，但根據 DNA 鑑定，牠們鮮少這麼做。這個發現意義重大，因為家畜通常會自由地與原始的野生物種交配。狼的社會行為之一，就是唯有狼群的雄性領導者才會與雌性領導者交配，而所有的成狼都會照顧誕生的幼崽。這與家犬的行為截然不同，再加上其他行為上的差異，證實了狗和狼是不同的物種。另一項有力的證據則和野生群體有關。

野狗

當馴化的家畜開始獨立生活，形成野生群體時，通常會恢復成野生型態；換句話說，每個世代看起來都更像原始的祖先。舉例來說，曾經被當成家畜的豬群回到野外後，很快地就會愈來愈像野豬。然而，野狗群體看起來卻一點也不像狼，反而與被稱為「野犬」的丁格犬（又稱澳洲野犬）極度相似。在歐洲人到達遙遠的澳洲大陸前，遺世獨立數千年的澳洲原住民擁有相當原始的科技，他們的丁格犬被認為是很原始的犬種，與最初的家犬相近，或許也與原始的野狗極度相似。

野生動物

很多人不放棄馴養狼當寵物，但即便幼狼的行為與幼犬相似，隨著牠們成熟，卻會變得愈來愈難控制。狼群的社會關係充滿緊繃的侵略和競爭，讓牠們總是伺機而動，等著領袖放鬆防備的瞬間。這通常對動物和管理人來說都是個悲劇。

寵物狼？

狼馴化為狗這個理論的另一個問題是，狼基本上無法成為寵物。事實上，狼的社會性行為並不符合「狼漸漸變得溫馴，跟隨在人類附近，被新石器時代採集捕獵的原始人馴服」這樣的模式。狼群會直接與早期的人類部族競爭食物，有時甚至掠食人類。

狼的蹤跡幾乎遍布全球，卻沒有任何一個地方的狼與人類共生，食用人類的家畜或垃圾。狼是大型的肉食性掠食動物，會追捕大型獵物，避免與人類接觸，至今仍主要出現在荒野未開發的區域。這和其他較小型的雜食性犬科動物，例如亞洲胡狼（*Canis aureus*）、郊狼（*Canis latrans*）、赤狐（*Vulpes vulpes*）大相逕庭。事實上，雖然狼群的數目不斷縮減，但郊狼的數目和分布範圍卻不斷擴張，如今可以在美國的郊區、市郊，甚至是都市內發現郊狼的蹤跡。

幼狼即便是從出生起就被人類撫養，仍然會長成充滿野性的動物，或許稍微溫馴，但絕對無法成為家畜，總是會受到基因的驅動，想成為最強勢的領導者，因而導致悲劇。或許約克夏㹴或大丹犬的體內同樣有著狼的心臟，但卻已經受到一萬五千多年來與人類親密關係的影響而改變。雖然很多人認為狼和狗的不同，來自人類的選擇育種，但已經有充分證據顯示，許多犬種在人類出現前就已存在。然而，生物學家的共識是，無論狼和狗的分化出現在何時、又為何出現，都和所謂的「幼體延續」有很大的關係。

幼體延續（Neoteny）

生物學上幼體延續的概念指的是個體成熟時，仍然保持幼年時的特徵。這是區分物種的方式之一。事實上，很多生物學家認為，幼體延續是人類與黑猩猩最根本的差異之一。幼體延續在動物的馴化過程中相當常見，在狗的身上更是明顯。很多幼體延續的特徵在生理上，會讓人覺得可愛。短鼻子、垂著的耳朵、無辜的大眼睛、矮胖的軀體、大頭、毛絨絨的被毛都是動物幼體常出現的特徵，會讓大部分的人融化。在家畜身上，

這些特徵通常在一定程度上會保留到成年後，也出現在大部分的犬種上。

幼體般的行為特徵也是狗的幼體延續的一部分：吠叫、依偎、搖尾、玩玩具等行為常出現在狼崽身上，成狼則不會有這類行為；然而，成年的狗通常會保持這些特徵。

幼體延續的好處

這些特徵會激發成體的育幼反應，有利於存活的價值，同時也解釋了為何成體對於不受控制的後代會有如此耐心。人類社會對於可愛的動物耐受度較高，更重要的是，如果動物持續表現出幼體的行為，對人類來說也較為安全。嗚咽的幼犬比嚎叫的狼好應付，而膽小的幼駒也比狂野的公馬要安全得多了。

生理上的幼兒特徵主要源自胚胎和幼體的成長模式，所以特定類型的成長延遲或停滯會產生不同程度的幼體延續行為。事實上，蘇聯對銀狐的著名研究就顯示出許多馴化特質間的關係密不可分。

馴服狐狸

俄國的科學家投入超過半個世紀，研究銀狐的馴化。到 1950 年代初期，農場的狐狸已經被畜養了超過五十年，卻仍然膽小而充滿野性，有時甚至會咬飼主，或是在倉皇逃離飼主的過程中傷到自己。他們一開始的目的只是要生產出較容易控制的狐狸，而步驟極度簡單：每一代的狐狸中，只選擇最溫馴友善的繁殖。然而，令人意外的是，牠們開始出現許多家犬的特質：垂耳、捲尾、搖尾巴，甚至會吠叫。而更讓人訝異的是，牠們連毛色也改變了，從銀色變成黑白的斑點。所有的改變，竟只是因為人類針對友善的程度進行了挑選！

想要解釋這種現象，第一個線索是這些狐狸血液中的腎上腺素濃度比起農場的狐狸低上許多。腎上腺素會引發戰鬥或逃跑反應（Fight-or-flight response），因此，這些友善的狐狸腎上腺素低下也不意外了，牠們沒什麼侵略性，不會害怕人類，甚至願意翻身讓人類摸肚子。然而，科學家也發現，腎上腺素和黑色素的生成有關，所以馴化的過程造成毛色的改變。此外，基因研究顯示，腎上腺素和黑色素的變化是由影響發育和成長的基因調控。換句話說，這也是幼體延續的例證。在許多野生動物幼體的溫馴行為上，我們可以清楚看到友善與幼年期的關聯，特別是與成年個體對人類的激烈反應互相對照，即便這些成年個體是在人類的圈養下長大，已經相當習慣人類。由此可見，幼年期的溫順延續到成年後，顯然是馴化重要的一部分。

合理的解釋

雖然尚待進一步研究，但幼體延續顯然是快速馴化過程的一部分，而行為和生理上的幼體延續與對人類溫馴友善的特質，在基因上有所關聯。因此，狗的馴化過程之所以發生得很快，可能僅僅是因為人們從群體中選擇了最友善的個體來執行各種任務。雖然以前認為「群體」指的應該是狼群，但愈來愈多證據都指向狗群。狼與狗當時在生理和行為上都已經分化。

狗與人類社群

現今大多數的狗都是寵物，被視為家庭的一分子。然而，家犬在最早期並不單純是伴侶動物，更在人類飼主的存活上扮演關鍵的角色。人類這個物種出現以來，幾乎一直是為了生存而奮戰，若要與動物共同生活，自然要對提高存活率有顯著的幫助。而狗在人類社會中存在超過十萬年的事實，恰好證實了牠們對人類的幫助有多大。

工具犬

如今的狩獵採集社會中，如果人們養狗，通常是當作役用動物，是在人類社群中有一定功能的家畜。人類這個種族大部分的時間都受到飢荒與各種危險威脅，幾乎沒有養寵物的餘裕。如果會和動物分享食物與遮蔽處，合理的解釋就是牠們提供了明確的益處。

在不同時期，狗扮演過守衛、獵人、獵物回收者、駝獸、牲畜管理員、博弈品和食物等角色。許多狗至今仍提供這些功能，但即使如此，牠們也被視為寵物。工作犬也包含導盲犬、警犬、尋屍犬、追蹤犬和緝毒犬，讓牠們的能力在現代社會中依然得以發揮。在這些例子中，狗用勝於人類的身體能力為人類效力，可以說是活生生的工具，強化人類面對與改變環境的能力。除此之外，狗又能成為人類的朋友，簡直是錦上添花。然而，為什麼狗是如此完美的寵物？為什麼牠們能如此順利地融入人類的家庭呢？

狗的讀心術

研究顯示，狗看得懂人類的肢體語言，特別是手指或眼神的方向，辨識能力遠勝於狼，甚至連人類的近親黑猩猩也比不上！很多飼主都有過被自己的狗兒理解的神奇經驗，獵犬或牧羊、牧牛犬似乎和主人有心電感應，能馬上知道對方的意思，牧羊犬能在主人細微的手勢指揮下執行極度精密的任務。這該如何解釋？

有些科學家認為，狗了解人類肢體語言的能力是馴化的關鍵。這項能力對動物來說是一大優勢，或許一開始只是讓牠們透過觀察人類的行為，判斷出人類儲藏糧食的地方，並加以掠奪。這項能力也會增加獵犬的價值，事實上，狗與人之間深層的心理連結能幫助牠們完成主人指派的任務。

在很多地方，狗身為役用動物的實用性已經消失，但牠們提供的陪伴、忠誠和愛讓牠們永遠在人類社群中保有一席之地。無論從狼演化成狗的細節如何，狗又是如何與人們親密生活，家犬的存在已經超越一般家畜的實用性，在人類的社會中扮演著舉足輕重的角色。在很多狗身上，甚至出現了角色對調，人們心甘情願地服侍著牠們。

選擇性育種

不同的犬種因為不同的目的而培育。在選擇性育種中，擁有所需特質的狗會被挑選出來進行繁殖，直到創造出符合所有要求的純種為止。很多品種犬原本是為了特定目的而設計，如今卻只是因為牠們的外觀和個性而被培育；不過即便是最不尋常的特質，大部分最初都是看中其功能性和實用性。

若在愛狗者面前提起特定品種的特質，很容易引發爭辯，因為飼主所珍視的特徵，在別人眼中可能是基因上的缺陷。這顯然是喜好差異的問題！雖然時至今日，品種主要是個人偏好而已，但在過去，品種犬的特徵在牠們的工作環境中可以說是分外實用。

理想特徵

巴色特獵犬患有骨軟骨發育不全，會造成侏儒症和其他骨骼畸形，正是這個品種的特色。巴色特獵犬短小的腿和異常沉重的骨骼適合牠們在濃密的樹叢中追蹤、追逐、圍捕兔子、松鼠和獾等獵物。當然，在其他情境下，這些特質就成了劣勢。舉例來說，巴色特獵犬最理想的追蹤氣味環境是矮樹叢，但牠們很難游泳，很容易會溺死。

鬥牛犬的標準特徵是極度扁平的臉和巨大的下顎，而且有下顎前突或咬合不足（戽斗）的問題。牠們被用在鬥牛活動中，需要用力咬住牛的鼻子，不被甩到地上，直到牛隻窒息為止。咬合不足讓牠們的鼻子有效地內縮，即使臉貼著牛的鼻子，也能夠呼吸。除此之外，牠們臉部深深的皺褶有助於將鬥牛的血，從眼睛中排除。如今，鬥牛犬的外觀讓牠們容易有呼吸系統、皮膚和眼部的問題，但在早期，這關係到牠們的生存。事實上，很多品種犬都和鬥牛犬一樣屬於短吻犬，臉部很寬，口吻部凹陷，雖然這些特質以前是為了實際的目的而選擇，但卻常在醫療上有呼吸、皮膚皺褶、眼睛和抗高溫能力方面的問題。

基因缺陷

有些常見的特質源自為了追求理想特質而進行的近親交配，但本身並不是需求的特質，育種者會不斷設法排除這類的基因缺陷。舉例來說，大型犬容易罹患髖關節發育不良症，特別是體型最大的大丹犬、獒犬和愛爾蘭獵狼犬。骨骼上的缺陷和其他限制容易導致牠們的髖部脆弱，而有責任感的育種者不應該選用具有這類缺陷的犬隻來繁殖。

耐熱程度

大多數的情況下，狗不會像人類一樣透過皮膚排汗來降溫。牠們會透過喘氣替代。狗在喘氣時，嘴巴會張開，舌頭隨著粗重的呼吸而大幅晃動，然後會規律地暫停，閉上嘴，用口水重新濕潤舌頭。水氣會從舌頭潮濕的表面蒸發，讓流經舌頭的血液降溫。狗也會透過鼻子和腳掌排汗，但效果明顯有限。許多品種會藉由游泳來降溫，有時則只是躺在淺水中。

短吻的品種透過喘氣降溫的能力有限，所以炎熱的夏天或劇烈運動後，很容易過熱和中暑。

狗的身體結構

雖然品種之間可能有許多不同，但狗的身體結構大致相同（第 14 頁的表格呈現出狗的主要身體部位）。

體型

除了狗之外，沒有其他哺乳類動物在體型上有如此大的差異，有時同種間也截然不同。舉例來說，西藏獒犬的體重從 75 磅到 160 磅都有（34 公斤到 72.5 公斤），而貴賓犬則包含玩具貴賓（背部大概只有人的腳踝高）、迷你貴賓（頭部或許可以到人的膝蓋）和標準貴賓（頭部到人類的腰間）。

近年的研究發現一段「玩賞」品種犬共有的基因序列，但這段限制成長的基因序列也出現在羅威那等大型犬上，所以顯然還有我們不了解的機制運作。然而，因為序列出現在世界上所有的玩賞犬品種，科學家認為其在狗馴化過程的早期就已存在，而考古學的證據也指出，古代確實有極小型的犬種。

爪子

狗是趾行動物，代表牠們用腳趾走路。在狗身上，與人類腳踝和手腕對應的骨頭位置較高，而我們認為是狗「腳」的部位，其實只是牠們的趾頭。狗的每一隻腳都有四根具有功能的趾頭，通常在前腳還會有第五根退化的趾頭，稱為「狼爪」。狼爪在腳上的位置太高，沒有功能性，通常會在幼犬出生不久之後就加以移除。

尾巴和耳朵

基因上來說，狗的尾巴可長可短，甚至短到只剩一小截；狗的耳朵從像狼一般尖豎，到獵狗那樣又長又低垂都有可能。除此之外，很多品種犬在幼時都會剪耳或剪尾，用手術的方式重塑耳朵和尾巴。再次說明，這些行為一開始都是為了實際的功能，但如今只是品種的特徵而已。在世界上許多地區，都已經禁止剪耳和剪尾。

被毛種類

大部分的犬種都有一層柔軟、滑順的底毛（下層絨毛，或稱副毛），上面覆蓋一層較粗較長的衛毛（保護毛，或稱主毛）。然而，被毛的型態差異很大：衛毛比例較重時，狗的被毛較為粗硬；而底毛比例高時，被毛則會較為柔軟。

狗的身體部位

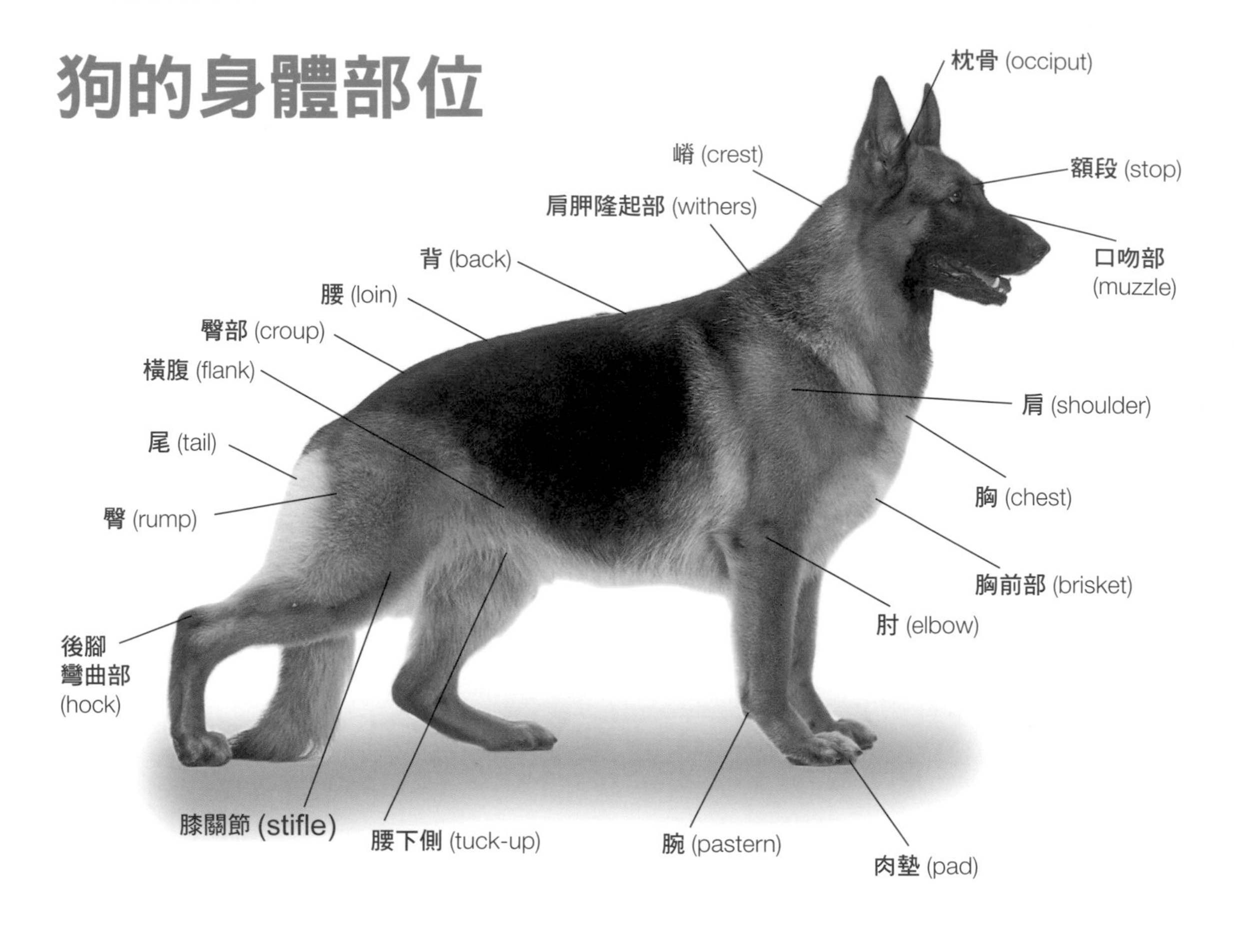
枕骨 (occiput)
嵴 (crest)
額段 (stop)
肩胛隆起部 (withers)
口吻部 (muzzle)
背 (back)
腰 (loin)
臀部 (croup)
橫腹 (flank)
肩 (shoulder)
尾 (tail)
胸 (chest)
臀 (rump)
胸前部 (brisket)
肘 (elbow)
後腳彎曲部 (hock)
膝關節 (stifle)
腰下側 (tuck-up)
腕 (pastern)
肉墊 (pad)

耳朵種類

蝙蝠耳 (bat ear)
鈕扣耳 (button ear)
垂耳 (drop ear)
直立耳 (prick ear)
玫瑰耳 (rose ear)
半直立耳 (semi-prick ear)

裝飾毛 Furnishings

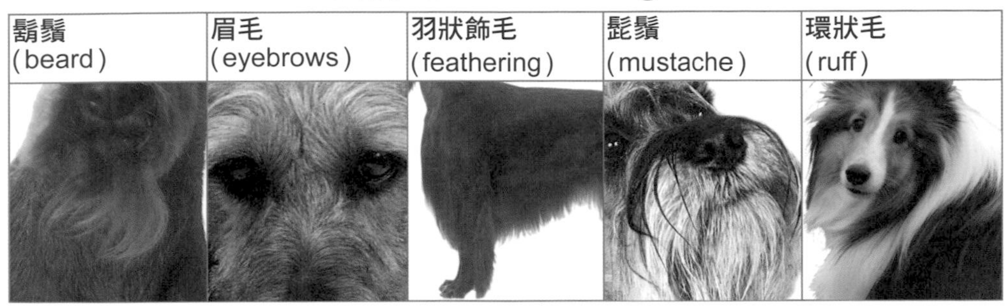

花紋 Patterns

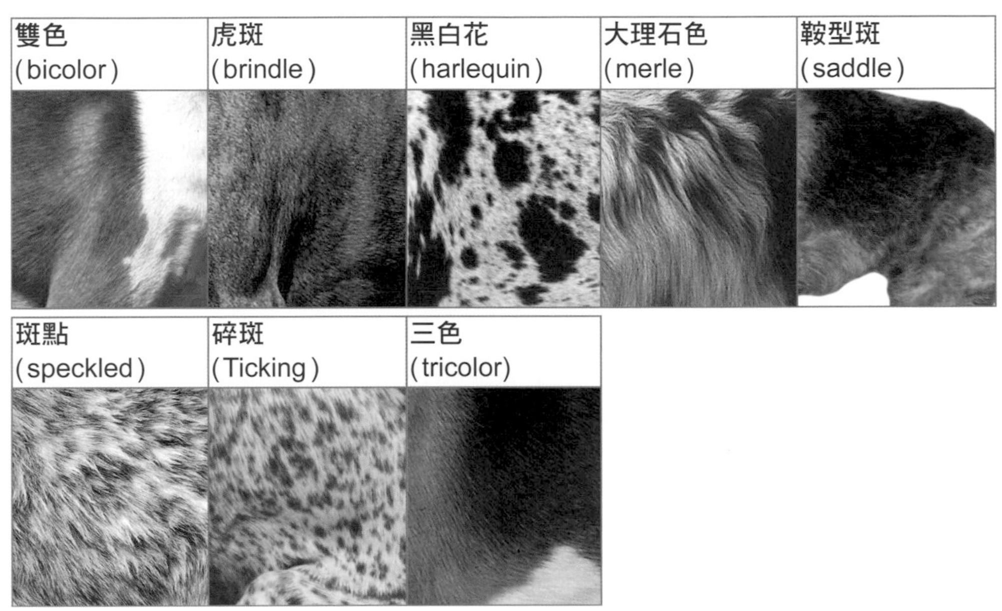

被毛種類 Coat Types

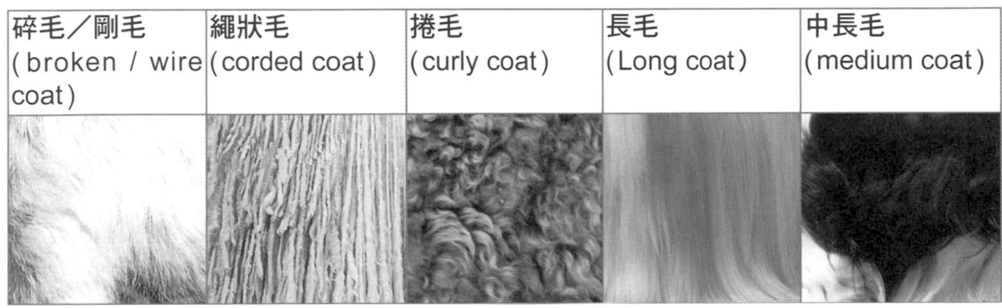

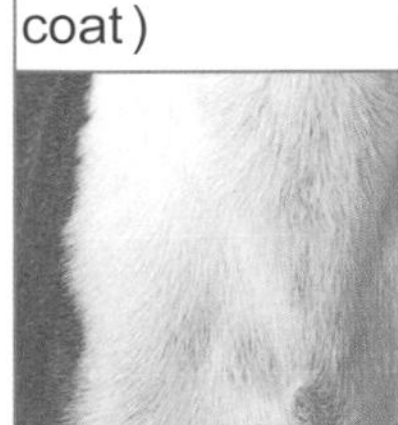

犬種類型

何謂狗的品種？

無論是純種或混血，所有的狗都屬於同一個物種，而品種指的是種族，也就是包含相似基因特徵的群體，且與其他種族有特定的差異。狗的品種普遍是人工的選擇繁殖所造成。

非品種犬

如今，「設計師犬」當紅，於是產生了兩種既有品種雜交的犬隻，例如拉不拉多犬和貴賓犬交配誕生的「拉不拉多貴賓犬」。有時這些混種犬會再和第三個品種繁殖，生出三方混種犬。然而，這些都不算新的品種。如果兩隻拉不拉多貴賓犬交配，不會生出一堆小拉不拉多貴賓犬，相反地，牠們的子代會有多種類型，包括比較偏向親代的其中一方。雖然名字很有趣，但拉不拉多貴賓犬並不是純種犬。

品種的起源

馴化後的千年以來，人類便繁殖出各式各樣的犬種。現今的許多品種是在幾個世紀以前確立，有一些則在數千年前就已經出現。不同品種的體型大小從迷你的茶杯犬到龐然大物都有，有些甚至可以讓小孩像馬那樣騎；毛髮的類型也有長短、直捲等分別，有些狗則是身體大部分都沒有毛髮。有些狗的腿極短，有些則相當長；有些狗的口吻部很長，有些則像是被壓扁一樣；有些狗的身體魁梧粗壯，有些則呈光滑的流線型；有些品種有多種顏色和花紋，有些則只有一種。不同品種的行為特徵也不同，有些擅長看守、放牧、打獵、回收獵物、打架、負重，或是其他對人類來說有用的技能。某些品種的狗會依附單一的人類，其他則與任何人相伴都能感到快樂。少數的品種只適合當工作犬，沒辦法成為家庭的寵物。

然而，狗的品種並不只是把一些長相和行為相似的狗分在一起而已，同品種的狗基因也很相似，所以牠們後代的長相和行為才會符合該品種的典型。當一群狗因為特定的特徵而被繁殖，經過配種讓該特徵穩定，直到所有誕生的幼犬都符合標準，新的品種才算是真正成立。接著，育種者會組織推出血統證書，註冊登記該品種的狗。不同國家的註冊機構會把品種做不同的分類，認證的品種也不同。

或許這麼說讓人不太開心，而且有些例外，但我們可以把人類文明的發展過度簡化

成——不斷攀升的人口得到漸趨增加的閒暇時間。在最早期單純的打獵採集與農耕的社會中，每個人都要為了生存而工作。封建社會中，大部分的人為了養活自己和領主而工作，少部分的地主則把持土地為生。早期王國的統治者通常會帶領人民打仗，其他時候則靠納貢為生。而後，較大的王國和帝國有小型的統治階層和日益增多的奉承者，想討好統治者來過輕鬆的日子。許多現代國家選舉產生領導人，並建立在人人平等的基礎上，於是每個人的閒暇時間來到史上新高。由於狗從史前時代就是人類社會的一部分，因此犬種的發展會與文明的轉變相呼應，也不這麼令人意外了。

這意味著，要努力獲得食物的狗愈來愈少。雖然工作犬在很多地方依然重要，特別是郊區，但大部分的狗就算不完全是寵物，也差不多了。牠們被視為家庭的成員，而不是勞動力。事實上，這造成了許多註冊方面的問題，因為愈來愈多狗是培育來展示用，而忽略了歷史上重要的技能。品種對於打獵或放牧能力的標準常被忽略，而只偏重外型和陪伴功能。數千年來，這些品種犬對自己的工作駕輕就熟；然而，如今的狗卻不一定有機會展現自己的天分，而最佳繁殖種犬要是放到古代，恐怕連繁殖的機會也沒有。

史前的狗

考古學家在調查史前人類的營地時，發現了家犬的骨頭。令人驚奇（而且與狗是馴化的狼的假說相反）的是，有些骨骸不僅完全不像狼，彼此間也很少相似之處。換句話說，早在一萬到一萬五千年前，狗就已經出現不同的類型或品種了。近期的基因研究（Parker et al, 2004）調查了八十五個現代的品種，推測出四種古代犬的類型。現代狗所提供的數據可以區分為四類，每一類都有來自世界各地的品種，代表四種古代犬隨著人類飼主旅行，陸續培育成不同的品種。除此之外，現代玩賞犬共通的基因序列意味著，牠們應該源自同一種古代的迷你狗，而有些玩賞犬種是我們所知道最古老的類型之一。雖然無法肯定，但這或許也意味著，即使在史前時代，也有一些狗單純只有陪伴的功能。

伴侶犬（Companion）

如果試著把狗的品種分類，我們很快就會發現許多例外，而伴侶犬或玩賞犬的類型是最好的例子。雖然所有的狗都可以成為伴侶動物，但某些品種通常只會被當成寵物。大部分的伴侶犬種體型都很小，但也並非全部如此；許多玩賞犬種也是伴侶犬，但有些卻不適合當家庭寵物，特別是有年幼孩童的家庭。

有些官方的註冊機構會使用「玩賞犬」這個類別，而另一些機構則會把玩賞犬類和全尺寸品種一起適當地歸類，或是放在「陪伴」這個類別。即使這樣歸類，也會有些不平衡，因為體型大小並非品種分類的唯一標準，而某個組織規定的玩賞犬品種，在另一個組織可能不是。有些組織可能把一個品種裡最小的幾個分支歸類成玩賞犬，但其他組織會把同一個品種的大小型犬都放在一起。

有時分類的傳統沒什麼邏輯可言——澳洲㹴是體型極小的品種，但一般歸類在「㹴犬」，而約克夏㹴在某些機構是「玩賞犬」，某些則是「㹴犬」。有個國際性的註冊機構則把所有的貴賓犬，無論體型大小，都歸類在「伴侶犬及玩賞犬」的類別。

二十一世紀的狗

如今，許多受歡迎的品種都是玩賞犬。牠們完美融入現代的生活方式，適合住在公寓裡，而且攜帶非常方便，有些甚至能裝進手提袋中！很多人猶豫或不願意生孩子，於是狗成了替代品，滿足飼主溺愛和照顧的本能，於是引發一股為小型犬過度打扮裝飾的風潮。

雖然很多玩賞犬種能量充沛，但嬌小的體型讓牠們能在小空間中大量活動，只要在小小的院子裡玩耍，或是陪主人溫和地散步，就能得到足夠的運動量。牠們不需要寬廣的開放空間奔跑，可以在客廳玩你丟我接的遊戲，也不會像大丹犬那樣的大型犬，弄壞家具或打破檯燈。

高貴的歷史

現代的愛狗人士應該要感謝古代的貴族，在較艱難的時代，唯有貴族和皇室成員養得起沒有實際功能的狗。他們培育出許多小型的犬種，作為權威、地位和財富的象徵。牠們被設計得可以放在大腿上，也確實花上許多時間幫主人暖腿。正如累贅的服飾和長得荒謬的指甲代表著非勞動階級，這些狗具有高裝飾性而毫不實用的生理特徵。

裝飾性特徵

大部分的小型玩賞犬種本身就是裝飾性的存在，雖然有些小型犬一開始被培育成捕鼠犬，但大部分都只有展示、娛樂和陪伴功能。玩賞犬種的另一個特色是長毛，需要定時認真整理，許多也有短吻的問題——雖然人們覺得短吻很可愛，但如果出現在工作犬上，卻會影響到牠們的體能表現，不過對於放在腿上玩賞倒是沒什麼影響。

玩賞犬作為寵物

雖然幾乎每種狗都具有陪伴性，但這卻是許多玩賞犬創造時所挑選的主要特質，所以玩賞犬通常都極度友善。和狼相比，所有的狗都有幼體延續的現象，在玩賞犬身上卻格外明顯。牠們很需要飼主的陪伴。成年後保有幼犬的外貌，高齡時仍會像幼犬那樣玩耍。其他可愛的特質包括巴哥犬特有的滑稽動作、西施犬和瑪爾濟斯犬的超長睫毛。

伴侶犬品種

比熊犬（Bichon Frise）
布威㹴（Biewer Terrier）
波隆納犬（Bolognese）
波士頓㹴（Boston Terrier）
布魯塞爾格里芬犬（Brussels Griffon）
騎士查理斯王小獵犬（Cavalier King Charles Spaniel）
吉娃娃犬（Chihuahua）
中國冠毛犬（Chinese Crested）
棉花面紗犬（Coton de Tulear）
丹麥／瑞典農場犬（Danish / Swedish Farmdog）
英國玩具獵狐犬（English Toy Spaniel）
英國玩具㹴（黑褐）（English Toy Terrier（Black and Tan））
法國鬥牛犬（French Bulldog）
比利時格里芬犬（Griffon Belge）
哈瓦那犬（Havanese）
義大利靈緹犬（Italian Greyhound）
日本狆（Japanese Chin）
克羅姆費蘭德犬（Kromfohrländer）
基里奧犬（Kyi-Leo）
拉薩犬（Lhasa Apso）
羅秦犬（Löwchen）
瑪爾濟斯犬（Maltese）
米基犬（Mi-Ki）
迷你沙皮犬（Mini-Pei）
蝴蝶犬（Papillon）
北京犬（Pekingese）
小布拉邦松犬（Petit Brabançon）
巴哥犬（Pug）
俄羅斯玩具犬（Russian Toy）
俄羅斯波隆卡犬（Russian Tsvetnaya Bolonka）
西施犬（Shih Tzu）
西藏長耳獵犬（Tibetan Spaniel）
玩具獵狐㹴（Toy Fox Terrier）

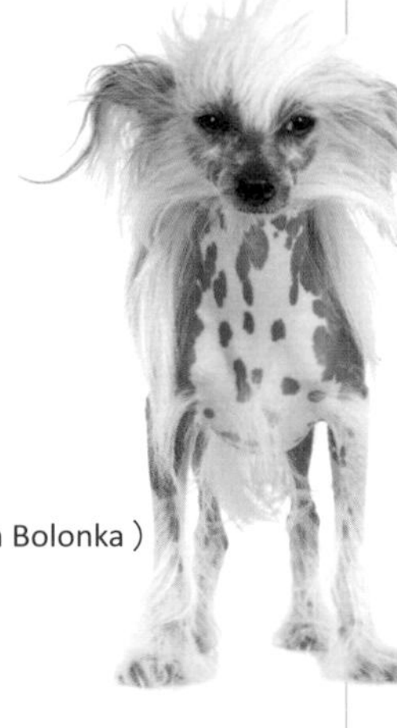

牲畜護衛犬（Flock Guardian）

隨著農業發展，人們必須設法保護山羊、綿羊、牛群等家畜，不受熊、野狼和大型貓科動物的威脅。對史前牧人和農人來說，大型凶猛的狗對於主人的牲畜有保護慾，無疑是不可或缺的資產。很多牲畜護衛犬會被稱為牧羊犬，但牠們能護衛任何牲畜，例如綿羊、山羊、牛隻等。在世界上的某些區域，牲畜和掠食者比鄰而居長達數個世紀，而護衛犬的功用就在於確保人類和野生動物間的和平。

雖然牲畜護衛犬是最古老的品種之一，自古代就已經存在，但隨著新世代環保復育意識抬頭，又再次興起了對這類工作犬的需求。野狼和其他大型掠食者被重新引入原始的棲地，原本免於大部分威脅的農夫和牧場主人對護衛犬的需求再次提高，給了牠們「重操舊業」的大好機會。護衛犬最大的功能在驅逐掠食者，而非殺死牠們，在環保和政治方面都符合當今潮流，於是取代了傳統的毒殺、陷阱和射殺。加拿大和美國平原區的各州都開始學習如何善用護衛犬的功能。

保護而非控制

牲畜護衛犬和畜牧犬不同，畜牧犬不是牲畜的一分子，被牲畜視為掠食者，而可以精準地控制牲畜；護衛犬體型巨大強壯，充滿保護慾，但不會控制牲畜的移動，被牲畜視為群體的一分子。事實上，許多生理特徵讓牠們能融入羊群，例如羊毛一般的長毛，顏色也是類似的白、灰、黑和棕色。

一般來說，根據牲畜群體的大小，會用兩隻或以上的護衛犬。好的護衛犬會對潛在的掠食者充滿警戒，迅速地站出來對抗並驅逐對方。雖然有時會攻擊甚至殺死掠食者，但護衛犬的主要功能是驅逐。牠們的培育重點是保護慾，所以會挺身對抗體型大上許多的掠食者，例如獅子和其他大型貓科動物；而當地的掠食者也會學到不去招惹有狗保護的家畜，而專挑野生的獵物下手。如果護衛犬暫時離開牲畜，牲畜就會因為掠食者而有損傷，這時更凸顯了護衛犬的功效。

社會化訓練

牲畜護衛犬的保護慾是品種培育的特質，但卻不會天生就專注在適當的家畜上，所以需要訓練，或更具體來說，是產生銘印或建立情感連結。如果其他犬種被當成護衛犬來培育，就更能凸顯牠們這樣的基因特質，因為前者通常不會出現護衛的舉動，對其他的狗或人類反而展現出較大的興趣，甚至會追逐或攻擊牠們的牲畜。事實上，對於與人類或其他狗玩耍興趣缺缺是護衛犬的遺傳特徵之一，牠們的注意力都聚焦在牲畜上，有時甚至會造成繁殖困難，因為即便有些微的性慾，往往也是針對牲畜產生。

這樣的基因基礎因為訓練而更加穩固。幼犬在很年幼時（有時只有三週大）就被帶走，與綿羊或山羊等目標牲畜一起養育長大。通常幼犬會吸母羊的奶水長大，以擬人化的術語解釋，就是希望狗相信自己是山羊或綿羊。狗會本能地保護自己的家人，而這樣的訓練讓狗把牲畜視為家庭或族群的一分子，會用生命加以守護，這比什麼都重要，甚至連牠的主人也比不上。牲畜同樣也會學習接納狗兒進入群體，當面對威脅和危險時，牠們會躲在狗兒身後，尋求牠的保護，就像尋求群體領導者那樣（通常會是較年長的公羊或母羊）。

這些訓練和社會化的過程很巧妙，只要稍微改變技巧，就能培育出不同的特質。牧人會利用不同的技巧訓練他們的狗群，提供牲畜更完全的保護。與牲畜很親近的護衛犬能擋下直接的攻擊，而在周遭遊走的狗則讓掠食者無法接近牲畜，也能提早發出警訊。

牲畜護衛犬作為寵物

牲畜護衛犬通常體型大而強壯，有勇氣面對肉食性的掠食者，也有足夠的力氣真的威脅對方，但面對人類飼主家庭時，牠們也能像面對牲畜一樣溫和。好的護衛犬通常對工作任務的投入勝過主人和訓練者，因此這項特質讓牠們比其他犬種來得孤僻。牠們可以對自己的家庭和領土極度忠誠，對於與人或其他狗的社會互動相對興趣缺缺。護衛犬也習慣自己做判斷，個性相當獨立，但也讓服從訓練成為一大挑戰。

牲畜護衛犬品種

- 愛迪犬（Aidi）
- 阿卡巴士犬（Akbash Dog）
- 安納托利亞牧羊犬（Anatolian Shepherd Dog）
- 卡德卑斯太爾犬（Ca de Bestiar）
- 羅拉博雷羅犬（Cão de Laboreiro）
- 考迪菲勒得紹邁谷犬（Cão Fila de São Miguel）
- 高加索犬（Caucasian Ovcharka）
- 中亞牧羊犬（Central Asian Shepherd Dog）
- 埃什特雷拉山犬（Estrela Mountain Dog）
- 大白熊犬（Great Pyrenees）
- 坎高犬（Kangal Dog）
- 可蒙犬（Komondor）
- 卡斯特牧羊犬（Krasky Ovcar）
- 庫瓦茲犬（Kuvasz）
- 馬瑞馬牧羊犬（Maremma Sheepdog）
- 塔特拉山牧羊犬（Owczarek Podhalanski）
- 庇里牛斯獒犬（Pyrenean Mastiff）
- 薩普蘭尼那克犬（Sarplaninac）
- 斯洛伐克庫瓦克犬（Slovac Cuvac）
- 南俄羅斯牧羊犬（South Russian Ovcharka）
- 西班牙獒犬（Spanish Mastiff）
- 托恩雅克犬（Tornjak）

畜牧犬（Herding）

很久以前的某個時刻，某人注意到有一隻狗特別享受放牧，會用自己的行動來控制牲畜群的行動（這個行為其實來自狗的祖先狼，狼相當擅長控制獵物的方向）。

漸漸地，擁有優秀牧羊本能的狗被飼育，人們也學會如何訓練牠們，利用牠們有效控制牲畜。

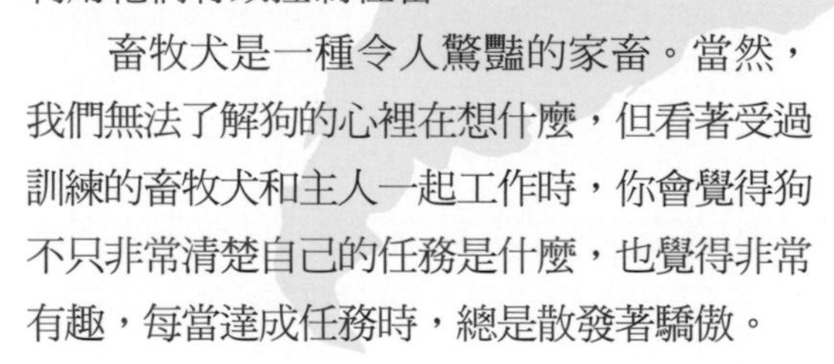

畜牧犬是一種令人驚豔的家畜。當然，我們無法了解狗的心裡在想什麼，但看著受過訓練的畜牧犬和主人一起工作時，你會覺得狗不只非常清楚自己的任務是什麼，也覺得非常有趣，每當達成任務時，總是散發著驕傲。

一切都是基因

依照牧羊的能力進行選擇性育種後，人們調控了狗天生的狩獵本能，同時也排除任何可能會對牲畜造成威脅的行為。牧羊行為的基因基礎在許多研究中都得到證實，有些研究包含了明顯繼承放牧行為的混種犬，顯示出至少有超過十二種基因參與其中。雖然許多基因特徵存在於每一種畜牧犬身上，例如不會用牙齒刺入攻擊目標，但某些特定的牧羊本能則會因品種而異。

舉例來說，澳洲牧牛犬是鎖定腳踝，牠們會待在牲畜群後方，囓咬牠們的腳踝，讓牠們往正確的方向移動。另一方面，邊境牧羊犬則選擇頭部，會審視牲畜群，在前方指揮牠們移動。有些狗會結合許多策略，（且某些品種）是針對特定的家畜培育，其他則適應性較好，能控制各種牲畜。在畜牧犬身上，這樣的本能太過強烈，即使是完全沒有受過訓練的寵物犬，也時常自然而然地開始放牧雞隻或其他動物，或試著集結、帶領家中的孩童。

神奇的能力

很多犬科動物的能力對人類來說幾乎像魔法一樣（例如只靠味道追蹤一段時間以前的行跡），而不同的品種各有擅長的項目，但畜牧犬的種種特質綜合起來，卻產生了奧妙難解的行為。

特別是牠們能學習大量指令的能力，像是典型的一字、兩字的命令，不同的哨音，或是簡單的手勢，而每個指令都代表相當複雜的行動，例如尋找走失的動物，找到時發出吠叫，以及牽制動物直到主人出現；或是集合散布在草地上的動物，帶牠們通過小門回到畜欄；或是完全按照指令改變動物的方向。在某些例子裡，每隻狗會被訓練回應不同的指令，所以牠們能同時工作，執行不同的任務。收到同樣的指令時，兩隻或更多的狗會同步工作，完成被指派的任務。

畜牧犬作為寵物

畜牧犬很聰明，注重細節，能快速從錯誤中學習，這不只讓牠們能輕鬆應付頑強的牲畜，也使牠們成為特別可愛有趣的家庭寵物。畜牧犬通常精力旺盛，需要大量運動和心智上的刺激，才能在家中安穩生活。牠們也很容易感到無聊，為了吸引牠們的注意力，訓練必須讓牠們感到有趣。

畜牧犬品種

澳洲牧牛犬（Australian Cattle Dog）
澳洲卡爾比犬（Australian Kelpie）
澳洲牧羊犬（Australian Shepherd）
澳洲短尾牧牛犬（Australian Stumpy Tail Cattle Dog）
古代長鬚牧羊犬（Bearded Collie）
法國狼犬（Beauceron）
比利時拉肯努阿犬（Belgian Laekenois）
比利時瑪利諾犬（Belgian Malinois）
比利時牧羊犬（格羅安達犬）（Belgian Sheepdog（Groenendael））
比利時特伏丹犬（Belgian Tervuren）
貝加馬斯卡犬（Bergamasco）
白色瑞士牧羊犬（Berger Blanc Suisse）
伯格爾德皮卡第犬（Berger Picard）
邊境牧羊犬（Border Collie）
阿登牧牛犬（Bouvier des Ardennes）
法蘭德斯牧牛犬（Bouvier des Flandres）
伯瑞犬（Briard）
卡提根威爾斯柯基犬（Cardigan Welsh Corgi）
加泰霍拉豹犬（Catahoula Leopard Dog）
加泰羅尼亞牧羊犬（Catalonian Sheepdog）
羅馬尼亞喀爾巴阡山脈牧羊犬（Ciobanesc Romanesc Carpatin）
羅馬尼亞米利泰克牧羊犬（Ciobanesc Romanesc Mioritic）
長毛牧羊犬（Collie, Rough）
短毛牧羊犬（Collie, Smooth）
克羅埃西亞牧羊犬（Croatian Sheepdog）
捷克狼犬（Czechoslovakian Vlcak）
荷蘭牧羊犬（Dutch Shepherd）
英國牧羊犬（English Shepherd）
德國牧羊犬（German Shepherd Dog）
巨型雪納瑞（Giant Schanuzer）
荷花瓦特犬（Hovawart）
國王牧羊犬（King Shepherd）
蘭開夏赫勒犬（Lancashire Heeler）
拉普蘭畜牧犬（Lapinporokoïra）
迷你澳洲牧羊犬（Miniature Australian Shepherd）
馬地犬（Mudi）
英國古代牧羊犬（Old English Sheepdog）
潘布魯克威爾斯柯基（Pembroke Welsh Corgi）
波蘭低地牧羊犬（Polish Lowland Sheepdog）
葡萄牙牧羊犬（Portuguese Sheepdog）
波利犬（Puli）
波密犬（Pumi）
粗臉庇里牛斯牧羊犬（Pyrenean Shepherd, Rough Faced）
平臉庇里牛斯牧羊犬（Pyrenean Shepherd, Smooth Faced）
薩爾路斯獵狼犬（Saarlooswolfhond）
斯恰潘道斯犬（Schapendoes）
喜樂蒂牧羊犬（Shetland Sheepdog）
夏伊洛牧羊犬（Shiloh Shepherd）
西藏㹴（Tibetan Terrier）
白色牧羊犬（White Shepherd）

獒犬（Mastiff）

據信，獒犬的祖先是數千年前生長在西藏的巨型犬，或許一開始作為牲畜護衛犬使用，畢竟任何掠食者在面對守護家畜的 150 磅（70 公斤）巨犬時，都會三思而行。隨著獒犬在世界各地交易，會因為各種目的而培育出不同的種類，但每一種都運用了牠們巨大的體型、沉重的骨骼和強大的力量。因為選擇了不同的特性，所以雖然不同的獒犬生理上很相似，行為上卻大相逕庭。獒犬通常有巨大的頭、短吻、光滑的被毛、寬鬆皺褶的皮膚，以及絕佳的嗅覺。牠們地盤性和保護慾都很強烈，但通常不會牧羊或打獵，而是維持護衛的本質。

戰爭犬

有些獒犬被培育成戰爭犬，除了體型和力量外，飼育者也聚焦在侵略性、忠誠度和凶狠的程度。戰爭犬通常會配戴有尖刺、火焰造型或附刀刃的項圈和全身的鎧甲，能有效對付步兵和騎士。有名的武士帝王成吉思汗的犬舍裡，就有數千隻戰犬。即便還沒有接觸敵人，光是一群齜牙咧嘴的咆哮巨犬所能造成的心理影響就已經夠大了。

戰犬的配置方法有很多種，有時候會被放在隊伍前方來引開砲火、威嚇敵人、攻擊對方的士兵和戰馬；有時會被留在後方，等到飼主與敵軍對戰到高峰時，才被釋放來保護激戰中的主人。不幸的是，獒犬血腥的歷史並不止於戰場上，隨著戰爭發展更新，重裝騎士消失殆盡，有些獒犬被培育成護衛犬，但很多都淪為鬥犬。

鬥犬

戰爭獒犬的體型、力量和戰鬥能力被殘忍地用運在鬥犬活動的發展中。鬥犬被迫與其他鬥犬，或公牛、熊等更巨大的動物對戰，有時對手甚至是人類。打鬥愈是血腥，觀眾就愈滿意，湧入的資金也就愈高。從羅馬競技場到英國伊莉莎白時代酒吧的鬥犬場，鬥犬的習俗延續了好幾個世紀。令人難過的是，即便現代意識提升和法律約束，這樣的血腥「運動」依然存在於某些地區。

鬥牛犬

和公牛相關的犬種歷史悠久，包含鬥牛犬和幾種獒犬。育種者時常將這些犬種雜交，培育出更完美的犬種。

較大型的狗會被用來引導並保護送往市場的公牛，牠們面對牛隻不服從時的技巧和韌性彌足珍貴。除此之外，鬥牛犬還有許多特殊功用。其中，鬥牛獒犬這種來自鬥牛犬與獒犬的雜交犬種，就是為了防範盜獵者。鬥牛獒犬會制服盜獵者，直到相關人員趕到為止。牠們不會攻擊入侵者，而是用體型和力量讓對方無法逃跑。

獒犬作為工作犬

有些獒犬品種能逃過血腥殘暴的鬥犬歷史，而投身服務人類。牠們的體型和力量能勝任護衛工作、負重，或是投入救災。很多獒犬有全方位的工作能力，輪流看守牲畜、背負重物、拉車，以及搜尋雪崩的受害者。牠們通常是普通人的狗，能保護農夫的牲畜不受掠食者威脅，把農作物拖到市場，保護主人的家園，也能陪伴孩童玩耍。

獒犬作為寵物

獒犬這個犬種的組成多元，所以可以想見其作為寵物的合適性也差異很大。被發展來讓其他動物流血的種類可能會有侵略性的問題，特別是與其他狗相處的時候。有道德的育種者會盡力培育出性情穩定的狗，但並非人人都有這樣的意識。總會有些無知的飼主看中獒犬狂暴的性情而選擇獒犬，而這些狗的未來顯然堪憂。這樣的結果很不幸，畢竟有許多起源悲慘的犬種，如今都成了可愛的寵物。牠們通常很聰明，渴望討好飼主，溫和而忠誠；然而，過去的惡名卻困擾著牠們，某些地區的人們覺得牠們太過危險，甚至立法禁止將牠們當成寵物。

為了避免這樣的爭議，不同種類的獒犬會被培育成護衛犬、工作犬或救難犬。牠們巨大的體型，再加上天生的溫和性情和保護慾，能成為很棒的家庭寵物（雖然感覺會有一點像瓷器店裡的公牛）。

很明顯地，早期的服從訓練很必要，能避免獒犬在面對體型比飼主更大、更強壯的動物時發生狀況。獒犬極大的骨架和體型有個缺點，就是會對身體帶來很大的壓力，提高髖關節發育不良等缺陷的風險，甚至縮短牠們的壽命。

獒犬品種

阿拉帕哈藍血鬥牛犬（Alapaha Blue Blood Bulldog）
美國鬥牛犬（American Bulldog）
美國比特鬥牛㹴（American Pit Bull Terrier）
美國斯塔福郡㹴（American Staffordshire Terrier）
阿彭策爾山犬（Appenzeller Sennenhunde）
阿根廷杜高犬（Argentine Dogo）
伯恩山犬（Bernese Mountain Dog）
南非獒犬（Boerboel）
拳師犬（Boxer）
鬥牛犬（Bulldog）
鬥牛獒犬（Bullmastiff）
牛頭㹴（Bull Terrier）
卡斯羅犬（Cane Corso）
烏拉圭西馬倫犬（Cimarron Uruguayo）
丹麥布羅荷馬獒（Danish Broholmer）
杜賓犬（Doberman Pinscher）
波爾多獒犬（Dogue de Bordeaux）
安潘培勒山犬（Entlebucher Mountain Dog）
巴西菲勒獒犬（Fila Brasileiro）
大丹犬（Great Dane）
大瑞士山地犬（Greater Swiss Mountain Dog）
蘭西爾犬（Landseer）
蘭伯格犬（Leonberger）
馬約卡獒犬（Majorca Mastiff）
英國獒犬（Mastiff）
迷你牛頭㹴（Miniature Bull Terrier）
拿破崙獒犬（Neapolitan Mastiff）
紐芬蘭犬（Newfoundland）
復刻版英國鬥牛犬（Olde English Bulldogge）
普雷薩加納利犬（Perro de Presa Canario）
阿蘭多雜種犬（Rafeiro do Alentejo）
羅威那犬（Rottweiler）
聖伯納犬（Saint Bernard）
斯塔福郡鬥牛㹴（Staffordshire Bull Terrier）
西藏獒犬（Tibetan Mastiff）
土佐犬（Tosa）

北歐犬（Nordic）

在世界的頂端，有一片美麗卻險峻的大地，人類和其他動物不太受到政治疆界的規範，刻苦努力求生。北極圈的範圍包含美國的一部分（阿拉斯加）、加拿大、格陵蘭、冰島、挪威、瑞典、芬蘭和俄羅斯。夏天時，太陽日夜照射；冬天時，整天幾乎都一片黑暗。耐寒的北歐獵人、漁夫和馴鹿牧人與大型的海洋哺乳動物、狼、北極熊共生，而忠誠的狗兒大概從人類面對艱困生活開始，就為人類效力賣命了。事實上，ＤＮＡ證據顯示，北歐犬（或稱北方犬或狐狸犬）是古老犬種的後代，還相當原始，與第一批家犬相當接近。牠們的長相與狼相近，有部分的原因是現代的育種者為了保留這項特徵，刻意讓狗與狼雜交。

古代的勞動力

北歐犬通常有雙層長毛，尾巴向前捲起。有些犬種早在最後一次冰河期就已出現，相當適應寒冷的氣候。北歐犬最廣為人知的用途是雪橇犬，但很多在傳統上的功能是打獵與放牧馴鹿。牠們是神通廣大的獵人，能捕捉不同體型的獵物，連大型的熊、麋鹿和山獅也不成問題。這些犬種在比較南部的區域，則通常被用在放牧牛群或綿羊上。

很多北歐犬被當成寵物飼養，但雪橇犬大賽仍在世界許多地方舉辦，可見牠們受歡迎的程度。事實上，隨著極圈居民雪地車輛的使用率提高，雪橇犬慢慢變得只能在雪橇運動的場合中看見。

北歐犬作為寵物

北歐犬可以成為聰明而富有感情的寵物，但牠們很獨立，可能有嚴重的支配問題。牠們也無法被侷限在公寓或小小的庭院裡，不太能容忍自己不熟悉的狗，而強烈的

駕！狗兒，駕！

雖然北歐犬很適合擔任雪橇犬，但其他犬種也同樣能夠勝任。許多年來，在有名的艾迪塔羅德狗拉雪橇比賽（Iditarod Great Sled Race）中，甚至有一支由標準貴賓犬組成的雪橇犬隊。

掠食者本能讓其他動物在牠們身邊不太安全。一般來說，較年長的孩子知道如何與牠們相處，通常關係融洽。有些比較新的北歐犬種，例如美國愛斯基摩犬，培育的目的主要是成為伴侶犬，所以與古老的工作犬種相比，會更適合成為寵物。

北歐犬品種

美國秋田犬（Akita（American））
日本秋田犬（Akita（Japanese））
迷你哈士奇（Alaskan Klee Kai）
阿拉斯加雪橇犬（Alaskan Malamute）
迷你美國愛斯基摩犬（American Eskimo Dog, Miniature）
標準美國愛斯基摩犬（American Eskimo Dog, Standard）
玩具美國愛斯基摩犬（American Eskimo Dog, Toy）
加拿大愛斯基摩犬（Canadian Eskimo Dog）
中國沙皮犬（Chinese Shar-Pei）
奇努克犬（Chinook）
鬆獅犬（Chow Chow）
東西伯利亞雷卡犬（East Siberian Laïka）
歐亞犬（Eurasier）
芬蘭拉普蘭犬（Finnish Lapphund）
芬蘭獵犬（Finnish Spitz）
德國狐狸犬一荷蘭毛獅犬（German Spitz, Grossspitz）
德國小型狐狸犬（German Spitz, Kleinspitz）
德國絨毛犬（German Spitz, Mittelspitz）
德國狐狸犬一凱斯犬（German Spitz, Wolfsspitz）
德國狐狸犬一博美犬（German Spitz, Zwergspitz）
格陵蘭犬（Greenland Dog）
北海道犬（Hokkaïdo）
冰島牧羊犬（Icelandic Sheepdog）
日本狐狸犬（Japanese Spitz）
珍島犬（Jindo）
甲斐犬（Kai Ken）
卡瑞利亞熊犬（Karelian Bear Dog）
凱斯犬（Keeshond）
紀州犬（Kishu Ken）
諾波丹狐狸犬（Norrbottenspets）
挪威布哈德犬（Norwegian Buhund）
挪威獵麋犬（Norwegian Elkhound）
黑色挪威獵麋犬（Norwegian Elkhound, Black）
挪威盧德杭犬（Norwegian Lundehund）
博美犬（Pomeranian）
俄歐雷卡犬（Russo-European Laïka）
薩摩耶犬（Samoyed）
三州犬（Sanshu）
史奇派克犬（Schipperke）
柴犬（Shiba Inu）
四國犬（Shikoku）
西伯利亞雪橇犬（Siberian Husky）
瑞典獵麋犬（Swedish Elkhound）
瑞典拉普蘭犬（Swedish Lapphund）
瑞典牧羊犬（Swedish Vallhund）
義大利小狐狸犬（Volpino Italiano）
西西伯利亞雷卡犬（West Siberian Laïka）

野犬（Pariah）

野犬的英文來自印度階級制度的最底層，而牠們的起源充滿野性。舉例來說，新幾內亞唱犬（New Guinea Singing Dog）曾經遍布新幾內亞島，當地的部落會捕捉幼犬作為家庭的寵物或獵犬。然而，他們不會繁殖野犬，也是仰賴野生的族群自行繁衍。雖然在某些地方野生的群體如今已經絕種，但許多純種的野犬犬種早已建立。

原始的狗

野犬源自東南亞，可能早在一萬年前就已經出現，有些人認為至今後代與始祖的變化差距甚微。野犬的毛色通常是黃色或薑黃色，是中型犬，耳朵短而直豎，雖然會嚎叫，但很少吠叫。野生族群的食物廣泛，也包含植物，但牠們是傑出的獵人。雖然一般來說只單獨或成對行動，狩獵小型動物，但有時也會集結起來獵捕大型動物。在某些地區，牠們被視為禍害，會殺害綿羊或牛隻等家畜。有些品種註冊機構把野犬和視覺型獵犬歸為一類，後者也是源遠流長的犬種。

或許最有名的野犬品種是澳洲野犬（或稱丁格犬）。雖然人類大約在四萬年前就已經抵達澳洲，但隨著澳洲野犬在幾千年後到來，與澳洲原住民的關係也維持了數千年，而且或許在歐洲人帶著自己的狗到來之前，都沒有外來的基因加入。然而，澳洲野犬與亞洲的野犬品種極度相似。除此之外，野生的澳洲野犬群體與古老的野犬群體相似，更證明這些狗代表某種原始犬類的基因型。

野犬作為寵物

野犬在這一方面充滿爭議，有些人認為牠們只是野狗，而非馴化後的伴侶犬。在某些地區，持有野犬是違法的，因為野犬被認為是家畜的掠食者和危害。有人認為牠們無法訓練，而且與亟欲討好主人的獵鳥犬種截然不同。另一方面，野犬的主人卻對牠們的特質稱賞不已，特別是忠誠和情感。據說，澳洲原住民為了保暖，會與澳洲野犬共眠，顯示他們的關係很密切。

野犬品種

巴仙吉犬（Basenji）
迦南犬（Canaan Dog）
卡羅萊納犬（Carolina Dog）
丁格犬（Dingo）
新幾內亞唱犬（New Guinea Singing Dog）
秘魯印加蘭花犬（Peruvian Inca Orchid）
臺灣犬（Taiwan Dog）
泰盧米安犬（Telomian）
泰國背脊犬（Thai Ridgeback）
迷你無毛犬（Xoloitzcuintle, Miniature）
標準無毛犬（Xoloitzcuintle, Standard）
玩具無毛犬（Xoloitzcuintle, Toy）

嗅覺型獵犬（Scenthound）

各種類型的獵犬都與打獵相關，獵物從毛茸茸的小型動物到大型動物都有，包含兔子、浣熊和野豬或野生的熊。牠們被培育出頂尖的定位、追蹤、控制或制服獵物的能力，有時甚至會殺死獵物，讓獵人省了一番功夫。

嗅覺型獵犬有時會再分為樹獵犬（treehound）和追蹤型獵犬。前者包含獵浣熊犬（coonhound）和英國的雜種犬（cur），後者則包含尋血犬（Bloodhound）。嗅覺型獵犬用鼻子追蹤獵物，大部分都有長而下垂的耳朵、鼻部細長而鼻孔寬大，嘴唇鬆弛，時常流口水。一般認為，這些特徵能幫助牠們偵測氣味，而牠們奇妙的身體能力令人難以理解。

無所不知的鼻子

人類對氣味的感受非常有限，不只是和其他動物比較，和視覺等其他感官相比亦然。對於視覺細節，我們有豐沛的詞彙能描述不同的顏色、形狀、大小、方位、地點等；然而，形容嗅覺的詞彙少了許多，例如強烈或微弱、好聞與否，或是「腐臭」、「果香」和「辛辣」。事實上，人們很少用類比的方式間接描述事物的外觀，卻常會說某物「聞起來」像什麼。

獵犬
根據搜索目標的主要方式，獵犬可以分成兩類：嗅覺型和視覺型。兩種類型時常會雜交，用以發展出育種者想要的特質。

如果狗能說話，或許會有更多形容氣味的詞彙，甚至超過人類視覺相關的詞彙。狗可以解析氣味中的細節，而人類甚至根本無法察覺。牠們能單憑氣味分辨不同的人（或其他狗），許多犬種被訓練聞出最細微的氣味，偵測行李箱裡的炸彈或毒品，在倒塌的建築物下鎖定屍體，在雪崩後深深的積雪下嗅出受害者等。

然而，嗅覺型獵犬的能力又更勝一籌。雖然牠們一開始主要被培育在叢林或灌木叢中追蹤獵物，但也能用來偵測逃犯多日前留下的行跡，即便是在大雨之中，或是對方已經橫越溪流。這樣的能力也發揮在搜救行動中，與人類相比，狗能用更快的速度搜索更大的範圍。一旦鎖定氣味，牠們會直接帶領訓犬員找到傷者或失蹤者，而不浪費寶貴的搜索時間。

成功之音

大部分的嗅覺型獵犬在追蹤時會低沉地吠叫，當獵物被逼到角落或樹上時，則會發出不同的聲音。這讓步行或騎馬跟隨的獵人能夠跟上，也能通知在中心區域等待的獵人出發追捕。看見獵犬鎖定獵物時，很難不把牠們擬人化，因為牠們看起來發自內心地興奮，特別是在獵物被困住後。事實上，獵犬時常會狂熱地跳上較低的枝幹追捕獵物。

天生的耐力

嗅覺型獵犬的祖先是獒犬的一支，所以結實強壯，雖然速度不特別快，卻可以長時間追蹤獵物。有些時候，人們會在育種中加入視覺型獵犬，來提升嗅覺型獵犬的速度和敏捷度。打獵的過程通常會維持超過數個小時，而牠們完全不顯疲態，不斷奔跑和低聲吠叫，直到鎖定獵物為止。

大部分的嗅覺型獵犬品種都很古老，源自中世紀貴族的打獵活動。貴族將狗群養在犬舍中，過的生活通常遠比照顧牠們的農奴更好。大片的土地被規劃為貴族的狩獵區，如果平民盜獵被捕，就得面對嚴刑峻法，甚至是死刑。獵狐狸這項貴族的社交活動延續超過了一千年，就是依靠著獵犬群的技術和能力。

隨著平民與貴族的界線愈來愈模糊，嗅覺型獵犬的群體逐漸壯大，在新世界更被用來追捕大量的獵物。時至今日，打獵在許多地區成了各種階級共有的休閒活動，而許多家庭的獵犬都會在打獵季節時投入行列。

嗅覺型獵犬作為寵物

嗅覺型獵犬無論是對人或對其他狗都有優異的社交能力，能成為很棒的家庭寵物。牠們通常溫和友善，能和其他動物、小孩和陌生人好好相處，會忠誠地跟隨主人到任何地方。嗅覺型獵犬具備天生的狩獵能力，卻有可能在基礎的服從訓練上遇到問題，因為牠們傾向跟隨自己的鼻子，而不是一再重複訓練的口令。

嗅覺型獵犬品種

阿爾卑斯達切斯勃拉克犬（Alpine Dachsbracke）

英國獵浣熊犬（American English Coonhound）

美國獵狐犬（American Foxhound）

豹紋雜種犬（American Leopard Hound）

英法中型獵犬（Anglo-Français de Moyen Venerie）

英法小型獵犬（Anglo-Français de Petite Venerie）

阿里埃日嚮導獵犬（Ariégeois）

奧地利黑褐獵犬（Austrian Black and Tan Hound）

波士尼亞粗毛獵犬（Barak）

巴色特阿蒂西亞諾曼犬（Basset Artésien Normand）

藍色加斯科尼短腿獵犬（Basset Bleu de Gascone）

巴色特法福布列塔尼犬（Basset Fauve de Bretagne）

巴色特獵犬（Basset Hound）

巴伐利亞山犬（Bavarian Mountain Hound）

米格魯（Beagle）

小獵兔犬（Beagle Harrier）

比利犬（Billy）

黑褐獵浣熊犬（Black and Tan Coonhound）

黑嘴雜種犬（Black Mouth Cur）

尋血犬（Bloodhound）

布魯克浣熊獵犬（Bluetick Coonhound）

布林克特格里芬凡丁犬（Briquette Griffon Vend'een）

阿圖瓦犬（Chien d'Artois）

法國黑白色犬（Chien Français Blanc et Noir）

法國黃白獵犬（Chien Français Blanc et Orange）

法國三色犬（Chien Français Tricolore）

蒙特內哥羅山獵犬（Crnogorski Planinski Gonič）

長毛臘腸犬（Dachshund, Longhaired）

短毛臘腸犬（Dachshund, Smooth）

剛毛臘腸犬（Dachshund, Wirehaired）

德國布雷克犬（Deutsche Bracke）

瑞典臘腸犬（Drever）

鄧克爾犬（Dunker）

英國獵狐犬（English Foxhound）

愛沙尼亞獵犬（Estonian Hound）

芬蘭獵犬（Finnish Hound）

波蘭狩獵犬（Gończy Polski）

大英法黑白獵犬（Grand Anglo-Français Blanc et Noir）

大英法黃白獵犬（Grand Anglo-Français Blanc et Orange）

大英法三色犬（Grand Anglo-Français Tricolore）

大巴色特格里芬凡丁犬（Grand Basset Griffon Vendéen）

大藍色加斯科尼獵犬（Grand Bleu de Gascone）

大加斯科 - 聖通日犬（Grand Gascon-Saintongeois）

大格里芬凡丁犬（Grand Griffon Vendéen）

藍色加斯科尼格里芬獵犬（Griffon Bleu de Gascogne）

法福布列塔尼格里芬獵犬（Griffon Fauve de Bretagne）

尼維爾格里芬獵犬（Griffon Nivernais）

哈爾登獵犬（Haldenstøvare）

哈密爾頓斯多弗爾犬（Hamiltonstövare）

漢諾威獵犬（Hanoverian Hound）

哈利犬（Harrier）

希臘獵犬（Hellenic Hound）

海根獵犬（Hygen Hound）

伊斯特拉粗毛獵犬（Istrian Coarse-Haired Hound）

伊斯特拉短毛獵犬（Istrian Short-Haired Hound）

義大利粗毛獵犬（Italian Hound, Coarsehaired）

義大利短毛獵犬（Italian Hound, Shorthaired）

山地雜種犬（Mountain Cur）

獵獺犬（Otterhound）

迷你貝吉格里芬凡丁犬（Petit Basset Griffon Vendéen）

小藍色加斯科尼獵犬（Petit Bleu de Gascogne）

迷你加斯科—聖通日犬（Petit Gascon-Saintongeois）

小藍色加斯科尼格里芬獵犬（Petit Griffon Bleu de Gascogne）

普羅特獵犬（Plott）

普瓦圖犬（Poitevin）

波蘭獵犬（Polish Hound）

瓷器犬（Porcelaine）

保沙瓦獵犬（Posavaz Hound）

巴西追蹤犬（Rastreador Brasileiro）

瑞德朋獵浣熊犬（Redbone Coonhound）

西班牙獵犬（Sabueso Español）

席勒獵犬（Schiller Hound）

塞爾維亞獵犬（Serbian Hound）

塞爾維亞三色獵犬（Serbian Tricolor Hound）

斯洛伐克獵犬（Slovakian Hound）

斯莫蘭德獵犬（Småland Hound）

史蒂芬斯雜種犬（Stephens' Cur）

施蒂里亞粗毛獵犬（Styrian Coarse-Haired Hound）

瑞士獵犬｜伯恩獵犬（Swiss Hound, Bernese Hound）

瑞士獵犬｜汝拉獵犬（Swiss Hound, Jura Hound）

瑞士獵犬｜琉森獵犬（Swiss Hound, Lucerne Hound）

瑞士獵犬｜什威茲獵犬（Swiss Hound, Schwyz Hound）

瑞士獵犬｜小伯恩獵犬（Swiss Hound, Small Bernese Hound）

瑞士獵犬｜小汝拉獵犬（Swiss Hound, Small Jura Hound）

瑞士獵犬｜小琉森獵犬（Swiss Hound, Small Lucerne Hound）

瑞士獵犬｜小什威茲獵犬（Swiss Hound, Small Schwyz Hound）

外西凡尼亞獵犬（Transylvanian Hound）

趕上樹雜種犬（Treeing Cur）

趕上樹田納西斑紋犬（Treeing Tennessee Brindle）

趕上樹競走者獵浣熊犬（Treeing Walker Coonhound）

特里格獵犬（Trigg Hound）

提洛爾獵犬（Tyrolean Hound）

威斯特達克斯布若卡犬（Westphalian Dachsbracke）

視覺型獵犬（Sighthound）

和嗅覺型獵犬一樣，視覺型獵犬也與打獵活動相關，但由於追逐時必須讓獵物保持在視野內，牠們的培育重點是速度。視覺型獵犬擁有敏銳的視力和優雅的身軀，能達到理想的速度。牠們體型瘦而勻稱，頭部較小，口吻部很長，敏捷而擁有超群的雙眼立體視覺，能偵測追蹤獵物的動作。

視覺型獵犬是所有犬種的速度保持人，或許也位居陸生哺乳類動物之冠。官方數據上，獵豹比獵犬更快，但據傳有的視覺型獵犬還要更勝一籌。畢竟，牠們的飼育目的是追逐獵捕各式各樣的獵物，包括鹿和羚羊，至少有一種被稱為「瞪羚犬」。最有名的視覺型獵犬是靈緹犬，不過牠們不是最快的；然而，牠們會追逐人工的誘餌，於是成為賽狗運動中主要的犬種。

古老而遍及全球

證據指出，視覺型獵犬大約在一萬年前出現，可以算是我們所知最古老的狗之一了。薩路基獵犬（Saluki）這個古老的犬種在五千多年前確立，被法老運用在狩獵活動中。牠們通過貿易路線在世界各地旅行，現今遍及全球。

視覺型獵犬作為寵物

在古代，視覺型獵犬是工作犬，可以獨自打獵，鎖定獵物、追逐並捕獲獵物。牠們傳統上會不依靠人類，獨立作業，所以在寵物公園可能會叫不回來。另一方面，牠們卻也情感充沛、如影隨形。大部分的情況中，牠們會選定一個主人，緊緊跟隨。視覺型獵犬有時很像貓，雖然培育的重點是速度，卻安靜且慣於久坐。牠們會把握任何追逐移動物體的機會，其他時候則會在主人腳邊或沙發上蜷縮趴著。

討論到視覺型獵犬作為寵物時，不能不提到靈緹犬的認養。許多組織會幫忙在競賽犬的巔峰時期過後，為牠們尋找安置的家庭。競賽犬時常得訓練和移動，所以大都善於社交，相當友善。然而，在賽道上的生涯並未教導牠們如何在家中生活，或是進出公共場合，因此耐心是必要的。對於被拯救的競賽犬來說，從樓梯到塑膠地板都是挑戰，但一旦習慣家犬生活，退休的靈緹犬會是最棒的寵物。

視覺型獵犬品種

阿富汗獵犬（Afghan Hound）
阿札瓦克犬（Azawakh）
蘇俄獵狼犬（Borzoi）
查特波斯凱犬（Chart Polski）
艾特拉科尼克獵犬（Cirneco Dell'Etna）
靈緹犬（Greyhound）
匈牙利靈緹犬（Hungarian Greyhound）
伊比莎獵犬（Ibizan Hound）
愛爾蘭獵狼犬（Irish Wolfhound）
法老王獵犬（Pharaoh Hound）
加納利獵犬（Podenco Canario）
葡萄牙波登哥犬（Portuguese Podengo）
羅德西亞背脊犬（Rhodesian Ridgeback）
薩路基獵犬（Saluki）
蘇格蘭獵鹿犬（Scottish Deerhound）
北非獵犬（Sloughi）
南俄羅斯草原獵犬（South Russian Steppe Hound）
西班牙靈緹犬（Spanish Greyhound）
惠比特犬（Whippet）

獵鳥犬（Sporting）

運動或打獵型的犬種在英文中也稱為槍獵犬（gundog）或鳥犬（bird dog），雖然牠們早在火藥武器出現之前，在還使用網子和棍棒時，就已經參與狩獵活動。傳統上，牠們狩獵鳥類，可能是高地獵禽（例如鵪鶉和雉雞）或水禽。許多運動或打獵型的犬種已經相當古老。雖然打獵向來是人類這個物種的行為之一，但將打獵當成休閒或社交活動也已經超過一千年，許多犬種因此被培育來協助生存或娛樂性的打獵活動。

所有的運動型犬種都有個共通點，就是能與人類或其他狗順利合作。除了社交能力，牠們的身體也很強壯，耐力驚人。雖然每種獵鳥犬都能或多或少透過訓練來執行任何一種打獵行動，但牠們各有專精的項目。許多犬種能在水中優游，腳趾間有蹼。犬種天生的能力仍需要後天訓練，但無論多大的訓練量，都無法使飼育目的不同的犬種有同樣精準的表現。

另一方面，因為與生俱來的直覺，獵鳥犬被訓練服從簡短的命令來執行複雜的任務，例如短促的口令、特定的哨聲或手勢。任務的內容可能包含鎖定獵物、指出獵物的位置、將鳥類驚起，以及回收受創的鳥類。

驅鳥犬

獵鳥犬能鎖定並驚起鳥類，讓獵人開槍射擊，面對雉雞等鳥類特別有效。一般的情況下，雉雞會穿過樹叢逃跑，而獵鳥犬會逼牠們飛起，變成容易瞄準的目標。訓練良好的驅鳥犬會注意鳥類墜下的地點，等待訓練者的命令回收鳥屍。

驅鳥犬主要以長毛獵犬為主，但尋回犬也能夠用於高地獵禽的狩獵。牠們工作時會非常接近訓犬員（獵槍的射程範圍內），因為超出這個距離再驚嚇鳥類也沒有意義了。

指示犬和蹲獵犬

與驅鳥犬相反，這兩種類型的犬種會與訓犬員維持一段距離，鎖定鳥類後用指示或蹲坐指出獵物位置，特別適合用在鵪鶉等時常聚在一起安靜等待的鳥類上。蹲獵犬和指示犬不會驚起獵物，而是逼迫牠們躲藏，同時注意動向，等待訓犬員到來。在這個階段，訓練者的方針出現差異，有些會讓狗靜靜等待，獵人自行驚起鳥類並開火；有些則會讓狗原地待命直到收到信號驚起鳥類。

尋回犬

雖然尋回犬能成功運用在高地獵禽的狩獵中，但牠們的強項是回收受創的水鳥。通常，牠們得安靜且耐心地等待很長一段時間，在主人開槍之後，注意哪一隻鳥落下。接著，收到命令後，牠們得游泳回收鳥屍。

尋回犬的訓練包含專注在目標上，不因為別的鳥落下而分心，也不影響其他尋回犬執行任務。尋回犬通常不是單純忍耐水中的工作，而是相當樂在其中。游泳和在水坑中踩水是牠們的最愛，就算是在主人完全不想從事水上活動的季節也是。

獵鳥犬作為寵物

獵鳥犬忠心、溫和、順從，亟欲討好飼主，是絕佳的寵物選擇。牠們通常是很好的看門狗，但因為個性太過友善，無法成為護衛犬。入侵者最糟的情況大概就是被親得滿臉口水而已。牠們需要充足的運動，在各種組織性的運動中都能有出色的表現。

獵鳥犬品種

美國水獵犬（American Water Spaniel）
巴貝犬（Barbet）
帕金獵犬（Boykin Spaniel）
布萊克義大利諾犬（Bracco Italiano）
布拉克奧貝紐指示犬（Braque d'Auvergne）
布拉克阿列日犬（Braque de l'Ariège）
布拉克杜波旁犬（Braque du Bourbonnais）
大型布拉克法國指示犬（Braque Français, de Grande Taille）
小型布拉克法國指示犬（Braque Français, de Petite Taille）
布拉克聖日耳曼犬（Braque Saint-Germain）
不列塔尼獵犬（美式）（Brittany（American））
不列塔尼獵犬（法式）（Brittany（French））
捷克福斯克犬（Ceský Fousek）
乞沙比克獵犬（Chesapeake Bay Retriever）
克倫伯獵鷸犬（Clumber Spaniel）
美國可卡犬（Cocker Spaniel, American）
英國可卡犬（Cocker Spaniel, English）
捲毛尋回犬（Curly-Coated Retriever）
大麥町（Dalmatian）
德國長耳獵（Deutscher Wachtelhund）
荷蘭山鶉獵犬（Drentse Patrijshond）
英國蹲獵犬（English Setter）
英國史賓格犬（English Springer Spaniel）
藍色匹卡迪檔獵犬（Epagneul Bleu de Picard）
匹卡迪檔獵犬（Epagneul Picard）
蓬托德梅爾獵犬（Epagneul Pont-Audemer）
田野獵犬（Field Spaniel）
平毛尋回犬（Flat-Coated Retriever）
法國獵犬（French Spaniel）
佛瑞斯安水犬（Frisian Water Dog）
德國長毛指示犬（German Longhaired Pointer）
德國粗毛指示犬（German Rough-Haired Pointer）
德國短毛指示犬（German Shorthaired Pointer）
黃金獵犬（Golden Retriever）
戈登蹲獵犬（Gordon Setter）
愛爾蘭紅白蹲獵犬（Irish Red and White Setter）
愛爾蘭蹲獵犬（Irish Setter）
愛爾蘭水獵犬（Irish Water Spaniel）
科克爾犬（Kooikerhondje）
拉布拉多（Labrador Retriever）
拉戈托羅馬閣挪露犬（Lagotto Romagnolo）
大木斯德蘭犬（Large Münsterländer）
新斯科細亞誘鴨尋回犬（Nova Scotia Duck Tolling Retriever）
丹麥老式指示犬（Old Danish Bird Dog）
佩爾狄克羅德布爾戈斯犬（Perdiguero de Burgos）
指示犬（Pointer）
中型貴賓犬（Poodle, Medium）
迷你貴賓犬（Poodle, Miniature）
標準貴賓犬（Poodle, Standard）
玩具貴賓犬（Poodle, Toy）
葡萄牙指示犬（Portuguese Pointer）
葡萄牙水犬（Portuguese Water Dog）
普德爾指示犬（Pudelpointer）
斯洛伐克剛毛指示犬（Slovakian Wire-Haired Pointing Dog）
小木斯德蘭犬（Small Münsterländer）
西班牙水犬（Spanish Water Dog）
義大利史畢諾犬（Spinone Italiano）
斯塔比嚎犬（Stabyhoun）
薩塞克斯獵犬（Sussex Spaniel）
維茲拉犬（Vizsla）
威瑪犬（Weimaraner）
威爾斯激飛獵犬（Welsh Springer Spaniel）
剛毛指示格里芬犬（Wirehaired Pointing Griffon）
剛毛維茲拉犬（Wirehaired Vizsla）

㹴犬（Terrier）

ＤＮＡ分析顯示，㹴犬相對較現代，十九世紀時才在歐洲發展。㹴犬的繁殖主要都發生在英國。根據牠們被培育在地面追捕獵物或將獵物逼入地洞，㹴犬分成長腿和短腿品種。

很多人會用體型小、志氣高來形容㹴犬，牠們的確聰明、機敏且無畏。㹴犬的傳統功能是獵殺害獸，很多被培育成直搗巢穴，剷除獵物。牠們不會和主人一起打獵，而是隨時巡邏，準備殺害老鼠、狐狸或獾（通常是體型比牠們大上許多的兇猛動物）。雖然不同的品種祖先也不同，但大部分的㹴犬可能都有獒犬或北歐犬的血統。㹴犬多半維持較小的體型，讓牠們能進入地下的巢穴，有些則進一步縮小，培育成精力充沛的可愛寵物犬，能放在大腿上玩賞。有些較大型的㹴犬被培育來獵捕水獺等水中生物，牠們必須追逐獵物進入深水中。

無畏之心

㹴犬的勇氣已經是傳奇，但這是牠們行為特性關鍵的部分。即便是小型齧齒類動物，被逼到絕境時也會變成可怕的對手，而㹴犬時常要面對狐狸和獾等更大、更凶狠的獵物。在黑暗的洞穴末端對抗這樣的敵人需要真正的勇氣，而㹴犬能一再成功，也歸功於牠們的力量、敏捷和獵殺的本能。

打獵中的㹴犬

費爾㹴犬（Fell Terrier）是區域性的工作㹴犬總稱，有一項有趣的功能就是協助傳統的獵狐活動，有些腿很長，可以像嗅覺型獵犬一樣追逐狐狸，有些則體型太小，無法負擔，由騎馬的獵人帶著。一旦獵犬把狐狸追到洞穴或地洞中，㹴犬就會被放下，把獵物逼出來，並協助獵殺。其他時候，牠們只會在追逐尾聲被放下參與獵殺過程。

犬作為寵物

如今，幾乎所有的㹴犬都是寵物，而非工作犬。有些玩具㹴犬品種更特別被培育成伴侶動物，較小的體型是牠們吸引人之處，但獨立的個性也人見人愛，而專注和活力更使牠們融入各種遊戲，成為嬌小的玩伴。

對於有幼童的家庭來說，有些㹴犬可能有點太過活潑急躁，而且牠們通常會把體型較小的寵物當成獵物。

㹴犬品種

猴㹴（Affenpinscher）
萬能㹴（Airedale Terrier）
美國無毛㹴（American Hairless Terrier）
澳洲㹴（Australian Terrier）
奧地利平犬（Austrian Pinscher）
貝林登㹴（Bedlington Terrier）
黑俄羅斯㹴（Black Russian Terrier）
邊境㹴（Border Terrier）
凱恩㹴（Cairn Terrier）
捷克㹴犬（Cesky Terrier）
丹第丁蒙㹴（Dandie Dinmont Terrier）
荷蘭斯牟雄德犬（Dutch Smoushond）
德國平犬（German Pinscher）
愛爾蘭峽谷㹴（Glen of Imaal Terrier）
愛爾蘭㹴（Irish Terrier）
傑克羅素㹴（Jack Russell Terrier）
德國獵㹴（Jagdterrier）
日本㹴（Japanese Terrier）
凱利藍㹴（Kerry Blue Terrier）
湖畔㹴（Lakeland Terrier）
標準曼徹斯特㹴（Manchester Terrier, Standard）
玩具曼徹斯特㹴（Manchester Terrier, Toy）
迷你杜賓犬（Miniature Pinscher）
迷你雪納瑞（Miniature Schnauzer）
諾福克㹴（Norfolk Terrier）
諾威奇㹴（Norwich Terrier）
帕森羅素㹴（Parson Russell Terrier）
佩特戴爾㹴（Patterdale Terrier）
捕鼠㹴（Rat Terrier）
羅素㹴（Russell Terrier）
蘇格蘭㹴（Scottish Terrier）
西里漢㹴（Sealyham Terrier）
絲毛㹴（Silky Terrier）
斯凱㹴（Skye Terrier）
泰迪羅斯福㹴（Teddy Roosevelt Terrier）
坦特菲爾德㹴（Tenterfield Terrier）
巴西㹴（Terrier Brasileiro）
趕上樹小犬（Treeing Feist）
平毛獵狐㹴（Smooth Fox Terrier）
軟毛麥色㹴（Soft Coated Wheaten Terrier）
運動盧卡斯㹴（Sporting Lucas Terrier）
標準雪納瑞（Standard Schnauzer）
威爾斯㹴（Welsh Terrier）
西高地白㹴（West Highland White Terrier）
剛毛獵狐㹴（Wire Fox Terrier）
約克夏㹴（Yorkshire Terrier）

滅絕的犬種

犬種可能會消失或滅絕，任何不夠受歡迎的品種都有滅絕的危險，只要由沒有方法、興趣或意願找純種狗繁殖的主人飼養，這一世代的犬隻就很可能成為最後一代。有時人們會宣稱自己飼育已經被認定絕種的品種，這可能是因為官方育種組織判定絕種，但私底下仍有類似（未註冊）的狗被繁殖。有時人們會試著重新創造出絕種的品種，產生一支擁有相同特質的純種血脈。有時候，「絕種」只代表該品種不再被認證，但仍有投入的愛好者持續培育。

隨著時間流逝，無疑有許多品種消失，但實際的紀錄（有時是照片）卻只有十多種狗能被判定絕種，以下將列出這些犬種的名稱和簡介。

雅利安馬魯索斯犬（Aryan Molossus）

雅利安馬魯索斯犬生長在阿富汗，屬獒犬，身高約 34 英寸（86.5 公分），體重約 200 磅（90.5 公斤）。牠們的被毛是深褐色，參雜著極少量的白色。牠們的育種目的只有一個：代替戰爭來解決部落間的衝突。爭執的部落會各自挑選出一隻代表狗，將兩隻狗放進坑中決一死戰，生還的狗所屬的部落就算獲勝。蘇維埃佔領阿富汗後綿延的戰火很可能是牠們滅絕的原因。

比利時獒犬（Belgian Mastiff）

比利時獒犬是工作犬，用來拉沉重的拖車，可說是窮人的馬匹。牠們身高約 30 英寸（76 公分），體重約 100 磅（45.5 公斤），通常呈淺鹿褐色，或是虎斑，肌肉結實。隨著比利時街頭的畜力車漸漸消失，這個品種也步入歷史。現今有一些育種者嘗試重現比利時獒犬，因為據傳牠們生性忠誠而護主，工作時似乎永遠不會感到疲憊。

比利時短毛指示犬（Belgian Shorthaired Pointer）

這是應用在打獵中的槍獵犬，身高約 25 英寸（63.5 公分），體重 55 磅（25 公斤），白色的被毛上有大塊的褐色斑塊。1960 年時，牠們已被列為極度稀少，在 1984 年因為數年沒有新的犬隻登記，而宣告絕種。

伯格杜隆格多克犬（Berger du Languedoc）

又稱為塞文山脈牧羊犬（Cevennes Shepherd），身高約 18 英寸（45.5 公分），

體重 25 磅（11.5 公斤），常見的毛色有淺鹿褐色、黑與白、黑與棕褐色。牠們充滿活力，步履穩健，相當友善，個性也很溫柔，喜歡奔跑。這個品種誕生在法國的隆格多克省，在當地曾經很受歡迎。

布拉克杜佩犬（Braque Dupuy）

古老的法國品種，身高約 26 英寸（66 公分），體重約 55 磅（25 公斤），短而柔順的白毛上有紅棕色、赤褐色或橙色的斑紋，耳朵則是純色。牠們屬於槍獵犬，被用在開放土地的狩獵活動。

布拉克杜佩犬的起源已不可考，但特徵與許多獵犬相似，或許有共同的祖先。布拉克犬種有許多分支，這是其中身高最高的，而這個名稱或許是紀念最初的育種者。

德國牧羊貴賓犬（German Sheeppoodle）

這個品種從未在德國以外流行，屬於牧羊犬，或許和波利犬有親緣關係。牠們蓬鬆的長毛會形成一綹一綹，毛色有白色、雜色和花色，身高約 22 英寸（56 公分）。

希臘獵兔犬（Greek Harehound）

古老的打獵犬種，名聲幾乎沒有傳出希臘過。牠們的毛色是黑與棕褐色，身高 19 英寸（48.5 公分），體重 40 磅（18 公斤），特徵是敏銳的鼻子和悠揚遠播的聲音。牠們很少被視為寵物，而是珍貴的工作犬。

希臘牧羊犬（Greek Sheepdog）

身高約 26 英寸（66 公分），體重約 90 磅（41 公斤），白色的毛很濃密，會激烈地保護牲畜。事實上，牠們有時太過凶猛，飼主必須把項圈繫上沉重的木樁，來限制牠們的狂熱。該品種未經官方登記，所以對官方來說已絕種，但希臘牧羊人仍會使用這個犬種。

黑白花平犬（Harlequin Pinscher）

由大理石色（或稱隕石色）斑點的小型德國平犬（Small German Pinscher）育種而成，身高逾 13 英寸（33 公分），體重逾 24 磅（11 公斤）。毛色會由大理石色斑點和白色、灰色或黑色等底色組成。

黑白花平犬以忠誠親人著稱，是很理想的伴侶犬，很適合室內生活，但從 1930 年代以後就沒有登記的紀錄。

夏威夷波伊犬（Hawaiian Poi Dog）

身高 13 到 16 英寸（33 到 40.5 公分），體重 25 到 35 磅（11.5 到 16 公斤）的小型犬，有許多不同的毛色。牠們的祖先是一千年前隨著人類來到島上的野犬，有寵物和食物的功能，有時兩者皆是！

傳統上，剛出生的嬰兒會被給予一隻波伊犬，有守護的意義。如果小孩過世了，狗會被殺死陪葬，但如果狗先離開，牙齒會被製成項鍊，繼續守護著孩子。人們會用山芋養肥波伊犬，讓牠們變得豐滿而懶散，足以成為桌上佳餚。

隨著外來者的到來，他們的狗與波伊犬雜交，讓這個品種就此消失。檀香山動物園曾經試著復育這個品種，卻失敗告終。

赫塔指示犬（Hertha Pointer）

赫塔指示犬的祖先是從丹麥帶回德國的一種橙色槍獵犬。牠們身高約 24 英寸（61 公分），體重約 50 磅（22.5 公斤），被毛呈現橙色，四肢和胸口有白色的小型斑點，因為出色的野外能力而備受重視。

這個丹麥品種「絕種」的原因很特殊：雖然有飼育的機構，繁衍也超過一個世紀，卻不受官方認證。除了政治和心理上的反對，也有人認為牠們只是一種毛色不同的英國指示犬。

袋鼠犬（Kangaroo Dog）

袋鼠犬身高 17 到 30 英寸（43 到 76 公分），體重 65 到 70 磅（29.5 到 31.5 公斤），屬於視覺型獵犬，誕生於數個世紀前的澳洲，在第一批歐洲殖民者的生存上扮演重要的角色。

袋鼠犬有許多毛色，和靈緹犬類似，育

種目的為打獵以及保護家畜。雖然未經官方認證，但這個品種依舊存在於某些地方，參與打獵活動。

李維斯克犬（Levesque）

這種三色的法國獵犬身高約 27 英寸（68.5 公分），體重約 60 磅（27 公斤），有黑色的被毛，腹部和腿則是白色，棕褐色通常侷限於頭部。李維斯克犬在 1870 年代由羅佳蒂安．李維斯克（Rogatien Levesque）培育出，成群用在狩獵中。很多人認為，李維斯克犬最後的血脈在二十世紀中葉被投入法國黑白色犬（Chien Francais Blanc et Noir）的育種。

古代西班牙指示犬（Perdiguero Navarro）

又稱 Pachón Navarro 或 Old Spanish Pointer，這個特殊的西班牙犬種誕生於十二世紀初期，身高約 22 英寸（56 公分），體重約 60 磅（27 公斤），毛色分為赤褐與白色，以及橙色與白色。牠們最顯著的特徵是分裂的鼻子，或稱「雙鼻」，兩邊的鼻孔由帶著毛的皮膚分隔，各自獨立。據說這帶給牠們敏銳的嗅覺，但沒有證據能支持或推翻這個說法。

塔爾坦熊犬（Tahltan Bear Dog）

塔爾坦熊犬體型嬌小卻精力充沛，由英屬哥倫比亞北方和育空地區南方的塔爾坦印第安人繁殖。牠們的身高不超過 15 英寸（38 公分），體重不超過 15 磅（7 公斤），勇敢無畏的個性發揮在獵熊或獵豹中。牠們可以在讓熊舉步維艱的雪地奔跑，並限制制熊的行動，直到主人來將熊殺死。

第二部分

照顧與訓練

挑選
餵食
梳理
健康照護
訓練

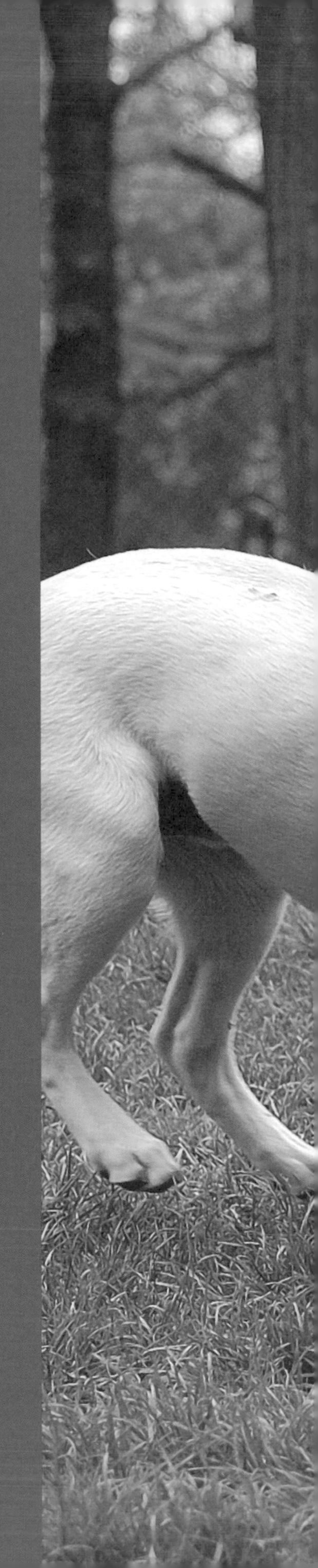

挑選

狗是美妙的動物，養狗和照顧狗能帶給我們無比的成就感。然而，就像大多數的決定一樣，選擇一隻狗不應該出於一時衝動，必須經過謹慎的研究和計畫，才能帶新的寵物回家，才能讓狗順利適應環境的變化，融入新的家庭。

考慮的因素

在帶狗回家之前，必須考慮三項重要的因素：時間、精力和金錢。

時間

每個人都喜歡幼犬，但幼犬就像嬰兒一樣，需要許多關心，也要花很多時間照顧。年紀較長的狗需要的照顧沒有那麼密集，但同樣需要關注。

精力

狗主人得花很多精力照顧幼犬或成犬，包含玩遊戲、看獸醫、帶去寵物公園、訓練課程、如廁訓練失敗的善後、矯正亂咬東西或咬人的情況，以及許許多多的問題。這些聽起來傷神費力，特別是面對比較有活力的犬種時。

金錢

雖然我們很難抵擋幼犬的可愛魅力，但還是得考慮照顧牠一生所需的花費，包含食物、例行性的獸醫檢查、臨時的健康狀況、玩具、住宿等。如果不只養一隻狗，這些花費就會更加驚人。

研究

當地圖書館或書店都會有豐富的參考書目，提供狗的一般照護和針對特殊品種的資訊。我們可以好好利用這些資源，學習養狗的基本知識，挑選最適合自己住家、家庭和生活型態的品種。

而當地的犬科專業人士（例如訓練師、

育種者、行為專家或獸醫師）和品種協會同樣能提供許多資源。犬科相關行業的從業者和協會成員都抱有很高的熱忱，能提供許多幫助。

養狗的親朋好友也是一大助力，而且大部分都會很樂意談論狗的話題。狗的論壇和網頁也很實用，但網路有時缺乏審核，很容易擴散錯誤或誤導性的資訊，甚至會造成傷害。

狗的特質

所有的狗都不同，每個品種都有專屬的特質和性格，而每隻狗也會有自己的個性、怪癖和魅力。不同個性和生活型態的人都能找到適合自己的狗，我們可以用以下三個主要的分類找到理想的寵物：品種、性別和年齡。

品種

每個經過認證的品種都有特定的長相和行為特色，詳加研究就能讓你鎖定目標，所以在投入時間、精力和金錢之前要先做足功課，也要記得沒有哪個品種是每個人都適合的。選擇自己偏好的特質，找出對應的品種吧！

性別

在性別方面，不同的品種可能各有差異，所以很難一概而論。在某些品種中，或許母犬比較溫和友善，而另一些品種則恰好相反，所以做好功課就格外重要了。

年齡

年齡也是重要的考慮因素。幼犬像一張白紙，能讓主人塑造牠們的行為，但需要花許多功夫來訓練。成犬通常已經受過如廁訓練和基礎的服從訓練，但如果有不良行為，會比較難控制或改變。簡而言之，不管選擇哪個階段的狗，都有利有弊。

做出正確的選擇

養狗是重大的承諾，所以不應該盲目衝動行事，必須謹慎計畫，選擇最適合的品種。

餵食

曾經，餵狗代表從商店裡挑一包狗飼料或罐頭，和一些餐桌上的剩菜一起放到狗碗裡，沒有人會考慮副產品、過敏原，或是不健康的防腐劑會帶來的危害。幸運的是，如今觀念已經改變，我們對犬類的飲食有了更深入的了解，知道怎樣的營養能讓牠們更健康、更長壽。

於是，我們有各式各樣的餵食選擇，包含手工製作的食物，甚至是生食，全都標榜最符合狗的營養需求。就像受歡迎的人類飲食習慣，每種模式都有各自的優點和缺點，而如何挑選最適合的，往往取決於每隻狗的個別需求。

良好營養的重要性

良好的營養是健康的基石，會影響狗的行為、外觀和感受。如果提供均衡、多元的飲食（狗是雜食性動物，雖然牠們通常偏好肉類），狗就能活得更久、更快樂，也更健康。如果餵食垃圾食物，很可能導致各種健康問題。

基礎營養觀念

狗依賴飼主提供食物，所以飲食必須由優質的原料組成。食物主要由碳水化合物、脂質和蛋白質組成，也含有礦物質、維生素和水。

碳水化合物

碳水化合物是多數商業寵物食品的共通成分，是絕佳的熱量來源，能有效提供能量。雖然技術上來說，這不是犬類飲食的必要成分，但有助於消化，所以是飲食計畫中的重要角色。

脂質

肉類、牛奶、奶油和植物油都含有豐富的脂質，能幫助狗抵禦低溫，讓被毛更有光澤，保護體內器官，提供能量，並協助血液輸送維生素和其他營養成分到各個器官。雖然脂質在飲食中不可或缺，但也不宜過量。

礦物質

礦物質能讓骨骼和細胞組織更強壯，並幫助器官順利運作。如果狗的飲食優良，通常就不會缺乏礦物質。

蛋白質

蛋白質由胺基酸構成，在肉類和植物中都存在。若要維持健康，狗必須固定攝取至少十種胺基酸，肉類、魚類、禽類、牛奶、起司、優格、魚粉和蛋都是完全蛋白質的最

佳來源；而植物能提供的蛋白質並不完全，缺乏某些犬類健康必需的胺基酸。但肉類中也缺乏狗需要的維生素和碳水化合物，只能透過植物取得。

維生素

維生素是維持健康必需的化學物質。高品質的狗食會提供適量的維生素，而水果、多數動物的肝臟也富含維生素。高溫、光照、濕氣和腐壞都會破壞維生素，所以狗食必須妥善保存，並在有效日期之前食用。

水

水也是維持生命和健康的關鍵。就像其他動物一樣，狗必須在水分的攝取和排出間保持平衡，牠們主要透過飲水來取得水分，但也會使用代謝水，即食物在消化過程中釋放的水分。狗和人類一樣，應該要隨時能取得乾淨的水，除非獸醫師另有醫囑。

飲食的類型

常見的飲食類型有三種：包裝的商業食品（乾食、濕食或半濕食），可以在超市或寵物店買到。自製的鮮食，以及生食。

包裝食品

包裝的商業食品有不同的配方、組成，甚至是一口的大小，而頂級的則不含副產品。乾食（通常俗稱飼料）是最常見也最容易買到的，再來則是罐裝的濕食，最後是半濕食。乾食通常是三者中最便宜的，而且和濕食不同，較不容易腐壞。濕食對挑食的狗來說比較有吸引力，但因為細菌和牙垢會滋生得更快，所以需要更注重口腔照護。半濕食看似是兩者的折衷辦法，但大都含有大量糖分，所以並不理想。大量的糖分攝取與犬類健康問題息息相關，例如糖尿病和肥胖。

自製的鮮食

飼主可以透過多元且健康的手工食物控制狗的飲食，確保牠們得到適量的營養素，而且不含副產品或化學物質。如果做得好，不只能提升狗的健康，也能避免包裝狗食最大的缺點：太過單一。然而，自製食品需要投入許多規劃和準備的時間，所以在下決定前要慎重考慮，也應先諮詢獸醫師的意見。

生食

生食能保存在加熱過程中被破壞的天然酵素和抗氧化劑。除了生肉和骨頭外，狗的生食也包含生菜、生蛋和乳製品。雖然根據推崇者的說法，此類飲食有被毛更光亮、牙齒更乾淨及整體健康提升等許多益處；但也有一些風險，例如噎到或體內被骨頭傷害。另外，生肉（特別是家禽肉）含有細菌，可能會造成食物中毒，也可能傳播寄生蟲卵和幼蟲。若狗的健康狀況良好，腸道能抵禦細菌，但寄生蟲仍是威脅。因此在採用生食前，應先請教獸醫。

梳理是必要

梳理

的活動，而大部分的狗很享受這個過程。因此，我們應當把握機會，和狗好好相處，建立人狗之間穩固的互信關係。

梳理的重要性

好的梳理不只是外觀問題而已，也關係到健康，所以不該只是快速的梳毛和按摩而已，也應包含口腔、眼睛、趾甲和耳朵的照護。每次梳理其實都是小型的健康檢查，讓飼主能注意到腫塊、凸起、感染、皮膚問題、口臭、體外寄生蟲和其他的疾病徵象。除此之外，妥善的梳理也像是舒服的撫摸，讓狗更有活力。

被毛護理

狗可能有單層毛或雙層毛，後者包含粗糙的外層毛和柔軟的底毛。被毛又可以細分成不同種類，每一種都有各自的梳理技巧，有的比較簡單，有的則很複雜。以下將介紹一些常見的被毛種類。

短毛

短毛（也稱平毛）犬最容易梳理，牠們的被毛光亮而滑順，毛髮與皮膚緊貼，只需要定時梳毛即可。短毛犬一年只要洗幾次澡，洗太多次反而會讓被毛失去油脂，使皮膚變得脆弱，也讓被毛失去光澤。

短毛犬的例子有波士頓㹴、大麥町犬、大丹犬和拉布拉多犬。

中長毛

中長毛犬也容易梳理，每週好好梳毛一次就差不多了。牠們的毛通常長度超過1英寸（2.5公分），不會糾結成塊（毛髮結成堅硬的塊狀，沒辦法梳開，可能會吸收濕氣、塵土和細菌）。

然而，若是濃密的雙層毛達到這個長度卻沒有定時梳理，還是有可能結塊。洗澡方面，偶爾洗一次就足夠。不列塔尼獵犬、德國牧羊犬、珍島犬和波蘭獵犬都屬於中長毛犬。

長毛

長毛犬的毛很長，有些品種特別長，容易打結而需要每天梳理，

也需要每個月洗一次澡。關於長毛的理由沒有定論，但有人認為這個特徵能幫助狗融入家畜群，也會使玩賞犬品種看起來更高雅，和貴族飼主匹配。加泰羅尼亞牧羊犬、英國蹲獵犬、芬蘭拉普蘭犬和西施犬都屬於長毛犬。

捲毛

只有少數品種有捲曲的毛，在梳理上很有挑戰性，而且會根據流行和實用性調整。貴賓犬幾乎是捲毛犬的代名詞，梳理方面注重時髦以及關節的保暖。其他的捲毛犬幾乎都是水犬，被毛有防水的作用。

比熊犬、拉戈托羅馬閣挪露犬、貴賓犬和西班牙水犬都是捲毛犬，而有些捲毛犬的毛會自然形成繩狀，例如可蒙犬。

剛毛

剛毛也稱碎毛，堅硬、粗糙如鐵絲，梳理的重點是讓被毛保持粗硬，因此要用工具將壞死的毛髮剝離（也可以徒手拔掉）。剛毛對抗氣候的能力極佳，許多㹴犬、獵犬和獵鳥犬都屬於剛毛犬，例如萬能㹴、荷蘭斯牟雄德犬、德國剛毛指示犬和湖畔㹴。

口腔護理

狗需要透過刷牙來預防牙垢和細菌孳生，如果細菌在口腔中累積，最終會遍布到身體所有部位，造成各種病痛。齲齒或牙齦炎的狗有很高的風險，輕則有口臭問題，重則罹患冠狀動脈心臟疾病。

口腔護理的第一步是飲食。和硬的食物相比，較軟的食物易造成鈣化或形成牙垢。這不代表狗不應該吃濕食，但若選擇濕食，就必須每天刷牙。理想上，就連吃乾食的狗也應盡可能每天刷牙。潔牙骨（例如Nylabone的產品）也能幫忙維持牙齒的乾淨。

狗的牙刷和牙膏很多地方能買到（人類的牙膏對狗有害），牙膏設計成吞嚥式的，迎合狗的喜好有牛肉、肝臟和雞肉等口味。

耳部護理

定期檢查狗的耳朵能發現寄生蟲，或是任何感染的跡象。乾淨而健康的耳朵應該是偏白的粉紅色，而不是褐色或黑色。不同種類的耳朵需要的清理頻率也不同，獵犬等下垂的耳朵會阻擋空氣流動，累積水氣，所以需要時常清理，否則會孳生細菌；豎立的耳朵（例如吉娃娃犬）通風良好，可以每週清理一次即可。

眼部護理

梳理過程中，最容易的應該是眼部的清理和保健，只要用柔軟的濕布擦拭，清除周圍的眼屎即可。如果眼屎累積，可能會變硬，而難以從臉上的毛髮清除。每天清理眼周也能讓飼主檢查眼睛是否出問題，如果發現異常，必須立刻去看獸醫。

趾甲護理

如果放任趾甲過長，可能會影響狗的自然行走，讓牠們把重心放在腳後跟，因而導致腳趾過度張開，或行走姿勢不佳。如果繼續忽視不修剪，趾甲最終會在腳掌下捲曲，刺傷肉墊。過長的腳趾也可能被樹根或其他障礙物絆住，而造成痛苦的傷害。因此，趾甲必須定期修剪。如果飼主不願意自己動手，應該請專業的美容師或獸醫師協助。

健康照護

讓愛犬在一生不同階段都保持健康，是飼主責無旁貸的重責大任。

健康護理的重要

除了高品質的飲食和大量運動之外，定期給獸醫師檢查也是讓狗健康長壽的基石。從飲食的選擇、運動內容到預防性治療和定期施打疫苗，都足以影響狗的健康。你希望牠健康活潑，不受疾病和傷害的威脅；還是沒有活力，容易罹患嚴重的健康問題呢？

健康護理是一項重責大任，但也讓飼主有能力大幅延長寵物的壽命，並提升牠們的生活品質。

找個好的獸醫師

在決定獸醫師時，要注意獸醫師本身和醫院的一些特質。首先，優良的獸醫師會維持診間的清潔，並雇用態度友善的員工。在回答問題時，獸醫師或助理應該儘量詳盡，也應避免讓發問者覺得自己像個笨蛋。

好的獸醫師能在寵物於非營業時間有緊急狀況時，推薦當地的急診診所；需要額外治療時，也能推薦其他的專科醫生。他或她會花時間了解寵物和飼主，對寵物的關心不下於其飼主。

年度健康檢查

年度的健康檢查是寵物照護中不可或缺的一部分（幼犬或高齡犬可能需要更頻繁的檢查）。預防勝於治療，獸醫師可能會注意到主人忽略的細微健康變化，也能針對行為或健康問題給予專業的建議。

年度的健康檢查中，獸醫師會從頭到尾檢查狗的身體，尋找疾病的早期跡象，加以治療或預防。狗的眼睛、耳朵、鼻子和嘴巴也要徹底檢查，接著會檢查心臟和肺臟，看看是否有壅塞或其他問題。反射也是測試項目之一。獸醫師也會檢查被毛和皮膚上是否有傷痕、跳蚤、蝨子或粗糙（可能是某些疾病的早期症狀）；檢查淋巴結是否對稱、大小和軟硬是否正常；檢查生殖器的顏色，以及是否有異常分泌物或腫脹；量測體溫和體重。做這些檢查時，獸醫師會仔細觀察狗的行為表現，以判斷牠的感受。

疫苗注射

狗是社會性動物，但在讓牠們和人或其他動物接觸前，應該先接受疫苗注射來防範許多疾病。有信譽的育種者在販賣狗之前，會施打一系列的疫苗，包含犬瘟熱、肝炎、鉤端螺旋體病、犬小病毒和副流感病毒。疫苗通常會從幼犬六到八週時開始施打，每三到四週一次，直到十六週。獸醫師會安排後續的預防接種時間表，包含狂犬病疫苗。每個獸醫師施打疫苗的流程都不同，所以如果飼主有疑問，一定要問清楚。

共通的疾病

除了一些品種特有的疾病外，有些疾病

是所有品種共通的，但不代表所有的狗一生一定會遇到這些狀況。

過敏

據估計，大約有兩成的狗有過敏的狀況。狗就像人一樣，基本上對任何東西都有可能過敏，但大部分的主因都是食物，特別是乳製品、小麥和玉米。最常見的症狀是搔癢，治療方式是找出過敏原並加以排除。

癌症

癌症是現代的狗最常見的疾病，大部分發生在一生的後半段，但有些年輕的狗也會罹癌。不同的癌症預後也不同，也會受到年齡、先前健康狀況、發現時間和其他因素影響。治療的選項基本上和人類相同，包含手術、化療和放射線治療。

耳部感染

耳部感染是狗相對常見的問題，但只要妥善治療和預防，就能避免復發。徵狀包含因為不適而搖頭，或無法控制地搔抓耳部。頭偏向一邊也是耳部感染的徵兆。耳朵本身則可能發紅或腫脹，以及有黑色或黃褐色的分泌物。遭受感染的耳朵很可能散發強烈而刺鼻的臭味。如果放著不管，耳部的感染不會自行痊癒，所以必須尋求獸醫治療。

眼部感染

常見的眼部感染包含結膜炎（主要的症狀是眼睛發紅）以及乾眼症，如果不治療，可能會導致更嚴重的問題，症狀包含搔抓眼部、發紅或分泌物，必須尋求獸醫治療，通常只要使用含抗生素的藥膏就能解決問題。

皮膚問題

皮膚問題在狗身上很常見，成因有許多，包含寄生蟲、真菌或過敏，有些則找不出原因，需要花許多時間和耐心才能找到適合的療法。濕疹和疥癬也可能是病因。獸醫會依據病因選擇適當的治療方式。

急救

任何品種都有可能面對緊急狀況，飼主必須謹記的第一個原則就是保持冷靜。面對寵物受傷或生病時，我們很容易驚慌，但保持冷靜才能採取適當的行動，也能安撫狗的情緒。緊急狀況必須立刻求醫。

急救技術

許多人類的急救技術也能應用在狗身上，例如用彈性繃帶對傷口加壓止血。飼主應上一些動物的急救課程，學習如何對狗使用心肺復甦術（CPR）和哈姆立克急救法。

急救箱

飼主應要準備急救箱，和人類版的類似，包含紗布墊、紗布、雙氧水、抗生素藥膏、剪刀、溫度計、低劑量阿斯匹靈、鑷子、嘴套和人工淚液。如果狗因為蜂螫或蟲咬而發生過敏反應，苯海拉明能提供緊急救助。急救箱內也應該要有獸醫的電話號碼。

生命跡象

狗的正常體溫介於100～102℉（37.8～38.9℃）之間。飼主應該學習如何為狗測量體溫，如果溫度低於 100 ℉（37.8℃）或高於 104 ℉（40℃），就應該求助獸醫。

飼主也應該學習測量狗的脈搏，並記錄休息狀態下的正常脈搏。狗的脈搏應在每分鐘八十到一百四十下之間，體型愈小的品種脈搏就愈快。

訓練

訓練是養狗最重大的責任之一。教導狗正確的行為，可以讓牠順利融入家庭生活，避免發生意外，也不會得罪鄰居或訪客。而最大的優點是，可以藉由訓練培養信任、尊重和信心，建立穩固的人狗關係。

訓練的重要性

訓練對於狗的健康和福祉來說也至關重要，除了能幫助飼主與狗建立親密關係，知道界線的家犬也會更快樂、更有安全感。狗是慣性動物，當牠們知道會發生什麼事、人類的期望是什麼，就能茁壯成長。訓練不是打擊狗的心靈，而是幫助牠發揮潛能。

正向訓練

最有效的訓練方式就是用正向的手段制約，藉以強化飼主想要的行為。正向訓練中，只要狗一做出飼主想要的行為，飼主就要給予獎勵，出現不好的行為則要加以忽略。如此一來，狗很快就會理解：只要服從主人的要求，就會得到零食、讚美或玩具；但如果做錯事，就什麼也沒有。

訓練器材

如今市面上的訓練器材不勝枚舉。飼主需要以適合自家犬種和訓練目的為目標花時間挑選，並應配合狗的體型和精力，選擇容易使用和清理的品項。最常用的器材是籠子、頸圈、牽繩，以及訓練用的零食玩具。

社會化

社會化能幫助狗適應每天會遇到的許多人、動物、生活狀況和環境。幼犬的社會化從還在母狗和育種者身邊就開始了，要學習群體生活的基本行為和限制。飼主可以選擇是否繼續這個重要的訓練過程。社會化訓練可以透過正式的課程、狗安親班進行，或是採取比較隨興的方式，例如帶狗去散步。社會化良好的狗在面對任何人、狗或情境時，都不會害怕畏縮。

關籠訓練

狗籠不是監獄，而是安全舒適且只屬於牠自己的空間。狗可以在裡面吃飯、睡覺、休息，甚至更安全地旅行。有些人認為，對狗這種社會性的動物來說，關籠既殘忍且不自然；但他們忽略了狗的穴居本能。狗天性喜歡待在受保護的遮蔽角落，這就是為什麼牠們常會蜷縮在樓梯或桌子下睡午覺。

籠子同時也是個避難所，能夠讓狗遠離環境中的危險。在無人監督的情況下，讓幼犬自由地在家裡遊蕩其實相當危險，無論是有毒的室內植物、化學物質、電線，甚至家具和階梯都有可能造成傷害，因為充滿好奇心的幼犬什麼都會咬。關籠訓練對如廁訓練也有幫助，因為狗一般不願意在睡覺的地方排泄。

如廁訓練

如廁訓練就是教導狗在室外排泄（某些小型犬則可以在便盆中），對新手飼主來說是最有挑戰性的部分。幼犬剛帶回家中時，就可以開始教導牠適當的解放地點，過程中需要很多耐心，因為總是會有意外，而且有的幼犬比較晚熟，需要花更多時間學習。

基本服從訓練

基礎的服從訓練或訓練狗遵從簡單的指令，例如坐下、趴下、等待、召回和腳側隨行，能夠讓狗的行為更受控制，提升牠的信心和安全。事實上，如果有一天狗跑出家中或庭院等安全環境，服從飼主的命令可以救牠一命。有些品種渴望討好飼主，所以很容易訓練；有些卻較為獨立，需要更多耐心和關注。

進階活動

一旦完成基礎的社會化和訓練，有興趣的飼主會有很多機會可以進行進階的訓練和運動競賽，包含敏捷、服從、障礙賽、飛球賽、追蹤、放牧、狩獵、拉重，或是成為治療犬、搜救犬。知道品種的歷史和來歷，也能幫助飼主做出選擇。舉例來說，西伯利亞雪橇犬因為喜愛雪，在歷史上扮演雪橇犬的角色，所以可以投入滑雪運動。西高地白㹴在捕鼠大賽中表現出色，也是因為牠們過去就是滅鼠犬。進階訓練班或是與訓犬員的一對一培訓都是入門的好方法。

第三部分

品種簡介

關於簡介內容
簡介區塊說明
簡介

關於簡介內容

本書嘗試以百科的方式呈現，首要任務就是決定要涵蓋哪些內容，以及排除哪些部分。我們花了幾個月的時間討論適當的編寫方式，既要詳加介紹世界犬種，也要可執行。最後，本書選定的犬種是通過以下協會的認證：美國育犬協會（AKC）、美國稀有犬種協會（ARBA）、澳洲國家育犬協會（ANKC）、加拿大育犬協會（CKC）、世界畜犬聯盟（FCI）、育犬協會（KC），以及聯合育犬協會（UKC）。

當然，這並不代表本書未收錄的犬種就不是「真正的」品種，也無意評斷品種間的優劣。有些育種者害怕過度曝光會有負面的影響，所以不願意讓品種在任何機構登記註冊。也有些犬種已經存在數個世紀，但由於牠們的唯一目的是工作（例如護衛、放牧），對飼養者來說，取得官方認證並不是第一要務。除此之外，有些犬種還在發展中，尚不屬於任何品種協會。

事實上，如果要順利成書，就必須做出抉擇。上述的協會涵蓋了最多品種，擴及世界的每個角落，從常見到特殊的品種，會讓每個愛狗人士都眼睛一亮。

標題顏色

每個品種名稱都用色塊標註，顏色則是依照品種的類型（參見第 16 到 37 頁）。

品種名稱

- 棕色：獒犬
- 奶油色：伴侶犬
- 深藍色：北歐犬
- 灰色：牲畜護衛犬
- 綠色：獵鳥犬
- 中藍色：畜牧犬
- 橙色：㹴犬
- 紫色：嗅覺型獵犬
- 紅色：視覺型獵犬
- 黃色：野犬

本書採用的品種英文名稱是根據美國註冊登記資料中，最常見的拼音。如果該品種並未在北美的協會註冊，拼法就參考第二常見的。

至於「品種」和「分支」的定義，可能會因為不同的機構而有所不同。本書採用北美協會的分類方式，以及編者的斟酌考量。在英文部分，分支會以逗號在品種名稱後標記（例如標準貴賓犬：Poodle, Standard）。

品種資訊

每個品種簡介的第一頁都會有個統計資料的方格，包含以下資訊。

原產地

表明該品種誕生自何處，也可能是其發展或改良的地方。

身高

品種的身高範圍參照各品種機構的資料，所有的單位都換算成公制單位，計算到小數點後一位，以括號標註。

品種的身高有時在不同機構間會有些微不同，會依照性別列出最低至最高的範圍，中間以斜線區隔。

- 例如：公 19-20.5 英寸（48-52 公分）／母 17-18.5 英寸（43-47 公分）

有些機構會區分性別，有些則只顯示綜合的範圍。我們會採用較精確的資訊，遇到例外時則會用「｜」符號代表，並且以括號補充來源機構。

- 例如：公 10 英寸（25.5 公分）／母犬較小｜ 8-11 英寸（20-28 公分）[AKC]

如果沒有任何機構列出具體的身高，

編輯會根據研究和資料判定，並且標註 [估計]，代表只是估計數字。

- 例如：12-13 英寸（30-33 公分）[估計]

體重

品種的體重範圍參照各品種機構的資料，所有的單位都換算成公制單位，計算到小數點後一位，以括號標註。

品種的體重有時在不同機構間會有些微不同，會依照性別列出最低至最高的範圍，中間以斜線區隔。

- 例如：公 66-88 磅（30-40 公斤）／母 55-77 磅（25-35 公斤）

有些機構會區分性別，有些則只顯示綜合的範圍。我們會採用較精確的資訊，遇到例外時則會用「｜」符號代表，並且以括號補充來源機構。

- 例如：公 16-18 磅（7.5-8 公斤）／母 15-17 磅（7-7.5 公斤）｜ 3.5-7 磅（1.5-3 公斤）[UKC]

如果沒有任何機構列出具體的身高，編輯會根據研究和資料判定，並且標註 [估計]，代表只是估計數字。

- 例如：35-45 磅（16-20.5 公斤）[估計]

被毛

被毛描述是依各機構都能認可的資訊。

- 例如：雙層毛，外層毛剛硬、濃密，底毛短、柔軟；有鬍鬚

如果有些組織認證不只一種被毛類型，有些只認證一種，會先列出主流的共識，每種類型間以「／」分隔。較少認證的類型則以「｜」區隔，代表屬於例外，並以括號補充認證的機構。

- 例如：兩種類型：短毛型的外層毛短、堅韌、非常濃密、平滑伏貼，底毛稀少或無／長毛型的外層毛長、扁平或略呈波浪狀、柔軟，底毛或有或無｜單一類型：短、光滑油亮 [AKC] [UKC]。

如果沒有任何機構列出被毛的描述，編輯會根據研究和資料判定，並且標註 [估計]，代表只是估計。

- 例如：短、平滑、堅實、緊密 [估計]

毛色

被毛的顏色是根據各機構都能認可的資訊。

- 例如：紅色到黃色帶黑色鞍型斑或披風；白色斑紋

如果不同機構列出不同的毛色，會先列出共通的，接著以「｜」區隔，按照註冊機構的數目排序，並以括號標註認證的機構。

- 例如：黑色、小麥色、任何顏色的虎斑｜亦有鋼灰色或鐵灰色、沙色 [CKC] [UKC] ｜亦有紅色 [AKC]

如果許多機構都認證某一品種，但列出完全不同的毛色，則會全部列舉，以「｜」區隔最少認證的毛色。

- 例如：任何顏色、花紋或組合，除了黑色、純藍和三色｜純白、花色、白色帶虎斑或紅色斑塊 [ARBA]

如果沒有任何機構列出毛色的描述，編輯會根據研究和資料判定，並且標註 [估計]，代表只是估計。

- 例如：黑色、棕褐色 [估計]

其他名稱

有些品種會有許多常見的正式名稱，將依照字母順序列在這個部分。

註冊機構

本書介紹的所有犬種都至少通過一個機構的認證，包含：美國育犬協會（AKC）、美國稀有犬種協會（ARBA）、澳洲國家育犬協會（ANKC）、加拿大育犬協會

（CKC）、世界畜犬聯盟（FCI）、育犬協會（KC），以及聯合育犬協會（UKC）。（技術上來說，世界畜犬聯盟不算註冊機構，但為了順利成書，我們仍將其視為品種分類的工具。）除此之外，所有機構都會根據來源或目的，為犬種分類（例如工作犬、畜牧犬、護衛犬）。

我們會按照字母順序列出犬種認證的機構，並以括號補充分類。

起源與歷史

許多犬種的起源都有繁複的紀錄，包含有名的育種者和著名的基礎種犬等。然而，有些犬種的歷史已不可考，只剩下猜測和傳說故事。這個部分涵蓋犬種歷史的最新研究，如果無法考證，則採用最主流的起源推論。

個性

「個性」這個詞聽起來有點擬人化，卻可以用來形容犬種典型的行為特質和脾氣。當然，和狗相處過的人都知道，每隻狗都是獨立的個體。然而，還是可以根據品種做出一些概括，例如：大部分的靈緹犬都喜歡跑步、大部分的喜樂蒂牧羊犬「話很多」、大部分的凱恩㹴有挖洞的衝動。這些行為最有可能出現在該品種的狗身上。

有職業道德的育種者會追求品種理想性格，所以如果想確保自己的狗個性良好，就要找優良的育種者。

照護需求

這個部分會提供關於運動、飲食、梳理、健康和訓練的具體資訊。

運動

為了生理和心理的健康，所有的狗都需要運動。差異在於每個品種需要的分量和強度不同，而且會隨著年齡改變。這個部分將告訴你特定品種需要的運動量，以及哪些類型的運動較為適合。

飲食

無論什麼品種，優質的飲食對每隻狗的健康來說都必不可缺。而狗的所需食量會根據體型、年齡和精力有所不同。特殊飲食需求也會在這個部分提及。

梳理

本部分包含梳理所需要的時間、困難程度，以及被毛的特殊照護需求。是依據寵物狗，如果要參加比賽，則需要花更多時間和精力整理。

健康

列出品種的平均壽命，但每個個體都可能有所不同，也會受到許多因素影響，包含一生中所受的照顧等。

每個品種都有好發的健康問題，特別是邁入高齡時。這個部分會概述品種特定的健康問題，與基因、身體構造和功能有關。這不代表這些狀況一定會發生，事實上，大部分的飼育者都極力排除品種的健康問題。最好的方法就是找優良的飼育者，並要求健康證明。關於健康問題的定義可以參照第 914 頁開始的健康相關詞彙表。

訓練

和運動一樣，訓練也是不可或缺的部分。從最小型的玩賞犬到最大的獒犬，每種狗都能從訓練和社會化中受益。本部分包含特定的訓練挑戰（例如如廁訓練困難，或是天性獨立），以及每個品種擅長與不擅長的任務。

要記得，狗的訓練程度不代表牠的智商。有些極度聰明的品種反而很難訓練，因為牠們生性獨立或活力十足，很難專心在基本的服從訓練上。

速查表

本區是品種資訊的歸納，分數由一個狗腳印到五個狗腳印(一是最低，五是最高)，評分項目將在下方一一介紹。三分是「普通」，對應的標準和影響評分的因素也會詳述。這些只是概略的分數，不應該作為選擇品種的唯一依據。每隻狗都是獨立個體，訓練、社會化和育種都會影響其個性脾氣。

適合小孩程度

得分「普通」的狗如果和知道如何正確對待牠們的小孩一起生活，通常不會有甚麼問題。

其他考慮的因素有：該品種如何與不認識的小孩相處？該品種體型是否太小，可能會被小孩意外弄傷？體型是否太大，會不小心把小孩撞倒？興奮的時候是否容易咬人？小孩的年齡會有影響嗎？

適合其他寵物程度

得分「普通」的狗享受「群體」的陪伴，只要好好社會化，就能與其他寵物共存。

其他考慮的因素有：在該品種的歷史中，是否對其他狗有攻擊性？偏好與自己同品種的狗嗎？育種的目的是否為打獵或追逐小型動物？

活力指數

得分「普通」的狗有時愛玩而警醒，但在家中也能夠安定一段時間。

其他的考慮因素有：該品種需要持續的關注及室內活動嗎？或是傾向自己安靜休息？

運動需求

得分「普通」的狗每天都需要適度的運動。

其他考慮的因素有：該品種習慣長時間的辛苦工作(例如畜牧)嗎？如果運動不足，會出現行為問題嗎？激烈運動會造成問題嗎？在極端氣候中運動會造成問題嗎？

梳理

得分「普通」的狗一週需要梳毛數次。

其他考慮的因素有：需要每天梳毛嗎？需要特殊的照護嗎，例如剪毛或除毛？是否容易掉毛？臉部、耳部或眼部是否需要特別護理？需要請專業人士嗎？

忠誠度

得分「普通」的狗對主人全心投注而忠誠。

其他考慮的因素有：該品種屬於野犬嗎？比起關心主人，更傾向專注在工作上嗎？

護主性

得分「普通」的狗會保護飼主，對周遭的威脅保持警戒。

其他考慮的因素有：該品種的飼育目的是守衛嗎？會在軍中或警界使用嗎？有看門的傾向嗎？

訓練難易度

得分「普通」的狗能夠社會化、如廁訓練，並學會基本的禮儀，而不需要飼主密切的努力。

其他考慮的因素有：該品種的如廁訓練是否特別困難？個性是否相當獨立？能否執行更高階的任務？是否容易感到無聊？是否善於解決問題？是否對特定活動天賦異稟？

簡介區塊說明

照片

頁首的圖片清楚呈現出品種的外觀。

色塊標記

標註品種的分類：

- 伴侶犬
- 牲畜護衛犬
- 畜牧犬
- 獒犬
- 北歐犬
- 野犬
- 嗅覺型獵犬
- 視覺型獵犬
- 獵鳥犬
- 㹴犬

地球

星號代表品種的產地。

品種資訊

提供品種的原產地、身高、體重、被毛類型、毛色和所屬的註冊機構與分類。

起源與歷史

提供品種歷史的完整介紹，包含早期的發展、功能，以及現今的狀況。

個性

詳細介紹品種的脾氣和個性特徵。

最完整犬種圖鑑百科（上）

阿富汗獵犬 Afghan Hound

品種資訊

原產地
阿富汗

身高
公 26-29 英寸（66-73.5 公分）／
母 24-27 英寸（61-69 公分）

體重
公大約 60 磅（27 公斤）／
母大約 50 磅（22.5 公斤）

被毛
厚、絲滑、細緻，有長冠毛｜
下顎或有鬍鬚 [FCI]

毛色
所有顏色

其他名稱
Balkh Hound；俾路支獵犬（Baluchi Hound）；Barutzy Hound；Galanday Hound，喀布爾獵犬（Kabul Hound）；Ogar Afgan；Sage Baluchi；Shalgar Hound；Tazi；Tāzī

註冊機構（分類）
AKC（狩獵犬）；ANKC（狩獵犬）；CKC（狩獵犬）；FCI（視覺型獵犬）；KC（狩獵犬）；UKC（視覺型獵犬及野犬）

起源與歷史

阿富汗獵犬是古老的視覺型獵犬，在阿富汗、印度和巴基斯坦都有人培育，主要目的是保護人類和看守牲畜。牠們既是友善的牧羊犬，也是致命武器，必須具備獨立思考的能力，並且在西亞地區艱困的環境中生存。阿富汗獵犬的身體相對較短，腳掌大而厚，被毛能抵禦酷寒和灼熱。牠們投入各種狩獵活動，大至瞪羚小至野兔，同時卻也扮演羊群的守護者。

阿富汗人原本禁止將國犬販賣給外人，而歐洲和美國的第一批阿富汗獵犬都在邁入二十世紀時才引入。如今的阿富汗獵犬以非凡的美麗備受重視，以一身如絲綢般飄逸的毛髮和迷人魅力為犬展賽圈增色。除此之外，牠們的特徵還有長鼻、杏眼，以及覆蓋著較短毛髮末端捲起的尾巴。

64

照護需求

標註品種特殊的運動、餵食、梳理和健康需求。

總覽

總覽的方格根據不同方面給予一到五的評分，包含：適合小孩、適合其他寵物、精力、運動需求、梳理、忠誠度、護主，和訓練難易度。

運動

根據品種的精力和飼育目的，列出適合的運動類型。

飲食

說明何種飲食方式對該品種的健康最有助益。

梳理

說明如何為該品種梳理，以及梳理的頻率。

健康

提供品種的平均壽命，以及可能的健康問題。

訓練

說明該品種的訓練難易度與其天生能力的關聯，以及其對訓練的反應和意願。

阿富汗獵犬

個性

優雅而獨立的阿富汗獵犬很可能會以外觀誤導飼主——牠們的外表光鮮亮麗，內在卻有點傻氣。牠們是忠誠的朋友，會跟隨主人到天涯海角，並安靜地陪伴在側。阿富汗獵犬運動神經優異，決心堅定，堅毅而充滿韌性。牠們有強烈的狩獵慾，所以附近有貓或其他小動物時，飼主必須特別注意。如果關注培養牠們柔軟的一面，就會感受到無條件的愛。

速查表

適合小孩程度	梳理
適合其他寵物程度	忠誠度
活力指數	護主性
運動需求	訓練難易度

照護需求

運動

阿富汗獵犬必須到室外活動。牠們最初的飼育目的是獵捕快速移動的獵物，所以需要快速奔跑，而飼主必須適當地引導。牠們需要每天散步數次，以及在安全的圍籬庭院中盡情遊戲的時間。

飲食

有些阿富汗獵犬是出了名的挑食，需要均衡、高品質的飲食來保持健康。

梳理

阿富汗獵犬需要密集的梳理，牠們厚而飄揚的毛在梳理前必須先清洗過，如果在乾的時候梳理，就會造成傷害。必須使用頭罩（管狀，遮住耳朵和脖子）避免耳部的長毛掉入食物或水碗中。即便是剃毛的阿富汗獵犬也需要固定的照護，初次飼養的飼主最好請專業的美容師。

健康

阿富汗獵犬的平均壽命為十二至十四年，品種的健康問題可能包含過敏、胃擴張及扭轉、癌症、白內障、乳糜胸，以及髖關節發育不良症。

訓練

阿富汗獵犬天性獨立，所以可能不易訓練，但牠們很聰明。最適合的訓練方式是正向激勵法，能在許多活動中表現出色，例如誘餌狩獵比賽、敏捷、障礙賽、服從訓練，以及狗展。阿富汗獵犬必須從幼犬時期開始社會化訓練，才能壓抑其強烈的狩獵慾。

65

猴㹴 Affenpinscher

速查表

適合小孩程度

適合其他寵物程度

活力指數

運動需求

梳理

忠誠度

護主性

訓練難易度

品種資訊

原產地
德國

身高
9-12 英寸（23-30 公分）

體重
6.5-13 磅（3-6 公斤）

被毛
濃密、粗糙；頭部毛較長，有眉毛和鬍鬚

毛色
黑色｜黑棕褐色、灰色、銀色 [AKC] [CKC] [UKC] ｜紅色 [CKC] [UKC] ｜米黃色 [UKC] ｜或有面罩 [AKC] [CKC]

註冊機構（分類）
AKC（玩賞犬）；ANKC（玩賞犬）；CKC（玩賞犬）；FCI（平犬及雪納瑞）；KC（玩賞犬）；UKC（伴侶犬）

起源與歷史

在十七世紀初期，德國與東歐培育出與猴㹴相似的黑色小型犬，不過體型稍略大，目的是獵捕田鼠和人們家中的鼠。據信，現今的猴㹴在十七、十八世紀的德國改良後，就沒有太大改變，具有巴哥犬、德國平犬和雪納瑞的血統。當時的藝術品常描繪這種小型的黑鬍子狗，盛讚牠們超群的捕鼠能力和溫暖的陪伴。現代的猴㹴多才多藝，是人類可靠的朋友，樂於投入各種活動，例如敏捷、障礙、服從訓練，也很願意坐在腿上，提供溫暖給寵物治療的參與者，或是日常生活遇到的人。

個性

猴㹴以任性聞名，天生充滿魅力，喜歡耍寶，不接受被忽略。事實上，如果關注不夠，可能會使牠們展現出最壞的一面，例如行為偏差或過度吠叫。猴㹴充滿好奇心，警覺而學習能力強。也別忽視了心理方面的刺激！牠們對生命的熱情展現在頑皮的行為和突出的勇氣上，總是渴望與周遭的所有人事物互動。牠們的暱稱「猴面犬」則出自其特殊的臉部特徵，以及愛玩、閒不下來的個性。猴㹴的飼主只要待在寵物身邊，就絕對不會覺得無聊。

照護需求

運動

每天快走數次，互動式遊戲時間，再加上緊湊的社交安排，就能使猴㹴常保健康。

飲食

這種小型犬時常會想吃任何出現在眼前的東西，無論到底能不能吃。因此，飼主必須多加注意。猴㹴需要均衡、高品質的飲食來保持健康。

梳理

猴㹴濃密、粗硬的毛有種天生的蓬鬆感，但還是需要定期梳理和修剪來維持最佳狀態。如果疏於修剪，牠們會從蓬鬆變得凌亂邋遢。每個星期必須梳毛數次，也可以請專業的美容師幫忙。

健康

猴㹴的平均壽命為十一至十四年，品種的健康問題可能包含眼部或心臟問題、疝氣、髖關節發育不良、甲狀腺功能低下、股骨頭缺血性壞死、齒過少、膝蓋骨脫臼、肝門脈系統分流、皮脂腺囊腫，以及類血友病。

訓練

訓練猴㹴需要耐心，除了持續不間斷之外，也要投入熱情和許多獎賞。最好在短時間的訓練後，給予點心或玩具等特殊獎勵。如廁訓練可能會是個問題，所以飼主得勤勞一點。社會化是猴㹴訓練很重要的部分，必須持續與其他人、動物和情境的接觸（最好在友善的環境）。

阿富汗獵犬 Afghan Hound

品種資訊

原產地
阿富汗

身高
公 26-29 英寸（66-73.5 公分）／
母 24-27 英寸（61-69 公分）

體重
公大約 60 磅（27 公斤）／
母大約 50 磅（22.5 公斤）

被毛
厚、絲滑、細緻、有長冠毛｜
下顎或有鬍鬚 [FCI]

毛色
所有顏色

其他名稱
Balkh Hound；俾路支獵犬（Baluchi Hound）；Barutzy Hound；Galanday Hound；喀布爾獵犬（Kabul Hound）；Ogar Afgan；Sage Baluchi；Shalgar Hound；Tazi；Tāzī

註冊機構（分類）
AKC（狩獵犬）；ANKC（狩獵犬）；CKC（狩獵犬）；FCI（視覺型獵犬）；KC（狩獵犬）；
UKC（視覺型獵犬及野犬）

起源與歷史

阿富汗獵犬是古老的視覺型獵犬，在阿富汗、印度和巴基斯坦都有人培育，主要目的是保護人類和看守牲畜。牠們既是友善的牧羊犬，也是致命武器，必須具備獨立思考的能力，並且在西亞地區艱困的環境中生存。阿富汗獵犬的身體相對較短，腳掌大而厚，被毛能抵禦酷寒和灼熱。牠們投入各種狩獵活動，大至瞪羚小至野兔，同時卻也扮演羊群的守護者。

阿富汗人原本禁止將國犬販賣給外人，而歐洲和美國的第一批阿富汗獵犬都在邁入二十世紀時才引入。如今的阿富汗獵犬以非凡的美麗備受重視，以一身如絲綢般飄逸的毛髮和迷人魅力為犬展賽圈增色。除此之外，牠們的特徵還有長鼻、杏眼，以及覆蓋著較短毛髮末端捲起的尾巴。

個性

優雅而獨立的阿富汗獵犬很可能會以外觀誤導飼主——牠們的外表光鮮亮麗，內在卻有點傻氣。牠們是忠誠的朋友，會跟隨主人到天涯海角，並安靜地陪伴在側。阿富汗獵犬運動神經優異，決心堅定，堅毅而充滿韌性。牠們有強烈的狩獵慾，所以附近有貓或其他小動物時，飼主必須特別注意。如果關注培養牠們柔軟的一面，就會感受到無條件的愛。

速查表

適合小孩程度

梳理

適合其他寵物程度

忠誠度

活力指數

護主性

運動需求

訓練難易度

照護需求

運動

阿富汗獵犬必須到室外活動。牠們最初的飼育目的是獵捕快速移動的獵物，所以需要快速奔跑，而飼主必須適當地引導。牠們需要每天散步數次，以及在安全的圍籬庭院中盡情遊戲的時間。

飲食

有些阿富汗獵犬是出了名的挑食，需要均衡、高品質的飲食來保持健康。

梳理

阿富汗獵犬需要密集的梳理，牠們厚而飄揚的毛在梳理前必須先清洗過，如果在乾的時候梳理，就會造成傷害。必須使用頭罩（管狀，遮住耳朵和脖子）避免耳部的長毛掉入食物或水碗中。即便是剃毛的阿富汗獵犬也需要固定的照護，初次飼養的飼主最好請專業的美容師。

健康

阿富汗獵犬的平均壽命為十二至十四年，品種的健康問題可能包含過敏、胃擴張及扭轉、癌症、白內障、乳糜胸，以及髖關節發育不良症。

訓練

阿富汗獵犬天性獨立，所以可能不易訓練，但牠們很聰明。最適合的訓練方式是正向激勵法，能在許多活動中表現出色，例如誘餌狩獵比賽、敏捷、障礙賽、服從訓練，以及狗展。阿富汗獵犬必須從幼犬時期開始社會化訓練，才能壓抑其強烈的狩獵慾。

愛迪犬 Aidi

品種資訊

原產地
摩洛哥

身高
20.5-24.5 英寸（52-62 公分）

體重
50-55 磅（22.5-25 公斤）[估計]

被毛
厚、稍長、濃密、偏粗糙；頸部和喉部有鬃毛

毛色
黑色、棕色調、淺黃褐色調 | 紅色、沙色、三色、淺色、白色、黑白色、白淺黃褐色覆蓋黑色、其他 [ARBA]

其他名稱
Atlas Mountain Dog；Atlas Mountain Hound；阿特拉斯牧羊犬（Atlas Sheepdog；Atlas Shepherd）；Chien de l'Atlas；Kabyle Dog；North African Kabyle；Shawia Dog

註冊機構（分類）
ARBA（工作犬）；FCI（獒犬）；UKC（護衛犬）

起源與歷史

愛迪犬源自摩洛哥，其育種目的是守護家庭和牲畜。牠們生性強悍，必須對抗胡狼等掠食者，厚重的被毛有保護作用，也能抵擋亞特拉斯山脈的極端氣候。愛迪犬的嗅覺敏銳，能察覺到威脅牲畜的掠食者。在原產地，牠們打獵時通常與北非獵犬合作，愛迪犬會透過嗅覺找到獵物，再由北非獵犬加以追捕。牠們能力很強，能扮演牧羊犬、槍獵犬、護衛犬、戰爭犬或警犬的角色。牠們或許是大白熊犬的祖先。

個性

愛迪犬屬於工作犬，以忠誠和勇氣著稱，充滿活力也很敏感，有任務在身時會表現特別突出。牠們充滿信心、警覺而天生護主，能成為很棒的看門狗。愛迪犬有可能對人類家庭極度依賴。

照護需求

運動

由於育種目的是守護家畜，所以天生活躍的愛迪犬需要許多戶外運動。每天較長的散步和數次較激烈的遊戲最為理想。

飲食

活潑的愛迪犬需要均衡、高品質的飲食來保持健康。

梳理

愛迪犬只要定期梳毛，偶爾洗澡，就能維持絕佳狀態。

健康

愛迪犬的平均壽命為十至十一年，根據資料並沒有品種特有的健康問題。

訓練

牠們個性獨立，相當聰明而敏感，最適合嚴格但專注在主題上的訓練，並且以獎勵為主。

速查表

適合小孩程度

梳理

適合其他寵物程度

忠誠度

活力指數

護主性

運動需求

訓練難易度

萬能㹴 Airedale Terrier

速查表

適合小孩程度

適合其他寵物程度

活力指數

運動需求

梳理

忠誠度

護主性

訓練難易度

品種資訊

原產地
英格蘭

身高
公 23-24 英寸（58-61 公分）／
母 22-23 英寸（56-59 公分）

體重
公 50-65 磅（22.5-29.5 公斤）／
母 40-45 磅（18-20.5 公斤）[估計]

被毛
雙層毛，外層毛剛硬、濃密，底毛柔軟、如絨毛；被毛緊貼身體；較硬的毛會捲曲或略呈波浪狀

毛色
身體鞍型斑：背部和側邊為棕褐色帶黑色或深灰班色

其他名稱
賓利㹴（Bingley Terrier）；
濱水㹴（Waterside Terrier）

註冊機構（分類）
AKC（㹴犬）；ANKC（㹴犬）；CKC（㹴犬）；FCI（㹴犬）；KC（㹴犬）；UKC（㹴犬）

起源與歷史

萬能㹴是相對「年輕」的犬種，起源於十九世紀英格蘭約克郡的河艾爾谷。勞工階級的市民想要一種獵犬和伴侶犬，於是讓絕種的古代英國粗毛黑棕褐㹴（Old English Rough-Coated Black-and-Tan Terrier）與獵獺犬雜交，培育出體型龐大、個性堅毅的萬能㹴，主要用於狩獵狐狸、黃鼠狼、水獺、獾、麝香鼠，以及科恩、卡爾德、瓦爾夫和艾爾河谷中其他的小型動物。

萬能㹴為人類服務的歷史悠久，是德國與英國警方首先選用的警犬品種之一。在一戰期間，不僅投入英國與俄國的軍力，也協助紅十字會搜尋傷者和傳遞訊息。有些萬能㹴也在二戰中效力。

如今，牠們在非洲、印度、加拿大和美國用來狩獵較大的動物，並且被稱為「㹴犬之王」，因為牠們是體型最大的㹴犬，也是傑出的獵犬、看門狗、運動員和伴侶犬。

個性

萬能㹴的培育者競爭激烈，每個人都想繁殖出最聰明、敏捷、勇敢的狗。因此，萬能㹴自信心強烈，甚至可以說是驕傲或自大。成犬會有些孤高，不親近陌生人或狗。但熟人會見識到牠柔軟的一面，以及對家人慷慨的愛。自信、勇敢、有趣、調皮、聰明和任性都可以用來形容牠們的個性。只要小孩夠大，體力能應付，萬能㹴就會是絕佳的玩伴。

照護需求

運動

萬能㹴聰明、有活力、好奇，每天都需要充分運動，包含幾次快走，以及安全的圍籬區域，能讓牠們放開牽繩，盡情玩耍。最好也有牠們可以盡興挖洞的地方。如果運動不足，牠們就充滿破壞力。

飲食

萬能㹴的皮膚很容易乾燥搔癢，因此需要均衡、高品質的飲食。

梳理

萬能㹴不太容易掉毛，所以如果要參加選美比賽，就必須經過除毛，最好請專業的美容師幫忙。如果不需要參賽，可以用剪的就好。牠們需要每天梳毛，才能讓死毛鬆脫。如果未妥善照料，毛髮就會變得蓬亂。在一生的每個階段，都需要密集的梳理。

健康

萬能㹴的平均壽命為十至十三年，品種的健康問題可能包含癌症、髖關節發育不良症、甲狀腺功能低下症、皮膚問題，以及泌尿系統問題。

訓練

萬能㹴很聰明、頭腦靈敏，很容易對單調重複的指令感到無聊，而給人難以訓練的錯覺。關鍵在於設定合理的期盼，接受牠們的天性，盡可能讓訓練有趣。

阿卡巴士犬 Akbash Dog

品種資訊

原產地
土耳其

身高
公 28-34 英寸（71-86.5 公分）／
母 27-32 英寸（68.5-81 公分）

體重
公 90-130 磅（41-59 公斤）／
母 75-100 磅（34-45.5 公斤）

被毛
雙層毛，外層毛粗糙，底毛濃密、細緻；常見適量的環狀毛

毛色
純白

其他名稱
Akbas、Akbaş Coban Kopeği；Akbaş Dog

註冊機構（分類）
ARBA（畜牧犬）；UKC（護衛犬）

起源與歷史

土耳其語「Akbash」的意思是「白頭」，阿卡巴士犬是相當古老的牲畜護衛犬種，據信保護家畜超過一千年。或許飼育者刻意將牠們改良成白色，所以牧人能輕易分別阿卡巴士犬和威脅牲畜的掠食者。牠們至今依舊維持著數千年前的生理和心理特質。阿卡巴士犬或許是隨著來自東方的移民來到土耳其山上的牧地。移民也帶來視覺型獵犬、獒犬和牲畜護衛犬，這些都可能是阿卡巴士犬的祖先之一。

阿卡巴士犬奔跑迅速，聽力和視力都很敏銳。牲畜護衛犬的理想特質是能與牲畜建立情感，但又能保護牠們，必須具備耐心和韌性，面對陌生人時有領域性。如今，在土耳其尚未現代化的地區，牠們仍是許多飼主的首選。

個性

阿卡巴士犬有強烈的母性本能，對家庭成員或所管理的動物（無論是綿羊、山羊、

家禽或人類）都忠心投入。只要發現威脅，就會毫不猶豫地伸出援手。在安全的情況下，牠們冷靜而穩定。聰明、忠心、勇敢之外，牠們在必要時也能獨立思考，做出決定。

速查表

適合小孩程度	梳理
適合其他寵物程度	忠誠度
活力指數	護主性
運動需求	訓練難易度

照護需求

運動

雖然阿卡巴士犬通常很冷靜，不需要太劇烈的活動，但牠們聰明而好奇，透過運動才能保持生理和心理的健康。如果沒有滿足好奇心，或是得到適合的任務，牠們就可能充滿破壞性，並出現偏差行為。

飲食

阿卡巴士犬需要均衡、高品質的飲食來保持健康。

梳理

阿卡巴士犬底毛量豐厚，會在換季時掉毛，換毛時幾乎需要每天梳理，才能讓多餘的毛髮鬆脫。至於其他時間，偶爾梳理清潔一下即可。

健康

阿卡巴士犬的平均壽命為十至十一年，品種的健康問題可能包含前十字韌帶損傷、胃擴張及扭轉、癌症、心肌病、癲癇、髖關節發育不良症、甲狀腺功能低下症、腎功能衰竭，以及分離性骨軟骨炎（OCD）。

訓練

阿卡巴士犬個性獨立，即便學習快速，面對重複的指令容易感到無聊。適合嚴格但公平的領導型訓練者，必須能贏得牠的尊敬。訓練師要徹底了解牠們的天性，也就是古老的牲畜護衛犬，不會給予違反天性的要求或期待。

美國秋田犬 Akita（American）

品種資訊

原產地
日本

身高
公 26-28 英寸（66-71 公分）／
母 24-26 英寸（61-66 公分）

體重
公 100-130 磅（45.5-59 公斤）／
母 70-100 磅（31.5-45.5 公斤）[估計]

被毛
雙層毛，外層毛直、粗糙，底毛厚、柔軟、濃密；尾巴的毛最為茂盛

毛色
任何顏色，包含白色、虎斑、淺黃褐色、紅色、雜色；或有面罩

其他名稱
American Akita

註冊機構（分類）
AKC（工作犬）；ANKC（萬用犬）；CKC（工作犬）；FCI（狐狸犬及原始犬）；KC（萬用犬）；UKC（北歐犬）

起源與歷史

除了美國、加拿大和澳大利亞以外的國家，都把美國秋田犬和日本秋田犬視為獨立品種，有人甚至在美國發起活動，希望把兩個犬種分開（在美國，美國秋田犬簡稱為秋田犬）。兩個犬種有著共同的歷史，但因體型和認證顏色的差異而分別（美國秋田犬體型較大，毛色也較多）。

秋田犬是古老的日本犬種，與愛努犬和柴犬是親戚。牠們來自日本北方的秋田，當地最大的城市為大館，以出產大型狗聞名。然而，在數個世紀以前，秋田犬的祖先其實是生活在極地的狐狸犬，後來才來到本州的山區。秋田犬是這批狐狸犬中體型最大的，一開始被訓練為護衛犬和鬥犬。隨著鬥犬活動式微，貴族發現牠們新的功能：狩獵鹿、野豬，甚至是黑熊。

秋田犬在二戰期間瀕臨滅種，因為政府時而沒收秋田犬，提供毛皮給軍隊使用。戰爭終於結束時，秋田犬幾乎都消失了。有許多飼育者致力復育他們認為最能代表日本秋田犬的類型。同時，有些駐紮在日本的美軍愛上這種狗，於是將牠們偷渡回國，成為美國秋田犬。

個性

秋田犬勇敢無畏、強壯、獨立、聰明、強悍，有時卻有點固執，所以需要飼主堅定但有愛的領導。飼主無法強迫秋田犬做事，但如果示範理想的行為，牠們通常會相當配合。秋田犬對其他動物有攻擊性，會保護自己的地盤而攻擊人類或其他入侵者。然而，對家庭來說，牠們是情感豐沛的伴侶犬。為了避免無聊或偏差行為，牠們需要充足的運動。

秋田犬也極度忠誠，最能展現這個特質的就是忠犬八公的故事：八公每天都隨擔任大學教授的主人到涉谷火車站，然後整天耐心地等待，直到主人在傍晚時回來。有一天，教授在大學中風過世，而無法返家。雖然被其他人收養，但八公仍然堅持回到以前的家，往後的十年中每天都到火車站，直到自己過世為止。當牠死去時，日本政府宣告哀悼一天，並且在車站立了一尊雕像紀念。至今，日本已經有許多座八公像。

速查表

項目	評分	項目	評分
適合小孩程度	3/5	梳理	3/5
適合其他寵物程度	1/5	忠誠度	5/5
活力指數	4/5	護主性	5/5
運動需求	4/5	訓練難易度	3/5

照護需求

運動

秋田犬熱愛每天的散步時間，總是熱切期盼，一天應該散步數次。因為對於其他狗有攻擊性（特別是同性別的），所以飼主必須妥善控制。唯有對人類和狗社會化良好的秋田犬，才能在寵物公園自由玩耍。

飲食

雖然和身材相比，秋田犬的食量不大，但牠們仍需要均衡、高品質的飲食。

梳理

秋田犬有著茂盛的雙層毛，需要定期而持續的護理，才能維持良好狀態，也會讓牠們覺得舒服。牠們不會定期換毛，但底毛一年會換數次，所以需要每天梳理，才能去除大片多餘的毛髮。

健康

秋田犬的平均壽命為十至十二年，品種的健康問題可能包含胃擴張及扭轉、肘關節發育不良、髖關節發育不良症、高血鉀症、甲狀腺功能低下症、幼年型多發性關節炎症候群、重症肌無力（MG）、天皰瘡、犬漸進性視網膜萎縮症（PRA）、皮脂腺炎（SA）、犬眼色素層皮膚症候群（UDS），以及類血友病。

訓練

秋田犬被育種為獵犬以及狐狸犬類型的工作犬，所以天性獨立思考，不符合其思考模式的重複指令會令牠們感到無聊。然而，如果與了解牠們的訓練者從小開始，訓練並不會太困難。從幼犬開始社會化訓練也相當重要。

日本秋田犬 Akita（Japanese）

品種資訊

原產地
日本

身高
公 25-27.5 英寸（64-70 公分）／
母 23-25 英寸（58-64 公分）

體重
公 75-120 磅（34-54.5 公斤）／
母 75-110 磅 34-50 公斤）[估計]

被毛
雙層毛，外層毛粗糙、直，底毛柔軟、濃密；尾巴毛最長

毛色
虎斑、紅淺黃褐色、芝麻色、白色

其他名稱
Great Japanese Dog；Japanese Akita；Japanese Akita Inu

註冊機構（分類）
KC（萬用犬）；FCI（狐狸犬及原始犬）

起源與歷史

除了美國、加拿大和澳大利亞以外的國家，都把美國秋田犬和日本秋田犬視為獨立品種，有人甚至在美國發起活動，希望把兩個犬種分開（在美國，美國秋田犬簡稱為秋田犬）。兩個犬種有著共同的歷史，但因體型和認證顏色的差異而分別（美國秋田犬體型較大，毛色也較多）。

秋田犬是古老的日本犬種，與愛努犬和柴犬是親戚。牠們來自日本北方的秋田，當地最大的城市為大館，以出產大型狗聞名。然而，在數個世紀以前，秋田犬的祖先其實是生活在極地的狐狸犬，後來才來到本州的山區。秋田犬是這批狐狸犬中體型最大的，一開始被訓練為護衛犬和鬥犬。隨著鬥犬活動式微，貴族發現牠們新的功能：狩獵鹿、野豬，甚至是黑熊。

秋田犬在二戰期間瀕臨滅種，因為政府時而沒收秋田犬，提供毛皮給軍隊使用。戰爭終於結束時，秋田犬幾乎都消失了。有許多飼育者致力復育他們認為最能代表日本秋田犬的類型。同時，有些駐紮在日本的美軍愛上這種狗，於是將牠們偷渡回國，成為美國秋田犬。

個性

秋田犬勇敢無畏、強壯、獨立、聰明、強悍，有時卻有點固執，所以需要飼主堅定但有愛的領導。飼主無法強迫秋田犬做事，但如果示範理想的行為，牠們通常會相當配合。秋田犬對其他動物有攻擊性，會保護自己的地盤而攻擊人類或其他入侵者。然而，對家庭來說，牠們是情感豐沛的伴侶犬。為了避免無聊或偏差行為，牠們需要充足的運動。

秋田犬也極度忠誠，最能展現這個特質的就是忠犬八公的故事：八公每天都隨擔任大學教授的主人到涉谷火車站，然後整天耐心地等待，直到主人在傍晚時回來。有一天，教授在大學中風過世，而無法返家。雖然被其他人收養，但八公仍然堅持回到以前的家，往後的十年中每天都到火車站，直到自己過世為止。當牠死去時，日本政府宣告哀悼一天，並且在車站立了一尊雕像紀念。至今，日本已經有許多座八公像。

速查表

項目	評分	項目	評分
適合小孩程度	●●●○○	梳理	●●●○○
適合其他寵物程度	●○○○○	忠誠度	●●●●●
活力指數	●●●●○	護主性	●●●●●
運動需求	●●●●○	訓練難易度	●●●○○

照護需求

運動

秋田犬熱愛每天的散步時間，總是熱切期盼，一天應該散步數次。因為對於其他狗有攻擊性（特別是同性別的），所以飼主必須妥善控制。唯有對人類和狗社會化良好的秋田犬，才能在寵物公園自由玩耍。

飲食

雖然和身材相比，秋田犬的食量不大，但牠們仍需要均衡、高品質的飲食。

梳理

秋田犬有著茂盛的雙層毛，需要定期而持續的護理，才能維持良好狀態，也會讓牠們覺得舒服。牠們不會定期換毛，但底毛一年會換數次，所以需要每天梳理，才能去除大片多餘的毛髮。

健康

秋田犬的平均壽命為十至十二年，品種的健康問題可能包含胃擴張及扭轉、肘關節發育不良、髖關節發育不良症、高血鉀症、甲狀腺功能低下症、幼年型多發性關節炎症候群、重症肌無力（MG）、天皰瘡、犬漸進性視網膜萎縮症（PRA）、皮脂腺炎（SA）、犬眼色素層皮膚症候群（UDS），以及類血友病。

訓練

秋田犬被育種為獵犬以及狐狸犬類型的工作犬，所以天性獨立思考，不符合其思考模式的重複指令會令牠們感到無聊。然而，如果與了解牠們的訓練者從小開始，訓練並不會太困難。從幼犬開始社會化訓練也相當重要。

阿拉帕哈藍血鬥牛犬 Alapaha Blue Blood Bulldog

品種資訊

原產地
美國

身高
公 22-25 英寸（56-63.5 公分）／母 20-23 英寸（51-58.5 公分）

體重
公 90-110 磅（41-50 公斤）／母 65-75 磅（29.5-34 公斤）

被毛
雙層毛，外層毛堅挺，底毛柔軟；短至中等長度

毛色
從藍灰色到黑色、棕褐色到深褐色

其他名稱
奧圖犬（Otto）

註冊機構（分類）
ARBA（工作犬）

起源與歷史

阿拉帕哈藍血鬥牛犬是極為罕見的美國品種，在 1800 年代由喬治亞州南方阿拉帕哈河區域的 PaPa Buck Lane 培育而成。牠們的祖先是 1700 年代來自英國的鬥牛犬，臉部相似，但腳較長，身體也較瘦。雖然祖先是牛和豬隻的畜牧犬，但阿拉帕哈藍血鬥牛犬的育種目的是看守農園和牛隻，符合美國南部地區的需求。

個性

阿拉帕哈藍血鬥牛犬的個性反映出其育種目的，護主、聰明而勇敢無畏。牠們以看守的能力著稱，對於任何潛在的危險都充滿警戒，會不顧一切保護受其管理的事物。事實上，他對家庭極度忠誠。

照護需求

運動

阿拉帕哈藍血鬥牛犬強壯而擅長運動，需要定期運動才能保持健康。

飲食

此品種需要均衡、高品質的飲食來保持健康。

速查表

適合小孩程度

梳理

適合其他寵物程度

忠誠度

活力指數

護主性

運動需求

訓練難易度

梳理

牠們的毛短而硬，只需要最簡單的照護（但還是要定期整理）。

健康

阿拉帕哈藍血鬥牛犬的平均壽命為十二至十五年，品種的健康問題可能包含眼瞼內翻。

訓練

由於強烈的防禦天性，阿拉帕哈犬的飼主必須保持堅定且始終如一的訓練，才能將牠們培養成值得信賴的夥伴。最好從幼犬時期就開始結構嚴謹的訓練和社會化。

迷你哈士奇 Alaskan Klee Kai

品種資訊

原產地
美國

身高
玩具型不超過 13 英寸（33 公分）／迷你型超過 13 英寸（33 公分），最大 15 英寸（38 公分）／標準型超過 15 英寸（38 公分），最大 17.5 英寸（44.5 公分）

體重
與身高成比例｜玩具型 10 磅（4.5 公斤）以下／迷你型 15 磅（7 公斤）／標準型 23 磅（10.5 公斤）[估計]

被毛
雙層毛，外層毛直，底毛柔軟、濃密；有頸部環狀毛

毛色
所有顏色；明顯的面罩

其他名稱
Alaskan Klee-Kai；Klee Kai

註冊機構（分類）
ARBA（狐狸犬及原始犬）；UKC（北歐犬）

起源與歷史

Alaskan Klee Kai（迷你哈士奇）來自愛斯基摩語中的「小狗」，是相對較新的犬種，誕生於 1970 年代初期到 1980 年代晚期，由阿拉斯加瓦西拉的琳達・斯裴琳（Linda S. Spurlin）培育，希望成為伴侶犬體型的阿拉斯加哈士奇。該品種名稱原為 Klee Kai of Alaska，在 2002 年改為 Alaskan Klee Kai。Klee Kai 是斯裴琳賦予的命名。

個性

對於信任的人或家人，迷你哈士奇會非常親暱，但對於陌生人有所保留。天性自主的迷你哈士奇如果從小持續社會化訓練，會比較能接受陌生人或動物。牠們敏捷、警醒、好奇、活躍而快速，是很棒的看門狗，也極度聰明，渴望討好飼主。

照護需求

運動

迷你哈士奇是運動型的狗，適合較高的運動頻率。

飲食

此品種需要均衡、高品質的飲食來保持健康。

速查表

適合小孩程度

梳理

適合其他寵物程度

忠誠度

活力指數

護主性

運動需求

訓練難易度

梳理

就像牠北歐犬的祖先，迷你哈士奇有雙層毛，外層毛較粗硬，底毛柔軟，每年換毛兩次，也時常掉毛。因此，每個星期都應該梳毛，移除壞死的毛髮。在季節性換毛或荷爾蒙引起的換毛時，更應該每天梳毛。

健康

迷你哈士奇的平均壽命為十二至十六年，品種的健康問題可能包含隱睪症、心雜音、遺傳性第七凝血因子缺乏症、甲狀腺功能低下症，以及膝蓋骨脫臼。

訓練

迷你哈士奇天性好奇，所以在競爭型的訓練中可能會拒絕眼神接觸，但因為極度聰明，在一般訓練中都能表現良好。

阿拉斯加雪橇犬 Alaskan Malamute

品種資訊

原產地
美國

身高
公 25-28 英寸（64-71 公分）／
母 23-26 英寸（58-66 公分）

體重
公大約 85 磅（38.5 公斤）／
母大約 75 磅（34 公斤）｜
84-123.5 磅（38-56 公斤）[KC]

被毛
雙層毛，外層毛厚、粗，底毛濃密、油性、如羊毛

毛色
純白，多數為白色帶淺灰到黑色、深褐色、紅色的陰影色

註冊機構（分類）
AKC（工作犬）；ANKC（萬用犬）；CKC（工作犬）；FCI（狐狸犬及原始犬）；KC（工作犬）；UKC（北歐犬）

起源與歷史

在北阿拉斯加嚴峻的環境中，馬拉穆愛斯基摩人（現稱科伯克人）需要一種可以抵禦寒冷，而且全力以赴尋找食物的狗。這些飼育者能培育出聰明、強壯又可靠的狗，而且妥善照顧牠們。有一段時間，阿拉斯加雪橇犬聲名遠播，讓非愛斯基摩人很難得到。

1896 年的克朗代克淘金熱（Klondike Gold Rush）吸引各式各樣的開墾者和投機者進入加州，再北上到阿拉斯加。他們很快就發現雪橇犬的價值，並且試著與體型較小、速度較快的狗雜交，或是與更能負重和打鬥的狗繁殖。雜交失敗後，人們繼續培育雪橇犬種，並且一直延續至今。

個性

很多人推測，阿拉斯加雪橇犬之所以脾氣比許多狐狸犬種好，是因為科伯克人的

人道對待，小心地維護了這項特質。牠們是忠心奉獻的同伴，充滿感情而愛玩。

速查表

項目	評分	項目	評分
適合小孩程度	4/5	梳理	4/5
適合其他寵物程度	4/5	忠誠度	4/5
活力指數	5/5	護主性	3/5
運動需求	5/5	訓練難易度	3/5

照護需求

運動

阿拉斯加雪橇犬從幼犬時期體型就很大，而且活潑吵鬧，所以需要經常運動。牠們的飼育目的是長距離拖行雪橇、打獵和保護家庭，所以有大量的精力需要消耗。

飲食

這種大型犬需要均衡、高品質的飲食來保持健康。

梳理

阿拉斯加雪橇犬的厚底毛幾乎隨時會掉毛，且一年約換毛兩次，會掉落大量的底毛，所以需要定期梳理。

健康

阿拉斯加雪橇犬的平均壽命為十至十二年，品種的健康問題可能包含自體免疫溶血性貧血（AIHA）、胃擴張及扭轉、癌症、軟骨發育不良、被毛變色、糖尿病、癲癇、眼部問題、晝盲、髖關節發育不良症、甲狀腺功能低下症、免疫系統疾病、多發性神經病變，以及皮膚問題。

訓練

訓練對體型大、強壯而聰明的阿拉斯加雪橇犬來說不可或缺。牠們敏感聰明，適合正向激勵而有創意的訓練，最好從小時候開始。然而，牠們的天性獨立，傾向自己做決定，所以與其他犬種相比，可能會較難訓練。

阿爾卑斯達切斯勃拉克犬 Alpine Dachsbracke

品種資訊

原產地
奧地利

身高
13.5-16.5 英寸
（34-42 公分）

體重
33-40 磅
（15-18 公斤）[估計]

被毛
雙層毛，外層毛厚，底毛濃密

毛色
深紅色或帶些許黑色、黑色帶紅棕色斑紋

其他名稱
Alpenlandische Dachsbracke

註冊機構（分類）
FCI（狐狸犬及原始犬）；
UKC（北歐犬）

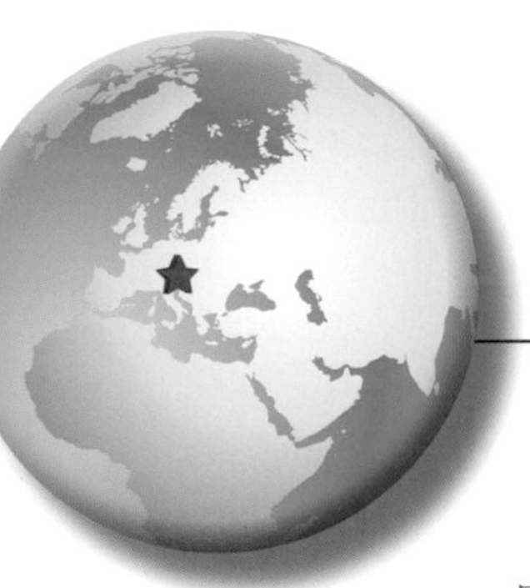

起源與歷史

阿爾卑斯達切斯勃拉克犬源自一種奧地利原生的獵犬，屬於嗅覺型獵犬，以狩獵野豬、狐狸、野兔的能力舉世聞名，同樣也善於追蹤受傷的鹿。雖然牠們的足跡遍及歐洲和中東，但奧地利在 1975 年正式被宣告為牠們的原產地。阿爾卑斯達切斯勃拉克犬在 1800 年代是德國皇室的寵兒。事實上，1800 年代晚期，哈布斯堡王朝的王子魯道夫（Rudolf）在前往土耳其、埃及等地的狩獵之旅時，總是會帶著牠們同行，讓牠們更加聲名遠播。阿爾卑斯達切斯勃拉克犬繁殖時為了適應奧地利的山區，所以強壯而且能習慣各種氣候。

個性

身為群居動物，獵犬能適應群體，阿爾卑斯達切斯勃拉克犬也不例外，但狩獵的本能可能會讓牠們想攻擊體型較小的動物。牠們除了勇敢外，也充滿愛，聰明靈巧。

照護需求

運動

阿爾卑斯達切斯勃拉克犬充滿活力，體力充沛，所以需要充沛的運動。牠們喜歡可以盡情發揮嗅覺的遊戲，所以運動的品質也很重要。

飲食

活躍的阿爾卑斯達切斯勃拉克犬需要均衡、高品質的食物來保持健康。

速查表

適合小孩 ●●●●○	梳理 ●●○○○
適合其他寵物 ●●●○○	忠誠度 ●●●●○
精力 ●●●●○	護主 ●●○○○
運動需求 ●●●●○	訓練難度 ●●●○○

梳理

阿爾卑斯達切斯勃拉克犬的被毛緊貼，能對抗各種氣候，所以梳理相對容易。

健康

阿爾卑斯達切斯勃拉克犬的平均壽命為十二年，品種的健康問題可能包含背部問題以及耳部感染。

訓練

雖然個性很順服，但阿爾卑斯達切斯勃拉克犬的思想自由，所以讓牠們保持專注是最大的挑戰，適合使用正向、激勵的訓練方式。

美國鬥牛犬 American Bulldog

品種資訊

原產地
美國

身高
公 22-27 英寸（56-68.5 公分）／
母 20-25 英寸（51-63.5 公分）

體重
公 75-125 磅（34-57 公斤）／
母 60-100 磅（27-45.5 公斤）

被毛
短、緊密、堅挺

毛色
任何顏色、花紋或組合，除了黑色、純藍和三色｜純白、花色、白色帶虎斑或紅色斑塊 [ARBA]

其他名稱
Old Country Bulldog

註冊機構（分類）
ARBA（工作犬）；UKC（護衛犬）

來源與歷史

美國鬥牛犬與我們今日熟悉的英國鬥牛犬相反，和十七世紀時用來當鬥牛誘餌的犬種較為相近，據說除了娛樂效果，鬥牛也能讓牛肉更加柔嫩。原始的鬥牛犬在殖民時代初期被帶往美國，所以並未經歷英國品種的改良，而是保持其原始的外形直到今日。在第二次世界大戰前，美國鬥牛犬在美國南方地區很受歡迎，被農夫和牧場主人作為工作犬使用。然而，戰爭期間牠們幾乎滅絕。喬治亞州薩默維爾的約翰．強納生（John D. Johnson）力挽狂瀾，蒐集所有能找到的最佳個體，讓該品種得以復甦。

美國鬥牛犬多才多藝，幾乎任何事都能得心應手，從獵捕各種體型的動物到守護牲畜和家庭。

個性

美國鬥牛犬辛勤工作，勇敢而堅定，但卻不帶敵意。牠們相當忠誠，有許多故事述說牠們如何對抗敵人，保護自己的家庭和牲畜。牠們以堅毅和忠誠著稱，對家庭充滿感情，不只體型很大，心胸也很寬廣。

速查表

適合小孩程度	梳理
適合其他寵物程度	忠誠度
活力指數	護主性
運動需求	訓練難易度

照護需求

運動

運動型的美國鬥牛犬充滿活力，需要規律的運動和體能的刺激，才能維持健康和快樂。

飲食

美國鬥牛犬需要均衡、高品質的飲食來保持健康。

梳理

美國鬥牛犬的短毛乾得很快，所以只需要最基本的護理。然而，牠們很容易掉毛。

健康

美國鬥牛犬的平均壽命為八至十五年，品種的健康問題可能包含骨癌、先天性耳聾、肘關節發育不良、眼瞼內翻、髖關節發育不良症，以及甲狀腺問題。

訓練

固執的美國鬥牛犬需要從幼犬早期開始訓練，才能發展出對其他人和動物的信任和尊重。如果用堅定而正面的態度訓練，牠們能成為順服的陪伴者。

英國獵浣熊犬 American English Coonhound

品種資訊

原產地
美國

身高
公 22-27 英寸（56-68.5 公分）／母 21-25 英寸（53.5-63.5 公分）

體重
與身高成比例 | 40-65 磅（18-29.5 公斤）[估計]

被毛
硬、具保護性；中等長度

毛色
藍白色碎斑、紅白色碎斑、三色碎斑、紅白色、黑白色 | 亦有白檸檬色 [UKC]

其他名稱
English Coonhound；Redtick Coonhound

註冊機構（分類）
AKC（FSS：狩獵犬）；ARBA（狩獵犬）；UKC（嗅覺型獵犬）

起源與歷史

英國獵浣熊犬的祖先是英國與維吉尼亞獵狐犬，以及趕上樹競走者獵浣熊犬和布魯克浣熊獵犬。事實上，最初的育種目的是希望犬種能適應美國更嚴峻的氣候和地形，快速、善於追蹤、偵測範圍廣，並且有特殊的叫聲，讓牠們能在狩獵浣熊時表現突出。

個性

英國獵浣熊犬個性外向、喜歡社交，對打獵充滿信心和熱忱，但也能成為很棒的伴侶。牠們喜歡吠叫。

照護需求

運動

英國獵浣熊犬需要大量運動，最適合的活動或許是牠們熱愛的打獵。

飲食

活躍的英國獵浣熊犬需要均衡、高品質的飲食來保持健康。

速查表

適合小孩程度 ●●●●○	梳理 ●○○○○
適合其他寵物程度 ●●●●○	忠誠度 ●●●○○
活力指數 ●●●●○	護主性 ●●○○○
運動需求 ●●●●●	訓練難易度 ●●●○○

梳理

英國獵浣熊犬的短毛易洗快乾，所以很容易照顧。

健康

英國獵浣熊犬的平均壽命為十一至十二年，品種的健康問題可能包含髖關節發育不良症。

訓練

英國獵浣熊犬唯一感興趣的訓練或許就是獵浣熊，而牠們能表現出色。如果適當激勵，對訓練都會反應不錯。

迷你美國愛斯基摩犬 American Eskimo Dog, Miniature

速查表

適合小孩程度

適合其他寵物程度

活力指數

運動需求

梳理

忠誠度

護主性

訓練難易度

品種資訊

原產地
美國

身高
12-15 英寸（30.5-38 公分）／母 11 英寸（28 公分）以上，不超過 14 英寸（35.5 公分）[UKC]

體重
10-20 磅（4.5-9 公斤）[估計]

被毛
雙層毛，外層毛長、直，底毛濃密、厚、短；有頸部環狀毛

毛色
純白、白色帶奶油棕色｜與奶油色 [UKC]

其他名稱
美國德國狐狸犬（American Deutscher Spitz）；美國狐狸犬（American Spitz）

註冊機構（分類）
AKC（家庭犬）；CKC（家庭犬）；UKC（北方犬）

起源與歷史

迷你美國愛斯基摩犬是三種美國愛斯基摩犬中體型居中的。對於愛好者來說，牠們的體型「正好」，不大也不小。牠們與白色凱斯犬、白色博美犬和白色德國狐狸犬是近親。或許是因為一戰時期的反德國情節，該品種名稱在 1917 年改為「美國愛斯基摩犬」，「美國愛斯基摩」也是 1900 年代初期，第一批在聯合育犬協會（UKC）註冊該犬種的犬舍名稱。

美國愛斯基摩犬第一次出名是在馬戲團表演，一隻名為胖皮埃爾（Stout's Pal Pierre）的狗在玲玲馬戲團（Ringling Bros）演出走鋼索。如今，牠們的天分不僅被運用在狗的服從和敏捷競賽中，也是值得信任的緝毒犬和護衛犬。

個性

美國愛斯基摩犬愛玩、迷人、充滿感情、聰明，渴望討好主人。牠們很有活力，生氣蓬勃，所以如果獨處太久或缺乏引導，可能會發展出令人厭惡的行為，而且難以改正。牠們很愛吠叫，但也因此能成為嬌小可愛的看門狗。牠們必須隨時待在主人附近。

照護需求

運動

規律的運動能幫美國愛斯基摩犬釋放天生的精力，並且刺激牠們的好奇心。

飲食

美國愛斯基摩犬很愛吃，但也容易挑剔。或許每天少量多餐會比較適合，但仍要注意食物的品質，並符合不同年齡的需求。如果運動不足，牠們很容易過度增重。

梳理

雖然美國愛斯基摩犬有雙層毛，掉毛情況不輕，但只要最基本的護理，毛色就能維持潔白乾淨。只要定期梳毛，偶爾使用刮毛除毛器整理就已足夠。

健康

美國愛斯基摩犬的平均壽命為十二至十七年，品種的健康問題可能包含糖尿病、癲癇、髖關節發育不良症、幼年型白內障、股骨頭缺血性壞死、膝蓋骨脫臼，以及犬漸進性視網膜萎縮症（PRA）。

訓練

美國愛斯基摩犬享受訓練的過程，也表現出色，是服從、障礙、敏捷競賽的常勝軍。牠們在舞台上的歷史反映在學習把戲上，而且也很快就能學會家中的規矩。

標準美國愛斯基摩犬 American Eskimo Dog, Standard

速查表

適合小孩程度

適合其他寵物程度

活力指數

運動需求

梳理

忠誠度

護主性

訓練難易度

品種資訊

原產地
美國

身高
15-19 英寸（38-48 公分）／母超過 14 英寸（35.5 公分），最大 18 英寸（45.5 公分）[UKC]

體重
18-35 磅（8-16 公斤）[估計]

被毛
雙層毛，外層毛長、直，底毛濃密、厚、短；有頸部環狀毛

毛色
純白、白色帶奶油棕色｜與奶油色 [UKC]

其他名稱
美國德國狐狸犬（American Deutscher Spitz）；美國狐狸犬（American Spitz）

註冊機構（分類）
AKC（家庭犬）；CKC（家庭犬）；UKC（北方犬）

起源與歷史

標準美國愛斯基摩犬是三種美國愛斯基摩犬中體型最大的，再加上蓬鬆的被毛，看起來又更大了些。牠們與白色凱斯犬、白色博美犬和白色德國狐狸犬是近親。或許是因為一戰時期的反德國情節，該品種名稱在 1917 年改為「美國愛斯基摩犬」，「美國愛斯基摩」也是 1900 年代初期，第一批在聯合育犬協會（UKC）註冊該犬種的犬舍名稱。

美國愛斯基摩犬第一次出名是在馬戲團表演，一隻名為胖皮埃爾（Stout's Pal Pierre）的狗在玲玲馬戲團（Ringling Bros）演出走鋼索。如今，牠們的天分不僅被運用在狗的服從和敏捷競賽中，也是值得信任的緝毒犬和護衛犬。標準型美國愛斯基摩犬特別多才多藝，體型足夠面對大部分的體能挑戰，但大小仍然可以放在人腿上玩賞。

個性

美國愛斯基摩犬愛玩、迷人、充滿感情、聰明，渴望討好主人。牠們很有活力，生氣蓬勃，所以如果獨處太久或缺乏引導，可能會發展出令人厭惡的行為，而且難以改正。牠們很愛吠叫，但也因此能成為嬌小可愛的看門狗。牠們必須隨時待在主人附近。

照護需求

運動

規律的運動能幫美國愛斯基摩犬釋放天生的精力，並且刺激牠們的好奇心。

飲食

美國愛斯基摩犬很愛吃，但也容易挑剔。或許每天少量多餐會比較適合，但仍要注意食物的品質，並符合不同年齡的需求。如果運動不足，牠們很容易過度增重。

梳理

雖然美國愛斯基摩犬有雙層毛，掉毛情況不輕，但只要最基本的護理，毛色就能維持潔白乾淨。只要定期梳毛，偶爾使用刮毛除毛器整理就已足夠。

健康

美國愛斯基摩犬的平均壽命為十二至十七年，品種的健康問題可能包含糖尿病、癲癇、髖關節發育不良症、幼年型白內障、股骨頭缺血性壞死、膝蓋骨脫臼，以及犬漸進性視網膜萎縮症（PRA）。

訓練

美國愛斯基摩犬享受訓練的過程，也表現出色，是服從、障礙、敏捷競賽的常勝軍。牠們在舞台上的歷史反映在學習把戲上，而且也很快就能學會家中的規矩。

玩具美國愛斯基摩犬 American Eskimo Dog, Toy

速查表

適合小孩程度

適合其他寵物程度

活力指數

運動需求

梳理

忠誠度

護主性

訓練難易度

品種資訊

原產地

美國

身高

9-12 英寸（23-30.5 公分）

體重

6-10 磅（3-4.5 公斤）[估計]

被毛

雙層毛，外層毛長、直，底毛濃密、厚、短；有頸部環狀毛

毛色

純白、白色帶奶油棕色｜與奶油色 [UKC]

其他名稱

美國德國狐狸犬（American Deutscher Spitz）；美國狐狸犬（American Spitz）

註冊機構（分類）

AKC（家庭犬）；CKC（玩賞犬）

起源與歷史

玩具美國愛斯基摩犬是三種美國愛斯基摩犬中體型最小的，而且無疑是其中最像絨毛玩偶的。牠們與白色凱斯犬、白色博美犬和白色德國狐狸犬是近親。或許是因為一戰時期的反德國情節，該品種名稱在 1917 年改為「美國愛斯基摩犬」，「美國愛斯基摩」也是 1900 年代初期，第一批在聯合育犬協會（UKC）註冊該犬種的犬舍名稱。

美國愛斯基摩犬第一次出名是在馬戲團表演，一隻名為胖皮埃爾（Stout's Pal Pierre）的狗在玲玲馬戲團（Ringling Bros）演出走鋼索。如今，牠們的天分不僅被運用在狗的服從和敏捷競賽中，也是值得信任的緝毒犬和護衛犬。

個性

美國愛斯基摩犬愛玩、迷人、充滿感情、聰明，渴望討好主人。牠們很有活力，生氣蓬勃，所以如果獨處太久或缺乏引導，可能會發展出令人厭惡的行為，而且難以改正。牠們很愛吠叫，但也因此能成為嬌小可愛的看門狗。牠們必須隨時待在主人附近。

照護需求

運動

規律的運動能幫美國愛斯基摩犬釋放天生的精力，並且刺激牠們的好奇心。

飲食

美國愛斯基摩犬很愛吃，但也容易挑剔。或許每天少量多餐會比較適合，但仍要注意食物的品質，並符合不同年齡的需求。如果運動不足，牠們很容易過度增重。

梳理

雖然美國愛斯基摩犬有雙層毛，掉毛情況不輕，但只要最基本的護理，毛色就能維持潔白乾淨。只要定期梳毛，偶爾使用刮毛除毛器整理就已足夠。

健康

美國愛斯基摩犬的平均壽命為十二至十七年，品種的健康問題可能包含糖尿病、癲癇、髖關節發育不良症、幼年型白內障、股骨頭缺血性壞死、膝蓋骨脫臼，以及犬漸進性視網膜萎縮症（PRA）。

訓練

美國愛斯基摩犬享受訓練的過程，也表現出色，是服從、障礙、敏捷競賽的常勝軍。牠們在舞台上的歷史反映在學習把戲上，而且也很快就能學會家中的規矩。

美國獵狐犬 American Foxhound

品種資訊

原產地
美國

身高
公 22-25 英寸（56-63.5 公分）／母 21-24 英寸（53-61 公分）

體重
65-75 磅（29.5-34 公斤）[估計]

被毛
緊密且硬的獵犬被毛；中等長度

毛色
所有顏色

其他名稱
獵狐犬（Foxhound）

註冊機構（分類）
AKC（狩獵犬）；CKC（狩獵犬）；FCI（嗅覺型獵犬）；UKC（嗅覺型獵犬）

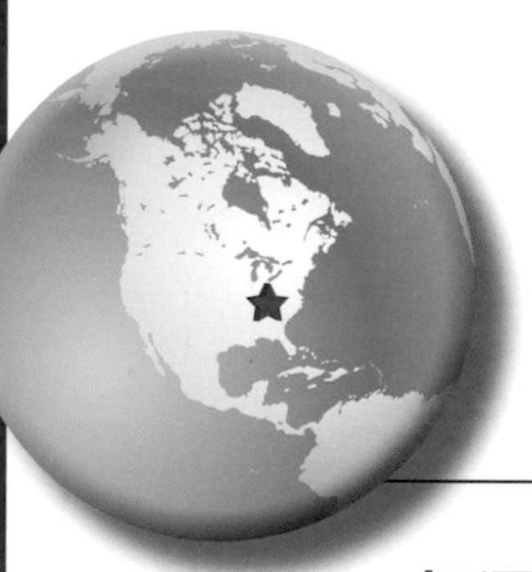

起源與歷史

美國獵狐犬可以追溯到英國獵狐犬，幾乎保有後者大部分的特徵。事實上，英國獵狐犬據信早在 1600 年代中期就來到美國，被用在狐狸的狩獵中。美國獵狐犬是英國獵狐犬的直系後代，與拉法葉特侯爵（General Lafayette）贈予喬治・華盛頓（George Washington）的法國獵犬配種。華盛頓是狂熱的獵狐者，很了解自己的每一隻獵犬。法國獵狐犬的特色是很強的狩獵能力和美麗的聲音，而培育出的美國獵狐犬比英國的獵犬體型更大，速度也更快，至今依然如此。

美國獵狐犬歷來有多種品系，較有名的亨利伯生（Henry Birdsong）、七月獵犬（July hound）和沃克（Walker）早在 1800 年代初期就已經出現。現代的獵人也培育出他們自己的品系。

個性

美國獵狐犬雖然在家中甜美而溫和，到戶外群體行動時，就公事公辦了。為了狩獵而培育的美國獵狐犬適應群體生活，而為了競賽培育的則比較適合居家生活，不願親近陌生人，並會發出「哭聲」，也就是獵狐術語中鴻亮的長嚎。

適合小孩程度 ●●●○○	梳理 ●○○○○
適合其他寵物程度 ●●●○○	忠誠度 ●●●○○
活力指數 ●●●●●	護主性 ●●○○○
運動需求 ●●●●●	訓練難易度 ●●○○○

照護需求

運動

美國獵狐犬需要充沛的運動，因為牠們的育種目的是在野外狩獵，一趟就要六到八個小時，每週通常進行數次。如果運動量不足，牠們就會變得很有破壞力。

飲食

美國獵狐犬需要均衡而高品質的飲食來保持健康。牠們很容易增重，所以營養充足的飲食更為重要。

梳理

美國獵狐犬的短毛只需要偶爾用硬梳整理，除非必要，否則不需要洗澡。

健康

美國獵狐犬的平均壽命為十至十三年，品種的健康問題可能包含先天性耳聾、眼部問題、髖關節發育不良症，以及血小板病。

訓練

美國獵狐犬有強烈的嗅覺導向，在執行主人的命令時可能有集中力不足的問題，如廁訓練也相對困難。

美國無毛㹴 American Hairless Terrier

品種資訊

原產地
美國

身高
10-18 英寸（25.5-45.5 公分）

體重
5-16 磅（2-7.5 公斤）[估計]

被毛
無毛型：除了鬍鬚、吻部和眉部的毛髮；或有短且細緻的毛髮／有毛型：短、濃密、平滑、有光澤

毛色
無毛型可能是任何膚色，但通常為雜色／有毛型通常有些許白色，但可能為雙色、三色、深褐色、虎斑、純白、杏黃色、黑色、藍色、藍黃褐色、巧克力色、檸檬色、棕褐色

註冊機構（分類）
ARBA（伴侶犬）；UKC（㹴犬）

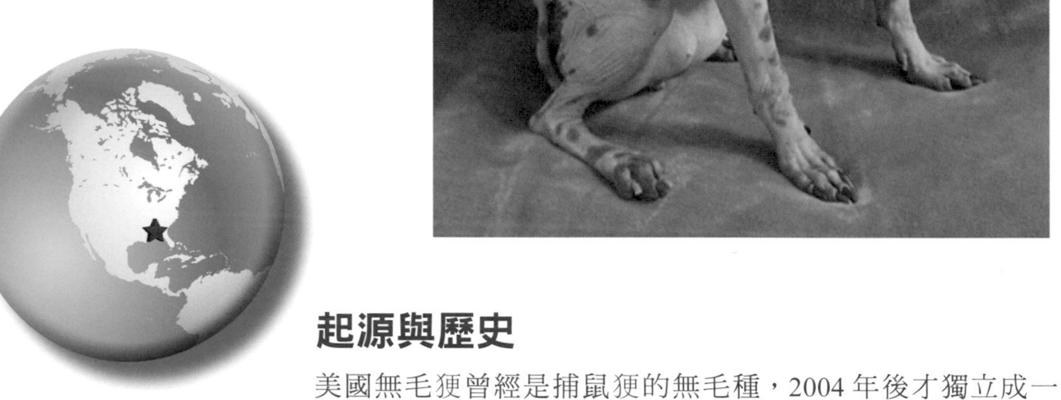

起源與歷史

美國無毛㹴曾經是捕鼠㹴的無毛種，2004 年後才獨立成一個犬種。牠們的歷史可以追溯到一隻名為約瑟芬尼（Josephine）的雌性幼犬。牠誕生於 1972 年，出生時就沒有毛，與同胞手足不同。其位於路易斯安那州的育種者威利（Willie）和艾德溫．史考特（Edwin Scott）喜歡牠的獨特，所以希望能複製這些特質。九歲時，約瑟芬妮終於生出兩隻無毛幼犬，一公一母，而牠們成了美國無毛㹴的始祖。

和其他無毛犬種不同之處是，美國無毛㹴的無毛基因是體染色體隱性，而非半致死的顯性，因此不會像顯性基因那樣導致缺牙或皮膚問題。

個性

美國無毛㹴擁有㹴犬典型的性格：活力、機警、好奇、無畏，但愛玩又親切。因為無毛型沒有毛，所以很容易受到環境傷害，只能作為伴侶犬。若在飼主的謹慎監督

下，牠們可能發展出漸強的領域性，故能成為優秀的看門狗。過度興奮或受到驚嚇時，牠們很容易滿身大汗。

速查表

適合小孩程度

梳理（無毛）

訓練難易度

適合其他寵物程度

梳理（有毛）

活力指數

忠誠度

運動需求

護主性

照護需求

運動

美國無毛㹴需要體能的刺激，可以透過一對一遊戲時間，玩一些激烈有趣的遊戲，例如追逐或拔河。雖然牠們喜歡散步，但是必須保護皮膚不受陽光或環境中其他刺激的傷害。

飲食

美國無毛㹴需要均衡、高品質的飲食來保持健康。

梳理

美國無毛㹴只有極微量的掉毛情況，皮膚在高溫或寒冷時必須妥善保護，而常備的抗生素藥膏能治好偶然的刮傷。為了保持皮膚乾淨，必須每週洗澡數次，假如皮膚乾燥，可以擦非綿羊油的皮膚乳液。有毛的美國無毛㹴只要透過梳毛就能維持絕佳狀態。

健康

美國無毛㹴的平均壽命為十二至十五年，品種的健康問題可能包含髖關節發育不良症、股骨頭缺血性壞死、膝蓋骨脫臼、皮膚感染，以及皮疹。

訓練

對美國無毛㹴來說，能討主人歡心就是最快樂的事，這是標準的㹴犬性格。牠們對訓練反應良好，如果用正面而尊重的態度，訓練起來會很容易。

豹紋雜種犬 American Leopard Hound

品種資訊

原產地
美國

身高
21-26 英寸（53-66 公分）[估計]

體重
公 50-70 磅（22.5-31.5 公斤）／
母 45-65 磅（20.5-29.5 公斤）

被毛
濃密、平滑的雙層毛，外層毛粗糙，底毛細緻、如羊毛

毛色
豹紋、黃色、黑色、虎斑、藍色或慕斯色（mousse color）

其他名稱
American Leopard Cur；Leopard Cur；Leopard Tree Dog

註冊機構（分類）
UKC（嗅覺型獵犬）

起源與歷史

早期美國南方的拓荒者想要一種體型中等的狗，可以在打獵時把獵物（例如松鼠、山獅等）追到樹上，同時也要有強悍攻擊性，可以抵擋美國原住民的攻擊、看守半野生的家畜，甚至在必要時參與打鬥。

豹紋雜種犬也稱獵豹犬，或許是這類獵犬的起源，在十八世紀前期出現於北卡羅來納州的東北區。早在 1542 年，西班牙征服者帶領帶著藍色斑點的戰犬來到美國，而法國人來到南方時也帶了自己的狗，不只是有名的獵犬，還有巨大而勇敢的法國狼犬（黑白花種）。而後，英國、蘇格蘭和愛爾蘭的開墾者也帶來許多獵犬（包含有斑點的克里比格犬）與畜牧犬（例如大理石色牧羊犬）。因此，想要找出「豹紋」（藍大理石色）的來源是不可能的，畢竟可能來自獵犬的一方，也可能來自畜牧犬。然而，豹紋雜種犬確實有一種天性，會將獵物追到樹上，因此成了培育獵浣熊犬的重要特質。

獵豹犬與拓荒者一路向西，進入田納西州、肯塔基州，然後繼續前進。後來，特別是南北戰爭後，隨著德州和奧克拉荷馬州的發展，牠們發揮所長，保護飼主家庭的生存。

二十世紀初，連最遙遠山區居民的生活方式也大幅改變，對獵豹犬的需求驟降。1950 年代已幾乎沒有純種獵豹犬。同時，理查．麥杜菲（J. Richard McDuffie）、洛瑞．史密斯（Leroy E. Smith）和卡特（A.W. Carter）各自創辦育種計畫，想復甦這古老的美國犬種。他們在 1959 年見面，成立美國雜種犬繁殖者協會（American Cur Breeders Association），投入品種培育與推廣。他們試圖註冊那些種源來自北卡羅來納的犬隻。

真正的豹紋雜種犬有「雜種犬」獨特的長相、行為模式和打獵風格。牠們的鼻子靈敏，可以憑著稀少的線索快速追蹤。牠們的叫聲短促，而不是一般獵犬的長嚎。牠們也「追逐血腥」，意味著最後的打鬥才是牠們最感興趣的部分。

速查表

適合小孩程度 ●●●●○	梳理 ●●○○○
適合其他寵物程度 ●●●○○	忠誠度 ●●●●○
活力指數 ●●●●○	護主性 ●●●○○
運動需求 ●●●●●	訓練難易度 ●●●○○

個性

豹紋雜種犬充滿感情，而且強烈渴望討好主人。牠們通常會認定一位主人，對其他陌生人不感興趣；雖然面對不認識的人傾向逃跑，但被逼到角落時，也會轉身對抗。豹紋雜種犬肌肉結實、個性機警，給人彈簧的感覺，彷彿隨時準備好跳起來行動。牠們勇氣和韌性十足，能夠在極端氣候中工作，可說是真正的工作犬，而且對主人有深刻的情感。

照護需求

運動

豹紋雜種犬的飼育目的是長時間打獵，追逐各種體型的獵物，聰明而敏捷，喜歡打獵生活，或至少能到戶外活動。如果體能和心智的挑戰不足，牠們可能會因為無聊而開始破壞東西。

飲食

豹紋雜種犬對食物充滿熱情，會大口吞下任何送到面前的食物。因此，為了避免肥胖，主人應該監控牠們的食物攝取。身為活躍的獵人，牠們會消耗許多能量，需要給予最高品質的飲食，以確保牠們獲得足夠的營養。

梳理

豹紋雜種犬的底毛濃密細緻，雖然會掉毛，但不算嚴重。牠們能適應各種氣候，只要用梳毛手套和梳子梳理，移除壞死的毛髮和戶外活動沾上的碎屑，就能保持乾淨整潔。

健康

豹紋雜種犬的平均壽命為十至十五年，根據資料並沒有品種特有的健康問題。

訓練

豹紋雜種犬是與主人緊密合作的獵犬，所以對訓練者特別有反應，感情豐富，渴望討好主人。然而，牠們也有獨立工作的能力，意味者有時可能會對執行飼主的命令不感興趣。以獎勵為基礎的訓練和社會化，能幫助牠們習得打獵之外的規矩。

美國比特鬥牛㹴 American Pit Bull Terrier

品種資訊

原產地
美國

身高
與體重成正比｜ 18-22 英寸（45.5-56 公分）[估計]

體重
公 35-60 磅（16-27 公斤）／母 30-50 磅（13.5-22.5 公斤）

被毛
有光澤、平滑、緊密、偏堅挺

毛色
任何顏色、紋路、組合，除了大理石色

註冊機構（分類）
ARBA（㹴犬）；UKC（㹴犬）

起源與歷史

美國比特鬥牛㹴起源自稱作馬魯索斯（Molossian）的早期希臘獒犬，牠們進入羅馬帝國的鬥獸場，與從人到大象的各種動物格鬥，藉以娛樂觀眾。美國比特鬥牛㹴培育自鬥牛犬和㹴犬，其先祖起初被屠夫用於對付公牛，以及被獵人用於協助獵捕野豬和其他獵物。在英國，這些任務逐漸發展成鬥牛和鬥熊的血腥運動，直到 1835 年宣布為非法。此後鬥狗活動取而代之，為具備體力以及撕咬與扭打能力、可致其他動物於死地的狗，保存了一項用途。

美國比特鬥牛㹴因頑強、敏捷、強壯、聰明且勇敢，在鬥犬場上大放異彩。對人類有回應也是成功理由之一。離場時，狗應該聽從主人指令，而非攻擊他們。在賽場外，強壯英姿和對家庭忠誠愛護的天性使牠們聲名大噪。事實上，比特犬很快地成為美國受歡迎的獵犬和家庭伴侶犬，而鬥犬在 1860 年代已經被大部分的州立法禁止。

1898 年，品種名稱正式定為「美國比特鬥牛㹴」。愛犬人士喬西．班奈特（Chauncey Z. Bennett）創立聯合育犬協會（UKC），比特犬是他們第一個認證的品種。然而，當比特犬飼主想在美國育犬協會（AKC）取得認證時，卻因犬種鬥犬的歷史而遭到拒絕。1936 年，AKC 同意用「斯塔福郡㹴」的名稱讓比特犬註冊，卻在飼主間造成對立，有些人同意改名，有些人則想維持原始名稱並留在 UKC。1972 年時，為了與英國的斯塔福郡㹴區別，品種名稱進一步改成「美國斯塔福郡㹴」。美國比特鬥牛㹴和美國斯塔福郡㹴超過半個世紀以來，都各自獨立繁殖，現代的比特犬在體型上比斯塔福郡㹴瘦一些。

如今，鬥犬在大部分的國家都已違法，美國也不例外；然而，比特犬參與鬥犬的負面名聲卻如影隨形。對於真正了解而欣賞牠們的飼主來說，犬種的未來就掌握在他們手中。

速查表

項目	評分	項目	評分
適合小孩程度	●●●●○	梳理	●●○○○
適合其他寵物程度	●●○○○	忠誠度	●●●●●
活力指數	●●●●○	護主性	●●●●●
運動需求	●●●●○	訓練難易度	●●●●○

個性

如果飼主有足夠的飼養和訓練知識，並且態度尊重，比特犬會是最棒的同伴。牠們面對小孩時友善關愛，相當聰明，也很容易訓練，個性愛玩、外向、忠誠而多才多藝。然而，牠們對於其他狗很有攻擊性，也可能將小型動物視為獵物。牠們能應用在放牧、守衛、打獵和負重。

照護需求

運動

精力充沛的美國比特鬥牛㹴需要每天散步數次，才能維持健康的體態和心理。散步時也要適當讓他們認識不同的人，提升社會化的程度。

飲食

好動活躍的美國比特鬥牛㹴需要均衡、高品質的飲食來保持健康。

梳理

美國比特鬥牛㹴短而平滑的毛很容易整理，只需要用硬梳來梳理，再加上偶爾洗澡即可。

健康

美國比特鬥牛㹴的平均壽命為十二年，品種的健康問題可能包含過敏、胃擴張及扭轉、白內障、心臟問題（例如主動脈下狹窄）、髖關節發育不良症、甲狀腺功能低下症，以及類血友病。

訓練

牠們聰明、對訓練反應良好，訓練起來相對容易，且在許多考驗能力的領域表現突出。可能遇到的問題是別人的眼光，牠們需要接觸不同的人和地點，才能變得自信而值得信賴，但別人的負面看法可能會有不好的影響。

美國斯塔福郡㹴 American Staffordshire Terrier

品種資訊

原產地
美國

身高
公 18-19 英寸（45.5-48 公分）／
母 17-18 英寸（43-46 公分）

體重
與身高成正比｜ 57-67 磅
（26-30.5 公斤）[估計]

被毛
短、緊密、堅挺、有光澤

毛色
所有顏色;純色、雜色、斑塊｜不包含純白、黑棕褐色、肝紅色 [ANKC] [CKC] [FCI]

註冊機構（分類）
AKC（㹴犬）；ANKC（㹴犬）；
CKC（㹴犬）；FCI（㹴犬）

起源與歷史

美國斯塔福郡㹴起源自稱作馬魯索斯（Molossian）的早期希臘獒犬，牠們進入羅馬帝國的鬥獸場，與從人到大象的各種動物格鬥，藉以娛樂觀眾。美國斯塔福郡㹴培育自鬥牛犬和㹴犬，其先祖起初被屠夫用於對付公牛，以及被獵人用於協助獵捕野豬和其他獵物。在英國，這些任務逐漸發展成鬥牛和鬥熊的血腥運動，直到 1835 年宣布為非法。此後鬥狗活動取而代之，為具備體力以及撕咬與扭打能力、可致其他動物於死地的狗，保存了一項用途。

美國斯塔福郡㹴因頑強、敏捷、強壯、聰明且勇敢，在鬥犬場上大放異彩。對人類有回應也是成功的理由之一。離場時，狗應該聽從主人指令，而非攻擊他們。在賽場外，強壯英姿和對家庭忠誠愛護的天性使牠們聲名大噪。事實上，美國斯塔福郡㹴很快地成為美國受歡迎的獵犬和家庭伴侶犬，而鬥犬在 1860 年代已經被大部分的州立法禁止。

為了擺脫鬥犬的負面形象，育種者喬．唐恩（Joe Dunn）發起活動以成立協會，讓「斯塔福郡㹴」這個新名稱和品種誕生，並於 1936 年獲得美國育犬協會（AKC）認證。在此之前，斯塔福郡㹴被稱為美國比特鬥牛㹴，且兩者確實為同品種。然而，新名稱「斯塔福郡㹴」在部分飼主中不受歡迎，最終決定保留原始名稱「美國比特鬥牛㹴」，並獲得聯合育犬協會（UKC）認證。1972 年時，為了與 AKC 新認證的斯塔福郡鬥牛㹴區別，品種名稱進一步改成「美國斯塔福郡㹴」。美國比特鬥牛㹴和美國斯塔福郡㹴超過半個世紀以來，都各自獨立繁殖，現代的比特犬在體型上比斯塔福郡㹴瘦一些。

如今，鬥犬在大部分的國家都已違法，美國也不例外；然而，比特犬參與鬥犬的負面名聲卻如影隨形。對於真正了解而欣賞牠們的飼主來說，犬種的未來就掌握在他們手中。

速查表

適合小孩程度

梳理

適合其他寵物程度

忠誠度

活力指數

護主性

運動需求

訓練難易度

個性

如果飼主有足夠的飼養和訓練知識，並且態度尊重，美國斯塔福郡㹴會是最棒的同伴。牠們面對小孩時友善關愛，相當聰明，也很容易訓練，個性愛玩、外向、忠誠而多才多藝。然而，牠們對於其他狗很有攻擊性，也可能將小型動物視為獵物。牠們能應用在放牧、守衛、打獵和負重。

照護需求

運動

精力充沛的美國斯塔福郡㹴需要每天散步數次，才能維持健康的體態和心理。散步時也要適當讓牠們認識不同的人，提升社會化的程度。

飲食

好動活躍的美國斯塔福郡㹴需要均衡、高品質的飲食來保持健康。

梳理

美國斯塔福郡㹴短而平滑的毛很容易整理，只需要用硬梳來梳理，再加上偶爾洗澡即可。

健康

美國斯塔福郡㹴的平均壽命為十至十二年，品種的健康問題可能包含過敏、癌症、白內障、先天性心臟病、髖關節發育不良症、蕁麻疹、甲狀腺功能低下症、犬漸進性視網膜萎縮症（PRA），以及脊髓小腦萎縮症。

訓練

牠們聰明、對訓練反應良好，訓練起來相對容易，且在許多考驗能力的領域表現突出。可能遇到的問題是別人的眼光，牠們需要接觸不同的人和地點，才能變得自信而值得信賴，但別人的負面看法可能會有不好的影響。

美國水獵犬 American Water Spaniel

速查表

適合小孩程度

適合其他寵物程度

活力指數

運動需求

梳理

忠誠度

護主性

訓練難易度

品種資訊

原產地
美國

身高
15-18 英寸（38-45.5 公分）

體重
公 28-45 磅（12.5-20.5 公斤）／
母 25-40 磅（11.5-18 公斤）

被毛
雙層毛，外層毛從均勻的波浪狀到緊密的捲毛，底毛濃密、耐候

毛色
深巧克力色、肝紅色｜亦有純棕色 [AKC] [FCI]

註冊機構（分類）
AKC（獵鳥犬）；CKC（獵鳥犬）；FCI（水犬）；KC（槍獵犬）；UKC（槍獵犬）

起源與歷史

美國水獵犬的祖先是水犬和獵犬，隨著開墾者移民到美國。該品種大約從 1800 年代晚期開始，沿著密西西比河發展。水鳥每年會南北遷移，而牠們負責回收獵人射中的鳥屍，在充滿小湖泊和池塘的北明尼蘇達州特別盛行。為了讓在水中覓食的野鴨進入射程，獵人和狗必須匍匐前進大約 50 碼（45.5 公尺）。獵人接著會驚起野鴨並射擊，讓美國水獵犬回收落在地面或水中的屍體。牠們嬌小的身形能輕易放上小船，方便在開放水域或是躲在遮蔽物後打獵，也會狩獵小型動物。

在二十世紀時，英國尋回犬漸漸成為主流，而美國水獵犬開始消失。品種之所以沒有滅絕，要歸功於普菲弗（F.J. Pfeifer）醫師明文訂定品種的標準，並且透過品種協會來推廣。他的努力也促成美國育犬協會（AKC）的認證，而他所飼養的美國水獵犬是第一隻獲得認證的。

雖然如今很稀少，但美國水獵犬始終受到部分獵人的喜愛，也是很棒的家庭寵物。

個性

美國水獵犬的目標是討好主人，牠們個性迷人，快樂、活力而受教，大部分喜歡在野外或水中工作，時常吠叫。

照護需求

運動

美國水獵犬需要一天出門數次，特別是去能發揮狩獵本能的地方。牠們敏捷而精力充沛，只要能和主人在一起，也能享受其他活動。

飲食

美國水獵犬需要均衡、高品質的飲食來保持健康。

梳理

美國水獵犬有捲曲的雙層毛，底毛有隔絕作用，外層毛則是阻擋。牠們需要定期梳毛，偶爾修剪，才能維持乾淨整齊。牠們毛茸茸的長耳朵很容易受到感染，所以必須定期清理。

健康

美國水獵犬的平均壽命為十至十二年，品種的健康問題可能包含糖尿病、癲癇、眼部問題、心臟問題、髖關節發育不良症，以及甲狀腺功能低下症。

訓練

美國水獵犬渴望討好主人，所以訓練上很容易也很愉快。課程內容只要正向而激勵，牠們就能反應良好、學習快速。

安納托利亞牧羊犬 Anatolian Shepherd Dog

品種資訊

原產地
土耳其

身高
公 29-32 英寸（73.5-81 公分）／母 27-31 英寸（68.5-78.5 公分）

體重
公 110-150 磅（50-68 公斤）／母 80-130 磅（36.5-59 公斤）

被毛
雙層毛，外層毛短至中長、濃密，底毛厚

毛色
所有顏色、花紋、斑紋

其他名稱
Anadolu Kopek；Anatolian Karabash Dog；Anatolian Shepherd；Coban Kopegi；Karabas；土耳其護衛犬（Turkish Guard Dog）；土耳其牧羊犬（Turkish Sheepdog）

註冊機構（分類）
AKC（工作犬）；ANKC（萬用犬）；ARBA（工作犬）；CKC（工作犬）；FCI（獒犬）；KC（畜牧犬）；UKC（護衛犬）

起源與歷史

安納托利亞牧羊犬曾經是戰鬥犬，也用來狩獵獅子和馬等大型動物。牠們被飼育來適應安納托利亞平原冬寒夏熱的惡劣氣候，扮演絕對保護者的角色。牠們的直系祖先是中東地區守護牲畜的獒犬，如今是土耳其牲畜的第一道防衛。牠們的速度在故鄉遠近馳名，足以與野狼等強敵抗衡。

個性

安納托利亞牧羊犬極度忠誠，對於牠們認為「屬於自己」的事物可能相當有佔有欲，其中包含家庭、土地和家畜。牠們對飼主忠心耿耿，對陌生人則防範保留，因此社會化訓練相當重要。體型龐大、力氣十足的牠們通常表現冷靜，但受到挑戰時鮮少有能匹敵的對手。

照護需求

運動

安納托利亞牧羊和其他體型類似的品種相比，不需要太大量的運動，但需要每天長距離散步一次，以及活躍的遊戲時間。牠們喜歡在室外活動，用鼻子四處嗅聞探索。

速查表

適合小孩程度

梳理

適合其他寵物程度

忠誠度

活力指數

護主性

運動需求

訓練難易度

飲食

安納托利亞牧羊犬需要均衡、高品質的飲食來保持健康。牠們飲食方面相對保守，適合低蛋白質的食物，包含羊肉和米飯。

梳理

無論粗糙或平滑，安納托利亞牧羊犬通常不需要太多護理，只要定時梳毛，偶爾洗澡即可。牠們一年換毛兩次。

健康

安納托利亞牧羊犬的平均壽命為十一至十三年，品種的健康問題可能包含癌症、耳部感染、眼瞼內翻、髖關節發育不良症，以及甲狀腺功能低下症。

訓練

安納托利亞牧羊犬有強烈的守衛和保護本能，如果要培育成快樂的伴侶犬，就必須適當調控。這意味著大量的社會化訓練，從幼犬開始一直持續到成犬階段。牠們需要瞭解並尊重的訓練者，只有強大、正面而堅持的領導者能做到。

英法中型獵犬 Anglo-Français de Moyen Venerie

品種資訊

原產地
法國

身高
24-27 英寸（61-68.5 公分）[估計]

體重
49-55 磅（22-25 公斤）[估計]

被毛
短、平滑 [估計]

毛色
黑白色、橙白色、三色 [估計]

其他名稱
Middle-Sized French-English Hound

註冊機構（分類）
UKC（嗅覺型獵犬）

起源與歷史

英法獵犬犬種來自十六世紀法國和英國的獵犬雜交，目的是在法國成群參與狩獵活動。英法中型獵犬體型居中，祖先包含英國的獵兔犬，以及普瓦圖犬和瓷器犬等小型的法國獵犬。牠們的工作是追蹤並定位獵物，其中包含小型的野兔、雉雞、鵪鶉，以及大型的野豬和小鹿。

個性

身為群獵犬，英法中型獵犬天性好相處，個性很穩定。儘管如此，牠們仍被育種成工作犬。牠們會堅定地追蹤氣味，直到找到目標，對於獵人來說不可或缺。英法中型獵犬並非理想的家庭犬，因為狩獵才是牠們一生主要的目標，這也是多數人飼養牠們的原因。溫和穩定的個性雖然能幫助牠們適應家庭生活，但如果被留在室內太久，就可能變得坐立難安。

照護需求

運動

工作型群獵犬需要定期運動。

飲食

英法中型獵犬需要均衡、高品質的飲食來保持健康。

速查表

適合小孩程度 ●●●○○	梳理 ●●●○○
適合其他寵物程度 ●●●○○	忠誠度 ●●○○○
活力指數 ●●●●○	護主性 ●●○○○
運動需求 ●●●●○	訓練難易度 ●●●○○

梳理

英法中型獵犬濃密平滑的短毛很容易清理照顧，但需要定期梳理。

健康

英法中型獵犬的平均壽命為十至十四年，根據資料並沒有品種特有的健康問題。

訓練

英法中型獵犬可以從群體中較年長的狗，以及帶領的獵人身上學到很多。

英法小型獵犬 Anglo-Français de Petite Venerie

品種資訊

原產地
法國

身高
18-23 英寸（45.5-58 公分）

體重
35-44 磅（16-20 公斤）[估計]

被毛
短、濃密、平滑

毛色
雙色（橙白色）、三色（黑白色帶亮棕褐色斑紋）、黑白色帶淺棕褐色斑紋

其他名稱
Small French-English Hound

註冊機構（分類）
FCI（嗅覺型獵犬）；UKC（嗅覺型獵犬）

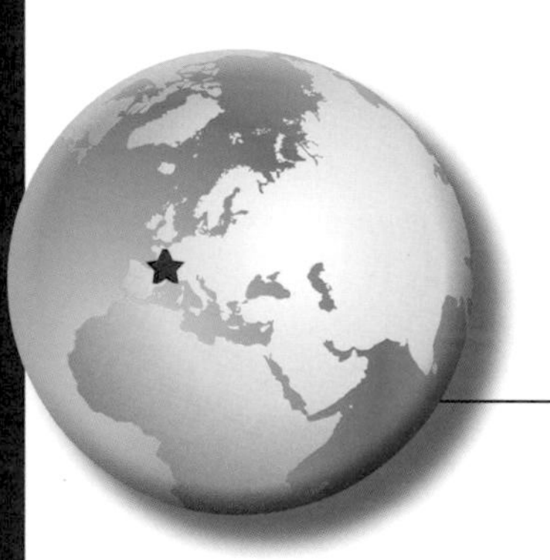

起源與歷史

英法犬在法國被育種為工作型群獵犬，來自法國和英國獵犬的雜交。英法小型獵犬體型居末，源自阿圖瓦犬等較小型的法國獵犬和米格魯。牠們的工作是追蹤並定位獵物，其中包含小型的野兔、雉雞、鵪鶉，以及大型的野豬和小鹿。

個性

身為群獵犬，這些狗天性好相處，個性很穩定。儘管如此，牠們仍被育種成工作犬。與英法中型獵犬不同，小型獵犬除了作為獵犬外，也已經適應成為室內的伴侶犬，個性安定。

照護需求

運動

工作型群獵犬需要定期運動。

飲食

英法小型獵犬需要均衡、高品質的飲食來保持健康。

速查表

項目	評分	項目	評分
適合小孩程度	●●●○○	梳理	●●●○○
適合其他寵物程度	●●●○○	忠誠度	●●○○○
活力指數	●●●○○	護主性	●●○○○
運動需求	●●●●○	訓練難易度	●●●○○

梳理

英法小型獵犬濃密平滑的短毛很容易清理照顧，但需要定期梳理。

健康

英法小型獵犬的平均壽命為十至十四年，根據資料並沒有品種特有的健康問題。

訓練

英法小型獵犬可以從群體中較年長的狗，以及帶領的獵人身上學到很多。

阿彭策爾山犬 Appenzeller Sennenhunde

品種資訊

原產地
瑞士

身高
公 20.5-23 英寸（52-58.5 公分）／
母 18.5-21 英寸（47-54 公分）

體重
49-70 磅（22-31.5 公斤）[估計]

被毛
堅實、緊密的雙層毛，外層毛厚、有光澤，底毛厚

毛色
黑色帶白色和棕褐色斑紋｜深褐色帶鐵鏽色和白色斑紋 [FCI][UKC]

其他名稱
Appensell Cattle Dog；Appensell；Mountain Dog；Appenzell Cattle Dog；Appenzeller Mountain Dog；Appenzeller Sennenhund；Swiss Mountain Dog

註冊機構（分類）
AKC（FSS：畜牧犬）；ARBA（畜牧犬）；FCI（瑞士山犬及牧牛犬）；UKC（護衛犬）

起源與歷史

阿彭策爾山犬發源於瑞士的阿彭策區，是四種瑞士山犬的其中之一（其他為伯恩山犬、安潘培勒山犬、大瑞士山地犬），可能來自與波利犬等體型較小的畜牧犬雜交。牠們和看守的山羊一樣在山地健步如飛，能幫農夫執行各種雜務。市集的日子，牠們會拖著裝羊奶和起士的車到鎮上。

除了產地瑞士的農務之外，牠們也擔任雪崩和其他災難的救災犬，並且參與服從或護衛犬競賽。牠們身為畜牧犬和伴侶犬的能力也反映在傳統的手工頸圈上，會在特殊的場合穿戴。

1898 年，阿彭策爾山犬從瑞士山犬中獨立出來，而品種的標準有一部分是由最大的支持者馬克斯．賽伯（Max Siber）訂定。如今，犬種的繁殖基因庫很小，為的就是維護牠們埋想的特質。

個性

這種強悍的瑞士牧牛犬生理和心理方面都很穩定堅強，足以勝任放牧、護衛、拉車等任務，也幾乎能滿足任何家庭的需求。牠們自信、可靠、勇敢無畏，對陌生人很警戒，對家人則無比忠誠。

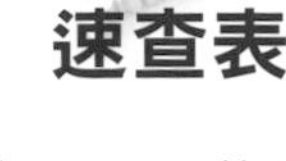

項目	評分	項目	評分
適合小孩程度	4/5	梳理	3/5
適合其他寵物程度	3/5	忠誠度	5/5
活力指數	4/5	護主性	5/5
運動需求	5/5	訓練難易度	4/5

照護需求

運動

在產地瑞士，阿彭策爾山犬活躍於各種戶外活動，而牠們最愛畜牧等品種飼育的目的。這種充滿活力的畜牧犬需要大量規律的運動，也喜歡執行主人指派的任務。

飲食

阿彭策爾山犬需要均衡、高品質的飲食來保持健康。

梳理

牠們的毛短而濃密，需要定期梳毛來控制掉毛情況，但不會太困難。

健康

阿彭策爾山犬的平均壽命為十二至十三年，品種的健康問題可能包含胃擴張及扭轉、眼瞼外翻、肘關節發育不良、眼瞼內翻、癲癇、髖關節發育不良症，以及甲狀腺問題。

訓練

阿彭策爾山犬是可靠的夥伴，對正向的訓練反應良好，很快就能滿足訓練者的期待。

阿根廷杜高犬 Argentine Dogo

品種資訊

原產地
阿根廷

身高
公 24.5-27 英寸（62-68.5 公分）／母 23.5-25.5 英寸（60-65 公分）

體重
80-100 磅（36.5-45.5 公斤）[估計]

被毛
短、厚、光亮、平滑、均匀

毛色
純白；眼部或有黑斑

其他名稱
阿根廷獒犬（Argentinian Mastiff）；Dogo Argentino

註冊機構（分類）
AKC（FSS：工作犬）；ARBA（工作犬）；FCI（獒犬）；UKC（護衛犬）

起源與歷史

安東尼奧·諾爾斯·馬丁尼斯（Antonio Nores Martinez）博士通常被譽為阿根廷杜高犬的創始人。這是1920年代唯一一支完全在阿根廷發展的犬種。馬丁尼斯是獵人，也是愛狗人士，想找到一種夠強悍的護衛犬，足以在狩獵時對抗阿根廷常見的野豬、美洲豹和獵豹。同時，他也想要值得信賴而穩定的家庭犬。馬丁尼斯首先找到可多巴鬥犬（Cordoba Fighting Dog），來自西班牙的牠們體型很大，一身白毛，凶狠而無畏。西班牙獒犬提供力量，鬥牛犬提供胸腔大小、忍耐力和韌性，拳師犬則貢獻了安靜的自信。其他影響包含大丹犬（身高）、大白熊犬（抵禦極端氣候的能力）、英國指示犬（鼻子）、愛爾蘭獵狼犬（速度），以及波爾多獒犬（身體和上下顎的力量）。

數十年以來，馬丁尼斯經過不斷改良，在狩獵、守衛和各種工作任務上都證實了杜高犬的價值。如今，牠們仍然被成群運用在大型動物的狩獵上，也是家庭可靠的保護者和優秀的警犬。品種在歐洲同樣受歡迎，特別是在德國，在美國的名氣也愈來愈高。

個性

阿根廷杜高犬強悍堅韌，卻又情感充沛，是個帶有赤子之心的戰士，對小孩非常溫柔，總是毫不厭倦地陪他們玩耍。牠們的韌性和長壽讓人驚奇，有些甚至到了十六歲還參與狩獵。阿根廷杜高犬需要堅定且有經驗的飼主，才能展現出最好的一面。

速查表

適合小孩程度	梳理
適合其他寵物程度	忠誠度
活力指數	護主性
運動需求	訓練難易度

照護需求

運動

阿根廷杜高犬需要規律的劇烈運動，時常保持活躍，每天有許多探索機會。

飲食

活躍的阿根廷杜高犬需要均衡、高品質的飲食來保持健康。

梳理

杜高犬短而平滑的被毛容易照顧，只需梳理和偶爾洗澡。由於牠們一身光亮的白毛，所以很容易被曬傷。

健康

杜高犬的平均壽命為十至十二年，品種的健康問題可能包含胃擴張及扭轉、先天性耳聾，以及髖關節發育不良症。

訓練

杜高犬需要經驗和知識兼備的訓練者，否則可能會有危險。訓練師要給狗清楚的信號，讓牠們知道情況的嚴重性或潛在威脅，而不是放任牠們自行判斷。早期的社會化也非常重要。

阿里埃日嚮導獵犬 Ariégeois

品種資訊

原產地
法國

身高
公 20.5-24 英寸（52-61 公分）／
母 20-22 英寸（51-56 公分）

體重
63-70 磅（28.5-31.5 公斤）[估計]

被毛
短、細緻、濃密、緊密、量多

毛色
白色帶黑色斑紋｜亦有純白 [UKC]

其他名稱
阿里埃日獵犬（Ariege Hound）

註冊機構（分類）
FCI（嗅覺型獵犬）；UKC（嗅覺型獵犬）

起源與歷史

阿里埃日嚮導獵犬誕生於 1912 年，在法國南方與西班牙接壤的阿里埃日省。牠們被認為是「有藍色斑塊的米地犬（Midi）」，該犬種發源自相同的地區，用以狩獵小型動物。育種時，飼育者用了大加斯科——聖通日犬、阿圖瓦犬和大藍色加斯科尼獵犬。事實上，阿里埃日獵犬外觀上和大藍色加斯科尼獵犬很相似，但是沒有碎斑，體型也較小。阿里埃日獵犬是這些犬種中體型最小的，但這不代表牠們缺乏工作必要的韌性和忍耐力。事實上，牠們的持久力在法國深受稱賞。成群打獵時，牠們最理想的獵物是野兔，可以在各種地形中展現高超技巧。

個性

阿里埃日獵犬速度很快，可以整天狩獵。牠們的聲音深沉有力，嗅覺出色。和其他獵犬一樣，適應與他人相處，個性友善隨和。

照護需求

運動

這種獵犬在必要時可以整天成群打獵，工作的過程就可以滿足運動的需求。

飲食

阿里埃日獵犬需要均衡、高品質的飲食來保持健康。

速查表

適合小孩程度	梳理
適合其他寵物程度	忠誠度
活力指數	護主性
運動需求	訓練難易度

梳理

該品種短而緊貼的被毛會定期掉落，但只需要規律梳理和擦拭，就能維持良好的狀態。

健康

阿里埃日獵犬的平均壽命為十至十二年，根據資料並沒有品種特有的健康問題。

訓練

要訓練阿里埃日獵犬並不困難，但牠們很容易因為新的氣味而分心。牠們能從飼主和群體中其他狗身上學到許多。

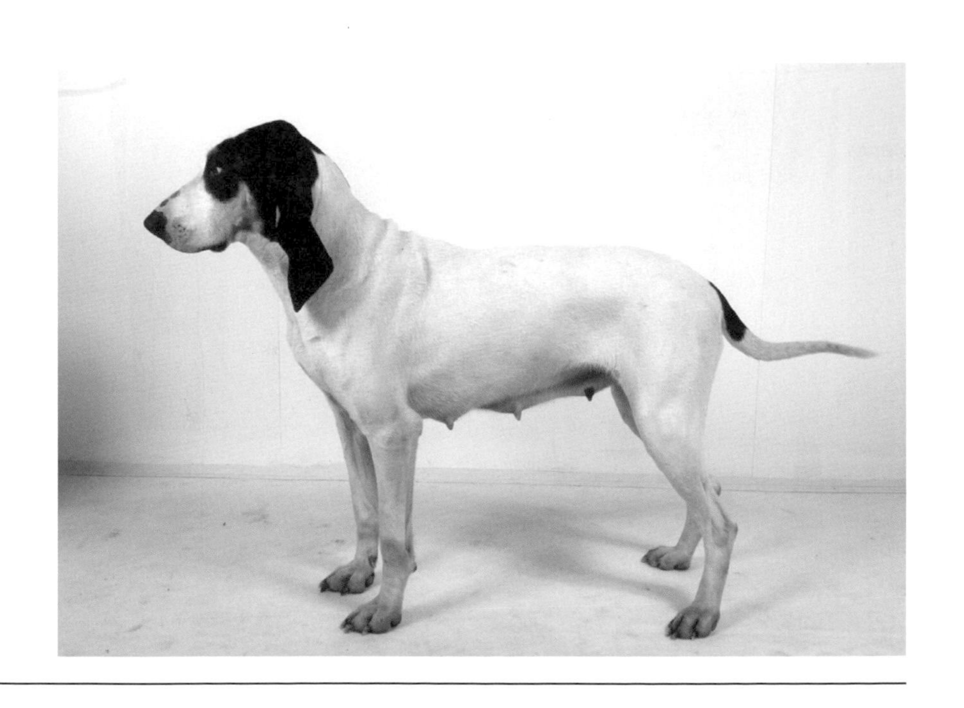

澳洲牧牛犬 Australian Cattle Dog

品種資訊

原產地
澳大利亞

身高
公 18-20 英寸（45.5-51 公分）／母 17-19 英寸（43-48 公分）

體重
33-50 磅（15-22.5 公斤）

被毛
平順的雙層毛，外層毛直、硬、緊貼、耐候，底毛短而濃密

毛色
藍色（純藍或有斑紋）、紅色斑點

其他名稱
Australian Heeler；Blue Heeler；Hall's Heeler；Queensland Heeler；Red Heeler

註冊機構（分類）
AKC（畜牧犬）；ANKC（工作犬）；CKC（畜牧犬）；FCI（牧牛犬）；KC（畜牧犬）；UKC（畜牧犬）

起源與歷史

牠們的名稱說明了一切：這個澳洲犬種被培育為蠻荒之地牧牛者的幫手。經歷超過六十年密集而謹慎的配種，血統包含丁格犬、澳洲卡爾比犬和藍色平毛高地牧羊犬（Blue Smooth Highland Collie），目的很明確：進口的畜牧犬沒有能力在粗暴的牛隻送往市場的漫長路途中控制牠們。另一方面，澳洲牧牛犬可以在任何地形和氣候中驅策家畜。

該品種的標準在 1902 年時由羅伯特．卡拉斯基（Robert Kaleski）訂定，1903 年通過新南威爾斯育犬協會的認證。

個性

澳洲牧牛犬極度聰明、勇敢，隨時都在「值勤」，保持戒備。據說，牠們有兩種速度：「神速」和「昏睡」。牠們凡事認真以待，有極高的狩獵本能，認為自己堅不可摧，而將自己的「人類」視為宇宙的中心。

照護需求

運動

澳洲牧牛犬需要工作，可以整天持續工作。如果沒有足夠的生理和心理刺激，牠們就會將體內累積的大量精力投入破壞性活動，甚至造成傷害。

飲食

澳洲牧牛犬需要均衡、高品質的飲食來保持健康。牠們通常有「鐵胃」，會嘗試吃下任何東西。

速查表

適合小孩程度	梳理
適合其他寵物程度	忠誠度
活力指數	護主性
運動需求	訓練難易度

梳理

澳洲牧牛犬的濃密底毛需要定期梳毛來維持整潔，特別是在換毛時期。但牠們的毛乾得很快。

健康

澳洲牧牛犬的平均壽命為十至十三年，品種的健康問題可能包含先天性耳聾、髖關節發育不良症、膝蓋骨脫臼，以及犬漸進性視網膜萎縮症（PRA）。

訓練

澳洲牧牛犬聰明機警，學習速度很快。訓練上最大的挑戰是不讓牠們感到無聊，而牠們渴望學習之餘，同樣渴望討好主人。強烈的狩獵本能可以透過訓練來控制，否則會產生追逐汽車、動物或人的問題。

澳洲卡爾比犬 Australian Kelpie

品種資訊

原產地
澳大利亞

身高
公 18-23 英寸（45.5-58.5 公分）／母 17-20 英寸（43-51 公分）

體重
25-45 磅（11.5-20.5 公斤）[估計]

被毛
雙層毛，外層毛緊密、直、硬、耐候，底毛短、濃密；有頸部環狀毛

毛色
黑色、黑棕褐色、巧克力色、淺黃褐色、紅色、紅棕褐色、煙藍色｜或有白色斑紋 [ARBA] [UKC]

其他名稱
巴布犬（Barb）；卡爾比犬（Kelpie）

註冊機構（分類）
ANKC（工作犬）；ARBA（畜牧犬）；CKC（畜牧犬）；FCI（牧羊犬）；UKC（畜牧犬）

起源與歷史

澳洲卡爾比犬的歷史可以追溯至兩隻黑棕褐色的豎耳狗，布魯特斯（Brutus）和珍妮（Jenny），牠們大約在 1870 年時從蘇格蘭被帶往澳洲。牠們工作能力優異，於是人們以其中一隻繁殖出同樣思路敏捷、工作勤奮的黑褐色狗，取名為卡爾比（Kelpie），愛爾蘭語為「水精靈」之意。卡爾比生下的小狗裡有一隻和牠極度相似，於是命名為卡爾比二世，很快的也有了「國王的卡爾比犬」這個稱號。當牠在新南威爾斯第一屆牧羊犬賽中獲勝時，可說名留千古，牠的後代被稱為「卡爾比幼犬」，卡爾比犬的品種名也就從此定下。

現今的澳洲工人說，卡爾比犬可以抵過兩個騎在馬背上的人，著實令人驚訝。雖然天生擅長面對綿羊，牠們也可以訓練成牧牛犬。

個性

卡爾比犬相當聰明，機警而充滿動力，隨時準備好完成任務。事實上，牠們思

想獨立，只會與一個主人建立深厚連結。雖然許多方面的工作能力無人能及，牠們卻被培育成在不工作時表現冷靜友善的狗。

速查表

適合小孩程度

梳理

適合其他寵物程度

忠誠度

活力指數

護主性

運動需求

訓練難易度

照護需求

運動

澳洲卡爾比犬被描述為比起吃飯更喜歡工作，至今許多人仍相當贊同。因此，牠們需要能持續運動的工作，否則無限的精力會惹來麻煩，甚至讓牠們自我傷害。

飲食

精力旺盛的卡爾比犬需要均衡、高品質的飲食來保持健康。

梳理

雖然底毛會掉毛，但卡爾犬相對容易整理，只需要規律的梳毛和偶爾洗澡就足夠了。

健康

澳洲卡爾比犬的平均壽命為十至十四年，品種的健康問題可能包含小腦營養性衰竭（CA）、隱睪症、髖關節發育不良症、膝蓋骨脫臼，以及犬漸進性視網膜萎縮症（PRA）。

訓練

卡爾比犬聰明、渴望、動力十足、反應良好，學習速度很快，而且願意完成主人的要求。但牠們思想獨立，對於不夠有挑戰性的重複要求會感到無聊，而且傾向作出自己的決定。牠們適合正向激勵的訓練態度。

澳洲牧羊犬 Australian Shepherd

速查表

適合小孩程度

適合其他寵物程度

活力指數

運動需求

梳理

忠誠度

護主性

訓練難易度

品種資訊

原產地

美國

身高

公 20-23 英寸（51-58 公分）／母 18-21 英寸（45.5-53 公分）

體重

公 50-65 磅（22.5-29.5 公斤）／母 40-55 磅（18-25 公斤）[估計]

被毛

雙層毛，外層毛質地與長度適中、直或捲、耐候，底毛隨氣候變化；適量鬃毛與飾毛

毛色

黑色、藍大理石色、紅色、紅大理石色；或有白色斑紋

註冊機構（分類）

AKC（畜牧犬）；ANKC（工作犬）；CKC（畜牧犬）；FCI（牧羊犬）；KC（畜牧犬）；UKC（畜牧犬）

起源與歷史

澳洲牧羊犬其實並不是澳洲的犬種，而是發展自美國西部各州的牛羊牧人。牠們的祖先很明顯包含巴斯克人帶來的庇里牛斯牧羊犬，其他例如史密斯菲爾德犬（Smithfield）、柯利犬、邊境牧羊犬等畜牧犬也貢獻了部分的性狀。據信，1800 年代晚期澳洲人的祖先移民到美國時，並不是走最直接的路線，而是繞道至澳洲，讓巴斯克人蒐羅了一群強韌的澳洲綿羊。當美國人看見狗兒在美國放牧這些綿羊時，很自然地假定這些狗也是來自澳洲。牠們成了炙手可熱的畜牧犬，有時甚至是與世隔絕的牧羊人唯一的夥伴。澳洲牧羊犬天資極佳，很快地適應了放牧與看守牲畜的工作。不僅如此，也學會各種農場家庭可能指派的任務。如今，牠們仍是許多牧場主人的首選。

個性

澳洲牧羊犬聰明友善，天資、能力和個性都討人喜歡。牠們對工作充滿熱忱，而且很優雅，能夠照顧牲畜、進行敏捷訓練、參與競爭性服從，也可以擔任治療犬，逗人開心。

照護需求

運動

多才多藝的澳洲牧羊犬絕對需要生理和心理方面的運動，需要有意義的工作和目的，讓牠們發揮充沛的精力。有很多適合的工作，包含敏捷運動和接球，以及服從訓練。

飲食

澳洲牧羊犬食量很大，需要高品質的飲食來維持充沛的精力。

梳理

澳洲牧羊犬的雙層毛需要持續照顧，才能控制掉毛的情況，並保持最佳狀態。

健康

澳洲牧羊犬的平均壽命為十二至十五年，品種的健康問題可能包含過敏、自體免疫疾病、癌症、白內障、隱睪症、牧羊犬眼異常（CEA）、角膜失養症、牙齒問題、多生睫毛、癲癇、髖關節發育不良症、虹膜缺損、分離性骨軟骨炎（OCD）、膝蓋骨脫臼、開放性動脈導管（PDA），以及永存性瞳孔膜（PPM）。

訓練

澳洲牧羊犬勢在必得的態度和能力，讓牠們能學會任何事，但訓練時的指令必須正面、激勵而有目的性。

澳洲短尾牧牛犬 Australian Stumpy Tail Cattle Dog

速查表

適合小孩程度

適合其他寵物程度

活力指數

運動需求

梳理

忠誠度

護主性

訓練難易度

品種資訊

原產地

澳大利亞

身高

公 18-20 英寸（45.5-51 公分）／母 17-19 英寸（43-48 公分）

體重

35-50 磅（16-22.5 公斤）[估計]

被毛

雙層毛，外層毛短、直、濃密、略為粗糙，底毛短、濃密、柔軟；少量的頸部環狀毛

毛色

藍色（或有黑色斑紋）、紅色（或有紅色斑紋）

其他名稱

短尾牧牛犬（Stumpy Tail Cattle Dog）

註冊機構（分類）

ANKC（工作犬）；CKC（畜牧犬）；FCI（暫時認可：牧牛犬）；UKC（畜牧犬）

起源與歷史

澳洲短尾牧牛犬與澳洲牧牛犬的長相和血脈都很相似，是史密斯菲爾德犬（Smithfield）與當地丁格犬的混種，前者是黑白長毛的短尾狗，類似於英國古代牧羊犬（該犬種最著名的就是負責把牛隻趕到在英國經營超過一個世紀的史密斯菲爾德市場）。名叫提敏斯（Timmins）的新南威爾斯司機培育出第一批短尾牧牛犬，取名為「提蒙斯咬者」（Timmons Biter），因為牠們的工作方式是輕咬牛隻的腳跟。牠們天生短尾，被毛呈現紅色，而藍色種是後來與藍大理石色柯利犬雜交的結果。

澳洲短尾牧牛犬和澳洲牧牛犬最主要的區別，在於牠們通常較方正，耳朵分得比較開，而被毛上沒有褐色毛髮。牠們在澳洲以外的地方都名不見經傳，連產地的數目也漸漸減少。

個性

勤奮的澳洲短尾牧牛犬機警、勇敢、謹慎而服從。雖然對陌生人很警戒，對主人卻極度忠誠奉獻，是很棒的夥伴。牠們很聰明，精力十足，在工作時生氣蓬勃，沒工作時則很容易感到無聊，因而開始搗蛋。飼主應該要記得，牠們工作時輕咬牲畜腳跟的習慣很可能有時會轉移到人類身上。此外，牠們是農場或牧場上忠誠的好同事。

照護需求

運動

其育種目的是可以長時間在澳洲崎嶇的荒野工作，所以精力充沛，會享受所有飼主能提供的活動。牠們每天最少需要一次的長程散步，再搭配較為激烈密集的遊戲時間。

飲食

活躍的短尾牧牛犬很愛吃，所以要小心控制體重。牠們需要食物提供的能量，但當然也要注意身材。最好給予高品質、適齡的飲食。

梳理

短尾牧牛犬短而粗糙的被毛只需要定期護理，大約一到兩週用硬齒梳徹底梳理過即可。牠們一年可能會有一到兩次短暫的掉毛期，過程中應該提高梳毛的次數。為了保留被毛抵禦天氣的天然油脂，非必要時無須洗澡。

健康

澳洲短尾牧牛犬的平均壽命為十二至十五年，品種的健康問題可能包含肛門閉鎖症、顎裂、先天性耳聾、髖關節發育不良症、犬漸進性視網膜萎縮症（PRA），以及脊柱裂。

訓練

短尾牧羊犬極度聰明，喜歡工作，如果飼主一開始就持續訓練，就能專注服從命令。早期的社會化訓練相當重要，能確保牠們與小孩和其他寵物和平相處。牠們在服從、放牧和敏捷等競賽中都表現傑出，而訓練者會遇到的最大挑戰可能是讓牠們隨時都進行有意義的活動。

澳洲㹴 Australian Terrier

品種資訊

原產地
澳大利亞

身高
公犬約 10 英寸（25.5 公分）／母犬較小｜ 10-11 英寸（25.5-28 公分）[AKC]

體重
公 14 磅（6.5 公斤）／母犬較輕｜大約 14 磅（6.5 公斤）[CKC] [KC]｜與身高成比例 [AKC]

被毛
雙層毛，外層毛直、粗糙、濃密，底毛短、柔軟；冠毛；有頸部環狀毛

毛色
純紅、純沙色、各種深淺的藍棕褐色；淺色冠毛

註冊機構（分類）
AKC（㹴犬）；ANKC（㹴犬）；CKC（㹴犬）；KC（㹴犬）；FCI（㹴犬）；UKC（㹴犬）

起源與歷史

澳洲㹴起源於十九世紀的澳洲，人們用不同品種的英國㹴犬進行繁殖。事實上，牠們的祖先很可能是拓荒者從蘇格蘭或英格蘭北部帶來的㹴犬。蘇格蘭㹴（或稱凱恩㹴）提供硬毛和短腿的性狀，而斯凱㹴則更強化了短腿的基因，並帶來豐厚的毛量和體長。而後，品種更混入丹第丁蒙㹴的冠毛和約克夏㹴的淡藍色被毛與嬌小體型。最後發展出的犬種能為飼主家庭完成許多任務，包含獵捕田鼠和害蟲、看門和忠心陪伴。至今，牠們仍在世界各地驕傲地完成這些使命。

澳洲㹴在 1868 年以澳洲粗毛㹴（Australian Rough-Coated Terrier）的名稱亮相，1933 則用現在的品種名稱獲得認證。

個性

澳洲㹴大膽聰明，總是準備好展開探險，而且始終符合一開始的育種目的：成為家

庭的萬能助手。牠們的體型偏小，卻能勇敢對抗任何東西，並渴望能討好主人，再加上聰明才智，在服從等各種訓練上都學習神速。事實上，牠們學習的速度太快，馬上就準備好面對下一道挑戰。牠們對家庭溫和友善，對陌生人則顯得有些疏離。

速查表

項目	評分	項目	評分
適合小孩程度	4/5	梳理	3/5
適合其他寵物程度	3/5	忠誠度	4/5
活力指數	4/5	護主	4/5
運動需求	3/5	訓練難易度	4/5

照護需求

運動

活躍的澳洲㹴會陪著主人到任何地方做任何事情，這是很棒的運動方式。牠們體型夠小，攜帶方便，但也不該因此忽略規律的散步和外出，讓牠們能盡情探索和挖掘。

飲食

澳洲㹴需要均衡、高品質的飲食來保持健康。

梳理

㹴犬獨特的被毛需要特殊照護，才能維持最佳狀態，也讓牠們感到舒適，但澳洲㹴相對比較沒那麼費工夫，只需要規律的梳理和修剪即可。

健康

平均壽命為十二至十五年，品種的健康問題可能包含過敏、糖尿病、股骨頭缺血性壞死、膝蓋骨脫臼，以及甲狀腺問題。

訓練

多才多藝的澳洲㹴學習速度很快，在訓練中表現優異。訓練師必須發揮創意，讓牠們樂在其中。

奧地利黑褐獵犬 Austrian Black and Tan Hound

品種資訊

原產地
奧地利

身高
公 20-22 英寸（50-56 公分）／
母 19-21 英寸（48-54 公分）

體重
35-50 磅（16-22.5 公斤）[估計]

被毛
平滑、緊密、濃密、飽滿、絲滑

毛色
黑色；淺至深黃褐色斑紋

其他名稱
Austrian Brandlbracke；Brandlbracke；Osterreichische Glatthaarige；Osterreichische Glatthaarige Bracke；Ostreichische Tan Hound；Vieraugl

註冊機構（分類）
FCI（嗅覺型獵犬）；UKC（嗅覺型獵犬）

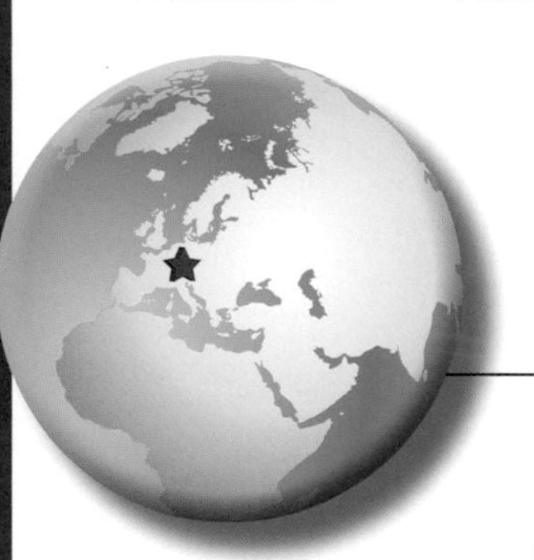

起源與歷史

奧地利黑褐獵犬與瑞士的尋血犬和布魯諾汝拉獵犬是近親，據信是 1700 年代高貴的凱爾特獵犬（Celtic hound）的後代。牠們以打獵的能力著稱，會被當作贈予戰士或貴族的禮物，所以影響力橫跨歐洲。奧地利黑褐獵犬自 1884 年認證為獨立的品種，用來追蹤獵捕受傷的動物，特別是野兔，聞到氣味以後會吠叫通知獵人。牠們的身體結構是奧地利獵犬中最適合奔跑的，和北方的巴伐利亞犬種相比，腳較長，骨頭也較輕。

個性

奧地利黑褐獵犬的個性深受嗅覺和狩獵歷史的影響，如果能發揮獵犬的本性，就會快樂無比。只要讓牠們花些時間獵捕小動物，牠們有趣隨和的個性就能成為最棒的家庭成員。

照護需求

運動

奧地利黑褐獵犬被培育成工作犬，所以需要規律而密集的運動，最好能讓他們發揮所長，例如打獵或追蹤。

飲食

奧地利黑褐獵犬需要均衡、高品質的飲食來保持健康。

速查表

適合小孩程度	梳理
適合其他寵物程度	忠誠度
活力指數	護主性
運動需求	訓練難易度

梳理

牠們短而絲滑的被毛很容易照顧，只要定期梳理，並且注意執行任務時沾到的東西，例如荊棘、寄生蟲、泥巴和刮傷，就能維持良好的狀態。

健康

奧地利黑褐獵犬的平均壽命為十二至十四年，根據資料並沒有品種特有的健康問題。

訓練

奧地利黑褐獵犬能自然地執行牠們育種的目的，適合公平但堅定的訓練者，而鐵血教育對牠們不太有效。

奧地利平犬 Austrian Pinscher

品種資訊

原產地
奧地利

身高
公 17-20 英寸（44-50 公分）／母 16.5-19 英寸（42-48 公分）｜ 16.5-19.5 英寸（42-49.5 公分）[UKC]

體重
26-40 磅（12-18 公斤）[估計]

被毛
雙層毛，外層毛短至中等長度、厚、平滑，底毛厚、短

毛色
黑色帶棕褐色斑紋、棕黃色、赤褐金色、公牛紅色；或有白色斑紋

其他名稱
奧地利短毛平犬（Austrian Shorthaired Pinscher）；Osterreichischen Kurzhaanigen Pinscher；Osterreichischer Kurzhaariger Pinscher；Osterreichischer Kurzhaarpinscher；Osterreichischer Pinscher

註冊機構（分類）
ARBA（工作犬）；FCI（平犬及雪納瑞）；UKC（㹴犬）

起源與歷史

奧地利平犬與德國平犬血緣相近（德國與奧地利是歐陸的鄰居），體型較大也較重。奧地利人培育牠們在農場上工作，任務包含在危險的地形中保護家畜，以及守護領地。牠們在 1900 年代被稱為奧地利短毛平犬，但該名稱在 2000 年縮短為奧地利平犬。

個性

奧地利平犬個性強烈，渴望工作，發揮放牧和守衛的本能時會感到快樂。牠們注意到不尋常之處時，會毫不猶豫地發出叫聲（頻率可能很高），對於家庭忠心而投入，對陌生人則相對疏離，如果有小型寵物時必須做足社會化訓練。

照護需求

運動

奧地利平犬需要充沛的運動，才能滿足各方面的需求。壓抑太久的時候可能會失控，但如果時常能工作或外出，就會是個性穩定的好同伴。

飲食

奧地利平犬需要均衡、高品質的飲食來保持健康。

速查表

適合小孩程度

梳理

適合其他寵物程度

忠誠度

活力指數

護主性

運動需求

訓練難易度

梳理

奧地利平犬的毛快洗快乾，只需要偶爾梳理。

健康

奧地利平犬的平均壽命為十二至十四年，品種的健康問題可能包含心臟問題以及髖關節發育不良症。

訓練

從小的訓練和社會化相當重要，牠們的工作本能很可能使牠們在訓練課程中分心，所以訓練師必須耐心而堅定。

阿札瓦克犬 Azawakh

速查表

適合小孩程度
適合其他寵物程度
活力指數
運動需求
梳理
忠誠度
護主性
訓練難易度

品種資訊

原產地
馬利共和國

身高
公 25-29 英寸（64-73.5 公分）／
母 23.5-27.5 英寸（60-70 公分）

體重
公 44-55 磅（20-25 公斤）／
母 33-44 磅（15-20 公斤）

被毛
短、細緻；在腹部褪至無毛

毛色
各種深淺的黃褐色；或有白色斑紋；或有深色面罩｜黑色、虎斑、巧克力色、奶油色至深紅色、灰斑色、雜色、白色 [UKC]

其他名稱
Idii n'Illeli；Tuareg Sloughi

註冊機構（分類）
AKC（FSS：狩獵犬）；ARBA（狩獵犬）；FCI（視覺型獵犬）；KC（狩獵犬）；UKC（視覺型獵犬及野犬）

起源與歷史

阿札瓦克犬誕生於一千多年前，由撒哈拉沙漠南部的圖瓦雷克人培育為獵犬或護衛犬，能追逐任何動物。事實上，牠們最主要的功能是獵捕瞪羚的視覺型獵犬。牠們通常不會殺死獵物，只用後肢壓制住獵物，不讓牠們逃跑——在沙漠的高熱中，獵物被殺死之後就會腐敗。牠們也會保護山羊和駱駝，會拚命抵禦胡狼、鬣狗和野狗。如今，牠們在產地馬利仍然執行這些任務。當地的遊牧民族重視牠們追捕的技巧，也欣賞牠們的美麗，認為牠們是高貴和財富的象徵。

1970 年代，派駐上沃爾特與象牙海岸的大使皮卡爾博士（Dr. Pecar）將犬種引入他的祖國前南斯拉夫。他曾經千方百計想弄到一對阿札瓦克犬，卻徒勞無功，因為牠們無法買賣。然而，當他非回祖國不可時，當地人為了表達對他打獵技術的景仰，送了他一隻俊俏的公犬。稍後，他又因殺死一頭破壞圖瓦雷克村落的公象而獲贈一隻母犬。很快地，阿札瓦克犬的名聲遠播，至今世界各地的犬種協會和註冊機構都承認此犬種。

個性

如同典型的視覺型獵犬，阿札瓦克犬很像貓，喜歡用自己的方式做事，而過分敏感的行為（例如受驚嚇而跳開）也被形容很像獵豹等大型貓科動物。阿札瓦克犬有時表現冷漠，但對家庭很親暱，對陌生人相當保留。

照護需求

運動

阿札瓦克犬有時最高速度可以達到每小時 40 英里（64.5 公里），喜歡外出，需要規律的運動，但內容無需太激烈。

飲食

阿札瓦克犬需要均衡、高品質的飲食來保持健康。

梳理

阿札瓦克犬的短毛很容易清理，只要用柔軟的布料或梳毛手套將塵土、碎屑和死毛移除即可。牠們的皮膚容易被割傷，所以需要定期徹底檢查。

健康

阿札瓦克犬的平均壽命為十二年，品種的健康問題可能包含自體免疫疾病（自體免疫性甲狀腺炎、嗜酸性球性肌炎）、胃擴張及扭轉、心臟問題、甲狀腺功能低下症、癲癇發作，以及皮膚過敏。

訓練

阿札瓦克犬心思獨立，不會特別想達成別人的要求。牠們通常行為有禮而友善，與其說人們「擁有」牠們，不如說牠們與人類同居。

波士尼亞粗毛獵犬 Barak

品種資訊

原產地
波士尼亞

身高
公 18-22 英寸（45.5-50 公分）／母犬較小

體重
35-53 磅（16-24 公斤）

被毛
雙層毛，外層毛長、硬、蓬鬆，底毛濃密

毛色
小麥黃色、紅黃色、泥灰色、帶黑色；顏色可組合至雙色或三色；白色斑紋

其他名稱
Bosanski Ostrodlaki Gonic；Bosnian Coarse-Haired Hound；Illyrian Hound

註冊機構（分類）
FCI（嗅覺型獵犬）；UKC（嗅覺型獵犬）

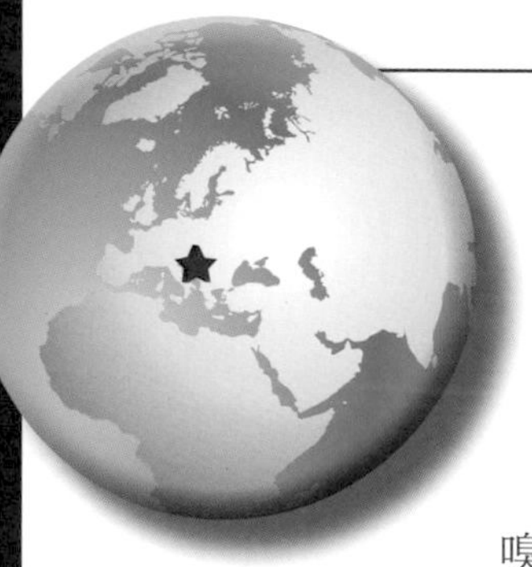

起源與歷史

波士尼亞位於東歐，與克羅埃西亞和塞爾維亞接壤。十七世紀時，當地的獵人開始以波士尼亞伯肯犬（Bosnian Jamar）為基礎，雜交不同的獵狐犬與㹴犬，培育一種嗅覺型獵犬。十九世紀時，該品種標準化，成為嗅覺型獵犬，追蹤狐狸、野兔、野豬和其他動物。1965 年，世界畜犬聯盟（FCI）以伊利里亞獵犬（Illyrian Hound）的名稱認證，而後則改為波士尼亞粗毛獵犬，或巴拉克犬。該品種在 1990 年代因波士尼亞戰爭而近乎絕種，但不像其他的波士尼亞犬種，牠們仍存活了一定的數量。

個性

波士尼亞獵犬是勇敢的看門狗，也是理想的家庭寵物，值得信賴而且擅長與孩童相處。牠們很有活力，也很忠誠，工作態度認真，而懷有一顆充滿愛和善良的心。

照護需求

運動

波士尼亞獵犬充滿活力，需要充分運動。

飲食

波士尼亞犬全身肌肉，需要高品質的飲食來保持健康。

梳理

牠們蓬鬆的毛髮很容易整理，只要偶爾梳理就能維持整潔。

健康

波士尼亞獵犬的平均壽命為十二至十五年，根據資料並沒有品種特有的健康問題。

訓練

波士尼亞獵犬反應良好、個性溫和，訓練上相對容易。

速查表

適合小孩程度

梳理

適合其他寵物程度

忠誠度

活力指數

護主性

運動需求

訓練難易度

巴貝犬 Barbet

速查表

適合小孩程度

適合其他寵物程度

活力指數

運動需求

梳理

忠誠度

護主性

訓練難易度

品種資訊

原產地

法國

身高

公 22-25.5 英寸（56-65 公分）／母 20-24 英寸（51-61 公分）

體重

33-55 磅（15-25 公斤）[估計]

被毛

長、量多、如羊毛、捲曲、形成繩索

毛色

栗棕色、灰色、紅淺黃褐色、花色、沙色、純黑、白色

其他名稱

法國水犬（French Water Dog）；Griffon d'Arret a Poil Laineux

註冊機構（分類）

AKC（FSS）；ARBA（獵鳥犬）；CKC（獵鳥犬）；FCI（水犬）；UKC（槍獵犬）

起源與歷史

巴貝犬誕生於法國，名稱源自牠們生長於下巴的鬍鬚（barbe 或 beard）。牠們是古老的水犬品種，或許也是現今世界許多犬種的祖先，例如貴賓犬和紐芬蘭犬。數個世紀以來，牠們負責回收獵人打下的水禽，也是畜牧犬，以及人類相當溫和的夥伴。現代的巴貝犬依舊是優秀的水獵犬，牠們羊毛般的被毛足以禦寒，能讓牠們待在水中和寒冷的沼澤中，而有蹼的腳則讓牠們游泳時更有利。牠們可以連續工作好幾個小時，而不感到疲憊。巴貝犬在產地法國之外沒沒無聞，只有少數愛好者投入推廣。

個性

巴貝犬溫和、忠心、愛玩、感情豐富，對家人全心奉獻。牠們既不膽小，也沒有攻擊性，在水中的活動表現突出，喜歡在各種氣候中游泳。牠們天生多才多藝，只要能和家人一起做，幾乎任何事都能精通。

照護需求

運動

就像典型的獵鳥犬，巴貝犬每天都需要充足健康的戶外活動或運動，水中的活動或游泳特別能令牠們開心。

飲食

巴貝犬需要高品質的飲食來保持健康。

梳理

如果沒有妥善梳理，巴貝犬厚重如羊毛的被毛會開始糾結。很多飼主選擇剃毛，來省去梳理的功夫。然而，在較寒冷的氣候中，牠們需要全部的毛髮，而毛髮也是牠們最大的特色。活躍的巴貝犬身上濃厚的被毛需要定期的照護。

健康

巴貝犬的平均壽命為十二至十五年，品種的健康問題可能包含過敏、白內障，以及髖關節發育不良症。

訓練

巴貝犬渴望討好飼主，訓練通常很容易。如果透過獎賞良好行為的訓練方式，牠們能為自己所愛並尊敬的人表現優秀。

巴仙吉犬 Basenji

速查表

適合小孩程度

適合其他寵物程度

活力指數

運動需求

梳理

忠誠度

護主性

訓練難易度

品種資訊

原產地
剛果民主共和國（前薩伊）

身高
公 17 英寸（43 公分）／
母 16 英寸（40.5 公分）

體重
公大約 24 磅（11 公斤）／
母大約 21-22 磅（9.5-10 公斤）

被毛
短、光滑、緊密、細緻

毛色
虎斑、栗紅色、黑色、三色（黑色和栗紅色）；白色斑紋｜亦有黑棕褐色、棕褐白色 [ANKC] [FCI] [KC]

其他名稱
非洲啞犬（African Barkless Dog）；非洲樹叢犬（African Bush Dog）；Ango Angari；Avuvi；Congo Bush Dog；剛果犬（Congo Dog）；Congo Terrier；Zande Dog

註冊機構（分類）
AKC（狩獵犬）；ANKC（狩獵犬）；CKC（狩獵犬）；FCI（狐狸犬及原始犬）；KC（狩獵犬）；UKC（視覺型獵犬及野犬）

起源與歷史

巴仙吉犬是非洲薩伊（現為剛果共和國）的古老犬種，據信是野犬的後代。牠們的嗅覺和視覺都很敏銳，對獵人來說很管用，能幫忙將獵物逼入網中，或是追蹤受傷的獵物。英國探險家將牠們稱為「非洲樹叢犬」，試圖將牠們帶回英國，卻一直到 1936 年才成功由柏恩（Burn）女士從剛果出口，並取了現在的名字。當繁殖的幼犬在 1937 年的英國狗展中展出時，吸引了許多注意力，甚至得雇用特殊警力才能疏導攤位的人潮。很快的，巴仙吉犬開始在英國和美國盛行。

巴仙吉犬速度很快，充滿好奇心，既是獵人也能守護家園，在競賽場更表現出色。捲曲的尾巴、豎立的耳朵和奇妙的叫聲（介於真假音之間）都是牠們最迷人的特色。

個性

牠們的眼睛和表情反映牠們的性格：第一眼就看出牠們聰明、愛玩、好奇而獨立。再短的時間牠們都不喜歡獨處，想和飼主一起生活，把握任何探索機會，參與家庭所有活動。牠們也被稱為「不會吠叫的狗」，因為牠們不像其他狗那樣發出叫聲；然而，這不代表牠們很安靜！牠們獨特的聲帶會發出歌唱般的高低音、嗚咽聲、嚎叫聲，甚至是類似尖叫或烏鴉啼叫的聲音。牠們對陌生人通常很冷淡，但對於家人相當友善。

照護需求

運動

巴仙吉犬精力十足，需要規律的活動，而且不應該只是身體的運動，也要滿足其好奇的天性。應該每天快走，幫助牠們消耗能量。和其他視覺型獵犬一樣，巴仙吉犬的速度很快，所以在不安全的區域絕對不能放開牽繩。

飲食

巴仙吉犬需要含有良好蛋白質來源的優質犬糧。有些喜歡吃草，可以提供新鮮的草料。

梳理

巴仙吉犬很愛乾淨，會像貓那樣舔自己的腳掌來擦拭臉部。如果固定用梳毛手套照護，牠們的短毛就會閃閃發亮。牠們臉上的皺紋應該用乾淨的布擦拭，以保持皮膚健康。

健康

巴仙吉犬的平均壽命為十至十四年，品種的健康問題可能包含白內障、眼部缺損、角膜失養症、范可尼氏症候群、溶血性貧血、髖關節發育不良症、免疫增值性小腸病、永存性瞳孔膜（PPM）、犬漸進性視網膜萎縮症（PRA）、甲狀腺問題，以及腹股溝疝氣和臍疝氣。

訓練

巴仙吉犬很多地方都像貓，包含牠們的訓練難度。如果適當激勵，牠們會反應良好；但牠們的個性獨立而聰明，很容易在反覆或嚴苛的訓練中失去集中力。必須從幼犬時期開始與人類和其他動物的社會化訓練，藉以壓抑牠們狩獵和佔有的本能。

巴色特阿蒂西亞諾曼犬 Basset Artésien Normand

品種資訊

原產地
法國

身高
10.25-14 英寸（26-35.5 公分）

體重
33-44 磅（15-20 公斤）

被毛
短、緊密、平滑、耐候

毛色
三色（淺黃褐、黑、白）、雙色（淺黃褐、白）

其他名稱
Artesian Norman Basset；Artesian-Norman Basset

註冊機構（分類）
ARBA（狩獵犬）；CFI（嗅覺型獵犬）；UKC（嗅覺型獵犬）

起源與歷史

有許多事讓法國人引以為傲，而獵犬是其中翹楚。短腿的獵犬在法國北方已經有許多年歷史，通常稱為「諾曼巴色特犬」，不過除了諾曼第省之外，牠們多數來自阿圖瓦省。十九世紀末期，當世界各地颳起犬種認定的風潮時，有兩種「諾曼巴色特犬」獨立存在，其中一種強調外觀，另一種則重視打獵能力。1900 年代，育種者開始將兩個品種雜交，形成現在的巴色特阿蒂西亞諾曼犬。他們希望培育出精力持久的獵犬，能在獨特的地形中追捕小型動物。犬種的長相和典型的巴色特獵犬相同，但體重較輕，也沒那麼笨重。現代的巴色特阿蒂西亞諾曼犬運動神經優異，情感豐富而個性穩定，是優秀的嗅覺型獵犬。

個性

巴色特阿蒂西亞諾曼犬是一種獵犬，只要一踏出門，就會將鼻子貼緊地面。牠們被形容為「外向而精力充沛」，有足夠的體能進行戶外的工作，也有溫和的個性能成為家庭的好同伴。牠們個性愉快、脾氣很好，打獵時勇氣十足，但和小孩相處時溫和而有耐心。

照護需求

運動

巴色特阿蒂西亞諾曼犬不需要太大量的運動，但如果不讓牠們探索或打獵，可能會使牠們情緒低落。主人若時常帶牠們在住家附近或花園中探索，牠們就會心情愉悅。如果沒有兔子可追捕，牠們會找個陰涼的地方，等主人繼續前進。

速查表

項目	評分	項目	評分
適合小孩程度	4/5	梳理	3/5
適合其他寵物程度	4/5	忠誠度	3/5
活力指數	4/5	護主性	1/5
運動需求	3/5	訓練難易度	3/5

飲食

巴色特阿蒂西亞諾曼犬需要高品質的飲食。牠們很愛吃，所以必須注意牠們的體型和體重。

梳理

巴色特阿蒂西亞諾曼犬的被毛短而整潔，只需要最基本的梳理就能維護。但牠們的耳朵需要特別注意，因為下垂而很容易受到感染。同時也不能讓牠們的指甲太長，因為腳和腿必須支撐很長的身體，會對腳部造成壓力，過長的腳趾可能導致腳掌外翻。

健康

巴色特阿蒂西亞諾曼犬的平均壽命為十至十四年，品種的健康問題可能包含椎間盤疾病。

訓練

如果想參與高階的服從競賽，巴色特阿蒂西亞諾曼犬或許不是最好的選擇。牠們的能量和集中力會在出發散步時達到高峰，一旦到了路上，牠們就公事公辦，可能不太會注意飼主的指令。禮儀上的訓練不會是問題，因為外向的牠們想要討好主人，但高配合度的服從訓練就不是牠們的專長了。

藍色加斯科尼短腿獵犬

Basset Bleu de Gascogne

品種資訊

原產地
法國

身高
12-15 英寸（30-38 公分）

體重
35-45 磅（16-20.5 公斤）
[估計]

被毛
短、濃密、偏厚

毛色
完全雜色（黑白色），呈現暗藍灰色的效果；或有黑色斑塊；棕褐色斑紋

其他名稱
Blue Gascony Basset

註冊機構（分類）
ARBA（狩獵犬）；FCI（嗅覺型獵犬）；KC（狩獵犬）；UKC（嗅覺型獵犬）

起源與歷史

藍色加斯科尼短腿獵犬是五種藍色加斯科尼犬的其中一種，其餘四種包括大藍色加斯科尼獵犬、小藍色加斯科尼獵犬、小藍色加斯科尼格里芬獵犬、藍色加斯科尼格里芬獵犬。牠們是位於法國西南部、鄰近庇里牛斯山及西班牙邊境的加斯科尼省所培育出的犬種。這些獵犬是古典法國犬種，源自於高盧人和腓尼基人獵犬貿易中的原始嗅覺型獵犬。加斯科尼犬和格里芬犬是法國兩個古老的犬種，也是大部分現代犬種的祖先。

藍色加斯科尼短腿獵犬是短腿版的大藍色加斯科尼獵犬，在法國至今仍是受歡迎的狩獵夥伴。

個性

藍色加斯科尼短腿獵犬充滿感情而快樂，個性外向，狩獵風格勤奮。牠們熱情而喜悅的態度會使人們在打獵一整天後，讓牠們跳上沙發，而不是關進犬舍。牠們

被育種成可以成群或單獨狩獵，所以與人或其他寵物都能好好相處。

速查表

項目	評分	項目	評分
適合小孩程度	●●●●○	梳理	●●○○○
適合其他寵物程度	●●●●○	忠誠度	●●●○○
活力指數	●●●○○	護主性	●●○○○
運動需求	●●●○○	訓練難易度	●●○○○

照護需求

運動

藍色加斯科尼短腿獵犬需要固定在野外運動。若是作為伴侶犬飼養，則可以從模擬打獵的途中獲益良多，但固定在公園或住家附近散步也足夠維持牠的體態。

飲食

藍色加斯科尼短腿獵犬需要高品質的飲食。

梳理

藍色加斯科尼短腿獵犬是短毛獵犬，用梳毛手套就能輕易維持乾淨整齊。牠們的大耳朵需要定期照顧，以預防感染。

健康

藍色加斯科尼短腿獵犬的平均壽命為十至十五年，根據資料並沒有品種特有的健康問題。

訓練

成群狩獵是牠們的天性，若要學習家庭寵物的禮貌、服從訓練或其他的特殊訓練，則可能需要許多堅持和耐心。

巴色特法福布列塔尼犬 Basset Fauve de Bretagne

速查表

適合小孩程度
適合其他寵物程度
活力指數
運動需求
梳理
忠誠度
護主性
訓練難易度

品種資訊

原產地
法國

身高
12.5-15.5 英寸（31.5-39.5 公分）

體重
36-40 磅（16.5-18 公斤）[估計]

被毛
非常粗糙、濃密、扁平、偏短

毛色
紅麥色；可接受白色斑紋，但並非理想

其他名稱
Fawn Brittany Basset；Tawny Brittany Basset

註冊機構（分類）
ANKC（狩獵犬）；ARBA（狩獵犬）；FCI（嗅覺型獵犬）；KC（狩獵犬）；UKC（嗅覺型獵犬）

起源與歷史

布列塔尼是法國已獨立著稱的區域，位於法國的西北方，深入大西洋，包含 750 英里（1,207 公里）的崎嶇海岸線。當地的獵犬必須能專心一致、耐力十足，並且適應家庭生活。十六世紀時，法國有四種獵犬，淺黃褐布列塔尼獵犬（大布列塔尼法福犬）就是其中之一。1885 年時，大型法福犬幾乎已經絕種，但二十世紀的法國育種者試圖復育這個犬種。如今仍存在兩種法福犬：中型的法福布列塔尼格里芬獵犬，以及較小型的巴色特法福布列塔尼犬。

大型法福犬被培育來狩獵狼和野豬，而較小型的巴色特犬則追捕較小型的獵物。牠們通常成群狩獵，因為過人的膽識和毅力而長年受到法國獵人的青睞。1980 年代早期，牠們被帶往英國，在鄉下地區狩獵。和產地法國一樣，牠們的個性和打獵能力很受獵人歡迎，但直到 1990 年代晚期，再融入一些新的血脈後，牠們的名氣才開始提升。

個性

了解牠們的人，都說牠們的個性可愛迷人。巴色特法福布列塔尼犬充滿活力、友善而順服，粗硬的被毛很容易照顧，也讓牠們的外觀相當獨特。牠們無疑是家庭最鍾愛的夥伴，能和人類與其他寵物友善相處，特別是孩童。

照護需求

運動

巴色特法福布列塔尼犬需要適量的運動，但也應該盡可能給牠們外出的機會。牠們聰明而好奇，想要探索任何事物，最喜歡四處嗅聞。如果在不安全的開放區域，飼主就不該放開牽繩，否則狩獵的本能可能會讓牠們難以召回。

飲食

巴色特法福布列塔尼犬很愛吃，當牠們靈活的雙眼看著你討食物時，真的讓人難以拒絕。牠們需要控制食量，才能維持健康的體重。

梳理

巴色特法福布列塔尼犬粗硬濃密的被毛很容易照顧，耳部的毛髮較短，可以快速地梳理全身，基本上不會遇到太大的問題。

健康

巴色特法福布列塔尼犬的平均壽命為十至十四年，根據資料並沒有品種特有的健康問題。

訓練

如同大多數的獵犬，巴色特法福布列塔尼犬對聽話並不特別感興趣。如果飼主能用有趣正面的方式訓練，牠們就能開心參與，學會基本的禮節。牠們個性外向，享受訓練帶來的注意力。

巴色特獵犬 Basset Hound

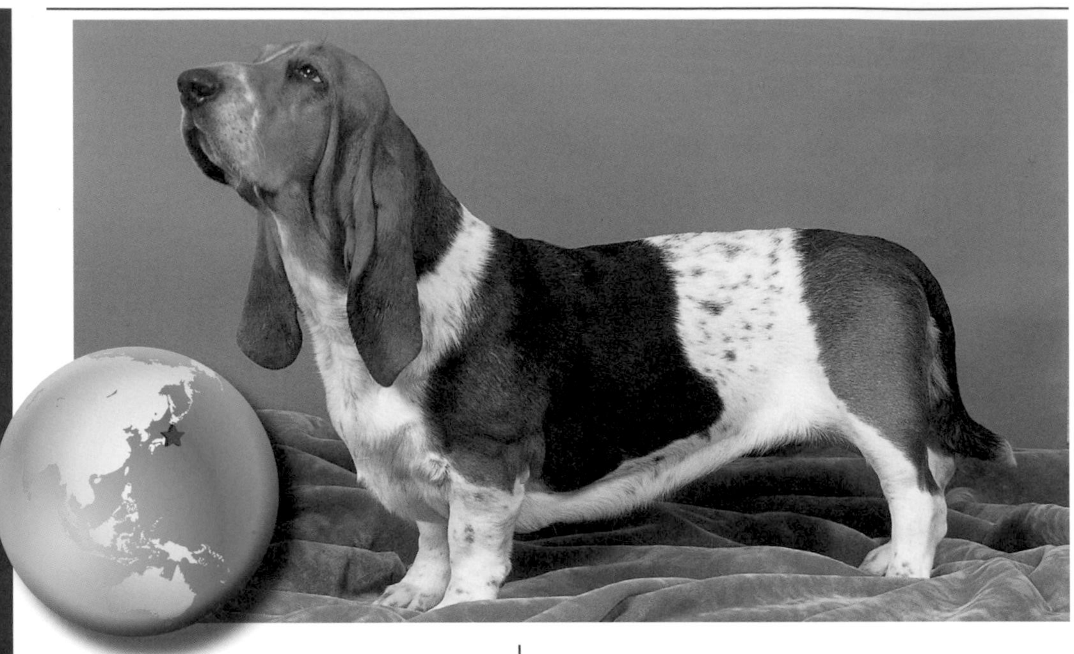

品種資訊

原產地
大不列顛

身高
13-15 英寸（33-38 公分）

體重
50-70 磅（22.5-31.5 公斤）

被毛
短、硬、平滑、濃密

毛色
一般為三色（黑、白、棕褐）或雙色（檸檬、白），但亦接受任何獵犬顏色

註冊機構（分類）
AKC（狩獵犬）；ANKC（狩獵犬）；CKC（狩獵犬）；FCI（嗅覺型獵犬）；KC（狩獵犬）；UKC（狩獵犬）

起源與歷史

巴色特是一種古老的獵犬，由其他法國獵犬培育而成，其中應該包含尋血犬。法國的「巴色特」犬種是個大家族，其中也包含巴色特阿蒂西亞諾曼犬，名稱來源為法文「bas」，意思是「低矮」。這種嗅覺型獵犬的培育重點是貼近地面，可以在濃密的矮樹叢中獵捕兔子、狐狸、松鼠和雉雞等生物。

雖然源自法國，但巴色特獵犬在英國獲得改良。1866 年，英國高威勳爵（Lord Galway）將兩隻巴色特諾曼犬引入英國，牠們的後代則繼續與其他諾曼第的犬種繁殖。很快的，進口停止，而英國的巴色特犬開始獨立發展。自 1800 年代晚期，巴色特獵犬愈來愈受歡迎，而牠們獨特的體型（低、矮、長）、下垂的耳朵和悲傷的表情，在歐洲各地都吸引了許多愛好者。牠們狩獵能力不差，但速度較慢，適合在美國發展，在 1885 年時取得美國育犬協會（AKC）的認證。至今，牠們仍是美國及世界各地最受歡迎的犬種之一。

個性

巴色特犬永遠友善，不會與人為敵，個性甜美、溫和、善良，表現良好而真心付出。雖然牠們擅長搜尋並追蹤氣味，但不會因為過度投入，而忘了自己身在何方或與誰在一起（不過牠們有時很固執）。或許步態看起來搖搖擺擺，但牠們絕對不笨拙。牠們的聲音低沉而富有旋律，而且喜歡發出聲音。

速查表

項目	評分	項目	評分
適合小孩程度	5/5	梳理	4/5
適合其他寵物程度	5/5	忠誠度	4/5
活力指數	2/5	護主性	1/5
運動需求	3/5	訓練難易度	3/5

照護需求

運動

巴色特犬只需要短距離的散步即可，比起身體其他部分，更喜歡發揮牠們的嗅覺。牠們對快速移動不感興趣，但如果飼主要求，也能展現驚人的耐力。

飲食

巴色特獵犬需要高品質的飲食。牠們很愛吃，所以控制體重相當重要。任何多餘的體重都會威脅到牠們本來就很脆弱的身體結構：牠們的背部很長，腿很短，卻必須支撐相對沉重的身體，所以背部和關節很容易生病或受傷，增重只會讓這些更惡化。

梳理

巴色特的被毛很容易照顧，但皮膚就非如此了。牠們的皮膚有彈性，但顯得鬆鬆垮垮，所以有時碎屑會卡在皺褶中。如果沒有妥善護理，會刺激皮膚，造成擦傷或感染。同時，巴色特犬的耳朵又長又垂，會讓耳道內空氣無法流通，很容易受到感染。牠們眼周鬆弛的皮膚也可能沾染碎屑，甚至造成傷害。巴色特犬每個星期都需要數次徹底的全身護理。

健康

巴色特獵犬的平均壽命為十至十二年，品種的健康問題可能包含過敏、背部和關節問題、胃擴張及扭轉、耳部感染、內生骨疣、眼瞼和睫毛問題、青光眼、椎間盤疾病、血小板生成不足病，以及類血友病。

訓練

巴色特獵犬有時相當固執，會需要許多時間才能完成基本訓練，飼主不應該期待牠們的反應會像黃金獵犬一樣。但牠們也是真心付出的夥伴，願意討飼主歡心。巴色特獵犬容易受到食物激勵，適合有趣而有獎勵的訓練方式。

巴伐利亞山犬 Bavarian Mountain Hound

品種資訊

原產地
德國

身高
公 18.5-20.5 英寸（47-52 公分）／母 17-19 英寸（44-78 公分）

體重
55-77 磅（25-35 公斤）
[估計]

被毛
濃密、緊貼、略為粗糙

毛色
深紅色、鮮紅色、紅棕色、棕褐色、淺黃褐色到深黃褐色、紅灰色；淺色斑紋

其他名稱
巴伐利亞山嗅獵犬（Bavarian Mountain Scenthound）；巴伐利亞尋血獵犬（Bavarian Schweisshund）；Bayerischer Gebirgsschweisshund

註冊機構（分類）
FCI（嗅覺型獵犬）；KC（狩獵犬）；UKC（嗅覺型獵犬）

起源與歷史

巴伐利亞山犬誕生於德國的巴伐利亞，與奧地利和瑞士接壤的崎嶇山地。德國獵人為了榮譽，必須將所有殺死的獵物都帶回家，即便第一槍沒打中的也是。因此，他們必須仰賴尋血獵犬來追蹤獵物的血腥味。巴伐利亞山犬來自漢諾威獵犬與較輕的提洛爾獵犬雜交，體型較小，也較敏捷，但體能和天賦卻一點也不遜色，很適合巴伐利亞的地形。如今，牠們仍是獵人或獵場管理員飼養的工作犬。

個性

巴伐利亞山犬態度一點都不隨便，牠們的工作是找到受輕傷的動物所留下的痕跡，有時甚至得在幾天內移動很長的距離。這需要堅定的意志力，以及對目標的堅

持。牠們的每根神經都渴望工作，而這些特質一直保存至今，會為了飼主和家庭努力工作，並且因為努力工作獲得回饋，而建立起深厚的連結。牠們在家中冷靜、安靜而優雅，工作時卻專心致志。

速查表

適合小孩程度	梳理
適合其他寵物程度	忠誠度
活力指數	護主性
運動需求	訓練難易度

照護需求

運動

巴伐利亞山犬態度一點都不隨便，牠們的工作是找到受輕傷的動物所留下的痕跡，有時甚至得在幾天內移動很長的距離。這需要堅定的意志力，以及對目標的堅持。牠們的每根神經都渴望工作，而這些特質一直保存至今，會為了飼主和家庭努力工作，並且因為努力工作獲得回饋，而建立起深厚的連結。牠們在家中冷靜、安靜而優雅，工作時卻專心致志。

飲食

巴伐利亞山犬需要高品質的飲食。

梳理

巴伐利亞山犬短而平滑的被毛很容易整理，只需要用梳毛手套移除碎屑和壞死的毛髮即可。牠們需要耳部的護理來預防感染，但大致上不需要太複雜的照護就能維持良好的狀態。

健康

巴伐利亞山犬的平均壽命為十至十五年，品種的健康問題可能包含髖關節發育不良症。

訓練

巴伐利亞山犬需要嗅覺方面的訓練和經驗（此為育種目的），以及服從訓練，才能發揮牠們的潛能。牠們渴望訓練，也學得很快，喜歡獵人飼主設計的挑戰，熱愛野外的實地工作。

米格魯 Beagle

品種資訊

原產地
大不列顛

身高
13-16 英寸（33-40 公分）｜兩種體型：不超過 13 英寸（33 公分）／超過 13 英寸（33 公分），最大 15 英寸（38 公分）[AKC] [CKC]｜不超過 15 英寸（38 公分）[UKC]

體重
22-35 磅（10-16 公斤）[估計]

被毛
緊密、濃密、硬、耐候、中等長度

毛色
任何獵犬顏色｜無肝紅色 [ANKC] [FCI] [KC]｜不接受純色 [UKC]

其他名稱
英國米格魯（English Beagle）

註冊機構（分類）
AKC（狩獵犬）；ANKC（狩獵犬）；CKC（狩獵犬）；FCI（嗅覺型獵犬）；KC（狩獵犬）；UKC（嗅覺型獵犬）

起源與歷史

米格魯是獨特的英國犬種，歷史可以追溯到凱爾特人。他們當時用一種類似米格魯的小型獵犬在不列顛群島和威爾斯狩獵野兔。米格魯總是成群打獵，能追蹤獵物留下的痕跡，並將牠們帶回獵人身邊。在亨利八世的時代，米格魯體型很小（有些為剛毛），會被獵人放在袖子裡或手提袋中帶到獵場。然而，體型較小的米格魯漸漸消失，因為大多數的獵人認為牠們很難有實際的用途。伊莉莎白一世的年代，隨著獵兔被獵狐狸取代，米格魯的數量驟降。值得慶幸的是，英國南方和威爾斯的小農需要依賴獵兔犬來補充營養，於是米格魯得以存續。1800 年代晚期，英國成立米格魯協會，最終建立起犬種的標準。米格魯這類型的獵犬在殖民時代被帶到美國，但在 1880 年代進一步的引進之前，犬種的個體差異很大。

米格魯的身形嬌小、嗅覺敏銳、個性討喜，讓牠們成為世界上最受歡迎的犬種之一，也給了查爾斯・舒茲（Charles Schulz）靈感，創造出舉世聞名的卡通狗史努比（Snoopy）。

個性

一開始，人們會受到米格魯可愛外表的吸引，然後很快地發現其他迷人的特質：愛玩、好奇和自信。牠們的尾巴似乎總是搖個不停，想要招呼身邊每個人。然而，牠們外向友善的個性有時會惹上麻煩。米格魯不喜歡獨處，如果沮喪或心情不好，就會發出叫聲抗議。這樣的叫聲雖然會讓獵人心情鼓舞，但其實大聲又尖銳，無論是家庭、朋友或鄰居聽了都不會太開心。然而，米格魯在受歡迎的犬種排行榜上，仍居高不下了好幾個世紀。

速查表

適合小孩程度	梳理
適合其他寵物程度	忠誠度
活力指數	護主性
運動需求	訓練難易度

照護需求

運動

米格魯是天生的獵犬，隨時準備好冒險。牠們的運動時間不需要持續好幾個小時，但要讓牠們覺得有趣，意思是讓牠們隨時能嗅聞感興趣的東西。可以帶牠們在田地間、住家附近或城市的街區探索，讓牠們覺得有趣，也能達到運動的效果。

飲食

米格魯不會遇到不喜歡的食物，而且有討食的天分，因此易於肥胖並帶來健康問題。應該讓牠們維持適當的體重，並提供高品質的飲食。

梳理

米格魯短而硬的毛很容易保持乾淨，所以照護不費吹灰之力。牠們的耳朵和眼周鬆弛的皮膚需要清理，偶爾洗澡能讓牠們無論外觀或氣味都保持絕佳狀態。

健康

米格魯的平均壽命為十二至十四年，品種的健康問題可能包含背部和肌肉骨骼問題、米格魯犬疼痛綜合症（BPS）、米格魯犬遺傳性疾病（Chinese Beagle syndrome）、角膜失養症、癲癇、青光眼、心臟問題，以及甲狀腺功能低下症。

訓練

訓練時，飼主可以利用米格魯對食物的高度興趣來激勵牠們。牠們有時很固執，容易分心，但只要飼主用牠們真正想要的東西引誘，牠們就能專心學習。米格魯學得很快，一旦熟練基本的禮儀訓練，就能接受進階的訓練。

小獵兔犬 Beagle Harrier

品種資訊

原產地
法國

身高
18-20 英寸（45.5-50 公分）

體重
42-46 磅（19-21 公斤）
[估計]

被毛
相當厚、扁平、不會過短

毛色
三色（淺黃褐、黑、白）；棕褐色斑紋覆蓋黑色

其他名稱
Beagle-Harrier

註冊機構（分類）
FCI（嗅覺型獵犬）；
UKC（嗅覺型獵犬）

起源與歷史

法國的傑拉德男爵（Baron Gerard）用米格魯和獵兔犬兩種英國獵犬培育出小獵兔犬，這隻群獵犬常用於獵捕野兔和鹿。小獵兔犬的外觀與牠們的獵犬祖先相似，有著英國犬較高、較小而平貼的耳朵，體型比法國獵犬更強壯結實，骨骼也比較重。雖然如今已經很稀有，但因為牠們的優異能力，在法國仍然能看到獵人帶著一小群小獵兔犬狩獵。

個性

小獵兔犬結合了米格魯的社交性格，以及獵兔犬的務實個性，形成可靠而隨和的工作風格。牠們很少參加狗展或單純作為伴侶犬，而是發揮真正的天職，也就是追蹤捕捉獵物。

照護需求

運動

小獵兔犬通常以狩獵為運動，需要花好幾個小時在野外，探索不同的地形。唯有滿足這種需求，牠們才會感到快樂。

飲食

工作勤奮的小獵兔犬需要高品質的飲食。

速查表

項目	評分	項目	評分
適合小孩程度	4/5	梳理	2/5
適合其他寵物程度	4/5	忠誠度	3/5
活力指數	3/5	護主性	1/5
運動需求	3/5	訓練難易度	3/5

梳理

小獵兔犬的被毛短而平滑，能抵禦各種氣候，可以輕易擦拭乾淨。牠們的耳朵需要固定檢查，避免耳下的皮膚受到感染，除此之外，照護上並沒有太大困難。

健康

小獵兔犬的平均壽命為十至十四年，品種的健康問題可能包含髖關節發育不良症。

訓練

小獵兔犬的育種目的為狩獵，年幼時可以從同群的狗身上學習。身為家犬，牠們對人類同伴也會有所回應，但一旦到了野外，狩獵的本能就會浮現。就像米格魯和獵兔犬，牠們適合熱情的訓練和適當領導。

古代長鬚牧羊犬 Bearded Collie

速查表

適合小孩程度

適合其他寵物程度

活力指數

運動需求

梳理

忠誠度

護主性

訓練難易度

品種資訊

原產地
蘇格蘭

身高
公 21-22 英寸（53-56 公分）／母 20-21 英寸（51-53 公分）

體重
40-60 磅（18-27 公斤）[估計]

被毛
雙層毛，外層毛平、硬、強壯、蓬鬆，底毛柔軟、毛茸茸；有鬍鬚

毛色
黑、藍、棕褐、淺黃褐，皆會隨年齡褪色；或有白色和棕褐色斑紋｜亦有灰色 [ANKC] [CKC] [KC] ｜亦有沙色 [ANKC] [KC]

其他名稱
Hairy Mou'ed Collie；Highland Collie；Mountain Collie

註冊機構（分類）
AKC（畜牧犬）；ANKC（工作犬）；CKC（畜牧犬）；FCI（牧羊犬）；KC（畜牧犬）；UKC（畜牧犬）

起源與歷史

古代長鬚牧羊犬由波蘭低地牧羊犬演化而來，後者在 1500 年代被留在蘇格蘭的海岸，和當地的畜牧犬繁殖。牠們被培育來獨立工作，在沒有牧羊人的幫助下（牧羊人可能遠在幾英里之外），對牲畜的事自己做出判斷。關於這個犬種最早的紀錄說，牠們「看起來巨大而蓬亂，像是野狗，被毛有點像踏腳墊，毛髮的質地粗糙，下垂的耳朵緊貼著頭部。」古代長鬚牧羊犬的名字，來自牠們垂在下顎和胸前的「鬍鬚」。

現今的品種是在 1940 年代由英國女士奧利佛．威利森（G. Olive Willison）引入。她得到一隻名叫珍妮（Jeannie）的幼犬，深深著迷，於是為牠找了伴侶貝利（Bailey），並開始育種計畫。威利森為當代的古代長鬚牧羊犬奠定根基，如今絕大多數的古代長鬚牧羊犬都是珍妮和貝利的後代。該品種於 1960 及 1970 年代在加拿大和美國大受歡迎。牠們和近親英國古代牧羊犬很像，但體型較瘦，也不會剪尾。

個性

長鬚牧羊犬有三大特性：好動、活潑、吵鬧。牠們討喜、逗人開心、有點小心機，又甜美迷人，是很棒的家庭寵物和熱情的治療犬。然而，我們不該忘記牠們源自蘇格蘭，曾經當了幾個世紀的牧羊犬，所以有時會顯得固執而自我主義。

照護需求

運動

古代長鬚牧羊犬喜歡外出，享受散步和遠足，可以在外面待上好幾個小時，一點也不介意寒冷或下雨。牠們特別喜歡不繫牽繩的時候，所以如果有寬廣的安全區域是最理想的。

飲食

古代長鬚牧羊犬需要高品質、均衡的飲食。

梳理

古代長鬚牧羊犬厚而長的被毛需要每週規律的梳理，以防止糾纏打結。飼主在照護時，應該將牠們眼睛、嘴巴和耳朵附近的毛撥開，仔細清理檢查。

健康

古代長鬚牧羊犬的平均壽命為十二至十四年，品種的健康問題可能包含過敏、自體免疫疾病、眼睛問題、髖關節發育不良症，以及甲狀腺功能低下症。

訓練

古代長鬚牧羊犬反應積極而且聽話，但思想獨立，而且可能會因為事情發展不如意而放棄。訓練時，牠們的固執可能有時會讓飼主覺得前功盡棄，但討好主人的渴望則會讓牠們回頭是岸，使訓練又變得輕而易舉。

法國狼犬 Beauceron

品種資訊

原產地
法國

身高
公 25.5-28 英寸（65-71 公分）／
母 24-27 英寸（61-68.5 公分）

體重
至多 110 磅（50 公斤）[估計]

被毛
雙層毛，外層毛粗、濃密、緊密，
底毛短、細緻、濃密而柔軟

毛色
黑棕褐色、黑白花（灰、黑、棕褐）

其他名稱
Bas Rouge；Beauce Shepherd；
Berger de Beauce

註冊機構（分類）
AKC（畜牧犬）；ARBA（畜牧犬）；
FCI（牧羊犬）；KC（工作犬）；
UKC（畜牧犬）

起源與歷史

法國狼犬是古老的法國畜牧犬，用來放牧並保護綿羊和牛隻，也會守衛家庭。法國狼犬是法國最大的畜牧犬，與伯瑞犬是近親。直到 1800 年代，保羅．梅格寧（M. Paul Mégnin）才依據毛色將牠們分類，而後更成立第一個法國狼犬協會。雖然從 1863 年就分類為法國牧羊犬，但品種正式的名稱在 1889 年確立為法國狼犬。法國狼犬在兩場世界大戰都是法國軍隊的一部分，負責傳遞訊息、守衛、偵測地雷、運送貨物到前線等工作。法國狼犬的數目在產地法國最多，工作包含警犬、軍犬、追蹤犬，以及畜牧犬。

個性

法國狼犬是認真的工作犬，強壯、勇敢、強韌、個性穩定。同時，牠們也充滿感情，喜歡和孩童相處。牠們對陌生人有所保留，對家人卻極度忠誠。無論是農夫、軍方或法國的地方警察都珍視法國狼犬的能力，讓牠們成了炙手可熱的守衛及夥伴。

照護需求

運動

法國狼犬活躍而聰明，需要有挑戰性的體能活動，盡可能拉長不牽繩的時間。運動神經突出的牠們需要儘量運用身體。

飲食

此品種體型大、活躍，需要高品質的飲食。

速查表

適合小孩程度	梳理
適合其他寵物程度	忠誠度
活力指數	護主性
運動需求	訓練難易度

梳理

除了底毛掉毛較嚴重的時期以外，法國狼犬很容易保持整潔。牠們的被毛天生防水，而獨特的斑紋也讓牠們外表看起來很俐落。

健康

法國狼犬的平均壽命為十至十二年，品種的健康問題可能包含胃擴張及扭轉、髖關節發育不良症。

訓練

法國狼犬聰明且反應迅速，很快就進入狀況，甚至可能讓訓練師覺得要努力趕上牠們的進度。牠們擅長學習新事物，喜歡不斷面對挑戰，是出色的護衛犬。

貝林登㹴 Bedlington Terrier

速查表

適合小孩程度

適合其他寵物程度

活力指數

運動需求

梳理

忠誠度

護主性

訓練難易度

品種資訊

原產地
大不列顛

身高
公 16-17.5 英寸（40.5-44.5 公分）／母 15-16.5 英寸（38-42 公分）｜16 英寸（41 公分）[ANKC] [FCI] [KC]

體重
17-23 磅（7.5-10.5 公斤）

被毛
捲曲、厚且如棉毛，質地軟硬參雜、不會緊貼身體；偏捲毛，尤其在頭部和臉部｜有冠毛 [AKC] [CKC] [UKC]

毛色
藍色、藍棕褐色、肝紅色、肝紅褐色、沙色、沙棕褐色

其他名稱
羅斯伯里㹴（Rothbury Terrier）

註冊機構（分類）
AKC（㹴犬）；ANKC（㹴犬）；CKC（㹴犬）；FCI（㹴犬）；KC（㹴犬）；UKC（㹴犬）

起源與歷史

與其他㹴犬相較，貝林登㹴的歷史更淵遠流長得多。這種捲毛㹴犬發源於英國北部的礦區，推測是北方剛毛㹴犬的後代，或許也有嗅覺型獵犬（獵獺犬）及視覺型獵犬（惠比特犬）的基因。據說，吉普賽人和盜獵者都會用貝林登㹴在有錢地主的土地上打獵。牠們起初被稱為羅斯伯里㹴（或稱羅斯伯里的羔羊），多才多藝，從獵捕田鼠和獾、游泳捕水獺，到追捕野兔都不成問題。牠們是當地礦工不可或缺的助手，會殺死礦坑裡的老鼠。

1830 年代，諾森伯蘭郡貝林登的羅斯伯里勳爵（Lord Rothbury）成了貝林登㹴這種「吉普賽犬」最大的擁戴者，而第一個貝林登㹴協會在 1877 年成立，之後該犬種在許多國家都獲得認證。漸漸地，貝林登㹴忠誠而討喜的天性讓牠們成了受歡迎的仕女寵物，且牠們工作犬的聲名也慢慢消失。如今，人們形容牠們擁有羔羊般的身體，卻有一顆獅子的心。

個性

貝林登㹴運動神經優異、體能充沛、頭腦聰明，在許多運動和活動中都表現頂尖。牠們愛玩、迷人、機警而熱情，享受情感和注意力，最喜歡受人注目的感覺。牠們熱愛自己的家庭，但這樣的忠誠有時不見得是好事：如果他們覺得受到威脅，體內的戰士魂就會甦醒，要阻止就有點困難了。

照護需求

運動

如果沒有規律參與運動競賽，貝林登㹴應該每天快走散步數次，並有數個遊戲時段。牠們隨時準備好隨著主人到任何地方，可以跑得飛快，也喜歡跑步。唯有在安全的封閉範圍內，飼主才能放開牽繩。

飲食

貝林登㹴很愛吃，需要高品質的飲食來保持良好體態。

梳理

貝林登㹴鮮少掉毛；然而，牠們的毛會變捲，如果沒有每六個星期修剪一次，就會變得凌亂而難以整理。若要參與狗展，則需要更密集的護理；不過一般的飼主不需要這麼費工，可以輕鬆學會基本的修剪和梳理技巧，讓貝林登㹴維持帥氣的外表。

健康

貝林登㹴的平均壽命為十一至十六年，品種的健康問題可能包含白內障、銅中毒、膝蓋骨脫臼、腎皮質發育不全，以及視網膜發育不良。

訓練

貝林登㹴適應力強、反應敏捷，喜歡猜測飼主的意思，並且快速學習。㹴犬的本能讓牠們對外在世界隨時保持警戒，但天性忠誠的牠們也會隨時注意著飼主。

比利時拉肯努阿犬 Belgian Laekenois

品種資訊

原產地
比利時

身高
公 23-26.5 英寸（58.5-67.5 公分）／
母 21-24.5 英寸（53-62 公分）

體重
公 55-66 磅（25-30 公斤）／
母 44-55 磅（20-25 公斤）

被毛
雙層毛，外層毛乾、粗、濃密、緊貼，底毛濃密、如羊毛

毛色
黃褐色覆蓋黑色；可接受少量白色｜可接受灰色 [CKC]｜可接受深褐色 [UKC]

其他名稱
比利時牧羊犬（Belgian Shepherd Dog）；Lakenois；Belgian Shepherd Dog（Laeken）；Chien de Berger Belge；Laeken；Laekenois

註冊機構（分類）
AKC（FSS：畜牧犬）；ANKC（工作犬）；ARBA（畜牧犬）；CKC（畜牧犬）；FCI（牧羊犬）；KC（畜牧犬）；UKC（畜牧犬）；UKC（嗅覺型獵犬）

起源與歷史

來自比利時的勤奮牧羊犬，從中世紀以來就廣受讚揚。當時，犬種的差異很大，而繁殖的基準是畜牧能力，只要狗能完成任務，外觀並不重要。直到 1891 年，比利時獸醫科學院的教授阿道夫．勞爾（Adolphe Reul）才歸納並建立了各種比利時牧羊犬的標準。他發現牠們很相似，最大的不同是被毛的顏色、長度和質地。當時，他一共分出多達八種，如今則剩下四種：瑪利諾犬、拉肯努阿犬、特伏丹犬和格羅安達犬（美國育犬協會 [AKC] 稱之為比利時牧羊犬）。AKC 將牠們視為獨立的品種，而拉肯努阿犬是他們基礎種畜服務（Foundation Stock Service，FSS）的一部分。其他如世界畜犬聯盟（FCI）、聯合育犬協會（UKC）、育犬協會（KC）、加拿大育犬協會（CKC）等機構，則將其歸類為比利時牧羊犬的分支。

拉肯努阿犬的名稱來自拉肯王家城堡（Chateau de Laeken），是瑪麗．亨麗埃塔女王（Marie Henriette）的皇家官邸之一（拉肯努阿犬是她喜愛的犬種）。牠們最初的工作是守衛法蘭德斯的亞麻田，讓亞麻工業的原料能順利生長。而後，牠們證明自己能成為優秀的警犬，不只在家鄉，也在兩次世界大戰的前線效力。如今，雖然牠們是比利時牧羊犬比較罕見的一支，卻因為聰明、機警、忠誠等特性而有著很高的價值。

速查表

適合小孩程度	梳理
適合其他寵物程度	忠誠度
活力指數	護主性
運動需求	訓練難易度

個性

如同所有的比利時牧羊犬種，拉肯努阿犬聰明自信、忠心且誠實，足以成為最好的助力。若提供妥善的訓練、運動和社會化，牠能成為最棒的家庭伴侶。牠是忠貞的護衛，且領域性可能較強。

照護需求

運動

所有的比利時牧羊犬都需要大量的運動。若每天只隨興地在住家附近散步幾次，無法滿足拉肯努阿犬的需求。牠們需要活躍的戶外時間，每天快走散步數次，並且在安全的封閉區域內放開牽繩玩耍，才能讓牠們維持良好體態，避免不良的行為。

飲食

拉肯努阿犬通常胃口極佳，牠們需要高品質、營養充足的飲食。

梳理

拉肯努阿犬粗硬的被毛很少掉毛，不需要每天照顧。除了偶爾用寬齒的梳子梳開打結的部分之外，只需要一年修剪兩次。

健康

拉肯努阿犬的平均壽命為十至十四年，品種的健康問題可能包含過敏、癲癇，以及髖關節發育不良症。

訓練

比利時牧羊犬喜愛訓練。拉肯努阿犬學習快速、熱切，無論運動或任何工作皆能上手——牠們需要工作。若缺乏大量訓練與心智挑戰，會對牠們造成傷害。早期的社會化為必要。

比利時瑪利諾犬 Belgian Malinois

速查表

適合小孩程度
適合其他寵物程度
活力指數
運動需求
梳理
忠誠度
護主性
訓練難易度

品種資訊

原產地
比利時

身高
公 23-26.5 英寸（58.5-67.5 公分）／
母 21-24.5 英寸（53-62 公分）

體重
公 55-66 磅（25-30 公斤）／
母 44-55 磅（20-25 公斤）

被毛
雙層毛，外層毛短、硬、直、密而緊貼、耐候，底毛濃密、如羊毛

毛色
黃褐色到赤褐色；黑色面罩；或有白色斑紋｜僅黃褐色覆蓋黑色和面罩；或有白色斑紋 [ARBA] [FCI]

其他名稱
比利時牧羊犬（Belgian Shepherd Dog）；Malinois；Chien de Berger Belge

註冊機構（分類）
AKC（畜牧犬）；ANKC（工作犬）；CKC（畜牧犬）；FCI（牧羊犬）；KC（畜牧犬）；UKC（畜牧犬）

起源與歷史

來自比利時的勤奮牧羊犬，從中世紀以來就廣受讚揚。當時，犬種的差異很大，而繁殖的基準是畜牧能力，只要狗能完成任務，外觀並不重要。直到 1891 年，比利時獸醫科學院的教授阿道夫・勞爾（Adolphe Reul）才歸納並建立了各種比利時牧羊犬的標準。他發現牠們很相似，最大的不同是被毛的顏色、長度和質地。當時，他一共分出多達八種，如今則剩下四種：瑪利諾犬、拉肯努阿犬、特伏丹犬和格羅安達犬（美國育犬協會 [AKC] 稱之為比利時牧羊犬）。AKC 將牠們視為獨立的品種，而拉肯努阿犬是他們基礎種畜服務（Foundation Stock Service，FSS）的一部分。其他如世界畜犬聯盟（FCI）、聯合育犬協會（UKC）、育犬協會（KC）、加拿大育

犬協會（CKC）等機構，則將其歸類為比利時牧羊犬的分支。

短毛的瑪利諾犬主要繁殖於比利時的梅赫倫附近（牠們的名字也源出於此），是優異的牧羊犬，能力深受工作夥伴的肯定。此外，軍方也相中牠們的體力和技能，至今牠們仍是警犬。強大的學習能力讓牠們和飼主在各種犬類競賽中屢獲佳績。

個性

如同其他比利時牧羊犬，瑪利諾犬聰明自信、忠心且誠實。牠極為敏感，並以家為重。牠們會保護家庭，想隨時和飼主在一起。因相當聰明、熱愛工作，牠們也是警察鍾愛的犬種。

照護需求

運動

所有的比利時牧羊犬都需要大量運動。瑪利諾犬精力充沛，許多飼主甚至覺得根本無法讓牠們精疲力盡。如果不提供足夠的活動機會，牠們就可能出現破壞行為。

飲食

瑪利諾犬需要營養充足、高品質的飲食來支持其活躍的生活型態。

梳理

瑪利諾犬的短毛很容易維護，需要用硬齒的梳子每週梳理數次。一年之中牠們多數時間會微量掉毛，並有兩段掉毛量較大的時期。

健康

瑪利諾犬的平均壽命為十至十四年，品種的健康問題可能包含肘關節發育不良、癲癇、髖關節發育不良症，以及犬漸進性視網膜萎縮症（PRA）。

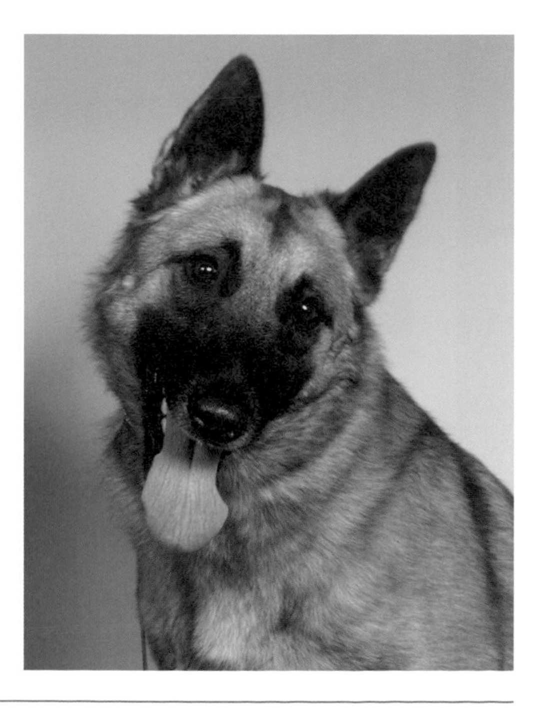

訓練

如同其他比利時牧羊犬，瑪利諾犬學習快速、熱切，在放牧、追蹤、服從、敏捷和護衛方面都表現傑出。牠們渴望討好飼主，適合正面、基於獎勵的訓練方式。訓練對瑪利諾犬來說相當必要，否則其防禦的天性會帶來麻煩。牠需要早期且適當的社會化。

比利時牧羊犬（格羅安達犬）Belgian Sheepdog (Groenendael)

速查表

適合小孩程度

適合其他寵物程度

活力指數

運動需求

梳理

忠誠度

護主性

訓練難易度

品種資訊

原產地

比利時

身高

公 23-26.5 英寸（58.5-67.5 公分）／母 21-24.5 英寸（53-62 公分）

體重

公 55-66 磅（25-30 公斤）／母 44-55 磅（20-25 公斤）

被毛

雙層毛，外層毛為長、直、茂盛、服貼的衛毛，底毛非常濃密、如羊毛；頸部有大量長毛，彷彿披肩

毛色

黑色；或有白色斑紋

其他名稱

Belgian Shepherd Dog；Groenendael；Chien de Berger Belge

註冊機構（分類）

AKC（畜牧犬）；ANKC（工作犬）；CKC（畜牧犬）；FCI（牧羊犬）；KC（畜牧犬）；UKC（畜牧犬）

起源與歷史

來自比利時的勤奮牧羊犬，從中世紀以來就廣受讚揚。當時，犬種的差異很大，而繁殖的基準是畜牧能力，只要狗能完成任務，外觀並不重要。直到 1891 年，比利時獸醫科學院的教授阿道夫．勞爾（Adolphe Reul）才歸納並建立了各種比利時牧羊犬的標準。他發現牠們很相似，最大的不同是被毛的顏色、長度和質地。當時，他一共分出多達八種，如今則剩下四種：瑪利諾犬、拉肯努阿犬、特伏丹犬和格羅安達犬（美國育犬協會[AKC]稱之為比利時牧羊犬）。AKC將牠們視為獨立的品種，而拉肯努阿犬是他們基礎種畜服務（Foundation Stock Service，FSS）的一部分。其他如世界畜犬聯盟（FCI）、聯合育犬協會（UKC）、育犬協會（KC）、加拿大育

犬協會（CKC）等機構，則將其歸類為比利時牧羊犬的分支。

據信，格羅安達犬的誕生主要歸功於比利時的餐廳老闆尼可拉斯・羅斯（Nicholas Rose），他在格羅安達附近的村落，經育種計畫培育出 Duc de Groenendael——即是這些聰明黑色畜牧犬的主要雄性親代。一戰期間，格羅安達犬為國效力，協助搜尋受傷的士兵，並且傳送訊息到前線。美國士兵把牠們英勇的行為傳回國內，進而促成牠們引進北美。如今，格羅安達犬是比利時牧羊犬中最受歡迎的一種，在許多運動競賽和工作場合都表現傑出。

個性

如同其他比利時牧羊犬，格羅安達犬聰明、勇敢、忠誠，會保護家庭成員，甚至想獨佔他們的注意力。牠們認真謹慎，會與飼主建立堅固的連結。牠們熱愛工作，在放牧、敏捷、服從等方面的競賽都表現亮眼。

照護需求

運動

格羅安達犬需要大量運動，幾乎是精力旺盛的代名詞。每天都要提供足夠的劇烈活動和玩樂，才能使牠們不感到無聊，而出現破壞行為。

飲食

格羅安達犬需要營養充足、高品質的飲食來支持其活躍的生活型態。

梳理

格羅安達犬有雙層長毛，需要規律的照護。每天都要梳毛，否則牠們細緻的毛會糾纏打結。

健康

格羅安達犬的平均壽命為十至十四年，品種的健康問題可能包含肘關節發育不良、癲癇、髖關節發育不良症、甲狀腺功能低下症，以及犬漸進性視網膜萎縮症（PRA）。

訓練

所有的比利時牧羊犬都需要也喜愛訓練。牠們敏感而聰明，適合正向、基於獎勵的訓練方式。牠們學習快速、熱切，在各種體育競賽和活動都表現出色。早期的社會化為必要。

比利時特伏丹犬 Belgian Tervuren

速查表

適合小孩程度

適合其他寵物程度

活力指數

運動需求

梳理

忠誠度

護主性

訓練難易度

品種資訊

原產地

比利時

身高

公 23-26.5 英寸（58.5-67.5 公分）／母 21-24.5 英寸（53-62 公分）

體重

公 55-66 磅（25-30 公斤）／母 44-55 磅（20-25 公斤）

被毛

雙層毛，外層毛為長、直、茂盛、服貼的衛毛，底毛非常濃密、如羊毛；頸部有大量長毛，彷彿披肩

毛色

黃褐色到赤褐色，覆蓋黑色；或有白色斑紋｜可接受灰色 [CKC] [KC] ｜僅黃褐色覆蓋黑色，或灰色覆蓋黑色；黑色面罩；或有白色斑紋 [ARBA] [FCI]

其他名稱

Belgian Shepherd Dog, Tervuren；Chien de Berger Belge；Tervuren

註冊機構（分類）

AKC（畜牧犬）；ANKC（工作犬）；CKC（畜牧犬）；FCI（牧羊犬）；KC（畜牧犬）；UKC（畜牧犬）

起源與歷史

來自比利時的勤奮牧羊犬，從中世紀以來就廣受讚揚。當時，犬種的差異很大，而繁殖的基準是畜牧能力，只要狗能完成任務，外觀並不重要。直到 1891 年，比利時獸醫科學院的教授阿道夫．勞爾（Adolphe Reul）才歸納並建立了各種比利時牧羊犬的標準。他發現牠們很相似，最大的不同是被毛的顏色、長度和質地。當時，他一共分出多達八種，如今則剩下四種：瑪利諾犬、拉肯努阿犬、特伏丹犬和格羅安達犬（美國育犬協會 [AKC] 稱之為比利時牧羊犬）。AKC 將牠們視為獨立的品種，而拉肯努阿犬是他們基礎種畜服務（Foundation Stock Service，FSS）的一部分。其他如世界畜犬聯盟（FCI）、聯合育犬協會（UKC）、育犬協會（KC）、加拿大育

犬協會（CKC）等機構，則將其歸類為比利時牧羊犬的分支。

特伏丹犬的名稱來自特伏丹鎮，而鄰近此處的比利時育種者布爾．科比爾（Brewer M. Corbeel）則進一步改良這個犬種。科比爾有一對黃褐色帶黑點的長毛犬，是特伏丹犬的原型，牠們的後代則培育出格羅安達犬。在一戰和二戰期間，特伏丹犬幾乎絕種，但一隻名為 Willy de la Garde Noir 的優秀個體又喚起人們對該犬種的興趣。對現今的愛好者來說，牠們有獨特的美麗，而且訓練容易，在各種項目都表現突出，例如狗展、服從、障礙賽、敏捷、追蹤和牧羊。牠們可以成為搜救犬、軍犬、治療犬，甚至是娛樂明星。

個性

如同其他比利時牧羊犬，比利時特伏丹犬很聰明、自信、忠心而誠實。牠們會看顧保護家庭，與飼主建立堅固的連結，熱愛工作，優雅而機警。

照護需求

運動

所有的比利時牧羊犬都需要大量運動，特伏丹犬也不例外。牠們活躍而精力充沛，每天都需要認真工作與玩耍。敏捷、障礙、飛盤及放牧等運動競賽能幫助牠們保持良好的體態，並提供必要的生理和心理刺激。

飲食

活躍的特伏丹犬需要營養充足、高品質的飲食。

梳理

特伏丹犬的雙層長毛需要定期照護，季節性掉毛嚴重，細緻的毛如果疏於整理就會打結。

健康

特伏丹犬的平均壽命為十至十四年，品種的健康問題可能包含過敏、白內障、肘關節發育不良、癲癇、髖關節發育不良症、甲狀腺功能低下症，以及犬漸進性視網膜萎縮症（PRA）。

訓練

所有的比利時牧羊犬都喜愛訓練，特伏丹犬渴望討好且學習快速，訓練過程相當愉快。牠們需要正向、基於獎勵的訓練，過於嚴厲會使牠們放棄。牠們需要早期社會化。

貝加馬斯卡犬 Bergamasco

品種資訊

原產地
義大利

身高
公 23-24.5 英寸（58-62 公分）／母 21-23 英寸（54-58 公分）

體重
公 70-84 磅（31.5-38 公斤）／母 57-71 磅（26-32 公斤）

被毛
三種類型：外層毛如羊毛、很長、非常大量／長、直、粗糙的「山羊毛」／底毛短、濃密、油性；許多部份會糾結纏繞

毛色
純灰或不同深淺的灰，甚至可以到純黑；或有白色斑紋

其他名稱
Bergamaschi；Bergamasco Shepherd Dog；Bergamese Shepherd；Cane da Pastore Bergamasco；Italian Bergama Shepherd

註冊機構（分類）
AKC（FSS：畜牧犬）；ANKC（工作犬）；ARBA（畜牧犬）；FCI（牧羊犬）；KC（畜牧犬）；UKC（畜牧犬）

起源與歷史

這種毛髮蓬亂糾纏的牧羊犬由遠古的腓尼基商人帶進義大利，但來源已不可考。牠們集中在米蘭北方的貝加莫，和阿爾卑斯山的牧羊人一起工作。牠們體型很大，精力充沛，能夠保衛牲畜，與牧人共存長達數個世紀，不但能密切合作，也培養出獨立解決問題的敏銳能力。貝加馬斯卡犬可能是許多歐洲蓬鬆牧羊犬的祖先，包含伯瑞犬、波蘭低地牧羊犬和牧牛犬（Bouvier）。第二次世界大戰後，隨著羊毛產業衰退，牧羊犬的需求降低，貝加馬斯卡犬瀕臨絕種。幸運的是，瑪麗亞．安德洛利（Dr. Maria Andreoli）等義大利愛犬人士挺身而出，讓該品種得以存續。如今，牠們是歐洲大陸狗展上大受歡迎的犬種。

個性

貝加馬斯卡犬忠心、耐心而寬容，只要環境適合，就是理想的家庭寵物。如果

知道自己的任務，牠們就會感到快樂，也喜歡待在戶外。牠們對喜愛的人友善親暱，但天生對外人疏離。

速查表

適合小孩程度	梳理
適合其他寵物程度	忠誠度
活力指數	護主性
運動需求	訓練難易度

照護需求

運動

貝加馬斯卡犬只需要整天待在戶外看顧牲畜，就能得到足夠的運動量（如果沒有牲畜，人類家人也可以）。如果無法，那麼可以每天帶牠們遠足探險幾次。牠們需要的運動量不大，只要能維持良好體態和敏銳的心理即可。

飲食

此犬種的原始牧羊犬飲食包含凝乳和乳清，但現今的貝加馬斯卡犬可餵食高品質的商業糧。

梳理

貝加馬斯卡犬的特色就是繩狀的毛，可以在惡劣的環境和野生動物的攻擊中保護牠們。如果少了這些毛，牠們就會失去本色，所以應該保持自然的模樣。幸運的是，繩狀的底毛會自己形成，很容易照護。在幼犬時期，牠們的毛髮就會開始結成繩狀，五歲以前會發展完成。

牠們鮮少掉毛，所以不需要梳毛，偶爾洗澡就很足夠了。厚重的毛髮雖然能保護皮膚，卻容易讓寄生蟲侵門踏戶，滋生繁衍。

健康

貝加馬斯卡犬的平均壽命為十二至十五年，根據資料並沒有品種特有的健康問題。

訓練

貝加馬斯卡犬知道自己在家中的定位，不需要太多訓練就可以順利融入。牠們聰明機警，想要聽從命令，學習速度很快，但也能獨立思考，不會流於盲從。

白色瑞士牧羊犬 Berger Blanc Suisse

速查表

適合小孩程度

適合其他寵物程度

活力指數

運動需求

梳理

忠誠度

護主性

訓練難易度

品種資訊

原產地
瑞士

身高
公 23.5-26 英寸（60-66 公分）／
母 22-24 英寸（55-61 公分）

體重
公 66-88 磅（30-40 公斤）／
母 55-77 磅（25-35 公斤）

被毛
雙層毛，外層毛中長、濃密、緊密，底毛硬、直

毛色
白色

其他名稱
White Swiss Shepherd Dog

註冊機構（分類）
ANKC（工作犬）；
FCI（暫時認可：牧羊犬）

起源與歷史

二十世紀初期，馬克斯・馮・史蒂芬尼茲（Max von Stephanitz）培育出德國牧羊犬，偶爾會出現天生白色的幼犬。事實上，白色的基因從品種誕生時就已存在。二十世紀中期，人們不再鍾情白色，許多協會將白色視為不符合標準，包含美國育犬協會（AKC）。於此同時，美國和加拿大熱愛白色犬隻的人開始專門培育白色的德國牧羊犬。這些白色的牧羊犬最終脫離德國牧羊犬獨立發展，如今在世界許多國家都被視為獨立的品種，白色瑞士牧羊犬是其中之一。

白色瑞士牧羊犬發源於瑞士，來自 1970 年代由美國和加拿大引入的白色德國牧羊犬。根據白色瑞士牧羊犬協會，品種的根源可以追溯到美國的白色牧羊犬羅伯

（Lobo），出生於 1966 年。瑞士是第一個認證白色瑞士牧羊犬為獨立品種的國家，1991 年七月正式收錄於瑞士種畜登錄冊（Swiss Stud Book）中。世界畜犬聯盟（FCI）也同意暫時認可白色瑞士牧羊犬這個犬種。

個性

白色瑞士牧羊犬生氣蓬勃，對於飼主熱情關注，被認為比祖先德國牧羊犬「軟弱」一些。牠們或許會疏離陌生人，但對家庭很忠心，主要功能是伴侶犬，但仍保有部分牧羊犬的本能。如果妥善訓練，能和孩童或其他寵物和平相處。牠們溫和、關心的本性很適合培育為治療犬。

照護需求

運動

白色瑞士牧羊犬擅長運動，智商很高，如果沒有充分運動，可能會影響各層面的健康。若希望牠們在家中開心而冷靜，飼主每天必須提供數次較劇烈的散步以及一項活動。牠們多才多藝，對許多犬類競賽都很有天賦，包含敏捷、放牧、接球、障礙等。和牠們一起參與活動時很容易積極投入，甚至激發競爭意識。

飲食

白色瑞士牧羊犬胃口很好，需要高品質的飲食。

梳理

白色瑞士牧羊犬厚重的雙層毛只要規律梳理，就能自然保持乾淨茂盛。牠們掉毛嚴重，愈常梳理，掉到地上的毛量就愈少。牠們腿部和尾巴下較長的毛需要特別注意，清理泥土和碎屑。

健康

白色瑞士牧羊犬的平均壽命為十二至十五年，品種的健康問題可能包含髖關節發育不良症。

訓練

白色瑞士牧羊犬和所有牧羊犬一樣，反應靈敏而專注，學習速度很快。牠們很快就能掌握飼主教導的技能，有時甚至能在下命令之前就猜到對方的意思。牠們天性有些敏感，所以適合保持正向的訓練方式。過度嚴苛的訓練可能會破壞牠們的信任和信心，讓訓練的努力白費。在領導者公平而有能力的帶領下，牠們可以學會任何技能。

伯格爾德皮卡第犬 Berger Picard

品種資訊

原產地
法國

身高
公 23.5-25.5 英寸（60-65 公分）／
母 21.5-23.5 英寸（55-60 公分）

體重
50-70 磅（22.5-31.5 公斤）[估計]

被毛
雙層毛，外層毛硬、偏長、蓬亂、捲曲，底毛細緻、濃密

毛色
灰色、灰黑色、灰色帶黑色亮點、灰藍色、灰紅色、淺或深黃褐色，或是混合前述顏色；或有白色斑紋

其他名稱
Berger de Picard；Berger de Picardie；Picardy Sheepdog；Picardy Shepherd

註冊機構（分類）
AKC（FSS：畜牧犬）；ARBA（畜牧犬）；CKC（畜牧犬）；FCI（牧羊犬）；UKC（畜牧犬）

起源與歷史

伯格爾德皮卡第犬據信是法國最古老的牧羊犬之一，可能早在九世紀就由賽爾特人引進法國。許多年來，牠們在法國北部索姆河畔的家來海岸區協助放牧。牠們和其他法國牧羊犬（伯瑞犬和法國狼犬）有血緣關係，但被毛明顯較為粗糙。1863 年，柏格爾德皮卡第犬初次在法國的狗展亮相，但粗糙而原始的長相並不受到歡迎。在兩次世界大戰期間，索姆河流域的戰火讓品種的數目大幅減少，幾乎滅絕。值得慶幸的是，牠們至今依然存在，只是鮮少出現於法國以外的地區。

個性

伯格爾德皮卡第犬有時活潑、有時內斂、有時好奇、有時冷靜，可以說喜怒無常，難以歸類。牠們對家庭成員的聲音和肢體語言特別敏感，甚至可能反映在自己身上。牠們需要大量的人類陪伴、運動，以及工作。強烈的牧羊和守衛本能反應出牠們守衛的一面，而照顧小孩的貼心則代表牠們柔軟的一面。飼主通常會因為牠們多元的面向、幽默感和複雜的天性而感到驚奇。

照護需求

運動

對於伯格爾德皮卡第犬來說，運動不可或缺。牠們喜歡游泳等激烈的活動，也是騎車或慢跑的良伴。只要在主人身邊，牠們對任何類型的活動都會感到滿足。

飲食

伯格爾德皮卡第犬需要高品質的飲食。牠們喜歡規律的時間表，所以應該定時餵食。

速查表

適合小孩程度	梳理
適合其他寵物程度	忠誠度
活力指數	護主性
運動需求	訓練難易度

梳理

伯格爾德皮卡第犬獨特的被毛是所有飼主夢寐以求的，照護容易，只有季節性掉毛，沒有狗的臭味，清潔方面只要擦拭即可。梳毛一個月僅需數次，並不建議替牠們洗澡。

健康

伯格爾德皮卡第犬的平均壽命為十三至十四年，品種的健康問題可能包含髖關節發育不良症，以及犬漸進性視網膜萎縮症（PRA）。

訓練

因為伯格爾德皮卡第犬天性聰明、敏感，又有些難以預料，所以訓練最好盡早開始，並保持正向。牠們天生渴望和「群體」在一起，所以和主人外出時不願意離開太遠，但牠們也能學習適應不同狀況。社會化、早期訓練，以及參與體育活動等，都能使牠們更快樂。

伯恩山犬 Bernese Mountain Dog

速查表

適合小孩程度

適合其他寵物程度

活力指數

運動需求

梳理

忠誠度

護主性

訓練難易度

品種資訊

原產地
瑞士

身高
公 25-27.5 英寸（63.5-70 公分）／
母 23-26 英寸（58.5-66 公分）

體重
公 85-110 磅（38.5-50 公斤）／
母 80-105 磅（36.5-47.5 公斤）
[估計]

被毛
厚、柔軟、絲滑、偏長；略呈波浪狀或直｜
季節性底毛 [CKC]

毛色
三色（黑、鐵鏽、白）

其他名稱
Berner Sennenhunde

註冊機構（分類）
AKC（工作犬）；ANKC（萬用犬）；
CKC（工作犬）；FCI（瑞士山犬及牧牛犬）；
KC（工作犬）；UKC（護衛犬）

起源與歷史

伯恩山犬是四種瑞士山犬之一，其他包含阿彭策爾山犬、安潘培勒山犬和大瑞士山地犬。牠們的名稱來自其位於瑞士的發源地：伯恩。該品種可以追溯到兩千年前羅馬入侵海爾維（瑞士古名）。推測是凱撒的軍隊帶來護衛用的獒犬犬種，與當地的牲畜護衛犬雜交，來抵禦阿爾卑斯山嚴峻的天候。伯恩山犬成為農場的工作犬，也會保護牲畜。伯恩地區的編織者會用牠們來拖車。每逢市集日，這些耐心十足的大狗會拖著高高堆滿乳製品或編織籃子的車進城去。

十九世紀初期，因為缺乏育種計畫，伯恩山犬幾乎完全消失。過了半個世紀左右，瑞士犬類學家弗蘭茨．舍恩雷布（Herr Franz Schertenleib）和蘇黎世的亞伯特．

海姆教授（Albert Heim）開始致力維護這個品種。起初，伯恩山犬在當地有許多不同的描述性名稱，例如Gelbbackler（黃頰）、Vierauger（四眼），以及Durrbachler（位於伯恩的一區）。1908 年，品種名稱改為 Berner Sennenhunde，即為伯恩山犬的瑞士名。

個性

伯恩山犬遠看或許像黑熊，近看卻很像泰迪熊──友善、隨和，而且抱起來很舒服。雖然個性穩定的牠們保有看守犬的本能，對於任何想接近家庭的人事物都保持警覺，但牠們卻從不火爆，也沒有攻擊性。牠們從幼犬時期就充滿活力，長大後依然頑皮外向，有些人說牠們很晚熟。伯恩山犬很愛小孩，是理想的家庭寵物。

照護需求

運動

愛玩但笨重的伯恩山犬需要運動，但只要在住家附近走幾遍就足夠了。很多飼主會和牠們做拉車等活動，能幫助牠們保持良好的體態和心情。

飲食

像伯恩山犬這種大型犬，需要高品質的飲食才能保持被毛光亮、體態良好。

梳理

伯恩山犬的雙層毛會掉毛，而且季節性的掉毛量很大。牠們需要一週梳毛數次，來清除死毛，讓新的毛髮成長。雖然要把毛弄乾很花時間，但洗澡能讓牠們看起來英氣逼人。

健康

伯恩山犬的平均壽命為七至十年，品種的健康問題可能包含關節炎、自體免疫疾病、胃擴張及扭轉、癌症、肘關節發育不良、髖關節發育不良症、腎臟疾病，以及犬漸進性視網膜萎縮症（PRA）。

訓練

伯恩山犬以家為重，學習快速，訓練會很順利。牠們很敏感，所以必須採取溫和、正向的訓練。牠們渴望討好飼主，只要能在一起，就願意嘗試任何事。

比熊犬 Bichon Frise

品種資訊

原產地
法國

身高
9-11.5 英寸（23-29 公分）｜
小於 12 英寸（30 公分）[ANKC]｜
身高不應超過 12 英寸（30 公分）[FCI]

體重
7-12 磅（3-5.5 公斤）[估計]

被毛
雙層毛，外層毛粗糙、捲曲，底毛柔軟、濃密｜細緻、絲滑，帶螺旋狀捲毛 [ANKC] [FCI] [KC]

毛色
純白｜亦可接受陰影色 [AKC] [ARBA] [CKC] [KC] [UKC]

其他名稱
Bichon à Poil Frisé；
特內里費比熊犬（Bichon Tenerife）

註冊機構（分類）
AKC（家庭犬）；ANKC（玩賞犬）；CKC（家庭犬）；FCI（伴侶犬及玩賞犬）；KC（玩賞犬）；UKC（伴侶犬）

起源與歷史

比熊犬確切的起源已不可考，主因是世界上有太多小型的淺色犬種。這類奶白色的犬種包含馬爾他的瑪爾濟斯犬、義大利波隆那的波隆納犬，以及西班牙特內里費島（加那利群島之一）的特內里費比熊犬。特內里費比熊犬很快受到水手的歡迎，會帶著牠們一起旅行，並在選擇的港口販賣這些小型毛茸茸的狗。牠們也深受十六世紀法國貴族的寵愛，包含法國國王亨利三世，據說他會把牠們放在像托盤的籃子裡，用緞帶垂掛在胸前。法國大革命時期，貴族階級式微，比熊犬被扔到街上，很快成了平民的寵物。而聰明有能力的比熊犬也成為街頭手風琴師忠心的同伴，也在馬戲團中表演把戲。

兩次世界大戰都威脅比熊犬的生存，但愛好者拯救了牠們。比熊犬在法國漸漸以「Bichon à Poil Frisé」（意即比熊犬）或「捲毛比熊犬」的名稱傳開。牠們在 1980 年代早期的美國則被稱為「雅痞小狗」，一度大受歡迎，但如今已回復正常。

個性

比熊犬外向、歡樂、優雅，很有自信而且貼心，是令人心情愉快的伴侶犬。牠們感情充沛而溫和，總是希望能把握所有時間和飼主相處。神氣的牠們也喜歡成為注目的焦點，常會想出有趣的遊戲來娛樂家人。牠們對生活的態度樂觀，行為良好，喜歡和人類、孩童，以及其他寵物相處。

速查表

適合小孩程度	梳理
適合其他寵物程度	忠誠度
活力指數	護主性
運動需求	訓練難易度

照護需求

運動

飼主家庭可以透過遊戲以及帶牠們外出來滿足所需的運動量。比熊犬需要的運動量不大，只要每天散步，並在院子裡玩有趣的遊戲，就能帶給牠們足夠的刺激。

飲食

比熊犬需要含有良好蛋白質來源的優質犬糧。

梳理

雖然比熊犬鮮少掉毛，但牠們的皮膚和被毛都需要定期護理。被毛要每天梳理來避免打結，也需要每個月修剪，後者可以找專業的美容師進行。牠們的毛通常會剪成緊密的方形，而臉上、耳朵、尾巴末端的毛則會維持蓬鬆。修剪通常會使用剪刀，塑造出精雕細琢的感覺。牠們眼部周圍也需要固定照護，避免分泌物刺激皮膚，或是造成染色。

健康

比熊犬的平均壽命為十三至十六年，品種的健康問題可能包含過敏、白內障、牙齒問題、耳部感染、膝蓋骨脫臼，以及皮膚過敏。

訓練

比熊犬渴望討好主人，所以對訓練反應良好，但如廁訓練可能是個挑戰。牠們可愛到讓人難以抗拒，所以常會被當成表演犬。而牠們一點也不脆弱，喜歡敏捷和服從等犬類的運動競賽。

布威㹴 Biewer Terrier

速查表

適合小孩程度

適合其他寵物程度

活力指數

運動需求

梳理

忠誠度

護主性

訓練難易度

品種資訊

原產地
德國

身高
至多 8.5 英寸（21.5 公分）[估計]

體重
4-8 磅（2-3.5 公斤）

被毛
單層毛，長、直、飄逸、柔軟、絲滑

毛色
白色、藍色、黑色、金黃色、棕褐色

其他名稱
Biewer

註冊機構（分類）
ARBA（伴侶犬）

起源與歷史

布威㹴的誕生，始於一隻出生時身上帶有大量白毛的約克夏幼犬。牠出生於 1984 年 1 月 20 日，取名為 Scheefloeckchen von Friedheck。育種者華納（Werner）與格特魯德．布威（Gertrud Biewer）忍不住猜測，他們的育種品系中是否有隱性的雜色基因。很快地，他們開始穩定培育出藍、白和金黃色的約克夏㹴。1988 年，華納．布威在德國威斯巴登展示其中兩隻，稱為「黑白約克」。這些顏色特殊的小狗吸引了許多注意力，很多人跟進繁殖，並希望能讓品種註冊。然而，德國犬業協會（VDH）並不接受，因此 Allgemeiner Club der

Hundefreunde Deutschland e.V.（ACH）是第一個認證布威犬的機構，登記名稱為彩球布威約克夏㹴（Biewer Yorkshire Terrier a la Pom Pon），彩球是形容牠們幼犬時期的毛髮。布威夫婦在1980晚期訂定布威㹴標準，布威先生在1997年過世，而布威太太則停止繁殖。2007年，美國布威㹴協會成立，為了更了解布威㹴，便派人和布威太太談論品種早期的發展。如今，布威㹴也受到美國稀有犬種協會（ARBA）的認證。

個性

布威㹴聰明、忠心、投入，是真正的伴侶犬。有人形容牠們「無憂無慮」且天真，有幽默感、愛玩，有時甚至會調皮搗蛋，但內心卻真誠對主人付出。牠們能和孩童或其他狗和平相處。

照護需求

運動

布威㹴體型雖小但結實，喜愛運動。每天在住家附近散步，或陪飼主跑腿，都能滿足其運動需求。牠們機警而好動，特別是在幼犬時期，所以規律的運動對健康很重要。

飲食

生氣蓬勃的布威㹴很愛吃，但可能會挑嘴。適合少量多餐，需要高品質、適齡的犬糧。

梳理

布威㹴細緻光滑的被毛需要定期照護來避免打結。和人類的頭髮類似，需要每天梳理，頭部較長的毛髮可以梳理成頭冠。

健康

布威㹴的平均壽命為十二至十四年，品種的健康問題可能包含氣管塌陷、低血糖症、股骨頭缺血性壞死、膝蓋骨脫臼，以及肝門脈系統分流。

訓練

布威㹴反應靈敏，想要討好飼主（至少在多數時候）。牠們有時會緊迫盯人，所以訓練課程應該清楚且一致。飼主應該注意不要鼓勵過度吠叫，或展現佔有欲的行為。

比利犬 Billy

品種資訊

原產地
法國

身高
公 23.5-27.5 英寸（60-70 公分）／
母 23-24.5 英寸（58-62 公分）

體重
52-70 磅（23.5-31.5 公斤）[估計]

被毛
短、粗硬、通常略為粗糙

毛色
純白、牛奶咖啡白、白色帶淺橙色或檸檬色斑塊或披風

註冊機構（分類）
FCI（嗅覺型獵犬）；UKC（嗅覺型獵犬）

起源與歷史

比利犬在十九世紀由賈斯頓．赫伯特．里沃（Gaston Hublot du Rivault）培育出，名稱來自里沃位於法國中西部普瓦圖的比利城堡（Chateau de Billy）。里沃用了三個品種（現今皆已絕種）來培育比利犬：小而優雅的賽里斯犬（Ceris）狩獵野兔和狼，大而迅速的蒙特貝夫犬（Montaimboeuf）狩獵野豬，而萊里犬（Larrye）在 1800 年代以出色的嗅覺聞名。比利犬是出色的獵鹿犬，聲音很特殊，鮮少出現在產地法國以外的地區。

個性

比利犬體型大，打獵技巧出色，通常和家庭感情親密。牠們不一定能與群體和平相處，對於同性別的狗有時會有攻擊性，所以早期社會化訓練很重要。比利犬聰明勇敢，是能力出色的工作犬。牠們輕快和諧的聲音在普瓦圖地區相當有名。

照護需求

運動

比利犬體型大，需要規律運動。牠們體力充沛，適合參與狩獵等活動，這也是牠們飼育的原始目的。

飲食

比利犬需要營養充足的飲食來保持適合狩獵的良好體態。

速查表

適合小孩程度	梳理
●●●●○	●●○○○
適合其他寵物程度	**忠誠度**
●●○○○	●●●○○
活力指數	**護主性**
●●●○○	●○○○○
運動需求	**訓練難易度**
●●●●○	●●●●○

梳理

比利犬的被毛短而平滑，容易照顧，但牠們的大耳朵容易受到感染，需要定期檢查。

健康

比利犬的平均壽命為九至十二年，根據資料並沒有品種特有的健康問題。

訓練

比利犬很聰明、容易訓練，特別是牽涉到牠們天分才能的活動。牠們會成群狩獵，從群體中其他狗和獵人身上學習。

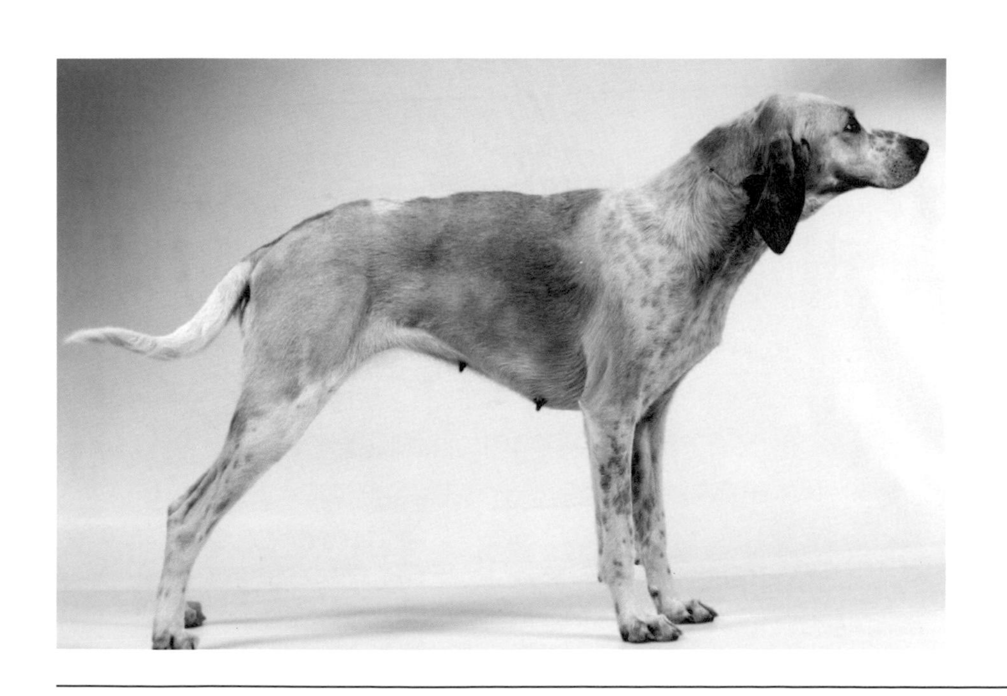

黑褐獵浣熊犬 Black and Tan Coonhound

品種資訊

原產地
美國

身高
公 23-27 英寸（58.5-68.5 公分）／母 21-26 英寸（53-66 公分）

體重
公 50-75 磅（22.5-34 公斤）／母 40-65 磅（18-29.5 公斤）

被毛
短、濃密、平滑、細緻、有光澤

毛色
黑色帶大量棕褐色斑紋

其他名稱
美國黑褐獵浣熊犬（American Black and Tan Coonhound）

註冊機構（分類）
AKC（狩獵犬）；CKC（狩獵犬）；FCI（嗅覺型獵犬）；UKC（嗅覺型獵犬）

起源與歷史

黑褐獵浣熊犬是徹頭徹尾的南方紳士，祖先可以追溯到殖民時代的美國獵狐犬和維吉尼亞獵狐犬。牠們由美國南方的獵人培育，用來獵捕浣熊，所以需要絕佳的嗅覺和追蹤能力。牠們或許有混到獵狐犬和尋血犬的基因，後者除了影響了毛色，也帶來結實的身材和長耳朵。狩獵浣熊時，獵狗會將浣熊逼至樹上，困住牠們直到獵人到來，此過程英文稱為「treeing」。浣熊是夜行性動物，所以狩獵在夜間進行。黑褐獵浣熊犬也會狩獵熊、鹿、負鼠，甚至是山獅。長而下垂的耳朵是牠們的註冊商標，如同尋血犬的耳朵，能捕捉並保留氣味。黑褐獵浣熊犬有兩種類型：展示型和狩獵型。展示犬體型較大，通常較不活躍。

個性

黑褐獵浣熊犬聰明、忠心、熱切、友善，而且脾氣很好。牠們的頭腦、自信和勇氣在野外狩獵浣熊時嶄露無遺。雖然體型很大，總是蓄勢待發，但牠們不打獵時表現得成熟安定，既是優秀的獵人，也是最棒的營火夥伴。如果受到刺激，黑褐獵浣熊犬可能會很容易興奮，所以最好進行社會化訓練，讓牠們習慣不同的動物和人（包含孩童）。

速查表

適合小孩程度 ●●●●○	梳理 ●●○○○
適合其他寵物程度 ●●●●○	忠誠度 ●●●○○
活力指數 ●●●○○	護主性 ●●○○○
運動需求 ●●●●○	訓練難易度 ●●●●○

照護需求

運動

黑褐獵浣熊犬在必要時可以狩獵一整晚，因此劇烈的散步是必需的。以體型來說，牠們需要的運動量很大，如果無法外出狩獵，則必須有替代方案提供刺激，幫助牠們釋放精力。

飲食

黑褐獵浣熊犬需要高品質、營養充足的飲食。

梳理

黑褐獵浣熊犬光滑的短毛，只要用梳毛手套徹底整理就可以保持整潔。牠們的垂耳卻很容易受到感染，所以需要定期檢查。

健康

黑褐獵浣熊犬的平均壽命為十至十四年，品種的健康問題可能包含耳部感染以及髖關節發育不良症。

訓練

只要保持耐心和正面的態度，黑褐獵浣熊犬對訓練的反應良好、學習快速。牠最喜歡的娛樂是狩獵，悟性很高。牠的聰明和友善，使其能夠接受服從訓練，且學得很快。

黑嘴雜種犬 Black Mouth Cur

品種資訊

原產地
美國

身高
公至少 18 英寸（45.5 公分）／
母至少 16 英寸（40.5 公分）

體重
公至少 40 磅（18 公斤）／
母至少 35 磅（16 公斤）

被毛
短、濃密、緊密、粗糙到細緻皆可

毛色
各種深淺的紅色、黃色、淺黃褐色、虎斑；或有黑色面罩；或有白色斑紋

其他名稱
American Blackmouth Cur；Blackmouth Cur；Ladner Blackmouth Cur；Southern Cur；Yellow Black Mouth Cur

註冊機構（分類）
UKC（嗅覺型獵犬）

起源與歷史

雜種犬（Cur）為美國南方的原生種，是歷經數個世代考驗的真正獵犬。從拓荒時期開始，雜種犬就被用來狩獵各種動物，從松鼠、野豬、鹿和熊都有。牠們追蹤時通常保持靜默，然後奔跑去捕捉獵物。雜種犬鮮少小跑步，即便在打獵時，也會在偵測到氣味的一瞬間從走路變成飛奔。牠們天生有放牧的能力，能聚集並驅趕牛群。黑嘴雜種犬的愛好者稱著作《老黃狗》（Old Yeller）中的狗也是黑嘴雜種犬，這樣的可能性很高——至少可以確定，此名著中的狗屬於雜種犬家族。

個性

雜種犬勇敢果斷，有強烈討好主人的渴望。牠們個性穩定，容易掌握，極度忠誠，據說對家庭中的女性和小孩特別友善。牠們可能有領域性，需要從小進行社會化。

照護需求

運動

黑嘴雜種犬強而有力，每天都需要充沛的運動，最好有數次體能運動和心智方面的考驗，讓牠們維持良好的身心狀況。牠們在需要大量活動而且有趣的體育競賽表現出色，例如敏捷、飛盤和服從等。

速查表

適合小孩程度 ●●●●○	梳理 ●●○○○
適合其他寵物程度 ●●●○○	忠誠度 ●●●●●
活力指數 ●●●●○	護主性 ●●●●●
運動需求 ●●●●○	訓練難易度 ●●●●○

飲食

強壯的黑嘴雜種犬需要營養充足的飲食。

梳理

雜種犬的短毛容易照顧，只需偶爾用獵犬的梳子梳理全身即可。要注意牠們垂下的耳朵，避免感染。

健康

黑嘴雜種犬的平均壽命為十二至十五年，品種的健康問題可能包含耳部感染。

訓練

育種者表示黑嘴雜種犬的幼犬在六個月以前會完成自我訓練，內容包含將獵物驅趕上樹、放牧牲畜，以及保護家庭。牠們渴望討好主人，所以適合以家庭為中心的訓練方式，給予牠們和家庭建立連結的機會。黑嘴雜種犬很敏感，不適合嚴厲的訓練模式。

黑俄羅斯㹴 Black Russian Terrier

速查表

適合小孩程度

適合其他寵物程度

活力指數

運動需求

梳理

忠誠度

護主性

訓練難易度

品種資訊

原產地
俄羅斯

身高
公 26-30.5 英寸（66-77 公分）／
母 25-29 英寸（64-73.5 公分）

體重
80-143 磅（36.5-65 公斤）[估計]

被毛
雙層毛，外層毛為粗硬、大量的碎毛，底毛厚、柔軟；粗如毛刷般的鬍鬚和鬍鬚

毛色
黑色、黑色帶灰色毛

其他名稱
黑㹴（Black Terrier）；Chornyi；俄羅斯熊雪納瑞（Russian Bear Schnauzer）；Russian Black Terrier；Tchiorny Terrier

註冊機構（分類）
AKC（工作犬）；ANKC（萬用犬）；ARBA（工作犬）；CKC（工作犬）；FCI（平犬及雪納瑞）；KC（工作犬）；UKC（護衛犬）

起源與歷史

1930 年代，紅星犬舍（Red Star，位於莫斯科外的軍方犬舍）開始培育一種大型的工作㹴犬，希望能成為國防軍力的一部分。在當時，想找到純種的種犬並不容易，因為俄國革命已經使大部分的種犬喪生，而接連兩次世界大戰更延誤了育種的計畫。但在二戰以後，紅星犬舍終於得以引入一批優質的種犬，來培育新的犬種。他們讓巨型雪納瑞與萬能㹴、羅威那和其他工作犬配種，培育出黑俄羅斯㹴。事實上，培育的過程中一共加入十七種狗，最後才得到體型巨大、敏捷、強悍、能適應各種氣候的黑俄羅斯㹴。直至 1956 年，黑俄羅斯㹴都是軍警專用的犬種，而後才開放給私人飼育者。紅軍為犬種訂下第一套標準，而後經過數次修改，才在 1984 年通過世界畜犬聯盟（FCI）的認證。

黑俄羅斯㹴是全方位的工作犬，也能擔任護衛犬，可以適應俄羅斯的各種環境。

個性

黑俄羅斯㹴有強烈的守護本能，但個性並不偏激。牠們冷靜、自信、忠心耿耿，對陌生人則可能顯得疏離。牠們喜歡小孩，而如果早期社會化順利，就能和大部分的動物和平相處。牠們智商很高，心思細膩而熱情，喜歡和人類家庭相處，不太能適應獨處。

照護需求

運動

黑俄羅斯㹴體型大且好動，每天需要數次外出活動，才能保持良好的體態。牠們在戶外時活潑愛玩，特別喜歡雪；在室內則相對冷靜，喜歡和家人在不同房間移動，讓他們隨時保持在視線之中。

飲食

黑俄羅斯㹴需要大量的高品質食物。

梳理

黑俄羅斯㹴的眼睛上方覆蓋如拖把般的獨特毛髮，臉頰下方也是（鬍鬚），需要梳理以防打結，但不應該修剪。牠們身體的粗糙毛髮通常可以用手整理（像大多數的㹴犬一樣），建議可以找專業的美容師讓牠們保持在絕佳狀態。

健康

黑俄羅斯㹴的平均壽命為十至十二年，品種的健康問題可能包含胃擴張及扭轉、髖關節發育不良症。

訓練

雖然黑俄羅斯㹴體型巨大，看起來很有威脅性，但牠們其實聰明而敏感細膩，所以應該採用關愛但堅定的訓練態度。服從訓練和早期社會化很重要，能抑制過度的守護本能。

尋血犬 Bloodhound

品種資訊

原產地
比利時

身高
公 25-27 英寸（63.5-68.5 公分）／
母 23-25 英寸（58.5-63.5 公分）

體重
公 90-119 磅（41-54 公斤）／
母 79.5-106 磅（36-48 公斤）

被毛
短、平滑、緊密、耐候｜粗糙 [FCI]

毛色
黑棕褐色、肝紅褐色、紅色；或有白色斑紋

其他名稱
Chien de Saint-Hubert；St. Hubert Hound；St. Hubert's Hound

註冊機構（分類）
AKC（狩獵犬）；ANKC（狩獵犬）；CKC（狩獵犬）；FCI（嗅覺型獵犬）；KC（狩獵犬）；UKC（嗅覺型獵犬）

起源與歷史

現代尋血犬的歷史可以追溯到超過一千年以前，在比利時的聖修伯特修道院的聖修伯特犬（St. Hubert）。當時的品種由古代的賽古希斯犬（Segusius）改良，大部分為黑色，屬於尋血獵犬的一種，是緩慢、謹慎、皮膚厚重的追蹤犬，毅力十足、嗅覺出色、叫聲悠揚。牠們最初的任務是憑著微弱的氣味追蹤狼、大型貓科、鹿等獵物，或是找到受傷的獵物。歐洲有許多追蹤型的獵犬都有牠們的基因。當諾曼人在 1066 年征服英國時，聖修伯特犬也跨越海峽，成為獵狐犬的祖先。在英國，聖修伯特犬與塔爾博特獵犬（Talbot Hound）和南方獵犬（Southern Hound）雜交，漸漸有了「尋血犬」這個稱號。然而，這並不是因為牠們追蹤血腥味的能力特別突出，而是因為牠們是貴族專屬的犬種。

幾個世紀以來流傳至今的，是牠們追蹤微弱氣味的能力。執法機關會利用牠們追蹤幾乎難以察覺的線索。如今，尋血犬仍被用來搜尋失蹤人口。和大多數人的印象相反，尋血犬不會沿路吠叫，只偶爾發出聲音。在比利時和某些非英語系國家，尋血犬仍叫聖修伯納犬。但無論名稱為何，牠們最大的特徵就是長耳朵、悲傷的表情、臉部的皺紋和鬆弛的上唇。

速查表

適合小孩程度	梳理
適合其他寵物程度	忠誠度
活力指數	護主性
運動需求	訓練難易度

個性

尋血犬很友善，和任何人都能相處得很好。牠們體型大、皮膚鬆垮、個性溫和、散發著善意。牠們被培育出專注和毅力，有時對地上的東西太感興趣，甚至因此無視飼主的動作或命令。牠們需要安全封閉的空間，否則很可能因為追隨氣味而惹來麻煩。牠們被育種為群居動物，不適合獨處。

照護需求

運動

雖然尋血犬不需要激烈的運動，但體型很大的牠們仍需要規律運動，以保持身體和心智的敏銳。牠們會喜歡繫上牽繩，在公園裡散步，搜尋並追蹤氣味。

飲食

尋血犬需要高品質、營養充足的飲食。牠們時常流口水，特別是周遭有食物時。

梳理

尋血犬的被毛並不需要美容師的特別照護，只需要用梳子整理來移除壞死的毛髮，刺激皮膚即可。然而，牠們臉上的皺紋和下垂的耳朵因為容易受傷或感染，所以得特別花功夫保持清潔。

健康

尋血犬的平均壽命為十至十二年，品種的健康問題可能包含胃擴張及扭轉、耳部感染、眼瞼內翻，以及髖關節發育不良症。

訓練

在追蹤方面，尋血犬的能力無人能出其右；然而，如果飼主想叫牠們「快來」，可能就得靠點運氣了。倒不是牠們不想服從命令，而是獨立思考後傾向認為「沒那麼重要」。在訓練尋血犬時，需要多一些耐心和堅持。

布魯克浣熊獵犬 Bluetick Coonhound

速查表

適合小孩程度

適合其他寵物程度

活力指數

運動需求

梳理

忠誠度

護主性

訓練難易度

品種資訊

原產地
美國

被毛
平滑、有光澤、偏粗造、緊密

身高
公 22-30 英寸（56-76 公分）／
母 21-28 英寸（53-71 公分）

毛色
深藍色、濃密的黑色斑點；或有棕褐色斑紋、紅色斑點

體重
公 55-100 磅（25-45.5 公斤）／
母 45-85 磅（20.5-38.5 公斤）

註冊機構（分類）
AKC（其他）；ANKC（狩獵犬）；
UKC（嗅覺型獵犬）

起源與歷史

法國的加斯科尼獵犬、瓷器犬和聖通日犬早在殖民時期之前，就已經被帶到美國。牠們主要在遙遠的南方繁殖，外表和型態相對單純，個性有耐心、堅持，叫聲很優美。1900 年代早期，獵人和狗販深入南方遺世獨立的地區，例如路易西安那河口和奧沙克山脈，發現了一種血統純正的狗。牠們的身上通常布滿藍色的斑塊，又被稱為「藍色加斯科尼犬」或「法國獵鹿犬」，來自獵狐犬和雜種犬的混種，是現今布魯克浣熊獵犬的原型。

在法國，每個地區的山谷都會培育出獨特的犬種，以應付當地的需求，而在美國的情況也是如此，於是布魯克犬產生了數個品系，而較有名的包含奧沙克山（Ozark Mountain）、古老系（Old Line）、糖溪（Sugar Creek）、斯莫基河（Smokey River），以及號角（Bugle）品系。起初，布魯克犬在聯合育犬協會（UKC）註冊為英國獵浣熊犬的一種，但育種者擔憂當前獵浣熊犬的發展趨勢（重視速度，且只搜尋新的氣味而不追蹤舊的），並希望保留舊有的狩獵方式。1945 年，布魯克犬正式脫離英國獵浣熊犬，成為獨立的犬種。

個性

布魯克犬聰明而忠心，是很棒的家庭成員，天性隨和，所以很容易融入家庭生活，和飼主建立堅定而深遠的連結。牠們珍惜情感，充滿魅力。雖然精力充沛，但布魯克犬也不介意在不打獵的時候，靜靜躺在主人腳邊。牠們對打獵充滿熱忱，可能會用敏銳的嗅覺追蹤引起興趣的氣味，所以飼主在開放區域時不應該放開牽繩。牠們狩獵的本能很強，所以會有追逐小型動物的衝動，應該從小進行社會化訓練，讓牠們接受其他小型寵物。然而，牠們能和其他狗相處得很好，對孩童也相當友善。

照護需求

運動

布魯克犬每天都需要扎實的運動，有打獵的機會則更為理想。牠們需要工作，假如運動不足，就會出現破壞行為。

飲食

這隻強悍的獵犬需要高品質、營養充足的飲食。

梳理

布魯克犬的被毛相對容易保持整潔，只要偶爾刷毛即可。應定期檢查牠們的耳朵，以避免感染。

健康

布魯克犬的平均壽命為十至十二年，品種的健康問題可能包含耳部感染。

訓練

布魯克犬聰明敏銳，適合正向的訓練方式。牠們天生擅長打獵，不在野外時可能會表現得較為固執，所以早期的服從訓練相當重要。

南非獒犬 Boerboel

品種資訊

原產地
南非

身高
公 25-28 英寸（63.5-71 公分）／
母 23-25.5 英寸（58.5-65 公分）[估計]

體重
154-200 磅（70-90.5 公斤）[估計]

被毛
短、濃密、光滑 [估計]

毛色
虎斑、棕色、紅棕色、紅色、淺黃褐色、奶油黃色、黑色；或有白色斑紋；或有面罩 [估計]

其他名稱
South African Boerboel；
South African Mastiff

註冊機構（分類）
AKC（FSS：工作犬）；ARBA（工作犬）

起源與歷史

1651 年，荷蘭人揚・范里貝克（Jan van Riebeeck）初次在南非登陸，地點是現今的開普敦。他帶了一種獒犬型的犬種，稱為「bullenbijter」，在未知的蠻荒大地上保護自己的家族。其他拓荒者加入時，也帶了強壯的大型犬，作為護衛犬和工作犬。於此同時，鑽石開採公司戴比爾斯（De Beers）引入鬥牛獒來看守礦坑，推測後來便與其他大型的工作犬交配繁殖。這些荷蘭的墾殖者為了抗議英國的規定，在「大遷徙」（Great Trek）時期向內陸移動。在艱困的環境下能順利存活的，多半是強壯、堅毅、忠心、能幹而適應力夠強的狗。墾殖者家庭必須依賴牠們完成各種工作，而牠們也願意成為家庭的好朋友，並且在各種危機中保護家園。與世隔絕的牠們最終開始雜交，而南非獒犬（Boerboel，意即「農夫之犬」）正式誕生。

十九世紀末期，原始的南非獒犬依然存在。然而，隨著往後數十年的都市化，牠們與其他品種雜交，血脈瀕臨消失。1980 年代時，人們才重拾對該品種原型的興趣，於是成立了南非獒犬繁殖者協會（South African Boerboel Breeders Association），在產地尋找繁殖的種犬，順利復興這種南非獨特的犬種。

如今，南非獒犬在南非和納米比亞穩定而興盛地發展。

個性

南非獒犬是工作犬，體型大、個性聰明而堅定，對家庭充滿愛，危急時也有足夠的信心和勇氣，拚死保護家庭。據說牠們對孩童有特別的情感，許多故事都述說牠們如何忠誠地守護他們。南非獒犬需要人類的陪伴，會自動和家庭緊密連結，所以不應該被隔絕孤立，否則會帶來不快樂和挫敗感，使他們產生過度的保護欲，甚至造成威脅。

速查表

適合小孩程度 ●●●●○	梳理 ●○○○○
適合其他寵物程度 ●●●○○	忠誠度 ●●●●●
活力指數 ●●○○○	護主性 ●●●●●
運動需求 ●●●○○	訓練難易度 ●●●○○

照護需求

運動

南非獒犬的運動需求適中，對幼犬或年輕的犬隻必須格外謹慎，不要對發育中的骨骼造成過大的壓力。

飲食

大型的南非獒犬很愛吃，因此必須小心控制牠們的體重。牠們需要食物提供的能量，但也必須維持良好的體態。最好給予高品質、適齡的飲食。

梳理

南非獒犬的短毛只需要最基本的梳理，每兩週一次就很足夠。牠們常流口水，因此須注意保持嘴部和周圍的乾淨。

健康

南非獒犬的平均壽命大約為十二年，品種的健康問題可能包含胃擴張及扭轉、眼瞼內翻、肘關節發育不良，以及髖關節發育不良症。

訓練

面對像南非獒犬這種大型的護衛犬，社會化訓練愈早開始愈好，讓牠們適應不同的人和情境，否則可能會對人或其他狗產生支配欲。育種者建議讓年幼的南非獒犬參加幼犬課程，作為社會化和早期訓練的一部分。南非獒犬需要堅定但公平的訓練者，能控制牠們的支配欲，並儘早教導牠們服從基本的指令。訓練會是牠們一生持續的功課。

波隆納犬 Bolognese

品種資訊

原產地
義大利

身高
公 10.5-12 英寸（27-30.5 公分）／母 9.5-11 英寸（24-28 公分）

體重
5.5-9 磅（2.5-4 公斤）

被毛
長、蓬鬆、集結成束

毛色
純白

其他名稱
波隆納比熊犬（Bichon Bolognese）

註冊機構（分類）
AKC（FSS：玩賞犬）；ARBA（伴侶犬）；FCI（伴侶犬及玩賞犬）；KC（玩賞犬）；UKC（伴侶犬）

起源與歷史

關於波隆納犬最早的紀錄出現在 1200 年，可能是南義大利和馬爾他地區比熊類犬種的後代，屬於比熊犬的家族，其他成員包含瑪爾濟斯犬、哈瓦那犬，以及棉花面紗犬。

牠們的名稱源自義大利北方的城市波隆納。波隆納犬體型很小，全身雪白，在文藝復興時期深受貴族寵愛，義大利的貢薩加家族（Gonzagas）和麥地奇家族（Medicis）都曾培育繁殖過。據說，西班牙的國王菲利浦二世收到一對波隆納犬時，說這是自己所收過最好的禮物。龐巴度夫人（Madame Pompadour）、俄國的葉卡捷琳娜二世，以及歐洲宮廷的仕女也鍾愛此犬種。波隆納犬曾經一度失寵，連在產地國內都相當罕見。但經由育種者的專注努力，犬種的數量如今已漸漸回升。

個性

波隆納犬聰明而忠心，是最棒的同伴。牠們不會過動或過度敏感，比近親比熊犬更認真冷靜，充滿魅力，喜歡人類勝過一切，會對飼主如影隨形。牠們可能會有點害羞，但只要經過適當的社會化，就能在大部分的情境中處之泰然。

照護需求

運動

波隆納犬不需要大量的運動，只要在住家附近走走，跟在主人身邊打轉，就相當足夠了。

飲食

波隆納犬需要高品質、適合體型的飲食。

速查表

適合小孩程度	梳理
適合其他寵物程度	忠誠度
活力指數	護主性
運動需求	訓練難易度

梳理

波隆納犬需要的梳理不像比熊犬那樣費工夫，但仍需要每天整理。幾乎每天都要梳毛，才能避免打結，眼睛和嘴巴周圍也需要特別注意保持乾淨。

健康

波隆納犬的平均壽命為十三至十五年，品種的健康問題可能包含膝蓋骨脫臼。

訓練

聰明的波隆納犬會與飼主建立緊密的連結，隨時準備回應飼主對禮貌和服從的要求。牠們在如廁訓練方面可能會反應較慢，但持之以恆就一定會有收穫。

邊境牧羊犬 Border Collie

速查表

適合小孩程度

適合其他寵物程度

活力指數

運動需求

梳理

忠誠度

護主性

訓練難易度

品種資訊

原產地

大不列顛

身高

公 21 英寸（53 公分）／母犬較小｜公 19-22 英寸（48-56 公分）／母 18-21 英寸（45.5-53 公分）[AKC] [ANKC]

體重

與身高成比例｜公 30-45 磅（13.5-20.5 公斤）／母 27-42 磅（12-19 公斤）[估計]

被毛

兩種類型：（粗毛型）雙層毛中等長度、緊密、濃密、耐候，外層毛粗糙、直或波浪狀，底毛短、柔軟、濃密／（平毛型）雙層毛，較粗毛型短且粗糙｜雙層毛，外層毛中等長度、濃密、質地適中，底毛柔軟、短、濃密 [ANKC] ｜多種長度：長、中等、平毛 [UKC]

毛色

所有顏色、組合、斑紋｜黑白色、藍白色、巧克力白色、紅白色、藍大理石色、三色（黑、棕褐、白）[ARBA] ｜黑紅色、灰色、藍大理石色、紅大理石色、檸檬色、深褐色；或有白色、棕褐色斑紋 [UKC]

註冊機構（分類）

AKC（畜牧犬）；ANKC（工作犬）；CKC（畜牧犬）；FCI（牧羊犬）；KC（畜牧犬）；UKC（畜牧犬）

起源與歷史

邊境牧羊犬誕生於蘇格蘭、英格蘭和威爾斯邊境的鄉下。數百年前，犬種的分類還未確立，牠們通常被稱為柯利犬或牧羊犬。1800 年代中期，英國幾乎每個縣或郡都培育出符合特殊需求的牧羊犬種，雖然許多如今已不復存在，對於邊境牧羊犬的基因組成卻都有所貢獻。1906 年，國際牧羊犬協會（ISDS）成立，引發人們對邊境牧羊犬的興趣，最終培育出現今的犬種。育種計畫開始著重於牠們的「眼睛」特性（催眠般的眼神能讓羊隻移動或轉彎），並培育出更容易訓練的犬隻來贏得牧羊競賽。1894 年誕生的老漢普（Old Hemp）被認為是現今所有邊境牧羊犬的遠祖。如今，邊境牧羊犬除了在牧場上表現出色外，在要求速度和準確度的敏捷競賽中也同樣搶眼。牠們也是服務犬、緝毒犬、爆裂物偵測犬，並參與各類競賽。

個性

邊境牧羊犬被認為是世界上最聰明的犬種之一，精力充沛、強壯、敏銳，能在很短的時間獨立做決定。牠們對熟人友善，對陌生人則有較為冷淡。大部分的邊境牧羊犬都是工作狂，會不斷想放牧任何人或事物，只偶爾會展現出比較閑散的一面。工作會令牠們快樂，而牠們也需要釋放能量。

照護需求

運動

邊境牧羊犬需要大量的激烈運動，也需要心理上的刺激，需要工作任務、活動或飼主的關注。飼主可以透過護衛農場牲畜或服從訓練，使牠們隨時保持活躍。

飲食

邊境牧羊犬需要符合其活動量和生命階段的高品質飲食。

梳理

無論是粗毛或平毛的邊境牧羊犬，都需要規律的梳理來移除死毛，維持最佳的狀態。牠們被培育來抵禦極端的氣候，因此上一秒還沾滿泥巴的被毛，可能甩一甩就馬上變乾淨了。

健康

邊境牧羊犬的平均壽命為十二至十五年，品種的健康問題可能包含牧羊犬眼異常（CEA）、癲癇，以及髖關節發育不良症。

訓練

邊境牧羊犬聰明且充滿動力，訓練起來相當容易。牠們幾乎在所有的運動都能表現傑出，為殘疾人或執法人員服務時也相當稱職。

邊境㹴 Border Terrier

速查表

適合小孩程度

適合其他寵物程度

活力指數

運動需求

梳理

忠誠度

護主性

訓練難易度

品種資訊

原產地
大不列顛

身高
11-16 英寸（28-40.5 公分）[估計]

體重
公 13-15.5 磅（6-7 公斤）／
母 11-14 磅（5-6.5 公斤）

被毛
雙層毛，外層毛為緊貼、不平整的剛毛，
底毛短、濃密

毛色
藍棕褐色、灰斑棕褐色、紅色、小麥色｜
或有白色斑紋 [AKC] [CKC]

註冊機構（分類）
AKC（㹴犬）；ANKC（㹴犬）；CKC（㹴犬）；FCI（㹴犬）；KC（㹴犬）；UKC（㹴犬）

起源與歷史

在英格蘭與蘇格蘭邊境的鄉下（邊境牧羊犬的故鄉），許多人以畜養綿羊維生。邊境㹴被培育來對付有害的野獸，特別是會偷羊的狐狸。牠們需要夠長的腳，才能快速大範圍地移動，但又不能太長，得在發現目標後快速貼近地面。關於邊境㹴的起源，並沒有文字記載，但推測與其他英國北部的㹴犬系出同源。早期，牠們依據原生地的溪谷地名，被稱為蘆葦水㹴（Reedwater Terrier）或柯克戴爾㹴（Coquetdale Terrier）。或許是因為時常和邊境獵狐犬一起工作，從1880年起，牠們得到「邊境㹴」這個名稱。隨著獲得世界各式註冊機構的承認，欣賞牠們工作能力的㹴犬愛好者卻開始擔心牠們會被「美化」成狗展的展示品。但牠們至今仍維持著蓬亂帥氣的外表，以及優秀的工作能力。

個性

邊境㹴體型雖小，卻有著無比的勇氣和神采，隨時保持警覺，是很棒的看門犬。牠們在戶外頑固強悍，在家中卻沒有其他㹴犬那麼激動，親人而服從的天性很適合與人類同住。邊境㹴在任何環境天候下都是最棒的同伴，個性隨和友善，也能和其他的狗好好相處。

照護需求

運動

邊境㹴被培育成工作犬，而牠們嬌小的體型不代表不想要（或不需要）出外活動。牠們熱愛探索樹叢、石壁或其他有小動物躲藏的地形。只要在不安全的開放地區，飼主就應該繫好牽繩，否則牠們很容易衝向任何吸引注意的事物。

飲食

邊境㹴容易增重，因此要注意不能過度餵食。最好給予高品質、營養充足的飲食。

梳理

邊境㹴緊密粗糙的被毛，讓其保持自然外觀即可——偶爾刷毛，並用針梳移除死毛來維持清潔。除非要在狗展登場，否則無須像其他㹴犬一樣透過修毛來維持適當的質地。

健康

邊境㹴的平均壽命為十三至十六年，品種的健康問題可能包含過敏、犬癲癇性痙攣症候群（Canine Epileptoid Cramping Syndrome）、心臟問題、髖關節發育不良症、幼年型白內障，以及犬漸進性視網膜萎縮症（PRA）。

訓練

邊境㹴聰明、反應快，並且渴望討好，學習速度很快。牠們對飼主的聲音很敏感，所以訓練方式應該維持溫和、正向，才能激發出最好的表現。

蘇俄獵狼犬 Borzoi

品種資訊

原產地
俄羅斯

身高
公 28-33.5 英寸（71-85 公分）／
母 26-30.5 英寸（66-78 公分）

體重
公 75-105 磅（34-47.5 公斤）／
母犬較輕 15-20 磅（7-9 公斤）

被毛
長、絲滑，可呈扁平、波浪狀、捲曲；
頸部有大量的捲飾毛

毛色
任何顏色或顏色組合｜但無任何藍色、
棕色系 [FCI]

其他名稱
波索爾犬（Barzoi）；Borzaya；俄羅斯視覺型獵犬（Russian Hunting Sighthound）；俄羅斯獵狼犬（Russian Wolfhound）；Russkaya Psovaya Borzaya

註冊機構（分類）
AKC（狩獵犬）；ANKC（狩獵犬）；CKC（狩獵犬）；FCI（視覺型獵犬）；KC（狩獵犬）；UKC（視覺型獵犬及野犬）

起源與歷史

蘇俄獵狼犬或許是俄羅斯最出名的犬種，從 1600 年代早期就在故鄉幫忙驅逐狼群，是當時育種者數度試圖結合速度與耐力的成果。據說，一位俄羅斯公爵從阿拉伯地區引入一批速度很快的視覺型獵犬，卻耐受不了嚴冬。第二次引入時，他讓獵犬與當地被毛品種（很可能為韃靼獵犬或長腿牧羊犬）雜交，來抵禦俄羅斯嚴峻的氣候，這是現今蘇俄獵狼犬誕生的第一步。

獵狼是貴族的運動，獵人會帶著獵犬隊（理想上毛色一致）出發，發現狼蹤時就放出一對獵犬，從兩側攻擊，獵人騎馬接近時再用劍給予致命一擊。蘇俄獵狼犬外觀充滿異國風情，脾氣又好，是貴族間受歡迎的贈禮，也漸漸成了俄國封建制度的象徵，幾乎在俄國革命時滅絕。幸運的是，牠們倖存下來，如今更蓬勃發展。

個性

蘇俄獵狼犬在室內很冷靜，像貓一樣，優雅自持，也希望周遭的人表現出類似的態度，不太能接受吵鬧或暴力。牠們極度忠誠，對飼主充滿感情，但天性獨立，有時可能會略顯固執。

速查表

項目	評分（爪印）	項目	評分（爪印）
適合小孩程度	3/5	梳理	3/5
適合其他寵物程度	3/5	忠誠度	4/5
活力指數	3/5	護主性	2/5
運動需求	3/5	訓練難易度	2/5

照護需求

運動

雖然蘇俄獵狼犬可以高速奔跑（飛奔的姿態優雅美麗），但需要的運動量並不大，只要每天散步，或是在安全封閉的區域奔跑，就能維持良好體態。為了安全起見，飼主不應該在較繁忙的街道附近放開牽繩。

飲食

蘇俄獵狼犬體型大，食量卻出乎意料得小。最好給予高品質的飲食。

梳理

蘇俄獵狼犬柔軟的捲毛很容易照護，應該一到兩天刷毛一次，季節性掉毛時則應該更頻繁。牠們腳趾間的毛應該剪短，臉上較薄的皮膚用柔軟的濕布照護。

健康

蘇俄獵狼犬的平均壽命為十一至十四年，品種的健康問題可能包含胃擴張及扭轉、髖關節發育不良症、分離性骨軟骨炎（OCD），以及犬漸進性視網膜萎縮症（PRA）。

訓練

蘇俄獵狼犬是好競爭的誘餌追獵犬，一旦有機會就會盡全力獵捕。牠很聰明，但獨立的性情可能會使基礎的服從訓練變得困難，需要耐心和堅持。

波士頓㹴 Boston Terrier

速查表

適合小孩程度

適合其他寵物程度

活力指數

運動需求

梳理

忠誠度

護主性

訓練難易度

品種資訊

原產地
美國

身高
15-17 英寸（38-43 公分）[估計]

體重
三種體型：小於 15 磅（7 公斤）／ 15 磅（7 公斤）到 20 磅（9 公斤）／ 20-25 磅（9-11.5 公斤）｜ 20 磅（9 公斤）到 25 磅（11.5 公斤）[FCI] [KC] ｜不超過 25 磅（11.5 公斤）[ANKC] ｜小於 15 磅（7 公斤），最重 25 磅（11.5 公斤）[UKC]

被毛
短、平滑、光亮、細緻

毛色
黑色、虎斑；白色斑紋｜亦有海豹色；白色斑紋 [AKC] [ARBA] [FCI] [UKC]

其他名稱
波士頓鬥牛犬（Boston Bull）；波士頓鬥牛㹴（Boston Bull Terrier）

註冊機構（分類）
AKC（家庭犬）；ANKC（家庭犬）；CKC（家庭犬）；FCI（伴侶犬及玩賞犬）；KC（萬用犬）；UKC（伴侶犬）

起源與歷史

波士頓㹴的名字來自牠們誕生的城市：麻州的波士頓，和蘋果派與棒球一樣象徵著美國。1865 年，波士頓市民羅伯特．胡波（Robert C. Hooper）買了一隻英國鬥牛犬和白色英國㹴犬的雜交種。這隻深虎斑帶白色斑紋的混種狗被稱為「Hooper's Judge」。當時，鬥牛犬與㹴犬的混種通常用於駭人的鬥犬或鬥牛賽，而據說 Hooper's Judge 也是為此而從英國引入。幸運的是，老天另有安排，讓 Hooper's Judge 與一隻來源不明的白色母犬交配，幾代以後（或許也有加入一些法國鬥牛犬的基因），現代的波士頓㹴正式誕生。波士頓㹴的性格良好，沒有祖先的好鬥，於是贏得「美國紳士」的暱稱，此時該品種被稱為「圓頭鬥牛㹴犬」，直到 1891 年才改名為「波士頓㹴」，並且成立美國波士頓㹴協會。從 1905 年到 1939 年，波士頓㹴是美國最受歡迎的犬種，至今仍是人們熱愛的伴侶犬。

個性

波士頓㹴敏銳、聰明而順從，適應力很強，幾乎在任何情境中都表現良好。牠們很有幽默感，也很愛玩，在家庭中卻很安定，充滿感情而體貼，和任何年齡層的人都能成為最好的玩伴和朋友。

照護需求

運動

波士頓㹴喜歡外出，但需要的運動量並不大，只需每天在住家附近散步幾次，讓牠們伸展筋骨，滿足好奇心。在家中跟著飼主走來走去能補足剩下的運動量。

飲食

波士頓㹴需要高品質、適合體型的飲食。

梳理

波士頓㹴短而光滑的被毛可以用細刷整理乾淨，並用柔軟的布料輕輕擦拭。牠們臉部的皺褶和細緻的皮膚會累積泥沙和灰塵，造成刺激，所以需要特別照護。

健康

波士頓㹴的平均壽命大約為十五年，品種的健康問題可能包含短吻犬症候群、眼部問題、半椎體、膝蓋骨脫臼、感覺神經性耳聾，以及潰瘍性角膜炎。

訓練

波士頓㹴反應很快，熱愛學習，在訓練方面表現良好，也時常在敏捷等各類競賽中出場，或是扮演治療犬的角色。

阿登牧牛犬 Bouvier des Ardennes

品種資訊

原產地
比利時

身高
公 22-24.5 英寸（56-62 公分）／
母 20.5-22 英寸（52-56 公分）

體重
公 60-77 磅（27-35 公斤）／
母 48-62 磅（22-28 公斤）

被毛
濃密、耐候的雙層毛，外層毛乾燥、粗糙、蓬鬆，底毛濃密；有髭鬚和鬍鬚

毛色
所有顏色，除了白色；或有白色斑紋

其他名稱
Ardenne Cattle Dog；Ardennes Cattle Dog

註冊機構（分類）
FCI（牧羊犬）；UKC（畜牧犬）

起源與歷史

阿登牧牛犬誕生於比利時阿登區域的省分，例如列日省和那慕爾省，以及盧森堡。「Bouvier」原指所有牧牛的犬隻，而每個區域都發展出獨特的犬種。唯有最強悍的牧牛犬能撐過艱辛的工作、嚴苛的天候及險峻的地勢，守護並放牧牛群，也保護飼主家庭。十九世紀時，牠們也被用來追蹤鹿和野豬。二十世紀時，兩次世界大戰大幅削減牧牛犬的數量，魯瑟拉牧牛犬（Bouvier de Roulers）、慕爾門牧牛犬（Bouvier de Moerman）和帕雷牧牛犬（Bouvier de Paret）如今都已絕種，僅有阿登牧牛犬和法蘭德斯牧牛犬留存至今，而法蘭德斯牧牛犬較受歡迎。隨著大量牧場的消失，阿登牧牛犬面臨生存威脅。直到 1990 年代，一群熱愛此犬種的育種者展開復育計畫，才使牠們的數量逐漸回升。

個性

阿登牧牛犬是樸質的工作犬，嚴肅的表情下是寬厚的心胸和討好主人的渴望。

牠們對認識的人很友善，對陌生人則顯得疏離。牠們愛玩、充滿好奇心、適應力強、聰明勤奮，且可能具有領域性，因此當的社會化很重要。

速查表

適合小孩程度	梳理
適合其他寵物程度	忠誠度
活力指數	護主性
運動需求	訓練難易度

照護需求

運動

阿登牧牛犬白天通常都待在戶外，管理飼主的農場，在巡邏時就能得到充分的運動。

飲食

這隻強壯的工作犬需要營養充足的飲食。

梳理

阿登牧牛犬粗糙的剛毛能抵禦天候和環境，只需抖毛和刷毛就能保持清潔。

健康

阿登牧牛犬的平均壽命為十二至十五年，根據資料並沒有品種特有的健康問題。

訓練

阿登牧牛犬服從且反應佳。牠們雖然內心善良，但護衛犬的天性使早期的社會化格外重要，讓牠們習慣不同的人類、動物和地點。

法蘭德斯牧牛犬 Bouvier des Flandres

品種資訊

原產地
比利時

身高
公 24.5-27.5 英寸（62-70 公分）／
母 23-26.5 英寸（59-67 公分）

體重
公 77-100 磅（35-45.5 公斤）／
母 59.5-85 磅（27-38.5 公斤）

被毛
蓬鬆、耐候的雙層毛，外層毛粗糙、乾燥，底毛細緻、柔軟、濃密、防水；有厚髭鬚和鬍鬚

毛色
淺黃褐色調至黑色；或有白色斑紋

其他名稱
比利時牧牛犬（Belgian Cattle Dog）；Flanders Cattle Dog；Vlaamse Koehond

註冊機構（分類）
AKC（畜牧犬）；ANKC（工作犬）；CKC（畜牧犬）；FCI（牧牛犬）；KC（工作犬）；UKC（畜牧犬）

起源與歷史

和近親阿登牧牛犬一樣，法蘭德斯牧牛犬源自法國北部和比利時的粗毛牧牛犬，最初統稱為「Bouvier」。法蘭德斯地區包含部分的比利時、法國和荷蘭領土，而法國和比利時都宣稱法蘭德斯牧牛犬是牠們的，因此世界畜犬聯盟（FCI）將牠們歸類為「法國／比利時」犬種。

法蘭德斯牧牛犬在第一次世界大戰時擔任信使和救護犬，贏得了名聲和知名度，這是不幸中的大幸，因為法蘭德斯地區幾乎被戰爭摧毀，而牠們也瀕臨滅絕。據說，讓牠們在戰爭時倖存的最大功臣，是比利時軍隊的獸醫達比上尉。如今，法蘭德斯牧牛犬在世界各地工作，同時也是最佳的伴侶犬。

個性

法蘭德斯牧牛犬體型大，看起來很有威脅性，實際上卻不盡然。牠們忠誠而感

情充沛，服從而個性穩定，是貨真價實的工作犬，有著敏銳的畜牧和護衛本能。事實上，牠們有時的確很有威脅性，是傑出的看守犬。

速查表

適合小孩程度	梳理
適合其他寵物程度	忠誠度
活力指數	護主性
運動需求	訓練難易度

照護需求

運動

法蘭德斯牧牛犬體型大、意志專注，需要充沛的運動，但無需太過劇烈。牠們喜歡長程的散步，可以用自然的步調走一段距離。

飲食

法蘭斯牧牛犬需要高品質、營養充足的飲食。

梳理

雖然法蘭德斯牧牛犬掉毛的狀況並不嚴重，但牠們厚重的捲毛需要定期照護，應該一週刷毛數次、一年修剪數次，以保持最佳狀態。牠們的臉部毛髮和「vuilbaard」（荷蘭語，意即髒鬍子）需要保持清潔，腳部也是。

健康

法蘭德斯牧牛犬的平均壽命為十至十二年，品種的健康問題可能包含自體免疫疾病、癌症、青光眼、髖關節發育不良症、主動脈下狹窄（SAS），以及甲狀腺問題。

訓練

法蘭德斯牧牛犬能力很強，可塑性高，訓練應該盡早開始，牠需要公正、始終如一且有經驗的訓練者，才能激發全部的潛能；否則，牠們的智商加上體力，可能會讓某些人受不了。早期的社會化很重要，要確保牠們能接受所有的人和動物。

拳師犬 Boxer

速查表

適合小孩程度

適合其他寵物程度

活力指數

運動需求

梳理

忠誠度

護主性

訓練難易度

品種資訊

原產地

德國

身高

公 22-25 英寸（56-63.5 公分）／母 21-23.5 英寸（53-60 公分）

體重

公 66-70.5 磅（30-32 公斤）／母 55-62 磅（25-28 公斤）｜公身高 23.5 英寸（60 公分）時，須超過 66 磅（30 公斤）／母身高 22 英寸（56 公分）時，須超過 55 磅（25 公斤）[FCI]

被毛

短、硬、有光澤，平滑且貼身

毛色

淺黃褐色調、虎斑；或有白色斑紋；黑色面罩

其他名稱

德國拳師犬（Deutscher Boxer；German Boxer）

註冊機構（分類）

AKC（工作犬）；ANKC（萬用犬）；CKC（工作犬）；FCI（獒犬）；KC（工作犬）；UKC（護衛犬）

起源與歷史

大約在四千年前，亞述人以強壯的大型犬作為戰爭的武器，牠們被稱作「摩羅修斯犬」（Molossian，名稱來自城市摩羅修斯），足跡遍布整個歐洲。在德國，摩羅修斯犬的後代成為「德國鬥牛犬」（bullen-beisser），最初的育種目的是作為鬥牛的誘餌、打獵和拉車。體型最小的德國鬥牛犬最終成了現代拳師犬的原型，幾乎能從事任何工作，包含護衛和放牧，甚至也能表演把戲。從 1800 年代晚期開始，拳師犬在德國慕尼黑附近漸漸發展成獨立的犬種，並由三位德國人進行改良：費德利克．羅伯特（Friedrich Robert）、艾拉德．柯尼（Elard Konig），以及赫普納（R.

Hopner），將牠們帶上世界的舞台。拳師犬在第一次世界大戰後引入美國，廣受歡迎。如今，帥氣、順服、運動神經發達的牠們無論是身為服務犬或在競賽中，都有優異的表現。

個性

拳師犬的吻部較短、頭顱很寬，給人充滿好奇心的感覺，這樣的特徵讓人一眼就能認出。牠們的名字其實來自牠們打架的風格——在和其他狗或人類玩耍時，會「舉起拳頭」，似乎要揍玩伴。拳師犬很愛玩，充滿好奇心和活力，總是情緒高昂，很適合陪小孩玩耍。牠們對陌生人抱持疑心，受到挑戰時會欣然挺身面對。早期的社會化能幫助牠們表現出最好的一面。牠們外表和內在都一樣聰明，會很崇拜飼主的家庭。

照護需求

運動

拳師犬精力充沛，熱愛運動，每天都需要釋放能量，包含長程的散步、多次較激烈的遊戲，以及各種身體和心智的挑戰，例如敏捷訓練、接球或障礙賽。

飲食

大型且活躍的拳師犬需要高品質的飲食。

梳理

拳師犬短而光滑的被毛容易保持整潔，只需用軟毛刷梳理即可。牠們臉上的皺褶和嘴唇部分要特別照護，清除泥土和碎屑。

健康

拳師犬的平均壽命為十一至十四年，品種的健康問題可能包含過敏、胃擴張及扭轉、拳師犬心肌病（BCM）、短吻犬症候群、先天性耳聾、耳部感染、癲癇、髖關節發育不良症、甲狀腺功能低下症，以及主動脈下狹窄（SAS）。

訓練

拳師犬的智商很高，解決問題的能力也強，能在服從訓練中表現優異。牠們的力量和精力可能會難以掌控，牠需要堅定但公正的領導者。

帕金獵犬 Boykin Spaniel

品種資訊

原產地
美國

身高
公 15.5-18 英寸（39-45.5 公分）／
母 14-16.5 英寸（35.5-42 公分）

體重
公 30-40 磅（13.5-18 公斤）／
母 25-35 磅（11-16 公斤）

被毛
雙層毛，外層毛偏長、扁平至略呈波浪狀，底毛短、濃密｜扁平至偏捲 [ARBA] [UKC]

毛色
深巧克力色、肝紅色；或有白色斑紋｜亦有棕色 [AKC]

註冊機構（分類）
AKC（其他）；ARBA（獵鳥犬）；UKC（槍獵犬）

起源與歷史

二十世紀初期，南卡羅萊納州斯帕坦堡的亞歷山大・懷特（Alexander White）參加完教會的主日禮拜，離開時看見一隻黃色的小獵犬在附近閒晃，決定帶牠回家當寵物，取名叫「胖胖」（Dumpy）。這隻矮胖的公狗卻成了出色的獵犬，於是懷特將牠交給打獵的夥伴惠塔克・帕金（L. Whitaker Boykin）來訓練。牠很快就成了一流的獵火雞犬，以及水禽尋回犬，也為日後的帕金獵犬奠定基礎。而據說史賓格犬、美國水獵犬、乞沙比克獵犬等，也提供了部分的基因。除了打獵的能力之外，帕金獵犬褐色的被毛在野外也大有益處，提供了能完美地融入南卡羅萊納州環境的保護色。至今，牠們仍是當地的獵犬，也是南卡羅萊納州的官方犬種。牠們獵鳥的能力不只在家鄉受到肯定，名聲更遍及整個美國東岸。

個性

如同許多獵犬，帕金獵犬以冷靜聞名，友好而服從，雙眼充滿靈魂，且強烈渴望討好主人。牠們體型適中，天生精力十足，可以到任何地方做任何事，也樂意如此，可以整個早上都陪小孩玩耍，剩下的時間再去狩獵，也能享受長程的散步，以及一般家庭的活動。帕金獵犬擅長游泳，很喜歡水。

速查表

適合小孩程度	梳理
適合其他寵物程度	忠誠度
活力指數	護主性
運動需求	訓練難易度

照護需求

運動

帕金獵犬的體能很好，需要規律且持續的運動。牠需要長程的散步和在院子裡奔跑，才能滿足運動的需求。

飲食

這隻活躍的獵犬需要高品質的飲食來保持身體和皮膚的健康。

梳理

帕金獵犬柔軟的捲毛只需要每週梳理。雖然保持天然的狀態即可，但有些獵人會將牠們的毛剪短，避免在狩獵時被荊棘弄傷。

健康

帕金獵犬的平均壽命為十四至十六年，品種的健康問題可能包含白內障、角膜失養症、耳部感染、眼瞼多生睫毛、髖關節發育不良症、膝蓋骨脫臼，以及視網膜發育不良。

訓練

帕金獵犬容易訓練，渴望學習，能和人類與其他動物好好相處，對遇到的任何人或動物都相當友善，所以社會化訓練很簡單。

布萊克義大利諾犬 Bracco Italiano

品種資訊

原產地
義大利

身高
公 23-26.5 英寸（58-67 公分）／
母 22-24.5 英寸（55-62 公分）｜
22-26.5 英寸（55-67 公分）
[FCI] [UKC]

體重
55-88 磅（25-40 公斤）

被毛
短、濃密、有光澤

毛色
白色、白色帶橙色或琥珀色斑塊、白色帶淺橙色斑塊、白色帶核桃色斑點、白色帶淺橙色斑點；或有面罩

其他名稱
義大利指示犬（Italian Pointer；Italian Pointing Dog）

註冊機構（分類）
AKC（FSS：獵鳥犬）；ANKC（槍獵犬）；ARBA（獵鳥犬）；FCI（指示犬）；KC（槍獵犬）；UKC（槍獵犬）

起源與歷史

布萊克義大利諾犬的歷史悠久，特性與獵犬相近，可以說是最古老的槍獵犬品種。牠們的耳朵長而下垂，額段不太明顯，吻部的形狀則和義大利獵犬（Segugio Italiano）相似，兩者或許有血緣關係。而亞洲獒犬（Asiatic Mastiff）可能也貢獻了部分基因。布萊克犬在中世紀就已經發展穩定，長期被當成多功能的槍獵犬使用，文藝復興時期的麥地奇（Medicis）等名門望族也投入繁殖。在十九和二十世紀，牠們的數目銳減，幸虧有費迪南多（Ferdinando Delor de Ferrabouc）的努力，才得以保存並復興。布萊克犬一直到 1988 年才引入英國，至今在義大利以外的地方依然很少見，在義大利國內則是稱職的家庭寵物和打獵夥伴。

個性

布萊克義大利諾犬喜歡人類，會與飼主建立深厚的連結。牠們個性溫和、友善、穩定，但有時會較為固執，喜歡玩耍，和其他狗或寵物都能相處融洽。布萊克犬忠心耿耿且情感充沛，喜愛工作，特別是狩獵。

速查表

適合小孩程度

梳理

適合其他寵物程度

忠誠度

活力指數

護主性

運動需求

訓練難易度

照護需求

運動

布萊克義大利諾犬需要充分的運動，以及心智上的刺激。最好每天散步，或是陪主人一起慢跑。牠們也喜歡游泳。建議可以找安全的封閉區域，讓牠們盡情奔跑、釋放精力。

飲食

布萊克義大利諾犬體型大，新陳代謝速度快，因此通常食量很大，需要高度營養的飲食來保持健康。

梳理

布萊克義大利諾犬最需要注意的部分是頭部，長而下垂的耳朵要好好清理，以避免發生感染。眼部周圍的皮膚和嘴唇上方也會積累灰塵和泥土，同樣需要特別照護。至於牠們的被毛，只需要用梳毛手套全身梳理過，移除死毛和泥土即可。

健康

布萊克義大利諾犬的平均壽命為十至十四年，品種的健康問題可能包含耳部感染、眼瞼外翻、肘關節發育不良、內生骨疣、眼瞼內翻、髖關節發育不良症，以及臍疝氣。

訓練

布萊克義大利諾犬很容易訓練，也想要討好主人，但可能會有一點固執。如果訓練者的語調太尖銳，可能會使牠們自我封閉，不過牠們願意為公平友好的訓練者做任何事。

布拉克奧貝紐指示犬 Braque d'Auvergne

品種資訊

原產地
法國

身高
公 22.5-25 英寸（57-63 公分）／母 21-23 英寸（53-59 公分）

體重
49-62 磅（22-28 公斤）

被毛
短、有光澤、不太細緻

毛色
黑色帶白色斑紋

其他名稱
Auvergne Pointer；Auvergne Pointing Dog；Bleu D'Auvergne

註冊機構（分類）
ARBA（獵鳥犬）；FCI（指示犬）；UKC（槍獵犬）

起源與歷史

奧貝紐位於法國西南方的中心，鄰近加斯科尼地區，因此可以推測奧貝紐犬源自加斯科尼的獵犬。拿破崙占領馬爾他時，下令解散馬爾他的騎士團，傳說騎士們 1798 年回到法國時，也帶回了奧貝紐犬的祖先。然而，實際上奧貝紐犬的外觀並不符合這個故事，或許是騎士們帶回的犬隻與當地犬種雜交，最終發展成現今的布拉克奧貝紐指示犬。關於奧貝紐犬，可以確定的是牠們體型很大，耐力很強，是為了在奧貝紐山區打獵而量身打造。如今，法國人仍然會帶牠們打獵，讓牠們自信優雅地在山地間穿梭。

個性

奧貝紐犬活力十足、感情充沛、敏銳而服從。牠們很聰明，脾氣也很好，是很棒的家庭寵物，也是打獵的好搭檔。

照護需求

運動

這種獵犬需要定期外出，讓牠們活動身體和頭腦，並盡情發揮嗅覺。

飲食

布拉克奧貝紐犬需要高品質的飲食來保持良好的體態和健康。

速查表

適合小孩程度

梳理

適合其他寵物程度

忠誠度

活力指數

護主性

運動需求

訓練難易度

梳理

布拉克奧貝紐犬的毛短而細緻，只需用濕布或梳毛手套快速全身梳理過，就能維持自然的光澤。

健康

布拉克奧貝紐犬的平均壽命為十至十四年，根據資料並沒有品種特有的健康問題。

訓練

布拉克奧貝紐犬是天生的狩獵者，習慣與同伴密切合作、頻繁接觸。這樣的特質，再加上溫和的天性和討好的渴望，訓練起來相當容易。

布拉克阿列日犬 Braque de l'Ariège

品種資訊

原產地
法國

身高
公 23.5-26.5 英寸（60-67 公分）／
母 22-25.5 英寸（56-65 公分）

體重
55-66 磅（25-30 公斤）

被毛
短、緊密、有光澤

毛色
淺黃褐色偏橙色，或棕色帶淺黃褐色斑點、白色帶棕色或淺黃褐色碎斑

其他名稱
Auvergne Pointer；Auvergne Pointing Dog；Bleu D'Auvergne

註冊機構（分類）
ARBA（獵鳥犬）；FCI（指示犬）；UKC（槍獵犬）

起源與歷史

布拉克阿列日犬為法國指示犬，源自阿列日省（鄰近義大利和庇里牛斯山）的獵犬血系，祖先可以追溯到佩爾狄克羅德布爾戈斯犬或布萊克義大利諾犬，這些犬種在十七和十八世紀的畫作中都很相像。二十世紀時，法國莫爾托的仕紳將阿列日犬與活力更旺盛的布拉克聖日耳曼犬和布拉克法國指示犬配種，進行品種改良。如今的阿列日犬能在險峻的地形中工作，且不容易感到疲憊。在 1990 年之前，阿列日犬瀕臨絕種，所幸有育種者亞連・德提克斯（Alain Deteix）等人的努力，才讓這種能幹的槍獵犬存續至今。牠們鮮少出現在法國以外的地區。

個性

布拉克阿列日犬精力充沛，個性獨立，飼育的主要目的是狩獵，而牠們最愛的活動也是。身強體壯、活力十足的牠們是打獵的好夥伴。

照護需求

運動

阿列日犬是法國指示犬中最大型且最強健的，這隻狗需要規律的運動，最好是在野外狩獵。牠們熱愛工作，毫不倦怠，需要釋放工作欲望的管道。

飲食

阿列日犬需要營養充足、高品質的飲食。

速查表

項目	評分	項目	評分
適合小孩程度	●●●●○	梳理	●○○○○
適合其他寵物程度	●●●●○	忠誠度	●●●●○
活力指數	●●●●○	護主性	●●○○○
運動需求	●●●●○	訓練難易度	●●●○○

梳理

阿列日犬的毛短而平滑，只要定期用梳毛手套梳理，就能保持清潔。

健康

阿列日犬的平均壽命為十二至十四年，根據資料並沒有品種特有的健康問題。

訓練

在狩獵方面，阿列日犬學習快速。牠需要公平而堅定的領導者，但牠們性格敏感，並不適合嚴厲的訓練方式。

布拉克杜波旁犬 Braque du Bourbonnais

品種資訊

原產地
法國

身高
公 20-22.5 英寸（51-57 公分）／
母 19-22 英寸（48-55 公分）

體重
公 40-55 磅（18-25 公斤）／
母 35-48.5 磅（16-22 公斤）

被毛
短、細緻、濃密

毛色
栗色帶斑點（均勻到濃密皆有）、
淺黃褐色帶斑點（均勻到濃密皆有）

其他名稱
波旁指示犬（Bourbonnais Pointer；
Bourbonnais Pointing Dog）

註冊機構（分類）
ARBA（獵鳥犬）；FCI（指示犬）；
UKC（槍獵犬）

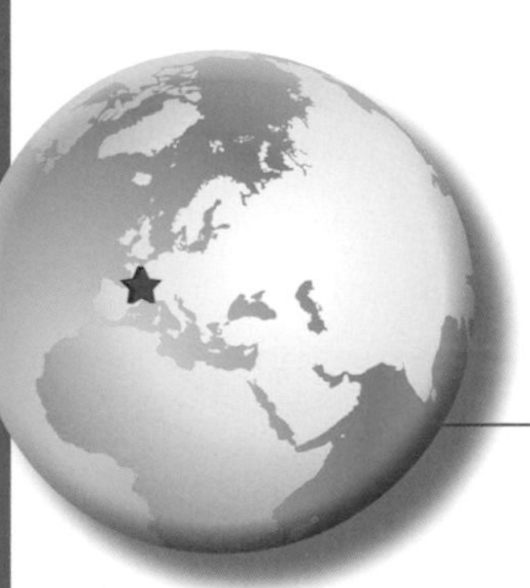

起源與歷史

這種鄉下的獵犬是產地波旁省（法國中部）原生獵犬和／或指示犬的後代。1580 年，藝術家阿爾德洛萬迪（Aldovrandi）木雕作品的主角，是一隻耳朵很小、背部較短的狗在追逐小鳥，牠的尾巴也短，全身的被毛平滑而有斑點，和波旁犬很相似，兩者或許有所關聯。波旁犬天生尾部退化，所以也常被稱為無尾指示犬。

第一個布拉克杜波旁犬協會成立於 1925 年，但第二次世界大戰使牠們的數量銳減。1970 年代，法國的育種者麥克．孔德（Michael Comte）等人合作拯救了這個犬種。如今，在法國有強大的育種協會來協助宣傳，使牠們的知名度提升，但在法國以外的地區仍然罕見。牠們會狩獵野雞、松雞和鷓鴣，也能訓練來捕捉兔子等小型動物。

個性

布拉克杜波旁犬屬於槍獵犬，狩獵能力很強，嗅覺敏銳。飼主常形容牠們穩重、和藹，並充滿感情，但非常渴望工作。牠們溫和的性情和冷靜的舉止，使其成為絕佳的家庭伴侶。

速查表

適合小孩程度	梳理
適合其他寵物程度	忠誠度
活力指數	護主性
運動需求	訓練難易度

照護需求

運動

布拉克杜波旁犬需要每天散步數次，最好也能到大範圍的安全封閉區域，讓牠們舒展一下四肢，才能保持良好的體態。牠們也需要能發揮狩獵本能的機會。

飲食

布拉克杜波旁犬需要高品質的飲食來保持良好的狩獵狀態。

梳理

布拉克杜波旁犬的毛短而硬，只要用梳毛手套或軟刷就能輕鬆整理。

健康

布拉克杜波旁犬的平均壽命為十二至十五年，品種的健康問題可能包含眼瞼外翻、眼瞼內翻、髖關節發育不良症，以及肺動脈狹窄。

訓練

布拉克杜波旁犬天性溫和，學習速度快、渴望討好。然而，牠們性格較為敏感，需要持續的鼓勵和訓練。

大型布拉克法國指示犬 Braque Français, de Grande Taille

品種資訊

原產地
法國

身高
公 23-27 英寸（58-69 公分）／
母 22-27 英寸（56-68 公分）｜
22.75-26 英寸（58-66 公分）[CKC]

體重
53.75-69.25 磅（24.5-31.5 公斤）

被毛
相當厚且平滑

毛色
栗棕色、栗棕白色、栗棕色與白色斑點、栗棕色帶棕褐色班紋｜白色帶深栗色斑點、栗色斑點，亦有無斑塊的肝紅色斑點 [CKC]

其他名稱
布拉克加斯科尼種法國指示犬（Braque Francais, type Gascogne）；French Gascony Pointer；French Pointing Dog—Gascogne type；大型法國指示犬（Large French Pointer）

註冊機構（分類）
ARBA（獵鳥犬）；CKC（獵鳥犬）；FCI（指示犬）；UKC（槍獵犬）

起源與歷史

據信，法國指示犬（以及許多歐洲指示犬種）的共祖皆為十四世紀就出現的德國長耳獚，這是狩獵鷓鴣的犬種。而後，西南歐出現許多棕白色的指示犬，依據不同地區的需求培育繁殖。雖然有許多指示犬存續至今（包含波旁犬、奧貝紐犬和聖日耳曼犬等），但法國大革命後，由於人們偏好從英國引進的指示犬或蹸緹犬，牠們也面臨滅絕威脅。

唯有加斯科尼地區的育種者對自己的大型法國指示犬情有獨鍾，讓牠們得以存續。於此同時，庇里牛斯山區的人需要體型較小、耐力較強的指示犬種，於是在 1920 年代，布拉克法國指示犬分為兩種體型：較大型的為加斯科尼種；較小型的育種自加斯科尼種，稱為庇里牛斯種。加斯科尼種狩獵的速度較慢，在法國以外的地區鮮為人知。

個性

大型布拉克法國指示犬是能幹的獵犬，有強烈追蹤和尋回獵物的本能。在家時，牠們服從、忠誠，與任何家庭成員都能和平相處。

速查表

項目	評分（腳印數，滿分5）	項目	評分（腳印數，滿分5）
適合小孩程度	4	梳理	1
適合其他寵物程度	4	忠誠度	4
活力指數	3	護主性	2
運動需求	3	訓練難易度	4

照護需求

運動

雖然布拉克犬樂意花一整天在野外狩獵，但也能欣然扮演伴侶犬的角色，每天散步數次，陪伴在家人身邊。

飲食

這隻大型指示犬需要高品質、營養充足的飲食。

梳理

大型布拉克法國指示犬是「易洗快乾」的品種，其短毛只需要用梳毛手套或軟毛刷整理，去除死毛和塵土就能帶出天然的光澤。

健康

大型布拉克法國指示犬的平均壽命大約為十二年，根據資料並沒有品種特有的健康問題。

訓練

布拉克犬被視為容易訓練的槍獵犬之一。牠們天生喜愛狩獵，也渴望討好，所以訓練過程很愉快。但牠們較為敏感，不建議採用嚴厲的手法。

小型布拉克法國指示犬 Braque Français, de Petite Taille

品種資訊

原產地
法國

身高
公 18.5-23 英寸（47-58 公分）／
母 18.5-22 英寸（47-56 公分）｜
18.5-22 英寸（47-56 公分）[CKC]

體重
38-55 磅（17-25 公斤）

被毛
較大型布拉克法國指示犬細緻且更短｜
同大型布拉克法國指示犬 [CKC]

毛色
白色帶不同深淺的深棕色斑塊，或有斑點；深棕色帶斑點或純色，或有白色；白色帶肉桂色斑點或斑塊，亦可純色；或有淺棕褐色斑紋

其他名稱
布拉克庇里牛斯種法國指示犬（French Braque Francais, type Pyrenees）；French Pyrenean Pointer；Pointing Dog—Pyrenean type；小型法國指示犬（Small French Pointer）

註冊機構（分類）
ARBA（獵鳥犬）；CKC（獵鳥犬）；FCI（指示犬）；UKC（槍獵犬）

起源與歷史

據信，法國指示犬（以及許多歐洲指示犬種）的共祖皆為十四世紀就出現的德國長耳獵，這是狩獵鷓鴣的犬種。而後，西南歐出現許多棕白色的指示犬，依據不同地區的需求培育繁殖。雖然有許多指示犬存續至今（包含波旁犬、奧貝紐犬和聖日耳曼犬等），但法國大革命後，由於人們偏好從英國引進的指示犬或靈緹犬，牠們也面臨滅絕威脅。唯有加斯科尼地區的育種者對自己的大型法國指示犬情有獨鍾，讓牠們得以存續。於此同時，庇里牛斯山區的人需要體型較小、耐力較強的指示犬種，於是在 1920 年代，布拉克法國指示犬分為兩種體型：較大型的為加斯科尼種；較小型的育種自加斯科尼種，稱為庇里牛斯種。加斯科尼種狩獵的速度較慢，在法國以外的地區鮮為人知。

個性

小型布拉克法國指示犬是情人而非鬥士，狩獵風格反映了牠們的內心——喜歡跟在夥伴身邊。牠們狩獵的範圍不廣，也不會一馬當先，反而喜歡按照自己的步調和熱忱，謹慎行事。一天結束時，牠們喜歡躺在自己的床上，待在家人身邊。

速查表

適合小孩程度 ●●●●○	梳理 ●○○○○
適合其他寵物程度 ●●●●○	忠誠度 ●●●●○
活力指數 ●●●○○	護主性 ●●○○○
運動需求 ●●●○○	訓練難易度 ●●●●○

照護需求

運動

布拉克犬是能幹的獵犬，喜歡整天打獵，需要規律的運動，也享受參與家庭活動。

飲食

小型布拉克法國指示犬需要高品質、營養充足的飲食。

梳理

布拉克犬的被毛容易照顧，只需要用梳毛手套或軟毛刷整理，就能帶出天然的光澤。

健康

小型布拉克法國指示犬的平均壽命為十二至十五年，根據資料並沒有品種特有的健康問題。

訓練

據說布拉克犬天生喜愛狩獵，渴望討好，是容易訓練的指示犬。與其他指示犬最大的不同，是牠們無法接受訓練者嚴厲或斥喝式的管教，牠需要比較溫和冷靜的訓練者，才能展現出真實的性格。

布拉克聖日耳曼犬 Braque Saint-Germain

品種資訊

原產地
法國

身高
公 56-62 英寸（22-24.5 公分）／
母 54-59 英寸（21.5-23 公分）

體重
40-57 磅（18-26 公斤）[估計]

被毛
短、不會過於細緻

毛色
暗白色帶橙色斑紋；可接受些許斑點

其他名稱
Compiegne Pointer；Saint Germain Pointer；St. Germain Pointer；St. Germain Pointing Dog

註冊機構（分類）
ARBA（獵鳥犬）；FCI（指示犬）；UKC（槍獵犬）

起源與歷史

1800 年代早期，兩隻英國指示犬被當成禮物，贈送給法國的國王查理十世。牠們狩獵範圍很廣，呈現黃白色，有著「優雅高貴的身形」。牠們被交予巴黎北方康比涅森林的巡察長拉米納男爵（Baron de Larminat）照顧，雖然公犬「停止」（Stop）很快就過世，但母犬「小姐」（Miss）與優異的法國指示犬「札馬」（Zamor）交配，生下的七隻小狗即是融合了英法犬種的布拉克聖日耳曼犬。由於聖日耳曼地區緊鄰巴黎，因此這些狗在當時的巴黎獵人中風靡一時，甚至任何橙白色的獵犬都會被稱為「聖日耳曼犬」。1900 年代初期，該犬種的數目達到高峰，而推廣布拉克聖日耳曼犬的官方育種協會則在 1913 年成立。兩次世界大戰使該品種的數目削減，至今仍未完全恢復。如今，法國有一小群忠實的獵人仍使用聖日耳曼犬，欣賞牠們「歐陸式」的狩獵風格。

個性

布拉克聖日耳曼犬動作優雅，速度很快，搜索的本能很強。牠們是一流的指示犬和尋回犬，在法國的野外測試中表現突出。個性溫和、友善、聰明、服從，也能成為稱職的伴侶犬。

速查表

適合小孩程度 ●●●●○	梳理 ●●○○○
適合其他寵物程度 ●●●●○	忠誠度 ●●●●○
活力指數 ●●●○○	護主性 ●●○○○
運動需求 ●●●●○	訓練難易度 ●●●○○

照護需求

運動

布拉克聖日耳曼犬需要運動，也熱愛運動。有狩獵機會的長程散步是讓牠們最愛的活動。

飲食

布拉克聖日耳曼犬需要高品質、營養充足的飲食。

梳理

布拉克聖日耳曼犬的被毛短厚但細緻，很容易梳理，需要刷毛來移除死毛，保持光澤。

健康

布拉克聖日耳曼犬的平均壽命為十至十四年，品種的健康問題可能包含髖關節發育不良症。

訓練

布拉克聖日耳曼犬渴望討好，對訓練反應良好，適合溫和正向的訓練，過度嚴厲只會使牠們退縮。牠們對任何遇到的人都很友善，社會化訓練很容易。

伯瑞犬 Briard

速查表

適合小孩程度

適合其他寵物程度

活力指數

運動需求

梳理

忠誠度

護主性

訓練難易度

品種資訊

原產地

法國

身高

公 23-27 英寸（58.5-68.5 公分）／
母 22-25.5 英寸（56-65 公分）

體重

65-100 磅（29.5-45.5 公斤）[估計]

被毛

雙層毛，外層毛長、硬、乾燥、粗糙、有光澤、平貼身體，底毛微捲、細緻、緊貼；有鬍鬚

毛色

黑色、灰色調、黃褐色調｜亦可接受任何純色，除了白色；或有白色斑紋 [AKC] [UKC]

其他名稱

Berger de Brie；Ceský Teriér

註冊機構（分類）

AKC（畜牧犬）；ANKC（工作犬）；CKC（畜牧犬）；FCI（牧羊犬）；KC（畜牧犬）；UKC（畜牧犬）

起源與歷史

從中世紀以來（甚至更久遠），人們就需要大型的畜牧犬，能同時掌握並保護牲畜；於是，伯瑞犬應運而生。牠們和短毛的法國狼犬是近親，最大的不同點在被毛。一直以來，伯瑞犬都享譽四方：查理曼大帝（Charlemagne）將成對的伯瑞犬贈予朋友；拿破崙（Napoleon）帶牠們參加軍事活動；湯瑪斯．傑佛遜（Thomas Jefferson）引進一些伯瑞犬，在美國的農場工作；拉法葉將軍（Lafayette）也將伯瑞犬送往他在美國的土地。伯瑞犬對法國的戰爭也有極大的貢獻，包含將補給送到前線，尋找受傷的士兵，以及運送彈藥，於是被封為法國軍隊的官方犬。雖然最初的畜牧和守衛需求已經減少，但愛好者仍然對牠們充滿熱忱。

個性

伯瑞犬是心胸寬大的大狗。牠們可能是逗人開心的小丑，喜歡炫耀，也可能像個紳士，甚至像「深沉的哲學家」。牠們對陌生人有所保留，但對家人忠誠而勇敢，是天生的守護者。牠們對小孩有特殊的感情，甚至傳說會阻止家長鞭打小孩。伯瑞犬個性敏感，所以惡劣或不公平的待遇可能會使牠們容易受驚嚇，甚至變得有攻擊性。然而，在熱情而貼心的訓練和照顧下，牠們的個性就能穩定友善。

照護需求

運動

伯瑞犬需要定期外出，其中包含較劇烈的運動。牠們喜歡和家人在一起，因此散步、慢跑，或是在後院和飼主玩耍都能滿足牠們。牠們熱愛工作，若放著不管，可能會坐立難安。

飲食

伯瑞犬不太挑食，需要高品質、營養充足的飲食。

梳理

伯瑞犬的雙層長毛需要一週梳理數次，才不會打結。毛髮表面粗糙，泥土較不易附著。其掉毛狀況不嚴重，但如果疏於照顧，可能會變得凌亂，讓牠們感到不舒服。耳朵和臉部需要特別照護，保持乾淨和健康。

健康

伯瑞犬的平均壽命為十至十二年，品種的健康問題可能包含胃擴張及扭轉、白內障、先天性靜止性夜盲症（CSNB）、髖關節發育不良症、甲狀腺功能低下症，以及淋巴瘤。

訓練

伯瑞犬很聰明，樂意學習，學習速度很快。然而，如果訓練者太嚴厲或苛刻，可能會造成反效果，激發牠們固執的一面，所以適合正向的訓練方式。牠們是天生的牧人，喜歡和家人親近，如果對許多人和動物進行社會化，就能和任何人好好相處。

布林克特格里芬凡丁犬 Briquette Griffon Vendéen

速查表

適合小孩程度

適合其他寵物程度

活力指數

運動需求

梳理

忠誠度

護主性

訓練難易度

品種資訊

原產地

法國

身高

公 20-22 英寸（50-55 公分）／
母 19-21 英寸（48-53 公分）

體重

35-53 磅（16-24 公斤）[估計]

被毛

雙層毛，外層毛長、濃密粗糙，底毛防護佳

毛色

黑色帶白色斑點、黑色帶棕褐色斑紋、淺黃褐色帶白色斑點、三色（黃褐色覆蓋黑色披風和白色斑點）、黃褐色或淺黃褐色覆蓋黑色、淺黃褐色覆蓋黑色和白色斑點

其他名稱

Briquet Griffon Vendéen；
Medium Griffon Vendéen

註冊機構（分類）

ARBA（狩獵犬）；FCI（嗅覺型獵犬）；
UKC（嗅覺型獵犬）

起源與歷史

法國人對於狩獵的熱情可追溯至幾個世紀前。在西元前一世紀的羅馬統治下，粗毛獵犬被引入了當時的高盧。牠們與白色的南方獵犬一起繁殖，法國西海岸旺代地區產生的獵犬是最古老的品種之一。

法國獵犬是由身高作區別，總共有四種凡丁犬：大格里芬凡丁犬（最大）、布林克特格里芬凡丁犬（中型）、大格里芬凡丁短腿犬（矮身）以及迷你貝吉格里芬凡丁犬（矮小）。「格里芬」這個名稱來自十五世紀的早期育種者，也就是國王的書記官（greffier）。「格里芬」最初被用來描述這些品種，但後來人們將此名稱與許多法國剛毛獵犬聯想在一起。有數隻格里芬犬被送給國王路易十二，因此該品種曾經被稱為「Chiens Blancs du Roi」，或是國王的白色獵犬。

如同其他中型法國獵犬，格里芬凡丁犬被培育來獵捕大型野兔、小鹿（獐鹿）和狐狸。第一次世界大戰之前，厄爾瓦伯爵（Comte d'Elva）被公認為品種改良者。

兩次世界大戰重挫該品種的數量，但 1946 年布林克特型再次活躍於旺代地區。如今品種數量已回到正常，也在原產國受到敬仰，狩獵時期能夠經常看見牠們的身影。

個性

格里芬凡丁犬是位充滿激情的狩獵者，擁有無比精力和毅力。無論獵物遠近，牠都應該能夠抓到。如其他近親的凡丁犬，布林克特犬十分珍惜戶外與家人共處時光。活潑熱情，卻不會過度興奮。能獨立作業也能群體行動，與其他狗處得很好，不會對任何事物有過度的佔有欲。牠們也是所有年齡層孩童的好夥伴。

照護需求

運動

所有格里芬凡丁犬都是敏銳的獵人，擁有強烈的直覺。牠們每天至少要使用鼻子嗅覺一下才會身心舒暢，只要給牠一個大型的安全區域，讓牠能夠盡情地探索，布林克特品種犬將會是一隻非常快樂的狗，即使一個星期只有一次。如果沒有狩獵的機會，至少也要給牠戶外的時間，長時間的散步能讓牠心滿意足——身為獵犬，牠們不容易累。

飲食

布林克特格里芬凡丁犬需要高品質的飲食。

梳理

格里芬犬的外表擁有天然的蓬亂感，十分不建議任何形式的修剪。牠的雙層毛必須梳理，散步時黏於腿部和腹部的毛刺和泥土需要刷除。牠長長的耳朵可能會受到感染，應定期清理。

健康

布林克特格里芬凡丁犬的平均壽命為十二至十五年，品種的健康問題可能包含過敏、肘關節發育不全、眼部問題、髖關節發育不良症，以及甲狀腺功能低下症。

訓練

格里芬犬並非完全聽從指令。牠們不介意被哄騙、賄賂或嬉鬧，如果能引導牠們做些飼主喜歡的事情，那就皆大歡喜了。

不列塔尼獵犬（美式）Brittany（American）

速查表

適合小孩程度

適合其他寵物程度

活力指數

運動需求

梳理

忠誠度

護主性

訓練難易度

品種資訊

原產地
法國

身高
17.5-20.5 英寸（44.5-52 公分）

體重
30-45 磅（13.5-20.5 公斤）

被毛
濃密、扁平或呈波浪狀；有羽狀飾毛

毛色
肝紅白色或橙白色帶清晰或雜色花紋、三色（肝紅白色帶橙色斑紋）；或有碎斑｜亦有黑白色 [UKC]

其他名稱
Brittany Spaniel

註冊機構（分類）
AKC（獵鳥犬）；CKC（獵鳥犬）；UKC（槍獵犬）

起源與歷史

美國不列塔尼獵犬的歷史與其表親法國不列塔尼獵犬相同（為避免混淆，下列稱前者為「美式不列塔尼獵犬」，後者為「法式不列塔尼獵犬」）。其命名與法國的布列塔尼地區有關，該地區延伸至大西洋，以漁業和農業歷史而聞名。大多數的專家普遍認為，獵鳥犬都來自同一個祖先，但此品種的起緣尚不清楚，卻被公認為法國最古老的獵犬之一。根據報導，第一隻不列塔尼獵犬可能出現於十九世紀中期的波頓鎮，一隻短尾的獵犬在草叢中狩獵打滾，銜回獵物。不列塔尼獵犬的現代史可追溯至二十世紀初，由亞瑟．恩諾（Arthur Enaud）創建育種計畫來改良這古老的品種。

不列塔尼獵犬在 1930 年代抵達美國。多年來，此品種從原來的法式變成美式，因為美國獵人偏好體型輕盈、長腿及運動能力較強的獵犬。最終，因體型和狩獵風格的差異導致育種者將「美式」從法式獵犬分支出來。另一個差異在於顏色，美國育犬協會（AKC）對於美式不列塔尼獵犬的標準是不允許黑色被毛、黑色鼻子或者黑色眼圈，但不限於法式不列塔尼獵犬。有些協會將兩者歸類為同個類別，而另一些人則認為兩者的差異足以分別註冊。在 1980 年，AKC 將獵犬的「獵」（Spaniel）刪除，因為從技術而言，獵犬會把獵物從隱蔽處趕出，而不列塔尼獵犬是指示犬。

個性

易於指揮訓練，不列塔尼獵犬是隻非常友善的狗。牠開心、友善、機警、穩重，且隨時都能進入嬉戲玩耍的狀態。牠也是隻熱情且不疲倦的獵犬，在善用其本能的情況下能達到最佳表現。

照護需求

運動

不列塔尼獵犬是一種需要大量運動的高活力犬種。牠喜歡在公園散步，因為能夠認真傾聽並關注牠的主人，同時也能積極尋找不同的氣味。這類似於牠的狩獵方式——外出尋找獵物，與夥伴環繞追逐，當逼近獵物時就能夠擺出經典的指引動作。

飲食

不列塔尼獵犬需要均衡、營養充足的飲食。

梳理

不列塔尼獵犬細緻的中等長毛相對來說容易保持清潔。牠每週都需要梳毛，以保持舒適感，身體的毛邊應保持乾淨。

健康

不列塔尼獵犬的平均壽命為十至十二年，品種的健康問題可能包含耳部感染、髖關節發育不良，以及癲癇發作。

訓練

聰明溫柔的不列塔尼獵犬在嚴酷的訓練下會悶悶不樂，但如果讓牠從富有耐心且擅長讚美的人那裡學習，牠會變成極為出色且順從的狗。牠在多項運動的表現都是有目共睹的，無論是跳環、狩獵場、敏捷性、順從性等方面皆具頭銜。

不列塔尼獵犬（法式）Brittany（French）

速查表

適合小孩程度

適合其他寵物程度

活力指數

運動需求

梳理

忠誠度

護主性

訓練難易度

品種資訊

原產地

法國

身高

公 19-20 英寸（48-51 公分）
母 18.5-19.5 英寸（47-50 公分）

體重

30-40 磅（13.5-18 公斤）

被毛

細緻、扁平或呈波浪狀；有羽狀飾毛

毛色

橙白色、黑白色、肝紅白色帶白色斑塊、花斑或雜色、三色；或有碎斑

其他名稱

Epagneul Breton；
French Brittany Spaniel

註冊機構（分類）

ANKC（槍獵犬）；FCI（指示犬）；
KC（槍獵犬）；UKC（槍獵犬）

起源與歷史

法國的「小獵犬」（spaniel）實際上都是小型的蹲獵犬。除了牠短小的尾巴，其實在不列塔尼獵犬的身上能看到德國、荷蘭的全能雪達種獵犬，甚至英國的雪達種獵犬的影子。其命名與法國的布列塔尼地區有關，該地區延伸至大西洋，以漁業和農業歷史而聞名。大多數的專家普遍認為，獵鳥犬都來自同一個祖先，但此品種的起緣尚不清楚，卻被公認為法國最古老的獵犬之一。根據報導，第一隻不列塔尼獵犬可能出現於十九世紀中期的波頓鎮，一隻短尾的獵犬在草叢中狩獵打滾，銜回獵物。

不列塔尼獵犬的現代史可追溯至二十世紀初，由亞瑟．恩諾（Arthur Enaud）創建育種計畫來改良這古老的品種。1908 年，該品種的標準在阿摩爾濱海省盧代阿克的第一屆大會上通過，設下「天生短尾不列塔尼獵犬舍」的第一個標準。

不列塔尼獵犬是最小的指示犬種，且天生短尾或無尾。在緊實矮小的身材底下是個充滿活力與熱情的獵人。現今，不列塔尼獵犬在法國式非常受歡迎的獵犬，不只擁有多方面的才能，牠的愛好者也為該品種的野外測試、展示及服從度感到自豪。

美國育犬協會（AKC）將所有的不列塔尼獵犬歸類在一起，無論其原產地為何。然而，有些協會認為法式不列塔尼獵犬與後期在美國培育出來的不列塔尼獵犬有所差異，因此將牠們分別註冊。

個性

目前不列塔尼獵犬仍持續培育成獵犬。由於此品種的天性，他喜歡跟在獵人身旁，也這樣的個性往往也會在家庭生活中展現出來，不斷向主人索求愛與關注。法式不列塔尼獵犬在家很溫馴，就算整天在外面狩獵，只要一踏入家門就會安靜下來。他們事實上是很棒的同伴，無論是在孩童們或其他狗狗身邊。

照護需求

運動

法式不列塔尼獵犬需要天天運動，無論是外出狩獵還是單純散步。如果不運動，牠們會感到很痛苦，健康也會走下坡。

梳理

法式不列塔尼獵犬被公認為很好打理的狗，不太需要毛髮護理。每週梳毛即可保持毛型，不太掉毛，也不太需要修剪。

健康

法式不列塔尼獵犬的平均壽命為十二至十五年，品種的健康問題可能包含肘關節發育不全症、癲癇、眼部問題，以及髖關節發育不良症。

訓練

在沒有受過太多訓練的情況下，法式不列塔尼獵犬也能成為傑出的指示犬，不過卻需要學習基本禮儀才能成為好的家犬。它們在大多數的時候都很願意取悅主人，能夠快速地理解指令，所以才易於訓練。

布魯塞爾格里芬犬 Brussels Griffon

速查表

適合小孩程度

適合其他寵物程度

活力指數

運動需求

梳理

忠誠度

護主性

訓練難易度

品種資訊

原產地

比利時

身高

7-8 英寸（18-20 公分）[估計]

體重

7.5-13 磅（3.5-6 公斤）｜小型犬隻和母犬不超過 7 磅（3 公斤）／大型犬隻超過 7 磅（3 公斤）至 11 磅（5 公斤）／大型母犬超過 7 磅（3 公斤）至 12 磅（5.5 公斤）[CKC]

被毛

兩種類型：粗毛型剛硬、濃密；有鬍鬚和髭鬚／平毛型短、直、緊密、有光澤（FCI：詳見布魯塞爾格里芬犬）

毛色

黑色｜亦有紅棕色、黑紅棕色、黑色帶紅棕色斑紋 [CKC] [UKC] ｜亦有紅色、黑棕褐色 [AKC] [KC] ｜亦有米黃色 [AKC] ｜紅色、淡紅色 [FCI]

其他名稱

Griffon Bruxellois

註冊機構（分類）

AKC（玩賞犬）；ANKC（玩賞犬）；CKC（玩賞犬）；FCI（伴侶犬及玩賞犬）；KC（玩賞犬）；UKC（伴侶犬）

起源與歷史

布魯塞爾格里芬犬是來自比利時的三種小型㹴犬之一。牠與比利時格里芬犬有直接的血統關聯，而近親則是擁有柔順被毛的小布拉邦松犬。這三個犬種在歐洲因被毛類型的差異而被視為不同品種：平毛型（小布拉邦松犬）、紅色粗毛型（布魯塞爾格里芬犬），以及其他顏色的粗毛型（比利時格里芬犬）。美國育犬協會（AKC）是唯一承認布魯塞爾格里芬犬的大型註冊機構，該犬種的被毛可為剛毛或平毛。

這三個犬種的歷史難以分辨，皆由猴㹴演變而來，自十三世紀起就已存活至今。

牠在當時為農作犬種，體型也比現代品種稍大（近似獵狐㹴體型），早期甚至因為能捕殺馬廄裡的老鼠而被稱為馬廄㹴（Griffon D'Ecurie）。牠的性格讓牠贏得馬車前座的位置，也受到更多注目，喜愛牠的名人包括法國國王亨利二世以及比利時的瑪麗・亨麗埃塔女王（Henrietta Maria）和愛史翠女王（Astrid）。之後牠被培育成更小型的犬種，可能藉由與英國玩具小獵犬、巴哥犬或其他玩賞犬種雜交，才演變成我們現今較為熟知的三個犬種。

個性

布魯塞爾格里芬犬是隻有趣、充滿自信、適應性強的品種，幾乎具有人類的表達能力。牠很聰明、敏感，也會喜怒無常。牠既深情又有警覺心，非常黏主人。面對陌生人時，牠傾向害羞。

照護需求

運動

玩賞性的格里芬犬只要能夠與主人在外面溜達就很心滿意足了。牠的好奇心足以讓牠在屋內忙碌，也能變成牠額外的運動方式。

飲食

布魯塞爾格里芬犬需要高品質的飲食，由於牠容易發胖，所以需要監控牠的食物攝取量。

梳理

粗毛型的布魯塞爾格里芬犬需要專業的毛髮護理，才不至於過於凌亂粗糙。就如㹴犬一樣，牠需要用手梳開才能自然一點。牠有凹陷的鼻子以及鼓鼓的眼珠，牠的臉部也需要特別的照護（平毛型資訊詳見小布拉邦松犬）。

健康

布魯塞爾格里芬犬的平均壽命為十二至十五年，品種的健康問題可能包含眼部問題、髖關節發育不良症、膝蓋骨脫臼、淚溝，以及呼吸系統問題。

訓練

布魯塞爾格里芬犬十分聰明也很敏感，需要用正面的訓練方式才能達到最佳的表現。牠很容易感到無聊，因此訓練的方式絕對要多點變化。大小便訓練會比較不容易。

鬥牛犬 Bulldog

速查表

適合小孩程度 5
適合其他寵物程度 4
活力指數 2
運動需求 2
梳理 3
忠誠度 5
護主性 4
訓練難易度 3

品種資訊

原產地
大不列顛

身高
12-16 英寸（30.5-40.5 公分）[估計]

體重
公 50-55 磅（22.5-25 公斤）／
母 40-50.5 磅（18-23.5 公斤）

被毛
短、直、扁平、緊密、細緻、
平滑、有光澤

毛色
虎斑（所有類型）、花斑、紅色、淺黃褐色、淡棕色、白色｜亦可接受黑斑 [ARBA] [FCI] [KC]

其他名稱
英國鬥牛犬（English Bulldog）

註冊機構（分類）
AKC（家庭犬）；ANKC（家庭犬）；CKC（家庭犬）；FCI（獒犬）；KC（萬用犬）；UKC（伴侶犬）

起源與歷史

儘管這些狗在 1630 年代首先被犬類學家分類為「鬥牛犬」，但牠們在早先的文章中是以霸犬（bandogge）或「屠夫犬」（butcher's dogge）的名稱被提及，且鬥牛犬和獒犬很可能源自於共同的祖先阿朗特犬（Alaunt）。在十三和十九世紀之間，鬥牛犬的祖先是被用來進行令人髮指的鬥牛運動。鬥牛犬不尋常的低下巴就是源於此，這樣的下巴能夠讓牠從任何角度咬住公牛，緊緊不放。鬥牛在 1835 年時被禁止，此後鬥牛犬逐漸演變成今天人們所熟悉的矮小魁武身材。

牠也被培育成伴侶犬，許多人認為牠是勇氣和堅韌的象徵。

個性

雖然有較粗暴的起源，但鬥牛犬可能是最溫和的品種之一。儘管如此，牠仍然保有著強大的保護本能，並且成為一個非常棒的看門犬。牠對家人極其深情，非常渴望家人的注意力與寵愛。牠對小孩以及其他寵物（特別是從小一起長大的）極為溫柔，也希望周遭的人都很開心，而牠通常都有辦法做得到。

照護需求

運動

牠的短鼻和寬闊的頭部會讓鬥牛犬稍微呼吸困難，因此不該過度運動。簡單的散步或讓牠緊跟著家人走路就能滿足牠的需求了。

飲食

鬥牛犬需要高品質的飲食，因為牠的代謝速度比其他狗慢一些，因此必須監控牠的食物攝取量，以免過於肥胖。

梳理

牠的短毛容易梳理，只要每週用柔軟的毛刷梳幾次毛即可讓毛髮變好看。牠的眼睛和鼻子周圍的皺紋需要經常注意，必須要保持清潔和乾燥，防止感染。

健康

鬥牛犬的平均壽命為十至十二年，品種的健康問題可能包含櫻桃眼、軟顎延長、眼瞼內翻、髖關節發育不良症、氣管發育不全、膝蓋骨脫臼、脊柱裂，以及鼻孔狹窄。

訓練

鬥牛犬很容易融入家居生活，可習基本的禮儀。牠需要幼時開始受訓練，而且訓練者必須知道，比起一些比較服從的品種，牠可能需要更長的時間來學習。牠的魅力和穩重的氣質讓牠無論去哪裡都會贏得朋友和粉絲，對牠來說與人交際是件毫不費力的事情。

鬥牛獒 Bullmastiff

品種資訊

原產地
大不列顛

身高
公 25-27 英寸（63.5-68.5 公分）／
母 24-26 英寸（61-66 公分）

體重
公 110-130 磅（50-59 公斤）／
母 90-120 磅（41-54.5 公斤）

被毛
短、硬、濃密、耐候、緊貼身體

毛色
虎斑、淺黃褐色、紅色；或有白色斑紋；
黑嘴為必須

註冊機構（分類）
AKC（工作犬）；ANKC（萬用犬）；
CKC（工作犬）；FCI（獒犬）；
KC（工作犬）；UKC（護衛犬）

起源與歷史

鬥牛獒是由鬥牛犬和英國藏獒所交配出來的品種。在十九世紀末期，獵場看守人企圖縮小英國藏獒的龐大體型，加入鬥牛犬品種後，所產出的獵犬變得更加敏捷，而且可以躡手躡腳地行動。該品種最初被稱為「獵場看門人的守夜犬」，因為牠們負責偷襲侵入大型莊園的偷獵者。偷獵在英國是死刑罪，因此狗必須非常強勢、無所畏懼，而且能夠安靜地突襲偷獵者，才能抓到這些罪犯。

隨著二十世紀的到來，獵場看門人和護衛犬的需求逐漸減弱。然而，人們開始舉行人狗的競賽，看看是否有人能夠贏這些強壯的犬種。志願參賽者會搶先幾步進入森林之中，過了一會兒他們才會放掉鬥牛獒的繩索。找到獵物後，鬥牛獒會先把「偷獵者」壓到在地上，直到管理人員出現。據了解，這些狗從沒輸過任何一場比賽。

到現在，鬥牛獒的守衛能力還是讓牠很受歡迎，而且比牠祖先更順從溫柔，雖然具有守護性格卻不帶侵略性。

原本身為獵場看門人的守夜犬，讓牠得以夜間行動的深黑虎斑已逐漸轉為較常見的淺黃褐色。

速查表

適合小孩程度	梳理
適合其他寵物程度	忠誠度
活力指數	護主性
運動需求	訓練難易度

個性

既忠誠又警覺的鬥牛獒本質上是非常沉著的品種，深愛著家人又讓人值得信賴。牠的眼神至始至終都跟隨在家人身上，如果牠覺得家人身邊有任何危險，絕對會馬上回應，而且牠的體型及力量會令人感到有威脅性。牠在幼犬時期會十分貪玩，如果長大沒有服從對象會變得不易受管束。

照護需求

運動

儘管鬥牛獒不需要大量的運動量，但至少每天也要散步兩次。牠很可能會很懶散，但帶牠出門還是很重要的。

飲食

力氣大的鬥牛獒需要高品質的飲食，由於牠不會過於好動，所以要控制好量防止牠過胖。

梳理

鬥牛獒皺巴巴的臉孔最需要照顧及保持清潔，防止受感染。否則的話，牠光滑的短毛其實是很好照顧的，只需要用硬式的鬃毛刷一週刷個幾次就可以了。

健康

鬥牛獒的平均壽命為八至十年，品種的健康問題可能包含過敏、胃擴張及扭轉、心肌病、肘關節發育不良、眼瞼內翻、血管肉瘤、髖關節發育不良症、淋巴瘤、肥大細胞瘤、骨肉瘤、犬漸進性視網膜萎縮症（PRA），以及主動脈下狹窄（SAS）。

訓練

為了讓鬥牛獒知道自己的地位，牠必須從小就開始接受訓練。鬥牛獒會獨立思考，迅速地長大變強壯。因此，基本禮儀必不可少，這樣才容易控制牠。另外讓人出乎意料之外地是，牠十分敏感，需要一致性的積極培訓方式。

牛頭㹴 Bull Terrier

品種資訊

原產地
英格蘭

身高
最大體型印象｜ 20-24 英寸（51-61 公分）[估計]

體重
最大體型印象｜ 45-80 磅（20.5-36.5 公斤）[估計]

被毛
短、扁平、粗糙、有光澤｜冬季或有柔軟質地的底毛 [ANKC] [FCI] [KC]

毛色
兩種類型：白色，頭上或有斑紋／可為黑色虎斑、紅色、淺黃褐色、三色｜任何顏色，除了白色 [CKC] [UKC] ｜僅接受白色（頭上或有斑紋）[AKC]

其他名稱
英國鬥牛㹴（English Bull Terrier）

註冊機構（分類）
AKC（㹴犬）；ANKC（㹴犬）；CKC（㹴犬）；FCI（㹴犬）；KC（㹴犬）；UKC（㹴犬）

起源與歷史

十九世紀初，當鬥犬是合法並相當受歡迎時，育種者總是希望培育出堅韌、有耐力且十分敏捷的犬種。最初牛頭㹴被稱為「鬥牛㹴」（Bull-and-Terrier），是用鬥牛犬以及現今已絕種的英國白㹴所培育出來的。1850 年代初期，英國人詹姆斯・欣克斯（James Hinks）首次對該品種進行了標準化，他只培育白色的犬隻，並且稱牠們為「牛頭㹴」，以便將牠們與類似於現今斯塔福郡鬥牛㹴的「鬥牛㹴」區分開來。此後，欣克斯的白狗被稱為「白色騎士」。雖然無法確定現代的牛頭㹴還有混到哪些品種，不過大麥町、佩爾狄克羅德布爾戈斯犬以及靈緹犬都非常有可能。很快地，該品種皆被稱為牛頭㹴，而當全白的牛頭㹴與斯塔福郡鬥牛㹴交配後，有色品種因而誕生。

幸虧現今任何形式的鬥狗都是非法的，而這些狗也僅僅是伴侶犬。牛頭㹴的蛋形頭很快將牠與其他品種區分開來，而且牠的外觀和個性使牠受到喜愛。

個性

牛頭㹴是隻迷人、友善和有趣的品種，非常黏自己的主人及家庭成員。牠需要很多的陪伴以及監督才能成為一隻乖巧的寵物犬。牠很聰明也很有活力，需要心理和生理上的刺激。牛頭㹴跟小孩處得融洽，往往會護著孩子，不過為了與其他寵物相處的話，牠需要學會社會化一點。

速查表

適合小孩程度

梳理

適合其他寵物程度

忠誠度

活力指數

護主性

運動需求

訓練難易度

照護需求

運動

牛頭㹴需要大量的運動，非常大量！首先，牠本來就是一個充滿活力的品種，而且如果牠無法發洩自己的能量的話，牠會非常不討喜的方式釋放能量，像是亂啃物品、自我傷害或者自我強迫地重複某種行為。由於牛頭㹴是蠻頑皮的小狗，牠有時會對其他小狗會有壓迫感，導致玩耍時會過於粗魯。如果你想要放開繩索，要確保周圍是圍起來的，還有自己的牛頭㹴已經很社會化了。

飲食

牛頭㹴需要高品質的飲食。牠們很容易增重，因此牠們的每日食物攝取量須相應減少。

梳理

牛頭㹴很容易保持整潔，牠的短毛只需要用梳毛手套以及軟毛刷來回梳理，這樣一來能夠去除死毛及汙垢，帶出原本天然的光芒。牠其實是一隻溫和的撕碎機 。

健康

牛頭㹴的平均壽命為十至十二年，品種的健康問題可能包含過敏、先天性耳聾、家族性腎病、二尖瓣發育不良、膝蓋骨脫臼，以及鋅缺乏。

訓練

社會化訓練對任何牛頭㹴是很關鍵的。在幼犬時期，主人需要讓牠認識各式各樣的人、其他狗狗、不同的動物以及不同的環境，這樣一來牠才不會感到受威脅。牛頭㹴是一種天生適合群居以及非常忠誠的狗，牠本能就是愛玩耍也非常有保護性，不過這並不總是一個很好的組合。牠是一隻很強壯的狗，而且牠要一個理解牠的主人，能夠在牠訓練之中成為牠適當的領導，在必要的時候能夠堅定不移但不苛刻。訓練一頭鬥牛㹴可能非常有挑戰性，但很多人都駕馭得很好。

卡德卑斯太爾犬 Ca de Bestiar

速查表

適合小孩程度

適合其他寵物程度

活力指數

運動需求

梳理

忠誠度

護主性

訓練難易度

品種資訊

原產地
西班牙

身高
22-24 英寸（56-61 公分）[估計]

體重
77-88 磅（35-40 公斤）[估計]

被毛
短毛／長毛

毛色
黑色、深色虎斑

其他名稱
馬略卡牧羊犬（Majorca Shepherd Dog）；Perro de Pastor Mallorquín

註冊機構（分類）
FCI（牧羊犬）；UKC（畜牧犬）

起源與歷史

這是一個在西班牙以外鮮為人知的稀有品種，卡德卑斯太爾犬起源於西班牙巴利亞利群島，是當地的家畜護衛犬和農場狗。據說，這隻狗是數百年前航行於地中海的貿易商家所帶來的。牠後來進化成一種能夠承受巴利亞利群島極高溫度的品種，同時又能保護當地牧羊人的牛羊群。現在，這種狗常見於農場和農村，農民們需要替代犬時會讓牠們生小寶寶，多出來的幼犬會送給鄰居或者跟鄰居交換物資。雖然該品種已經定型，但是卻極少有相關的育種者或展覽犬。

事實上，有些農民會對於自己擁有純種的卡德卑斯太爾犬而感到驚訝，因為對他們而言，這只是一隻「農場狗」。少數的卡德卑斯太爾犬有輸出到巴西，而在那有一小群的育種者維持此品種。只有少數住在伊比利亞半島的育種者有培育純種犬。

世界畜犬聯盟（FCI）目前承認兩種類型的卡德卑斯太爾犬：長毛與短毛。不過目前長毛的品種已經很少見了，可能已經絕種，因為短毛的品種易於照護，普遍受到農民的青睞。

個性

卡德卑斯太爾犬被培育來守護家裡的牲畜，牠確實也遵守著自己的職業道德。牠有區域性，如果秩序被打亂的話會很不高興。牠是一隻優秀的農場狗，只要牠有工作做，絕對會是隻有禮貌的家庭犬。

照護需求

運動

農場的工作及鍛鍊能讓卡德卑斯太爾犬得到最多的快樂，讓牠整天忙碌，專注於自己的工作。如果一閒下來，牠會需要較專注激烈一點的運動，比如說長時間散步或參加放牧比賽，比較敏捷性或其他競技性運動或具有挑戰性的活動。如果沒有這種身心的刺激，牠會感到無聊也導致破壞性的行為。

飲食

卡德卑斯太爾犬胃口極好，因此需要控制體重。儘管牠十分需要食物來源的能量，不過牠也必須保持好自己的體型。最好給予高品質、適齡的飲食。

梳理

異於其他的長毛品種，卡德卑斯太爾犬的短黑外層毛不須特別照顧，時不時幫牠梳一下毛或者用梳毛手套打理一下就足夠了。

健康

卡德卑斯太爾犬的平均壽命為十二至十四年，根據資料並沒有品種特有的健康問題。

訓練

卡德卑斯太爾犬十分聰明也很執著，只要課程積極直接，牠就會輕鬆快速地學習。面對如此聰明敏感的狗，苛刻的方法反而會適得其反。牠渴望取悅他人，達到所要求的工作，並能學習吸收很多東西。

凱恩㹴 Cairn Terrier

速查表

適合小孩程度

適合其他寵物程度

活力指數

運動需求

梳理

忠誠度

護主性

訓練難易度

品種資訊

原產地
大不列顛

身高
11-12 英寸（28-31 公分）｜公 10 英寸（25.5 公分）／母 9.5 英寸（24 公分）[AKC]

體重
13-17 磅（6-7.5 公斤）｜公 14 磅（6.5 公斤）／母 13 磅（6 公斤）[AKC]

被毛
堅硬、耐候的雙層毛，外層毛粗糙、量多，底毛柔軟、緊密、毛茸茸

毛色
奶油色、小麥色、紅、灰、近黑色；可接受前述顏色之虎斑｜任何顏色，除了白色 [AKC]

註冊機構（分類）
AKC（㹴犬）；ANKC（㹴犬）；CKC（㹴犬）；FCI（㹴犬）；KC（㹴犬）；UKC（㹴犬）

起源與歷史

蘇格蘭北部的赫布里底群島是凱恩㹴最初稱為家的地方。牠命名自一個代表一堆岩石的蘇格蘭語「cairn」，通常用作墓園的邊界或標記。狐狸和其他有害生物都棲息在這些岩石之中，因此凱恩㹴就這樣被培育出來，能夠鑽進牠們的巢穴並將牠們趕走。凱恩㹴的後續發展與斯凱㹴、西高地白㹴和蘇格蘭㹴類似，超過五百年來，牠們一直在進行有害生物防治的工作。凱恩㹴於 1909 年首次展出時，牠們被稱為「短毛斯凱㹴」，但斯凱㹴愛好者投訴導致名稱改變。英國凱恩㹴協會暱稱牠為「世界上最棒的小夥伴」。

個性

由於凱恩㹴性格開朗、機敏靈活、讓生活充滿歡樂，牠往往都是人見人愛。牠是如此迷人獨立，能夠在訓練部門的挑戰壓力下證明自己的才能。牠親切的本性和善良的心，使牠成為家庭成員之一，受到喜愛，牠彪悍小巧的身形也使牠成為孩童們的最佳玩伴。

照護需求

運動

散步對充滿好奇活潑的凱恩㹴非常有益，最好是能夠走一大段時間。牠喜歡探索這個世界，使牠願意去活蹦亂跳地，在院子裡或花園裡挖土可能是牠最喜歡的活動。

飲食

凱恩㹴容易發胖，因此必須監控其高品質食物的每日攝取量。

梳理

堅硬的外層毛和柔軟的底毛旨在保護這隻小狗免受蘇格蘭北部惡劣和不可預知的天氣和環境的影響。因為牠的毛很厚，往往有點邋遢，因此凱恩㹴的外層毛需要經常梳理，牠的眼睛周圍的毛髮也該時常修剪。建議每年讓專業的寵物美容師進行數次打理，以保持被毛彈性。

健康

凱恩㹴的平均壽命為十二至十五年，品種的健康問題可能包含過敏、白內障、頭蓋骨下顎骨病（CMO）、隱睪症、球細胞腦白質失養症、甲狀腺功能低下症、股骨頭缺血性壞死、眼睛黑色素沉著、膝蓋骨脫臼、肝門脈系統分流、犬漸進性視網膜萎縮症（PRA），以及類血友病。

訓練

雖然凱恩㹴對主人百依百順，但如果要牠聽從基本動作的指令，牠可能還是會不太甘願。如果要收服牠表面上的固執面，最好是用積極激勵性的方式來訓練牠。凱恩㹴與其他人和動物都相處得來，但要從小開始培養這個習慣。

迦南犬 Canaan Dog

速查表

適合小孩程度

適合其他寵物程度

活力指數

運動需求

梳理

忠誠度

護主性

訓練難易度

品種資訊

原產地

以色列

身高

20-24 英寸（51-61 公分）｜公 20–24 英寸（51-61 公分）／母 19-23 英寸（48–58.5 公分）[AKC]

體重

40-55 磅（18-25 公斤）｜公 45-55 磅（20.5-25 公斤）／母 35-45 磅（16-29.5 公斤）[AKC]

被毛

雙層毛，外層毛直、粗糙、扁平、短至中等長度，底毛直、柔軟、短、扁平；稍有環狀毛

毛色

沙色至紅棕色、白色、黑色或帶斑點、或有面罩｜雙色：主要為白色帶面罩，或有顏色／純色帶斑塊，從黑色到各種深淺的棕色（沙色至紅色或肝紅色）[AKC]｜純色或斑點，顏色從奶油色到紅棕色之間；無肝紅色 [UKC]

其他名稱

Kelef K ’naani

註冊機構（分類）

AKC（畜牧犬）；ANKC（家庭犬）；ARBA（狐狸犬及原始犬）；CKC（工作犬）；FCI（狐狸犬及原始犬）；KC（萬用犬）；UKC（視覺型獵犬及野犬）

起源與歷史

迦南犬是一個古老的品種，其歷史可追溯至西元前 2200 年左右的洞穴壁畫，上面所出現的狗看起來非常像迦南犬。對古以色列人來說，牠曾經是護衛犬，也是放牧犬。牠親眼目睹世界上某些最偉大的宗教的誕生，像是猶太教、伊斯蘭教以及基督教，更是追隨過耶穌以及其他聖經先知的腳步。據說，耶洗別女王（Jezebel）曾經有一隻迦南犬，並以金鍊條繫在她的寶座上。

當數千年前猶太人被迫離開這片土地時，這些狗開始居住在內蓋夫沙漠，大部分都未經過馴養。有些人則聲稱這些狗曾與貝都因人並肩作戰，守護著迦密山德魯茲教派的羊群。當猶太人在 1930 年代返回他們的土地時，發現了這些野犬，幾乎就像活化石，處於野性的狀態。該品種的現代史始於 1930 年代後期，當時的以色列犬類權威魯道夫娜．門澤爾（Rudolphina Menzel）博士被要求培養出一個犬類品種來守護基布茲。她觀察了四種類型的野犬，並根據「第三類型」或「柯利犬類型」，用一隻名為杜格瑪（Dugma）的原型犬，確立了如今所稱的迦南犬；這是一個極為聰明且可受訓練的犬種，擁有多種才藝，被用於地雷測探犬、看守犬、信差犬、導盲犬等。

個性

這種狗的培育犬種本身即憑藉自己的本能生存了幾千年，迦南犬保留其強大的反叛個性以及天生自我照顧的能力。冷漠的天性，迅速的動作，除非有受過高度訓練，不然在封閉的空間中必須綁著牽繩，而且迦南犬也很愛吠（守衛本能的一部分）。但是，牠是位忠誠的夥伴，聰明伶俐，容易訓練。牠更愛自己的家人，也愛玩耍。

照護需求

運動

聰明迅速的迦南犬天天需要運動，不斷地在生理以及心理上挑戰牠。對於這種機敏反應快的品種，一天數次的長時間步行也還不夠。牠需要一份工作或從事一項活動，像是服從指令、敏捷訓練，或甚至是放牧或追獵誘餌。

飲食

迦南犬需要高品質、適齡的飲食。

梳理

牠會有季節性的換毛。除此之外，只要固定梳毛，迦南犬是蠻容易保持乾淨與整潔的品種。

健康

迦南犬的平均壽命為十二至十五年，根據資料並沒有品種特有的健康問題。

訓練

迦南被培育為一個機敏、反應快又警惕的犬種。如果沒有收到指令，牠自有自己的方案，通常都不會是令人滿意的。就因為牠易於訓練，對工作充滿熱忱，訓練對牠而言是個美好的體驗。牠應該從小就接觸孩童與其他動物，才能幫助牠打破沉默，善於社交。

加拿大愛斯基摩犬 Canadian Eskimo Dog

速查表

適合小孩程度 3/5
適合其他寵物程度 2/5
活力指數 5/5
運動需求 5/5
梳理 4/5
忠誠度 3/5
護主性 3/5
訓練難易度 2/5

品種資訊

原產地
加拿大

身高
公 23-27.5 英寸（58.5-70 公分）／
母 19.5-23.5 英寸（49.5-60 公分）

體重
公 66-88 磅（30-40 公斤）／
母 40-66 磅（18-30 公斤）

被毛
雙層毛，外層毛粗糙、堅挺，
底毛厚、濃密

毛色
顏色和花樣包含全白身驅；白身帶紅、暗黃、灰、黑、肉桂；紅、暗黃、肉桂、黑，皆帶白色；深褐、黑、深灰、暗黃、棕｜所有顏色和斑紋 [KC]

其他名稱
Canadian Inuit Dog；Qimmiq

註冊機構（分類）
ANKC（萬用犬）；ARBA（狐狸犬及原始犬）；CKC（工作犬）；KC（工作犬）；UKC（北方犬）

起源與歷史

圖勒因紐特人因在十二世紀跨過加拿大北極圈帶來了加拿大愛斯基摩犬，這是一種多用途大型犬，能夠拖拉雪橇、攜帶包裹、狩獵海豹、防禦北極熊和麝牛以及保護人民。換句話說，牠是人類生存不可或缺的一部分。將近七百年後，隨著更多人在北極氣候地帶中探索和定居，加拿大愛斯基摩犬的需求量也逐漸增長。

當其他旅行及防禦方式才開始普及化後，加拿大愛斯基摩犬的數字開始減少後。到了 1950 年代，隨著摩托雪橇、步槍、冷凍食品和導航技術的發展，外加其他品種的到來，連接帶來了疾病，讓此品種逐漸衰弱，加拿大愛斯基摩犬變得寥寥可數。到了 1960 年代末期，該品種幾乎滅絕。1970 年代初期，威廉．卡賓特（William Carpenter）和約翰．麥可格拉斯（John McGrath）與加拿大育犬協會（CKC）和加拿大政府攜手合作，建立了加拿大愛斯基摩犬研究基金會（Canadian Eskimo Dog Research Foundation）。雖然他們的努力拯救了這個品種，但數量還是極低。

個性

對加拿大愛斯基摩犬的標準描述為：「加拿大愛斯基摩犬需要紮實的訓練，這對此犬種十分重要，因為牠們是非常有決心的。牠們的生存本能得來不易。」就如其他狐狸犬品種，加拿大愛斯基摩犬個性明確，意志堅定。牠也十分警覺、充滿好奇心、從根本上完全獨立思考，珍惜也愛護自己所愛的人，只是比較冷漠，不喜歡不請自來的關注。牠不常吠叫，卻有廣泛的發聲帶，能夠比如說嗥叫。

照護需求

運動

加拿大愛斯基摩犬是一種勞動犬，其健康狀況取決於是否有充分的鍛鍊，無論是生理上還是心理上。進行雪橇隊表演、牽拉訓練、讓自己有用處的挑戰對牠而言都很好，而且數次的社區散步也不能滿足牠對於鍛鍊的需求。

飲食

加拿大愛斯基摩犬的新陳代謝與許多其他品種不同。牠身處的自然環境中沒有太多的植物，因此牠很難消化含有穀物和蔬菜的商業食品。建議給予含有高蛋白的自製鮮食或者不含添加物的高品質商業糧。

梳理

加拿大愛斯基摩犬的厚底毛讓牠能夠防寒保溫。牠會大量換毛，定期的毛髮梳理有助於保持牠的外觀以及良好的感受。

健康

加拿大愛斯基摩犬的平均壽命為十二至十五年，根據資料並沒有品種特有的健康問題。

訓練

此品種的訓練師需明白加拿大愛斯基摩犬很快就會厭倦重複性高以及高注意力的要求。最好是有創意且能夠受控制的訓練方式，幼犬時期的社會化也必須是成長的一部分。

卡斯羅犬 Cane Corso

品種資訊

原產地
義大利

身高
公 24-27.5 英寸（61-70 公分）
母 23-26 英寸（58.5-66 公分）

體重
公 92.5-110 磅（42-50 公斤）／母 84-100 磅（38-45.5 公斤）｜公至少 100 磅（45.5 公斤）／母至少 80 磅（36.5 公斤）[ARBA]｜與身高成比例 [AKC]

被毛
雙層毛，外層毛短、堅硬、有光澤、濃密，底毛輕

毛色
黑色、灰色、淺黃褐色、紅色；可接受虎斑；或有眼罩；白色斑紋｜亦有藍色、栗色 [ARBA]

其他名稱
Cane Corso Italiano；Cane Corso Mastiff；Italian Corso Dog；Italian Mastiff；Italian Molosso

註冊機構（分類）
AKC（其他）；ANKC（萬用犬）；ARBA（工作犬）；CKC（工作犬）；FCI（獒犬）；UKC（護衛犬）

起源與歷史

此品種的名稱起源於羅馬，來自拉丁語「cohors」，意思是「護衛者／保護者」，這是牠的原始用途，且至今依然認真對待自己的工作。牠的直系祖先為 Canis Pugnax（羅馬獒犬）。數個世紀以來，這個品種一直都是其家庭、牲畜和財產的保護者。一度在義大利流行，後期卻被認為已經絕種，直到 1980 年代一群愛好者重新培育了該品種。目前此品種集中在義大利南部和世界各地，牠是孩童的最佳玩伴，也是家庭的忠實朋友。

個性

卡斯羅犬天生是看門狗，極為聰明也願意討主人開心。牠對孩子很棒，對家人

忠心耿耿，是一隻警惕的看門狗。面對陌生人時牠會變得疑神疑鬼，但卻也懂得進退。有精心栽培的卡斯羅犬會十分穩定，但可能對其他狗有較強的領土意識和主導地位，因此讓牠從小時候累積愈多社交經驗會對他的發展愈好。一般在家裡時是很安靜，會大量地需要主人的關注。

速查表

項目	評分	項目	評分
適合小孩程度	●●●●○	梳理	●○○○○
適合其他寵物程度	●●○○○	忠誠度	●●●●●
活力指數	●●●○○	護主性	●●●●●
運動需求	●●●●○	訓練難易度	●●●●○

照護需求

運動

卡斯羅犬是一隻愛運動也充滿活力的狗，需要大量的活動量。牠也喜歡定期地四處巡邏家裡頭。

飲食

這隻大型、健壯的品種需要高品質的飲食。

梳理

短毛的卡斯羅犬蠻容易保持整潔，最多偶爾需要用濕布擦拭身軀以及刷牙，會輕微換毛。

健康

卡斯羅犬的平均壽命為十二至十五年，品種的健康問題可能包含過敏、胃擴張及扭轉、眼瞼外翻、肘關節發育不良、眼瞼內翻、癲癇、心雜音，以及髖關節發育不良症。

訓練

卡斯羅犬可塑性高因為牠非常渴望取悅主人，只要有明確的指令加上適當的鼓勵能夠讓卡斯羅犬幾乎做到任何要求。對於這條大狗，服從訓練是必要的，並且應該在牠的一生中持續的進行，而且必須要讓牠毫無疑問地認為自己的主人就是領導者，這非常重要。幼犬社會化可以幫助牠融入許多後期會遇到的環境和狀況。

卡斯特羅．拉博雷羅犬 Cão de Castro Laboreiro

品種資訊

原產地
葡萄牙

身高
公 18-23.5 英寸（45-60 公分）／母 16.5-22.5 英寸（42-57 公分）

體重
40-88 磅（18-40 公斤）

被毛
短、粗、厚、耐侯、稍無光澤

毛色
各種深淺的狼色，有時全顯現於不同部位｜黃色、栗色、灰色、淺黃褐色、狼灰色 [ARBA]

其他名稱
Castro Laboreiro Dog；葡萄牙牧牛犬（Portuguese Cattle Dog）

註冊機構（分類）
ARBA（畜牧犬）；FCI（獒犬）；UKC（護衛犬）

起源與歷史

儘管沒有人能夠確認這隻葡萄牙羊群護衛犬的起源，但人們認為牠可能與一隻在埃什特雷拉山脈所發現的小狗有關聯，這隻狗的外觀光滑柔順。卡斯特羅．拉博雷羅犬原產於葡萄牙北邊，其名稱取自當地的「工人村莊」──卡斯特羅．拉博雷魯（Castro Laboreiro）。牠是當今葡萄牙最受歡迎的護衛犬種之一，不僅用於保護羊群，還擔任警察和警衛隊的工作。

個性

勇敢、多疑、開朗又機敏，拉博雷羅犬擅長看守和警察的工作。牠非常敬業，能夠迅速對任何看起來有威脅的事物發出警訊。牠天生個性獨立、聰明，與孩子們相處得很好，也非常保護家人。

照護需求

運動

拉博雷羅犬須定期進行較高度激烈的運動，以保持在良好的狀態。如果沒有工作的話，牠會不開心，牠還需要精神刺激以及體力的挑戰。

飲食

拉博雷羅犬需要適齡、高品質的飲食。

速查表

項目	評分	項目	評分
適合小孩程度	●●●●○	梳理	●●○○○
適合其他寵物程度	●●●●○	忠誠度	●●●●●
活力指數	●●●●○	護主性	●●●●●
運動需求	●●●●○	訓練難易度	●●●●○

梳理

基本的梳毛足以維護拉博雷羅犬的厚實短毛，偶爾需要梳毛手套除去死毛。

健康

拉博雷羅犬的平均壽命為十二至十五年，根據資料並沒有品種特有的健康問題。

訓練

憑藉牠敏捷的頭腦和警惕的天性，拉博雷羅犬需要一名能夠公正且穩定的訓練師，讓牠能夠充分地發揮牠的才能。在高度訓練之下，牠會全力以赴，但如果沒有堅定的指導，牠會做出對自己最好的決定。

考迪菲勒得紹邁谷犬 Cão Fila de São Miguel

品種資訊

原產地
葡萄牙

身高
公 20-23.5 英寸（50-60 公分）／母 19-23 英寸（48-58 公分）

體重
公 55-77 磅（25-35 公斤）／母 44-66 磅（20-30 公斤）

被毛
短、平滑、濃密、粗糙

毛色
淡黃褐色、灰色；常為虎斑；可接受白色斑紋｜亦有黃色 [ARBA]

其他名稱
亞速爾牧牛犬（Azores Cattle Dog）；Cao de Fila de Sao Miguel

註冊機構（分類）
ARBA（畜牧犬）；FCI（獒犬）

起源與歷史

此品種起源於亞速爾群島，這些島位於葡萄牙大西洋沿岸超過 900 英里（1,448 公里）的地方。定居者在十五世紀後開始認真地在這些島嶼上活動，並帶來了牛群，因而創造了「悍犬」（fila）或牧牛犬的需求。現今的考迪菲勒得紹邁谷犬是用古代的獒犬培育出來，包含如今已絕種的 Fila de Terceira。此為一鄉村品種，很少能在亞速爾群島的農場外看到，在島上牠們仍然被用來守衛牧群並保護其家人。有時牠在原生地會被稱為「最後的葡萄牙戰士」。

個性

考迪菲勒得紹邁谷犬因其有能力耕牛和保護自己的家園而聞名，是一位勤勞和忠誠的家庭成員。牠會全心全意對待自己認識的人，而對陌生人充滿警覺。帶有侵略性和領域性，牠訓練有素，是一個全能的優秀農場狗。

速查表

適合小孩程度

梳理

適合其他寵物程度

忠誠度

活力指數

護主性

運動需求

訓練難易度

照護需求

運動

此品種需要大量的運動以及工作，這樣才能讓身心保持活力，應付各種挑戰。

飲食

考迪菲勒得紹邁谷犬需要高品質的飲食。

梳理

只要一週有梳毛幾次就能夠輕易地保持平順的短毛。

健康

考迪菲勒得紹邁谷犬的平均壽命為十一至十四年，根據資料並沒有品種特有的健康問題。

訓練

訓練有素、反應靈敏，考迪菲勒得紹邁谷犬能很迅速地聽懂指令。牠天生對陌生人就很有警覺心，最好能夠從小讓牠社會化。

卡提根威爾斯柯基犬 Cardigan Welsh Corgi

速查表

適合小孩程度

適合其他寵物程度

活力指數

運動需求

梳理

忠誠度

護主性

訓練難易度

品種資訊

原產地

威爾斯

身高

10.5-12.5 英寸（27-32 公分）｜12 英寸（30 公分）[ANKC] [KC]｜儘量接近 12 英寸（30 公分）[CKC]

體重

與體型成比例｜公 30-38 磅（13.5-17 公斤）／母 25-34 磅（11-15.5 公斤）[AKC] [UKC]

被毛

短或中等長度的雙層毛，外層毛緻密、稍微粗糙、耐候，底毛短、柔軟、厚｜僅中等長度 [AKC]｜稍有環狀毛 [UKC]

毛色

任何顏色；或有白色斑紋｜各種深淺的紅色、深褐色、虎斑；黑色；藍大理石色；或有白色斑紋 [AKC] [UKC]

註冊機構（分類）

AKC（畜牧犬）；ANKC（工作犬）；CKC（畜牧犬）；FCI（牧羊犬）；KC（畜牧犬）；UKC（畜牧犬）

起源與歷史

卡提根威爾斯柯基犬是個特別古老的品種，據說凱爾特人在西元前 1000 年左右遷徙至威爾斯的一區（現稱為錫爾迪金）時，一隻類似卡提根犬的狗來到了此處。其名稱「柯基」（Corgi）可能源自於凱爾特語的「犬」（corgi）。其他流傳已久的故事則說這種小狗是以「cor」（矮人）和「gi」（犬）命名，在威爾斯語中為「看守」之意。

這些狗被用來看守家畜，也因為牠們的體型矮小，能夠在啃咬牲畜腳跟的同時避免被踢到。在英國統治者當初頒佈法令，宣布威爾斯農民只能擁有並耕種農場附近的幾畝地時，柯基犬的這項特質對農民而言格外珍貴。這片土地被圈起，而農民也被視為是佃農，而其他土地則被視為公用土地，讓牛群能自由吃草。柯基犬的放讓牛群散布在草地上，而非將牲畜聚集在一起，這樣一來牠們的放牧範圍就很廣。農夫之間對土地的競爭日益激烈，而柯基犬則能幫忙界定範圍。最後，統治者頒布的這項法令廢止，農民也能夠擁有並耕種自己的土地。這讓他們選擇使用較傳統的畜牧犬，柯基犬則更常待在家中，而非田野上。

現今有兩種血緣密切的柯基犬：卡提根（長尾）和潘布魯克（無尾）。牠們有相同的歷史，且相互交配並共同展示，直到 1934 年育犬協會（KC）才正式承認兩者為不同品種。自 1930 年以來，各自的愛好者開始強調品種特徵，像是卡提根有尾巴（最明顯）且比潘布魯克重一點、長一些（從鼻尖到尾巴伸展後的末端）。另外，卡提根的耳朵較寬大，且有多種毛色。

個性

卡提根威爾斯柯基犬因智慧及忠誠而著名，能夠適應不同生活環境，更是優秀的看門犬，用極為嚴肅的態度關心自己的家人。愛玩又討喜的性格，需要多花點時間在牠們身上，共享美好的時光。柯基犬對孩童都很好，特別是一起成長且花許多時間在一起的小主人。

照護需求

運動

身體結實又好動的卡提根威爾斯柯基犬十分享受戶外活動，並經常參加犬類運動競賽如敏捷、服從和畜牧。該品種有目標時最為開心，這樣的運動和心靈刺激讓牠十分滿足。

飲食

卡提根威爾斯柯基犬食慾良好，應該餵予高品質的食物。牠們的體重需要受到控制，因為牠們容易過胖。

梳理

定期梳理卡提根威爾斯柯基犬蓬鬆的雙層毛即可維持整潔外表。

健康

卡提根威爾斯柯基犬的平均壽命為十二至十五年，品種的健康問題可能包含青光眼、椎間盤疾病，以及犬漸進性視網膜萎縮症（PRA）。

訓練

訓練卡提根威爾斯柯基犬是件開心的事情，牠很聰明、反應快，能夠快速地學習、記取教訓，總是很有熱忱。柯基犬應該從小就要社會化，才能在不熟悉的環境下表現出自己的自信。

卡羅萊納犬 Carolina Dog

品種資訊

原產地
美國

身高
17.75-20 英寸（45-50 公分）

體重
30-44 磅（13.5-20 公斤）

被毛
頭頂、耳朵、前腳皆為柔順的短毛，頸部、肩胛骨以及背部則為粗糙的長毛；在寒冷的月份有大量底毛

毛色
深紅金色帶淺暗黃色斑紋為首選，但亦可接受稻草色、小麥色、淡黃色或其他暗黃色的變化；或有斑紋

其他名稱
美國丁格犬（American Dingo）；Dixie Dingo；Native American Dog；Southern Aboriginal Dog

註冊機構（分類）
ARBA（狐狸犬及原始犬）；UKC（視覺型獵犬及野犬）

起源與歷史

大約八千年前，野犬（pariah-type dogs）越過白令海峽遷移到現在的西方國家，為各種類型和品種打下基礎。在北美洲，包含已絕種的 Basketmaker Dog（類似丁格犬，當時被東南部早期的美洲原住民所使用）以及 Kentucky Shell Heap Dog。其中一種野犬存活至今，即為卡羅萊納犬（其命名是因第一隻個體發現於卡羅萊納州），牠們當時與美洲原住民、早期定居者以及大陸探險家一起生活。同時，牠與歐洲獵犬雜交產出美洲的「雜種犬」（cur）品種。雖然卡羅萊納犬可以像丁格犬一般被馴化，但牠們擁有強大的逃跑本能。野生的卡羅萊納犬至今仍然棲息在薩凡納河流域的沼澤和松樹林中。

個性

除非與人類同居且從小社會化，不然卡羅萊納犬的野性本性使牠無法融入室內導向的家庭生活。牠可能會敏感害羞，不太能接受觸碰操縱。本性聰明敏捷，卡羅萊納

犬能夠自我照顧。如果是與家庭成長，牠會是特別忠誠及保護性高的夥伴，但牠的家人必須理解牠原本真實的天性。

速查表

適合小孩程度	梳理
適合其他寵物程度	忠誠度
活力指數	護主性
運動需求	訓練難易度

照護需求

運動

卡羅萊納犬不需要大量的運動，但是還是要定期外出，讓牠探索這個世界，滿足牠的好奇心。

飲食

卡羅萊納犬需要高品質的飲食。

梳理

該品種幾乎不需梳理就能保持牠應有的模樣。

健康

卡羅萊納犬的平均壽命為十二至十四年，根據資料並沒有品種特有的健康問題。

訓練

卡羅萊納犬既聰明又敏感，是一個快速且熱情的學習者。雖說牠很敏感，但牠對正向的訓練會有很好的反應。從小的社會化是必須的。

加泰霍拉豹犬 Catahoula Leopard Dog

品種資訊

原產地
美國

身高
公 24 英寸（61 公分）／
母 22 英寸（56 公分）

體重
50-95 磅（22.5-43 公斤）

被毛
單層毛，短至中等長度、平滑到粗糙質地；扁平貼身

毛色
所有顏色和花紋｜黑、藍、藍大理石、巧克力、紅、紅大理石、白大理石、黃、黃大理石；棕褐色斑紋；白邊 [AKC]

其他名稱
Catahoula Cur；加泰霍拉牧豬犬（Catahoula Hog Dog）；Catahoula Hound；Louisiana Catahoula Leopard Dog

註冊機構（分類）
AKC（FSS：畜牧犬）；
ARBA（畜牧犬）；UKC（畜牧犬）

起源與歷史

加泰霍拉豹犬的祖先仍然是一個謎，但據推測，牠某部分可能是由西班牙探險家帶到美洲的獒式戰犬的後裔。這些狗與歐洲甚至美國本土的牧羊犬交配後，形成了加泰霍拉豹犬。不過我們知道，亨利．佟蒂（Henri de Tonti）於 1686 年在探險期間見過有「白眼」和「雜斑」的狗。這可能即是指該品種，由於外層毛上的大理石色花樣使其看起來像斑點，且牠們的眼睛通常為藍色或藍白色（被稱為「玻璃眼」）。

該品種名稱來自東南部路易斯安那州的卡塔胡拉教區（Catahoula，意即「美麗的清水」），此為一片沼澤區，人們會在附近釣魚及捕魚，樹林之間則會有幾隻野豬與牛跑來跑去。他們用加泰霍拉豹犬來做這些危險的工作，因此該品種也被稱為「加泰霍拉牧豬犬」。至今，這個品種仍然會牧牛，不過牠比較適合將半野生的動物從灌木叢中帶出來，而不是將牛群護送到穀倉內進行擠奶。

個性

加泰霍拉豹犬很獨立、有自信、具保護性以及地域性。牠對熟悉的人很有感情，但對於陌生人則會提高警覺，有所懷疑。這是一隻很勤奮的狗，牠趕牲畜的模樣讓牠得到「行走大錘」的外號。當牠跟讓牠感到舒適自在的人在一起時，加泰霍拉豹犬會變得很俏皮可愛。

速查表

適合小孩程度
梳理
適合其他寵物程度
忠誠度
活力指數
護主性
運動需求
訓練難易度

照護需求

運動

加泰霍拉豹犬需要大量的運動，至少每天一個小時，散步也必須稍微有強度。如果沒有足夠的運動，牠會發展出破壞性的習慣，這樣才能釋放牠的能量。牠是一名出色的慢跑或爬山的夥伴，十分擅長與敏捷性和放牧相關的運動。

飲食

這個活躍又充滿活力的品種需要營養充足、高品質的飲食。

梳理

加泰霍拉豹犬的底毛會持續地掉毛，當牠焦慮或不舒服的時候會顯得更嚴重。否則，定期梳毛就很足夠了。

健康

加泰霍拉豹犬的平均壽命為十二至十四年，品種的健康問題可能包含先天性耳聾、眼部問題，以及髖關節發育不良症。

訓練

加泰霍拉豹犬天生聰明又快速，是隻學習力非常強的狗。其獨立的個性可能會干擾到牠的服從性。訓練者應該要保持警覺，透過發揮其精力和智力的技巧來吸引牠的注意力。

加泰羅尼亞牧羊犬 Catalonian Sheepdog

品種資訊

原產地
西班牙

身高
公 18.5-22 英寸（47-55 公分）／
母 17.5-21 英寸（44-53 公分）

體重
45-60 磅（20.5-27 公斤）[估計]

被毛
雙層毛，外層毛長、扁平或略呈波浪狀、粗，底毛量多；有鬍鬚和髭鬚｜長毛和平毛型 [FCI]

毛色
淺黃褐色、深褐色、灰色

其他名稱
Catalan Sheepdog；Catalonian Shepherd；Gos d'Atura Catala；Perro de Pastor Catalan

註冊機構（分類）
ARBA（畜牧犬）；FCI（牧羊犬）；KC（畜牧犬）；UKC（畜牧犬）

起源與歷史

加泰羅尼亞位於西班牙的地中海東北角，就在法國庇里牛斯山脈的對面。據說，羅馬人征服伊比利亞半島時，他們帶來了義大利貝加馬斯卡犬的祖先。接著，這些狗與當地的品種雜交，培育出可以抵禦山區地形和多種氣候的牧羊犬。由此產生的狗成為各種畜牧犬品種的祖先，包括加泰羅尼亞牧羊犬，也被稱為格斯得特卡太拉犬（Gos d'Atura Catalá）。牠的外觀與庇里牛斯牧羊犬相似，牠的鬍鬚、髭鬚和粗糙的被毛讓牠看起來更像葡萄牙牧羊犬。牠們在加泰羅尼亞和庇里牛斯山脈已經好幾個世紀，一直以來都是牲畜可靠的畜牧者和護衛者。

第二次世界大戰後，由於牧羊的需求減少，加泰羅尼亞牧羊犬處於滅絕邊緣。到了 1970 年代，四名愛好者為了延續此品種而在加泰羅尼亞的農場中四處找尋健康的個體。直到現在，加泰羅尼亞牧羊犬遍布整個西班牙和其他歐洲國家。世界畜犬聯盟（FCI）目前承認此品種的兩種類型——平毛型與長毛型，但據信平毛型已經絕種。

個性

警戒且適應力強的加泰羅尼亞牧羊犬具有穩定的氣質，能夠與警察和警衛配合得很好。牠的牧羊本能依然強大，是一位忠誠可靠的畜牧夥伴。在家中，牠溫柔又愛玩耍，會保護牠所愛的家人，尤其是孩子們。

速查表

適合小孩程度

梳理

適合其他寵物程度

忠誠度

活力指數

護主性

運動需求

訓練難易度

照護需求

運動

加泰羅尼亞牧羊犬必須時時有事做才能表現得很好。牠並非精力十足，但確實還是需要大量的運動。

飲食

加泰羅尼亞牧羊犬需要營養充足、高品質的飲食。

梳理

長毛型的加泰羅尼亞牧羊犬有毛茸茸的長毛，需要每天梳理才能避免毛髮上附著毛刺，防止打結或結塊。牠長長的耳朵是感染細菌的溫床，必須要保持乾淨。

健康

加泰羅尼亞牧羊犬的平均壽命為十至十二年，品種的健康問題可能包含髖關節發育不良症。

訓練

學習迅速又聰明，特別是與其工作相關時，加泰羅尼亞牧羊犬容易訓練。社會化使牠成長茁壯。

高加索犬 Caucasian Ovcharka

品種資訊

原產地
俄羅斯／高加索山脈地區

身高
公 25.5 英寸（65 公分）／
母 24.5 英寸（62 公分）

體重
99-154 磅（45-70 公斤）[估計]

被毛
三種類型：長毛型的外層毛長；有羽狀飾毛、環狀毛／短毛型的外層毛較短、濃密／中長毛型無環狀毛或羽狀飾毛｜中長毛型的羽狀飾毛較長毛型少 [UKC]

毛色
黑、黑灰、奶油、淺黃褐、灰、鐵鏽、酒紅；花斑、虎斑和白色斑紋｜亦有野鼠灰、白、白色帶灰斑 [UKC]

其他名稱
高加索山脈犬（Caucasian Mountain Dog）；Caucasian Ovtcharka；高加索牧羊犬（Caucasian Sheepdog；Caucasian Shepherd Dog）；Kavkazskaia Ovtcharka

註冊機構（分類）
AKC（FSS：工作犬）；ARBA（工作犬）；FCI（獒犬）；UKC（護衛犬）

起源與歷史

俄語「Ovcharka」（或 Ovtcharka）意即「牧羊犬」，而俄羅斯也是此品種的發源地。高加索山脈遍布俄羅斯西南部黑海與裏海之間的土地，並觸及土耳其和伊朗。六百多年前，這個地區養育著大群的綿羊，這些古代獒犬型的高加索犬也在此牧羊，保護人們的牲畜。此地區的牧羊犬（包含亞美尼亞、格魯吉亞和俄羅斯南部的部分地區）往往種類繁多，類型則是取決於當地的土地和氣候條件。牠們的體型包括巨大或矮胖型、身材高大或矮小型以及身材健壯型。來自喬治亞的高加索犬則是最普遍的現代例子。

高加索犬在俄羅斯及喬治亞最受歡迎，但在波蘭、匈牙利、捷克斯洛伐克以及德國還是有許多育種計畫。牠曾是蘇聯軍隊在冷戰時期的最愛，曾經被用來保護柏林圍牆（Berlin Wall）。高加索犬是三種公認的俄羅斯牧羊犬之一，其他兩種則是南俄羅斯牧羊犬和中亞牧羊犬。

速查表

項目	評分
適合小孩程度	●●●○○
梳理（長毛）	●●●●○
訓練難易度	●●●○○
適合其他寵物程度	●●○○○
梳理（短毛）	●●●○○
活力指數	●●●○○
忠誠度	●●●●●
運動需求	●●●○○
護主性	●●●●●

個性

正統的高加索犬有自信、意志堅定、無畏、相當獨立。牠在捍衛自己的領土時可能會變得兇猛凶悍。其認定程度會反映在牠對於主人的奉獻，牠會用盡生命來守衛保護，或者傾注愛意。

照護需求

運動

大型的高加索犬需要定期運動，最好是在可以伸展其腿部的地方長時間散步。

飲食

以大型犬而言，高加索犬的食量相當小，因此必須餵食高品質的食物。

梳理

短毛的高加索犬非常容易照顧。長毛的高加索犬則需要定期梳理，防止毛髮打結結塊。

健康

高加索犬的平均壽命為十三至十五年，根據資料並沒有品種特有的健康問題。

訓練

高加索犬是隻可靠的護衛犬，具有區分真正威脅以及良性干擾的天性。牠需要一位堅定且公平的領導者才能將自己的能力發揮到極致，從幼犬時期就必須要社會化。此品種不建議交付給無經驗的訓練者。

騎士查理斯王小獵犬 Cavalier King Charles Spaniel

速查表

適合小孩程度

適合其他寵物程度

活力指數

運動需求

梳理

忠誠度

護主性

訓練難易度

品種資訊

原產地
大不列顛

身高
12-13 英寸（30.5-33 公分）

體重
11-18 磅（5-8 公斤）

被毛
長、絲滑、直或略呈波浪狀；有羽狀飾毛｜外層毛中等長度 [AKC]

毛色
布倫海姆（白底帶栗色斑紋）、三色（白底帶黑色和棕褐色斑紋）、紅寶石（艷紅色）、黑棕褐（黑色帶亮棕褐色斑紋）

註冊機構（分類）
AKC（玩賞犬）；ANKC（伴侶犬）；CKC（玩賞犬）；FCI（伴侶犬及玩賞犬）；KC（玩賞犬）；UKC（伴侶犬）

起源與歷史

玩具獵犬約在西元 1016 年時於英國被培育出來，牠們當時的功能是獵犬。到了十六世紀，牠們的狩獵生活早已遠去，反而是陪伴在富貴人家左右，因為只有富人能夠負擔一隻不會捕捉老鼠及獵物的狗。在十七世紀，國王查理一世和國王查理二世都十分崇拜這個品種，後來牠們被命名為騎士查理斯王小獵犬。在維多利亞時代，該品種與巴哥犬、日本狆雜交，成為英國的查理斯王小獵犬和美國的英國玩具獵狐犬。當時，「老式」玩具犬幾乎已經絕種了，由於人們在維多利亞時代更喜歡查理斯王小獵犬的圓頂頭骨。

在 1920 年代，一位名為羅斯盛・埃德追治（Roswell Eldridge）的美國人非常好奇這些時常出現於畫中的長頭玩具獵犬是否仍存在，因此在英國的克魯福茲狗展（Crufts）提供獎金，看誰能夠展示出「舊世界的布倫海姆小獵犬」。獎金的提供十分誘人，多位育種者努力繁殖舊式風格，即為現今的騎士查理斯王小獵犬。自從在 1944 年得到育犬協會（KC）的認證後，查理斯王小獵犬知名度高漲，其崇拜者包含許多高權威人物，像是英格蘭的瑪格麗特公主（Margaret）和美國總統雷根（Ronald Reagan）。

個性

查理斯王小獵犬大多數時都會熱情地迎合所有人事物，除非偶爾會有些較冷淡的例外。不過，牠並非會過於激動。相反地，牠可以自然而然地表現得很好，惹人憐愛，有著富有張力的眼睛和似乎不斷搖擺的尾巴。牠的大小讓他室內室外都相宜，能夠應付戶外活動，也能躺在人們的懷抱中，是一隻多才多藝、讓人喜愛的小狗。由於查理斯王小獵犬十分黏人，牠無法長時間獨處。牠跟小孩以及其他動物都相處得來。

照護需求

運動

查理斯王小獵犬需要定期運動，可以適應主人的活動強度。牠特別喜歡與家人在家裡附近散步，也非常喜歡每日的玩樂時間，這樣就可以滿足牠的運動需求了。

飲食

查理斯王小獵犬需要適合體型、高品質的飲食。由於牠容易發胖，因此需要監控牠的食物攝取量。

梳理

查理斯王小獵犬如絲綢般的毛髮很容易照顧，只要每週數次用硬毛刷以及寬齒梳梳理就能夠保持乾淨光滑。

健康

查理斯王小獵犬的平均壽命為十二至十四年，品種的健康問題可能包含類奇亞里畸形（CM）、髖關節發育不良症、二尖瓣疾病（MVD）、膝蓋骨脫臼，以及脊髓空洞症（SM）。

訓練

查理斯王小獵犬非常會討好別人，也很容易訓練。牠們可能會需要多一點時間來訓練居家禮儀，但只要是正向的訓練，牠們都會有良好的回應。

中亞牧羊犬 Central Asian Shepherd Dog

品種資訊

原產地
俄羅斯

身高
公 25.5 英寸（65 公分）或更高／母 23.5 英寸（60 公分）或更高

體重
公 121-176 磅（55-80 公斤）／母 88-143 磅（40-65 公斤）[估計]

被毛
兩種類型：長毛型與短毛型，兩者皆有雙層毛，毛髮粗、直，底毛發達

毛色
黑、虎斑、淺黃褐、灰、白；白色斑紋｜亦有赤褐、灰棕、雜色、斑點 [ANKC] [FCI] [UKC]

其他名稱
Central Asia Shepherd Dog；Central Asian Ovtcharka；Central Asian Shepherd；Middle Asian Ovcharka；Sredneasiatskaïa Ovtcharka

註冊機構（分類）
AKC（FSS：工作犬）；ANKC（萬用犬）；ARBA（工作犬）；FCI（獒犬）；UKC（護衛犬）

起源與歷史

中亞牧羊犬出現於其原生地約西元前 3000 年的文物中，牠們的血統是自然選擇下的產物，由居民們的要求與地方的條件所雕塑出來，出沒地帶主要是沿著古代絲綢之路。這些地區包括俄羅斯、土庫曼斯坦、哈薩克斯坦、烏茲別克斯坦和周邊國家的部分地區，大多用在守衛牲畜、保護家庭保護和戰鬥中。根據中亞區域，此品種會有所差異，從蒙古的山區至卡拉庫姆的沙漠，牠們的大小、顏色、外層毛以及頭形都會不同。面對極端的氣候變化、強大的掠食者以及與人民交戰，中亞牧羊犬曾經（現在仍然）能夠日復一日地生存下去。現在，牠們持續旅行，保護著中亞人民。

個性

中亞牧羊犬是一隻保護性強的狗，牠最先能夠親近照護者，接著才能親近周遭

的人事物。由於牠是為了解決問題而被育種出來，牠擁有獨立的思維，既勇敢又負責任，雖然體型比較大，卻也手腳敏捷，有時會被稱為披著狗皮的貓。警戒心和領地意識強，此品種較不適合新手飼主。

速查表

項目	評分	項目	評分
適合小孩程度	3/5	梳理	3/5
適合其他寵物程度	2/5	忠誠度	5/5
活力指數	3/5	護主性	5/5
運動需求	3/5	訓練難易度	4/5

照護需求

運動

牠會花許多時間在自己的領土中，喜歡緩慢穩定的運動。只要任務在身，還有一塊土地需要守護，牠會找到最高點來監視土地內所有的風吹草動。

飲食

中亞牧羊犬需要高品質、營養充足的飲食。

梳理

無論是長毛型或短毛型都不需要過多的梳理，唯有牠厚重的底毛需要定期梳毛，才能穩定地換毛。

健康

中亞牧羊犬的平均壽命為十至十五年，品種的健康問題可能包含肘關節發育不良、眼瞼內翻，以及髖關節發育不良症。

訓練

中亞牧羊犬敏感聰明，對任何激勵都會有很好的回應，訓練者也需具有強大的領導能力。此品種能夠適應重量級的訓練，透過尊重且周到的訓練會培養出一個忠誠的夥伴。

捷克福斯克犬 Český Fousek

品種資訊

原產地
捷克共和國（前波希米亞）

身高
公 23.5-26 英寸（60-66 公分）／
母 23-24.5 英寸（58-62 公分）

體重
公 62-75 磅（28-34 公斤）／
母 48.5-62 磅（22-28 公斤）[估計]

被毛
雙層毛，外層毛粗糙、緊貼，底毛柔軟、濃密

毛色
深雜色或帶棕色斑點、棕色帶碎狀斑紋、純棕

其他名稱
波希米亞剛毛指示格里芬犬（Bohemian Wire-Haired Pointing Griffon）；Rough-Coated Bohemian Pointer

註冊機構（分類）
FCI（指示犬）；UKC（槍獵犬）

起源與歷史

捷克福斯克犬的來源可以追溯到十二世紀的波希米亞（今捷克共和國）。這是一隻用於水上作業的獵犬，牠可能是許多歐洲剛毛指示犬的祖先。作為一名頑強的狩獵者，直到第一次世界大戰前，捷克福斯克犬是在捷克和斯洛伐克共和國中最多人飼養的剛毛指示犬。戰爭結束後，由於該地區受到嚴重破壞，因此捷克福斯克犬面臨絕種的危機。幸運的是，在接下來的幾十年中，專業育種人員努力保育捷克福斯克犬，並讓牠們工作，如今牠在捷克和斯洛伐克仍然受歡迎。

個性

捷克福斯克犬開朗、溫和、高貴且聰明。牠深愛孩子，也能夠與其他動物相處融洽，更不怕生。只要給予牠足夠的運動量與關懷，牠會是一隻很棒的家庭成員。相反地，牠可能會快速地養成一些壞習慣。

照護需求

運動

由於捷克福斯克犬是隻天生的獵犬，牠需要外出四處聞聞氣味，更喜歡在灌木樹籬或其他能夠使用嗅覺的地方打滾。牠真誠優雅，絕對需要定期出遊。只要牠愈有機會使用他的狩獵本能，牠就會愈開心。

速查表

適合小孩程度	梳理
適合其他寵物程度	忠誠度
活力指數	護主性
運動需求	訓練難易度

飲食

這隻活躍的獵犬需要高品質的飲食。

梳理

捷克福斯克犬雙層外層毛有絕佳的保護性及絕緣性，可以讓牠在任何氣候條件下長時間地搜尋。底毛則較會掉毛，因此外層毛和衛毛需要定期梳理才能清除死毛，讓強韌的新毛生長。

健康

捷克福斯克犬的平均壽命為十至十三年，根據資料並沒有品種特有的健康問題。

訓練

捷克福斯克犬很好訓練，性格溫和又有敏捷的回應，渴望取悅主人，特別愛狩獵。牠對陌生人有所保留，並且從幼犬時期就要開始進行積極的社會化訓練。

捷克㹴犬 Cesky Terrier

品種資訊

原產地
捷克共和國

身高
10-13 英寸（25.5-33 公分）｜
公 11.5 英寸（29 公分）／
母 10.5 英寸（27 公分）[UKC]

體重
13-22 磅（6-10 公斤）｜
公 16-22 磅（7.5-10 公斤）／
母犬較輕 [AKC]

被毛
長、細緻但堅實、略呈波浪狀、帶有絲綢般的光澤；有鬍鬚

毛色
灰藍、淺咖啡棕；可接受黃、灰、白色斑紋｜任何深淺的灰色；可接受黑、白、棕、黃色斑紋 [AKC]

其他名稱
波希米亞㹴（Bohemian Terrier）；Ceský Teriér；Czech Terrier；Czesky Terrier

註冊機構（分類）
AKC（其他）；ANKC（㹴犬）；ARBA（㹴犬）；CKC（㹴犬）；FCI（㹴犬）；KC（㹴犬）；UKC（㹴犬）

起源與歷史

捷克㹴犬之所以存在要歸功於捷克斯洛伐克育種者法蘭提賽・哈拉克（Frantisek Horak）。哈拉克想要一隻能夠隱身的獵犬去抓害蟲，但也希望牠的頭和胸部狹窄一些，而且外層毛需要柔軟一點，才能夠容易地鑽進洞穴裡。因此，他讓西里漢㹴和蘇格蘭㹴以及一些其他品種雜交，包括丹第丁蒙㹴。哈拉克也希望培育出一隻比典型㹴犬更溫順的品種，能夠進行群體狩獵。捷克㹴就是他努力的結晶。

作為一個相對較新的品種，捷克㹴於 1963 年被世界畜犬聯盟（FCI）認可，並於 1987 年送往美國。牠繼續在世界各地引起注意，以狩獵、追蹤、守衛及護衛的能力而聞名。

個性

與其他㹴犬類相比，捷克㹴的攻擊性較弱，也比較不毛躁，是一隻容易訓練又開朗的狗，也願意為主人效勞。牠愛好運動卻也十分冷靜，會搗蛋但保護性高，牠很愛與人類相處，更愛小孩。然而，㹴犬也是一種小獵犬，會有熱烈而充滿活力的狀態，因此對家人來說也是一隻很棒的看門犬。

速查表

適合小孩程度

梳理

適合其他寵物程度

忠誠度

活力指數

護主性

運動需求

訓練難易度

照護需求

運動

捷克㹴是一種喜歡運動的狗，特別喜歡和家人在戶外散步和嬉戲，但牠並不需要特別高強度的活動。

飲食

捷克㹴很貪吃，因此容易增胖。牠需要高品質、營養充足的飲食。

梳理

㹴犬外層毛需要定期修剪，而且如果把捷克㹴當寵物來飼養的話，每一季絕對需要拜訪專業的寵物美容師。牠需要修剪而不是剃毛，相對是較簡單的毛髮護理。牠的長毛需要每週梳理數次。

健康

捷克㹴的平均壽命為十二至十五年，品種的健康問題可能包含蘇格蘭㹴痙攣症。

訓練

捷克㹴反應敏捷也很熱心，非常享受與教練學習的時光。牠必須從小學習社會化，確保牠外向的潛力能夠適應各式各樣的人和動物。

查特波斯凱犬 Chart Polski

品種資訊

原產地
波蘭

身高
公 23.5-31.5 英寸（60-80 公分）／
母 23-29.5 英寸（58-75 公分）

體重
公 70.5-81.5 磅（32-37 公斤）／
母 62-66 磅（28-30 公斤）

被毛
有彈力、相當粗糙、長短不一｜有鬣鬚、鬍鬚 [ARBA]

毛色
所有顏色皆可｜僅純白、白色帶橙色或棕色斑紋、雜色、棕雜色 [ARBA]

其他名稱
波蘭靈緹犬（Polish Greyhound）；
波蘭視覺型獵犬（Polish Sighthound）

註冊機構（分類）
ARBA（狩獵犬）；FCI（視覺型獵犬）；
UKC（視覺型獵犬及野犬）

起源與歷史

查特波斯凱犬是古代亞洲靈緹犬的祖先，其歷史可以追溯到十三世紀的波蘭。牠時常被文學作品引用，並且在數百年前出現在許多圖畫及繪圖中。牠是一隻強大的狩獵犬，用來獵取野兔、狐狸、狼和大型鳥類。然而第二次世界大戰後，象徵富裕地主的查特波斯凱犬幾乎滅絕。直到 1972 年，愛狗人士羅斯維斯基（Mroczowski）博士接手拯救了這高貴的品種。這促使馬爾高撒達（Malgorzata）和伊莎貝拉・思慕羅（Izabella Szmurlo）在波蘭和烏克蘭的農村中搜索此品種，並且發現了 Celerrimus 犬舍，它是該品種在現代史中最重要的犬舍。現今，查特波斯凱犬因牠的自信與場內外的運動能力深受喜愛。

個性

查特波斯凱犬個性穩定，有自信又勇敢，是一位技術嫻熟又無情的獵犬。牠熱愛並保護他的家人，不太靠近陌生人。就如其他視覺型獵犬，牠有固執的傾向，不過透過適當的訓練與社會化，牠會是隻忠心耿耿的寵物。富有表情的眼睛是該品種的鮮明特徵。

速查表

適合小孩程度 ●●●●○	梳理 ●○○○○
適合其他寵物程度 ●●○○○	忠誠度 ●●●●○
活力指數 ●●●○○	護主性 ●●●○○
運動需求 ●●●○○	訓練難易度 ●●●○○

照護需求

運動

查特波斯凱犬體型大、行動敏捷，如同大部分的視覺型獵犬，牠非常享受速度的快感，能夠在直行跑道上不斷地突破紀錄。但是當牠不狩獵或競速的時候，牠喜歡悠哉一些，花更多時間睡覺，而非消耗能量。牠喜歡定期散步，如果有機會和適當的空間，牠會適時享受奔騰的感覺。總體而言，牠的運動需求並不高。

飲食

查特波斯凱犬需要高品質、豐富營養的飲食。

梳理

查特波斯凱犬光滑且「易洗快乾」的短毛只需偶爾用梳毛手套梳理即可。

健康

查特波斯凱犬的平均壽命為十至十三年，品種的健康問題可能包含胃擴張及扭轉。

訓練

查特波斯凱犬喜歡討好牠的主人，並且樂意遵守規則，服從訓練，但也有時候，牠可能會變得很頑固，無法達到要求。能夠引起牠好奇心的鼓勵性訓練是最好的，並且要從小就開始進行社會化的訓練。

乞沙比克獵犬 Chesapeake Bay Retriever

速查表

適合小孩程度

適合其他寵物程度

活力指數

運動需求

梳理

忠誠度

護主性

訓練難易度

品種資訊

原產地

美國

身高

公 23-26 英寸（58.5-66 公分）／母 21-24 英寸（53-61 公分）

體重

公 65-80 磅（29.5-36.5 公斤）／母 55-70 磅（25-31.5 公斤）

被毛

防水的雙層毛，外層毛短、粗糙、厚、油性，底毛如羊毛、濃密、細緻

毛色

任何棕色、莎草色（紅金色）或乾草色（稻草到蕨菜）；可接受白色斑紋

註冊機構（分類）

AKC（獵鳥犬）；ANKC（槍獵犬）；CKC（獵鳥犬）；FCI（尋回犬）；KC（槍獵犬）；UKC（槍獵犬）

起源與歷史

早期移居美國的居民對美國最大的河口乞沙比克灣沿岸的多彩多姿生活感到驚嘆，從馬里蘭州的哈弗格雷斯延伸至維吉尼亞州的諾福克。由於附近都有大批的鴨子，有能力的獵人及其獵犬都能滿載而歸。不過這也必須要有一隻適當的獵犬，因此這個特殊的品種被培育出來，能夠承受鹹水灣的冰水和異常巨浪。

該品種起源於十九世紀時期，並造成了多重影響。兩隻從船難存活下來的紐芬蘭犬，一隻黑色母犬「Canton」和一隻紅色公犬「Sailor」，被認為是該品種的起源，但因為這些狗從未彼此交配繁殖，所以可能也有使用其他品種。據說，來自愛爾蘭的紅色溫徹斯特犬（Red Winchesters）可能與愛爾蘭水獵犬促成了乞沙比克獵犬。在十九世紀後半葉才開始推廣以及標準化「乞沙比克獵鴨犬」（該品種的眾多名稱之一）。根據紀錄顯示，有些乞沙比克獵犬平均每季能夠獵捕一千隻鴨子，而且狩

獵條件愈嚴峻，牠們似乎就愈喜歡。

個性

現今的乞沙比克獵犬和牠的祖先一樣，本質上是位「硬漢」，能夠在惡劣的條件下狩獵，並把獵物交還給獵人。牠的堅韌可能會讓沒有經驗的狗飼主感到害怕，不過對於那些了解這隻狗、知道牠會獨立思考的人，乞沙比克獵犬其實是一位很出色的運動夥伴。牠很聰明也很深情，對小孩很好，也很容易照顧。牠擅長運動，如狩獵、追蹤、服從和護衛，並且也是一位盡責的守門犬。

照護需求

運動

乞沙比克獵犬喜歡在戶外活動，在室內相對來說較不活躍，而且牠最喜歡的活動之一就是游泳，不論天氣好壞。包括拜訪牠最喜歡的水坑在內的長程散步適合此品種。

飲食

乞沙比克獵犬需要高品質、營養充足的飲食。有些飼主喜歡在牠們的食物中加入小魚塊，畢竟這是乞沙比克獵犬成長期飲食的一部分。

梳理

乞沙比克獵犬能夠自行打理牠粗糙厚實、富有油脂的被毛，飼主只需要偶爾用硬毛刷梳理。牠會固定換毛。

健康

乞沙比克獵犬的平均壽命為十至十二年，品種的健康問題可能包含過敏、退化性脊髓神經病變、髖關節發育不良症、犬漸進性視網膜萎縮症（PRA），以及癲癇發作。

訓練

乞沙比克獵犬需要一名堅定且公正的訓練者才能讓牠發揮才能，牠非常聰明，總是能夠迅速地發掘自己的優勢。牠反應熱切，擅長追蹤以及銜回獵物，且有能力做得更多，在訓練者的領導下牠的才能將更加突出。讓牠從小學習社會化對牠十分有益。

阿圖瓦犬 Chien d'Artois

品種資訊

原產地
法國

身高
21-23 英寸（53-58 公分）

體重
62-66 磅（28-30 公斤）

被毛
短、厚、相當扁平

毛色
深淺黃褐三色；披風或大片斑塊

其他名稱
阿圖瓦獵犬（Artois Hound）；
Briquet

註冊機構（分類）
FCI（嗅覺型獵犬）；
UKC（嗅覺型獵犬）

起源與歷史

阿圖瓦犬起源於法國北部的諾曼地和阿圖瓦地區，毗鄰英吉利海峽。此獵犬源於古老的品種，當時在十七世紀相當受歡迎，是隻靈活的嗅覺型獵犬。在 1609 年，亞歷山大·德格雷（Alexandre de Gray）王子將他「派一群小阿圖瓦犬到國王那……」的意圖寫信給加勒王子（de Galle），而英格蘭的米格魯可能就源自於此獵犬。到了十九世紀，牠持續地與其他較流行的品種雜交，直到牠面臨絕種的危機。在 1880 年代，歐內斯特·萊維爾（Ernest Levair）和他的表弟德魯安（M. Therouanne）努力了二十年來培育原始的阿圖瓦犬。雖然在第一次和第二次世界大戰後再度瀕臨滅亡，但該犬種後來作為技巧熟練的小型群獵犬再次復出。

個性

黏人愛撒嬌並且熱愛人類，難怪阿圖瓦犬的愛好者花了幾世紀的時間保育此品種。在牠的祖國，牠大部分時間被視為狩獵獵犬，幫忙尋找兔子和其他小型獵物，但牠也是能夠踏入屋內，就如牠在野外一樣地受到大家的歡迎。

速查表

適合小孩程度	梳理
適合其他寵物程度	忠誠度
活力指數	護主性
運動需求	訓練難易度

照護需求

運動

阿圖瓦犬需要運動，而且最好是狩獵型的活動。牠強大靈敏的鼻子不斷在嗅聞，散步時很容易分心，因此主人要有心理準備，與阿圖瓦犬一起散步會不斷地走走停停，或者陪同牠追逐氣味。

飲食

這隻獵犬需要高品質、豐富營養的飲食。

梳理

阿圖瓦犬短而平滑的被毛很容易保持清潔和整潔。牠只需要用刷毛或獵犬手套每週梳理一下，但必須要經常檢查牠的長耳朵是否有感染的跡象。

健康

阿圖瓦犬的平均壽命為十至十三年，根據資料並沒有品種特有的健康問題。

訓練

阿圖瓦犬在狩獵期間特別有學習的動機，但牠卻不熱衷於基本的服從，不是因為牠不服從，而是外在有太多牠感興趣的東西。與不同人事物的社會化練習對牠會有好處。

法國黑白色犬 Chien français Blanc et noir

品種資訊

原產地
法國

身高
公 25.5-28.5 英寸（65-72 公分）／
母 24.5-27 英寸（62-68 公分）

體重
60-70 磅（27-31.5 公斤）[估計]

被毛
短、相當堅韌、濃密

毛色
黑白色；黑色披風和斑紋；
黑、藍、棕褐色斑點

其他名稱
Français Blanc et Noir；French Black and White Hound；French White and Black Hound

註冊機構（分類）
FCI（嗅覺型獵犬）；
UKC（嗅覺型獵犬）

起源與歷史

全法國有數百種僅用於狩獵的群獵犬。這些群獵犬都是根據各自的能力進行培育和挑選，不需要考慮外觀和類型。隨著許多古老「品種」的消失以及所有這些其他混種犬的存在，法國犬類學家委員會於 1957 年進行了一項調查，並對所有現存的犬種進行了盤查。他們發現，多數群獵犬是純種法國品種的混種，且類型相當類似，因此被重新分類為法國犬（Chien Français）或法國獵犬。而先前與英國獵犬雜交的法國品種則被重新命名為英法犬（Anglo-Français，法英獵犬）。

法國黑白色犬為三種法國犬之一，其中還包含法國黃白獵犬和法國三色犬。除了顏色之外，這三種狗幾乎完全相同。法國黑白色犬是一種純粹的高盧犬，主要雜交自加斯科—聖通日犬（Gascon-Saintongeois）和萊韋斯克犬（Levesque），以及其他品種。牠頂著法式風格的頭和耳朵，造型優雅、體態優美。至今牠的用途如同以往——作為大型群獵犬。牠在法國以外的地方很少見。

個性

法國黑白色犬是一隻善良而勤奮的獵犬，過著群居生活，用於追捕各種獵物。工作中的牠是一隻頑強、勇敢的狗，但在家中則很溫柔。

速查表

適合小孩程度

梳理

適合其他寵物程度

忠誠度

活力指數

護主性

運動需求

訓練難易度

照護需求

運動

如同大多數工作型的嗅覺型獵犬，牠每週都需要狩獵幾次，活動筋骨。牠有大量的追逐精力，但不在狩獵場時則會懶散些。

飲食

這隻勤奮的獵犬需要高品質、營養充足的飲食。

梳理

此品種的被毛短而平滑，很容易保持乾淨，不太需要梳理或過加注意，可用梳毛手套快速梳幾下即可。必須要檢查下垂的耳朵是否有任何感染。

健康

法國黑白色犬的平均壽命為十至十二年，根據資料並沒有品種特有的健康問題。

訓練

牠們是訓練來群體工作，透過獵人溫柔且堅定的指導就能夠從中學習。牠們有典型的獵犬心態，這意味著牠們不擅長服從。

法國黃白獵犬 Chien français Blanc et orange

品種資訊

原產地
法國

身高
24.5-27.5 英寸（62-70 公分）

體重
60-70 磅（27-31.5 公斤）[估計]

被毛
短、細緻

毛色
檸檬白色、橙白色

其他名稱
Français Blanc et Orange；French White and Orange Hound

註冊機構（分類）
FCI（嗅覺型獵犬）；
UKC（嗅覺型獵犬）

起源與歷史

全法國有數百種僅用於狩獵的群獵犬。這些群獵犬都是根據各自的能力進行培育和挑選，不需要考慮外觀和類型。隨著許多古老「品種」的消失以及所有這些其他混種犬的存在，法國犬類學家委員會於 1957 年進行了一項調查，並對所有現存的犬種進行了盤查。他們發現，多數群獵犬是純種法國品種的混種，且類型相當類似，因此被重新分類為法國犬（Chien Français）或法國獵犬。而先前與英國獵犬雜交的法國品種則被重新命名為英法犬（Anglo-Français，法英獵犬）。

法國黃白獵犬為三種法國犬之一，其中還包含法國黑白色犬和法國三色犬。除了顏色之外，這三種狗幾乎完全相同。至今牠的用途如同以往——作為大型群獵犬。牠在法國以外的地方很少見。

個性

法國黃白獵犬是一隻善良而勤奮的獵犬，過著群居生活，用於追捕各種獵物。工作中的牠是一隻頑強、勇敢的狗，但在家中則很溫柔。

速查表

適合小孩程度	梳理
適合其他寵物程度	忠誠度
活力指數	護主性
運動需求	訓練難易度

照護需求

運動

如同大多數工作型的嗅覺型獵犬，牠每週都需要狩獵幾次，活動筋骨。牠有大量的追逐精力，但不在狩獵場時則會懶散些。

飲食

這隻嗅覺型獵犬精力十足，需要高品質的飲食。

梳理

法國黃白獵犬的被毛短而平滑，很容易保持乾淨，不太需要梳理或過加注意，可用梳毛手套快速梳幾下即可。必須要檢查下垂的耳朵是否有任何感染。

健康

法國黃白獵犬的平均壽命為十至十二年，根據資料並沒有品種特有的健康問題。

訓練

牠們是訓練來群體工作，透過獵人溫柔且堅定的指導就能夠從中學習。牠們有典型的獵犬心態，這意味著牠們不擅長服從。

法國三色犬 Chien français tricolore

品種資訊

原產地
法國

身高
公 24.5-28.5 英寸（62-72 公分）／母 23.5-27 英寸（60-68 公分）

體重
60-68 磅（27-31 公斤）[估計]

被毛
短、相當細緻

毛色
三色；黑色披風

其他名稱
Français Tricolore；French Tricolour Hound

註冊機構（分類）
ARBA（狩獵犬）；FCI（嗅覺型獵犬）；UKC（嗅覺型獵犬）

起源與歷史

全法國有數百種僅用於狩獵的群獵犬。這些群獵犬都是根據各自的能力進行培育和挑選，不需要考慮外觀和類型。隨著許多古老「品種」的消失以及所有這些其他混種犬的存在，法國犬類學家委員會於 1957 年進行了一項調查，並對所有現存的犬種進行了盤查。他們發現，多數群獵犬是純種法國品種的混種，且類型相當類似，因此被重新分類為法國犬（Chien Français）或法國獵犬。而先前與英國獵犬雜交的法國品種則被重新命名為英法犬（Anglo-Français，法英獵犬）。

法國三色犬為三種法國犬之一，其中還包含法國黑白色犬和法國黃白獵犬。除了顏色之外，這三種狗幾乎完全相同。法國三色犬的體型較小一些，身上的斑紋也比較多，但與黑白色犬如出一轍。至今牠的用途如同以往──作為大型群獵犬。牠在法國以外的地方很少見。

個性

法國三色犬是一隻善良而勤奮的獵犬，過著群居生活，用於追捕各種獵物。工作中的牠是一隻頑強、勇敢的狗，但在家中則很溫柔。

速查表

適合小孩程度 ●●●●○	梳理 ●●○○○
適合其他寵物程度 ●●●○○	忠誠度 ●●○○○
活力指數 ●●●○○	護主性 ●●○○○
運動需求 ●●●○○	訓練難易度 ●●●○○

照護需求

運動

如同大多數工作型的嗅覺型獵犬，牠每週都需要狩獵幾次，活動筋骨。牠有大量的追逐精力，但不在狩獵場時則會懶散些。

飲食

這隻工作犬需要高品質、豐富營養的飲食。

梳理

此品種的外層毛短而平滑，很容易保持乾淨，不太需要梳理或過加注意，可用梳毛手套快速梳幾下即可。必須要檢查下垂的耳朵是否有任何感染。

健康

法國三色犬的平均壽命為十至十二年，根據資料並沒有品種特有的健康問題。

訓練

牠們是訓練來群體工作，透過獵人溫柔且堅定的指導就能夠從中學習。牠們有典型的獵犬心態，這意味著牠們不擅長服從。

吉娃娃
Chihuahua

品種資訊

原產地
墨西哥

身高
6-9 英寸（15-23 公分）[估計]

體重
最重 6 磅（2.5 公斤）｜ 1-6.5 磅（453.5 克 -3 公斤）[FCI] [UKC]

被毛
兩種類型，皆可為單層或雙層毛：平毛型柔軟、緊密、有光澤；有頸部環狀毛／長毛型柔軟、絲滑、扁平或略捲；有頸部環狀毛

毛色
任何顏色｜但無大理石色 [ANKC] [KC] ｜長毛為純色；純色斑紋／短毛為任何顏色 [CKC]

註冊機構（分類）
AKC（玩賞犬）；ANKC（玩賞犬）；CKC（玩賞犬）；FCI（伴侶犬及玩賞犬）；KC（玩賞犬）；UKC（伴侶犬）

起源與歷史

雖然吉娃娃的歷史由來充滿著傳奇，但此品種確實也因兩個原因而頗負盛名：牠是美洲大陸上最古老的品種，也是體積最小的。牠與墨西哥息息相關，牠的優雅是在此培育出來，但此品種可以追溯到來這國家的西班牙航海家，當時他們從中國帶來非常矮小的犬隻。後來，這些狗被培育成無毛型，形成吉娃娃。當然，也有一些人認為牠是一個小型化的本土狗。無論如何，牠在 1895 年左右於墨西哥城獲得了聲望和知名度，並很快地進入了德克薩斯州。過沒多久，吉娃娃很快地擄獲美國愛好者的心，並且變得更加優雅，成為該國最受歡迎的玩賞犬。長毛吉娃娃是後來在美國與蝴蝶犬、博美犬以及其他長毛犬交配而培育出來的。至今，吉娃娃仍然是世界上最受歡迎的品種之一。

個性

吉娃娃的個性和尺寸讓牠深受世界各地的喜愛，而且牠活潑、機靈、人膽、愛玩又熱情，吉娃娃就是要別人愛牠。牠與主人很親密，也希望時時刻刻都黏在主人身邊。幸運地是，牠非常容易攜帶，

所以能夠跟在主人身邊。牠是一隻小傢伙，雖然牠滿有自信，但是有些人或動物過於快速的動作還是會嚇到牠，畢竟牠只有牙齒能夠保護自己。吉娃娃從幼犬就需要開始社會化，這非常重要，這樣一來牠就不會那麼容易被嚇到。特別活潑或嘈雜的孩子不是這個小型品種的最佳伴侶。

速查表

- 適合小孩程度
- 適合其他寵物程度
- 活力指數
- 運動需求
- 梳理（長毛）
- 梳理（短毛）
- 忠誠度
- 護主性
- 訓練難易度

照護需求

運動

吉娃娃只要有跟著主人跑來跑去，還有一些玩耍，就能夠滿足牠大部分的運動量了。牠比較容易有短暫性的能量爆發，所以也可以去外面散步一下。

飲食

由於牠這麼小，飲食對牠至關要緊。牠需要最高品質的食物，因為牠愛挑食，又容易發胖，所以必須要監控牠的食物攝取量。

梳理

長毛吉娃娃需要特別的注意，像是梳毛、洗澡以及剪毛，而短毛吉娃娃只要偶爾梳一下毛，並且用柔軟的濕布擦拭一下，就可以保持清潔了。所有的吉娃娃都需要把眼睛周圍的部分保持乾淨，不帶任何髒汙，因為牠們的眼睛很大，又靠近地面，所以很容易被許多汙垢和灰塵弄髒。

健康

吉娃娃的平均壽命為十五年以上，品種的健康問題可能包含氣管塌陷、眼部問題、低血糖症、二尖瓣疾病（MVD）、膝蓋骨脫臼、肺動脈狹窄，以及癲癇發作。

訓練

吉娃娃很聰明，但也容易感到無聊，因此你必須給牠較樂觀、積極又有趣的訓練活動，牠們對於責罵或責罰的反應不佳。吉娃娃需要從幼犬時期就積極地進行社會化，長大後才比較能夠調適。你必須要在進行家庭禮儀訓練時多一點耐心。

中國冠毛犬 Chinese Crested

品種資訊

原產地
中國／非洲

身高
公 11-13 英寸（28-33 公分）／
母 9-12 英寸（23-30 公分）｜
11–13 英寸（28-33 公分）
[AKC] [UKC]

體重
不超過 12 磅（5.5 公斤）

被毛
兩種類型：無毛型僅在頭、腳和尾巴有柔軟、絲滑、平順的毛／長毛型（powderpuff）有雙層毛，外層毛直、短、絲滑，底毛短、絲滑

毛色
任何顏色或顏色組合

其他名稱
Chinese Crested Dog

註冊機構（分類）
AKC（玩賞犬）；ANKC（玩賞犬）；CKC（玩賞犬）；FCI（伴侶犬及玩賞犬）；KC（玩賞犬）；UKC（伴侶犬）

起源與歷史

無毛突變發生於野犬，而現代的無毛種也是由此演化而來。由於牠們獨特的外表，愛狗人士一直對此品種情有獨鍾，特別是非洲、墨西哥、西班牙和中國的愛好者。在中國發現的無毛型犬隻可能可以追溯到非洲無毛㹴，牠們先前很有可能被中國商人用來作為船上的守護犬。在中國，無毛犬被分為兩種類型：「寶庫護衛」或鹿型，以及較大、較重的「獵犬」。雖然多數人難以想像，但中國冠毛犬如果找不回獵物拿來烹飪的話，牠們可能就會被放進鍋內了。幸運的是，牠跟隨在中國的貿易船上旅行，在許多地方漸漸受到歡迎。現今，兩種中國冠毛犬在世界各地都享有忠實的粉絲。

個性

生動活潑、充滿活力、愛玩又深情，中國冠毛犬很輕易地就能擄獲人心。面對陌生人時，牠可能一開始會比較害羞內向，但適當的社會化將有助於使牠更加外向

和受到喜愛。牠擁有一隻兔腳（比大多數的還長），可以抓住玩具、食物和人類，主人都會特別形容冠毛犬如何「擁抱」他們，牠也喜歡挖掘和攀爬。

速查表

適合小孩程度

梳理（長毛）

訓練難易度

適合其他寵物程度

梳理（短毛）

活力指數

忠誠度

運動需求

護主性

照護需求

運動

中國冠毛犬非常享受與主人快樂地散步，而且只要在日常生活中在家人身邊跟前跟後，無論是屋內還是任何他們去的地方，就能夠鍛鍊自己的身體了。

飲食

中國冠毛犬需要高品質的飲食，來保持皮膚的柔軟和健康狀態。牠容易變胖，需要監控牠的食物攝取量。

梳理

兩種中國冠毛犬都很乾淨，沒有狗味。牠們也天生就能防禦跳蚤和壁蝨。無毛型需要經常沐浴，並在皮膚上塗抹油或乳霜以保持其柔軟度。長毛型的柔順長毛和羊毛般的底毛需要經常梳理，特別是在換毛的季節。如果忽略這一點，底毛會變得較無光澤。

健康

中國冠毛犬的平均壽命為十至十二年，品種的健康問題可能包含過敏（無毛型）、牙齒問題（無毛型）、股骨頭缺血性壞死、膝蓋骨脫臼，以及皮膚問題（無毛型）。

訓練

聰明的中國冠毛犬非常樂於接受積極的訓練，並渴望遵守基本的要求。牠喜歡讓家人開心，所以如果在你們的互動當中順便教牠順從的指令，這樣會使整個家庭都受益。

中國沙皮犬 Chinese Shar-pei

速查表

適合小孩程度

適合其他寵物程度

活力指數

運動需求

梳理

忠誠度

護主性

訓練難易度

品種資訊

原產地
中國

身高
17-20 英寸（44-51 公分）

體重
40-60 磅（18-27 公斤）

被毛
單層、粗糙直毛；長度從短鬃毛（馬毛）至長厚毛（刷毛）

毛色
僅純色和深褐色｜無白色 [ANKC] [FCI] [KC]

其他名稱
中國鬥犬（Chinese Fighting Dog）；沙皮犬（Shar Pei；Shar-Pei）

註冊機構（分類）
AKC（家庭犬）；ANKC（家庭犬）；CKC（家庭犬）；FCI（獒犬）；KC（萬用犬）；UKC（北方犬）

起源與歷史

雖然有人認為鬆獅犬和獒犬是牠的祖先之一，但這個來自中國南方的古老獨特的品種的確切起源有待確認，然而早在兩千多年前的陶器上就發現了類似中國沙皮犬的圖案。數百年來，這位樂於助人又多才多藝的小幫手都被用於狩獵、放牧和守衛家園，也用鬥狗的方式來「娛樂」大家。在戰鬥時，即使牠被對手牢牢抓住，牠也能夠使皮膚鬆弛，扳回一城。牠的小耳朵和眼睛很難讓敵人攻擊，而牠毛茸茸的外層毛足夠讓牠抵制密集的攻擊，並且使對手的嘴巴不舒服。在 1970 年代，這個品種在中國和香港幾乎沒有人注意到，直到第一批幼犬被送往美國。中國沙皮犬的稀有度以及不尋常的特徵很快地引起大家的注意，並且也愈來愈受歡迎。

個性

河馬般的面孔，小小的耳朵和大量的皺紋，讓人看到沙皮幼犬時都會在第一眼愛上牠。然而，有心飼養牠的人要牢牢記住，這隻狗的血脈裡有護衛犬的成分，須確保給牠適當的社交訓練。牠平靜穩重、端莊警覺，該品種對外人的第一本能就是懷疑，因此牠可能對任何人都有所保留。雖然牠獨立自主，但一旦學會信任和尊重他人，就會對家人十分忠誠。

照護需求

運動

每天至少一次輕快的散步，不僅是適當的運動，也可以讓牠跟主人培養感情。中國沙皮犬對溫度很敏感，絕對不能讓牠在夏天過度運動。

飲食

餵食沙皮犬時要記得牠曾是被嬌養的寵物，這習性可能會帶到飼料前，有時適合牠的食物很難滿足牠的挑剔。應該給予少量高品質且適齡的飲食。牠對食物碗充滿佔有欲，應該要接受適當的訓練以防止護食的問題。

梳理

雖然牠是短毛犬，但沙皮犬的外層毛和皮膚需要特別注意。應該給予日常護理，以確保皮膚皺褶不會過於濕潤並變得有刺激性，尤其是臉上的皺褶。牠需要定期輕輕地刷洗，但是不用修剪外層毛。建議每週使用溫和洗毛精清洗一次。

健康

中國沙皮犬的平均壽命為九至十年，品種的健康問題可能包含櫻桃眼、眼瞼內翻、髖關節發育不良症、甲狀腺功能低下症、膝蓋骨脫臼、膿皮症、沙皮犬熱症候群，以及皮膚問題。

訓練

訓練中國沙皮犬時需要堅定溫柔的引導。牠往往非常固執，所以在訓練過程當中，需要讓牠感到有趣，讓牠感興趣的時間變長。牠很聰明，但牠必須要自發性地學會從一開始就尊重訓練者，否則牠很容易成為支配者。早期的社會化和訓練是必要的。牠通常很容易學會家庭禮儀。

奇努克犬 Chinook

品種資訊

原產地
美國

身高
公 23-27 英寸（58.5-68.5 公分）／
母 21-25 英寸（53-63.5 公分）

體重
公 70 磅（31.5 公斤）／
母 55 磅（25 公斤）

被毛
雙層毛，外層毛中等長度、粗、緊密，底毛厚、柔軟、如絨毛

毛色
黃褐色；黑色和暗黃色斑紋｜亦有淺黃褐、灰紅、淡黃、金紅、銀褐、黑、黑棕褐、暗黃、灰棕褐、白；亦有黑色面罩；亦有白色斑紋 [AKC]

註冊機構（分類）
AKC（FSS：工作犬）；
ARBA（狐狸犬及原始犬）；
UKC（北方犬）

起源與歷史

奇努克品種取名自一隻名為奇努克的狗。牠於 1917 年由品種的創始人亞瑟沃・華爾登（Arthur Walden），在他位於新罕布什爾州的高納拉瑟農場（Wonalancet Farm）培育出來。華爾登是一名積極的探險家，想要一隻擁有速度、力量、耐力和良好氣質的狗。他從海軍上將皮里（Peary）隊的直系後裔著手，將這隻狗飼養成一頭獒型母犬。奇努克是三隻幼仔之一，牠的智力和能力很快地讓牠在同一窩幼犬中鶴立雞群，留下來陪伴在華爾登身邊。牠也是許多雪橇犬比賽的明星，甚至在 1920 年代後期跟隨海軍上將伯德（Byrd）的南極考察隊。華爾登過世後，奇努克犬受到幾個不同狗舍的照顧，每一家都致力於保存此品種的血脈。1966 年，世界金氏紀錄將奇努克犬列為當時世界上最稀有的狗，當時只有一百二十五隻。到 1990 年初，一群育種者組成了世界奇努克犬協會（Chinooks Worldwide），並積極尋求美國育犬協會（AKC）的官方品種認可。該協會最終更名為美國奇努克犬協會（Chinook Dog Club of America）。雖然奇努克犬在美國仍然是

一個罕見的品種，但這隻雪橇犬擁有令人難以置信的歷史，並活存至今。

個性

奇努克犬的愛好者會告訴你，這個品種具有典型北方品種的堅韌和勇氣，以及非典型的深情個性。牠很冷靜，不帶侵略性，有著以人為本的傾向和渴望學習的個性。然而，牠主要還是一隻工作犬，牠的才能包括拉雪橇、拉車、載物、搜救以及其他身體與心智要求較高的活動。

速查表

項目	評分	項目	評分
適合小孩程度	●●●●○	梳理	●●●○○
適合其他寵物程度	●●●○○	忠誠度	●●●●○
活力指數	●●●○○	護主性	●●●○○
運動需求	●●●○○	訓練難易度	●●●●○

照護需求

運動

需要持續但適度的日常運動，可以包含快節奏散步。牠必須透過參加某種活動或運動來滿足自己的活動量，這將讓牠保持身體和精神上的滿足感與銳利度。

飲食

這隻雪橇犬需要完整且均衡的飲食，其中應該包含高品質的犬糧。

梳理

奇努克犬的雙層毛需要定期梳理，以固定換毛，其餘的可以讓牠自行護理。

健康

奇努克犬的平均壽命為十二至十四年，品種的健康問題可能包含隱睪症、癲癇，以及髖關節發育不良症。

訓練

聰明敏感的奇努克犬很好訓練，從學習競爭性的服從到在房子或農場周圍工作，牠幾乎可以做任何事情。牠會很有衝勁，只要方向明確，積極強化，奇努克犬很容易就能理解主人希望牠所做的事情。

鬆獅犬 Chow Chow

速查表

適合小孩程度

適合其他寵物程度

活力指數

運動需求

梳理

忠誠度

護主性

訓練難易度

品種資訊

原產地

中國

身高

公 18-22 英寸（45.5-56 公分）／
母 17-20 英寸（43-51 公分）｜
17-20 英寸（43-51 公分）[AKC] [UKC] ｜
至少 18 英寸（45.5 公分）[ANKC]

體重

45-70 磅（20.5-31.5 公斤）[估計]

被毛

兩種類型：粗毛型的外層毛量多、濃密、直且不突出、相當粗糙，底毛柔軟、厚、如羊毛；有頸部環狀毛／柔順型的外層毛硬、濃密、平滑，底毛明確

毛色

紅色、黑色、藍色、淺黃褐色、奶油色｜任何清晰的純色 [CKC]

其他名稱

Chow

註冊機構（分類）

AKC（家庭犬）；ANKC（家庭犬）；CKC（家庭犬）；FCI（狐狸犬及原始犬）；KC （萬用犬）；UKC（北方犬）

起源與歷史

說到鬆獅犬的歷史來源，歷史學家追溯到西元前十一世紀，當韃靼人入侵中國時。西元前 150 年的浮雕和陶器也有描繪類似鬆獅犬的狗狩獵的模樣，而在西元 700 年左右，一位唐朝皇帝聲稱自己擁有兩千五百對的鬆獅犬以及一萬名的獵人，引以為傲。在中國，鬆獅犬被認為是一種佳餚，畢竟狗肉的食用很普遍（現在仍然）。就算肉被吃掉，牠們的皮膚也會被製成衣服。牠們也會用在拉車比賽、守衛羊群或者自己的家園。數個世紀以來，鬆獅犬從未在中國以外的地方被發現，直到 1780 年左右，水手們將牠們走私出境。同時，鬆獅犬在倫敦動物園被展示為「中國野狗」，直到維多利亞女王看中了牠們，並作為寵物飼養。牠們獨特的外觀很快地讓牠們人

受歡迎，幼犬更是讓人愛不離手。現今，鬆獅犬在世界各地皆被當作寵物眷養。牠最明顯的特點之一就是藍黑色舌頭、嘴唇和牙齦。

個性

鬆獅犬傾向只認定一個主人，並且通常與陌生人保持距離。據說牠願意為主人犧牲自己的性命，但卻不願意全然地順從主人，牠可以說是很專橫，並具有防禦性。如果強迫牠順從主人，牠會變得很暴躁。

照護需求

運動

每天散步是鬆獅犬保持良好狀態的必要條件，但牠並不需要太大的活動量。

飲食

在牠的原生地，這個品種大多數是吃穀物長大，鬆獅犬如果攝取過多的肉類，可能會引發皮膚問題。最好給予均衡的飲食。

梳理

無論是哪種類型的鬆獅犬都有厚實的外層毛，需要用鋼梳定期梳毛。牠們臉上也有皺紋，必須保持清潔乾燥，以避免受到感染。耳朵周圍厚厚的被毛會沾染灰塵，應保持乾淨。

健康

鬆獅犬的平均壽命為十三至十五年，品種的健康問題可能包含眼瞼外翻、肘關節發育不良、眼瞼內翻、髖關節發育不良症、膝蓋骨脫臼，以及甲狀腺問題。

訓練

鬆獅犬需要一名堅定又公正的訓練者。牠傾向於做自己想做的事情，因此很容易會對牠較嚴峻一些。然而，這樣只會導致更多的麻煩，因為鬆獅犬不喜歡被強迫。牠應該從幼犬時期就學習社會化，以中和牠天生的冷漠感及防禦性。

烏拉圭西馬倫犬 Cimarron Uruguayo

速查表

- 適合小孩程度
- 適合其他寵物程度
- 活力指數
- 運動需求
- 梳理
- 忠誠度
- 護主性
- 訓練難易度

品種資訊

原產地
烏拉圭

身高
公 23-24 英寸（58-61 公分）／
母 21.5-23 英寸（55-58 公分）

體重
公 84-100 磅（38-45.5 公斤）／
母 73-88 磅（33-40 公斤）

被毛
雙層毛，外層毛短、平滑、緊密，有一層底毛

毛色
虎斑、各種深淺的淺黃褐色；或有面罩；可接受白色斑紋

其他名稱
Cimarrón Uruguayo；高卓犬（Gaucho Dog）；Uruguayan Cimarron

註冊機構（分類）
FCI（暫時認可：獒犬）；UKC（護衛犬）

起源與歷史

大家一直相信，烏拉圭西馬倫犬數百年以來都是該國農民的小幫手，牠確切的起源有待確認，但據說牠是從西班牙和葡萄牙征服者所帶來的犬後裔。隨著時間的推移，犬隻之間相互交配，導致繁殖的種群非常強壯又聰明，並且能夠在惡劣的條件下生存下來。這些狗以其狩獵和守衛技能而聞名，後來牠們被馴化，開始守護莊園和牛群，也就這樣成為現今的烏拉圭西馬倫犬。

個性

西馬倫犬是以強而有力以及多項的技能獲得掌聲，牠善於大型的狩獵比賽，是一隻優秀的畜牧犬，也是認真的家庭和家園護衛犬。牠強烈的工作本能使牠更適合在農場生活，或者在一個可以委託牠工作的地方，而不是在郊區或城市環境中生活。只要牠從小與孩童或者其他動物一起長大，就能夠與他們相處融洽，但是對於陌生人還是有所警戒。

照護需求

運動

最理想的狀況是，讓西馬倫犬在牧場或農場上完成牠的工作，來達到牠的活動量。如果牠沒有這樣的環境，牠每天就會需要數次長時間的刺激型戶外活動，以維持牠身體和精神上的健康。

飲食

西馬倫犬是一名饕客，應該要餵食高品質的食物。

梳理

西馬倫犬短而緊密的外層毛可以很自然地保持整潔，無需特意照護。經常梳毛或用梳毛手套梳理能夠清除死毛並且刺激血液循環，有助於保持牠的光滑和光澤性。

健康

西馬倫犬的平均壽命大約為十四年，根據資料並沒有品種特有的健康問題。

訓練

在牠自然的環境中，西馬倫犬很自然而然地就會完成自己的任務，不用過度操心，這包括守衛、放牧和監視其領域中的成員。如果遠離這樣子的環境，既強勢又勇敢的西馬倫犬需要堅定公正的領導者，讓牠能夠調整自我，適應這個社會。西馬倫犬很聰明，學習力強，必須從幼犬時期就與不同類型的人和動物相處，也需要面對不同樣的狀況，讓牠放下警戒心。

羅馬尼亞喀爾巴阡山脈牧羊犬 Ciobanesc romanesc Carpatin

品種資訊

原產地
羅馬尼亞

身高
公 25.5-29 英寸（65-73 公分）／
母 23-26.5 英寸（59-67 公分）

體重
70-100 磅（31.5-45.5 公斤）[估計]

被毛
中等長度的雙層毛，外層毛粗糙、濃密、直，底毛濃密、柔軟

毛色
淺黃褐色帶不同色調的黑色（狼灰色）；可接受白色斑紋

其他名稱
Ciobănesc Romanesc Carpatin；Romanian Carpathian Shepherd Dog

註冊機構（分類）
ARBA（畜牧犬）；FCI（暫時認可：牧羊犬）；UKC（畜牧犬）

起源與歷史

這隻牧羊犬起源於羅馬尼亞的喀爾巴阡山至多瑙河地區，牠在這個區域數世紀以來都是忠誠無懼的牧羊犬。繼續繁殖的主要標準就是狗的功能性：最好的工作犬會被留下來繼續站在工作崗位上。在歐洲此區以外的地方鮮為人知，但是羅馬尼亞喀爾巴阡山脈牧羊犬保留了牠的性格。1934 年，國家畜牧學研究院為該品種起了標準，羅馬尼亞犬學協會最近在 2001 年更新了該標準，並在 2005 年修改為符合世界畜犬聯盟（FCI）的要求，也被 FCI 接受為暫時性的認可。

個性

這隻大型牧羊犬無懈可擊，在任何情況下都能夠保持冷靜和端莊的模樣。對於任何可能危及家人和畜群的事物都會保持警戒，也對屬於自己的畜群和主人無條件地奉獻自己的忠心，絕無二心。

照護需求

運動

羅馬尼亞喀爾巴阡山脈牧羊犬能夠從自己的工作得到足夠的活動量，在農場工作就能夠讓牠身心健康。如果沒有這樣的環境，必須要提供牠合理的替代方案，讓牠保有活動的目的。這可以是牧羊犬比賽，或者敏捷或服從相關的競賽。

速查表

適合小孩程度	梳理
適合其他寵物程度	忠誠度
活力指數	護主性
運動需求	訓練難易度

飲食

愛好運動的喀爾巴阡山脈牧羊犬是一隻貪吃鬼，因此需要控制牠的體重。牠需要食物所帶給牠的能量，但也要注意保持身材。最好給予高品質、適齡的飲食。

梳理

被毛量多的喀爾巴阡山脈牧羊犬需要定期梳理，讓牠外表保持在最佳狀態。牠的底毛有換毛期，只要常梳理，換毛就會更加順暢。

健康

羅馬尼亞喀爾巴阡山脈牧羊犬的平均壽命為十二至十五年，根據資料並沒有品種特有的健康問題。

訓練

喀爾巴阡山脈牧羊犬聰明又能幹，學習力也很強。只要一學會就不會忘記，絕對會有所反應也很負責任。幼犬時期就需要接受社會化訓練，讓牠成為一隻有自信的狗。

羅馬尼亞米利泰克牧羊犬 Ciobanesc romanesc mioritic

品種資訊

原產地
羅馬尼亞

身高
公 27.5-29.5 英寸（70-75 公分）／
母 25.5-27.5 英寸（65-70 公分）|
公至少 27.5 英寸（70 公分）／
母至少 25.5 英寸（65 公分）[FCI]

體重
110-132.5 磅（50-60 公斤）[估計]

被毛
雙層毛，外層毛粗糙、直，底毛濃密、柔順

毛色
純白、純灰、花斑（白色帶黑色或灰色斑紋）

其他名稱
Ciobanesc Romanese Mioritic；Romanian Mioritic Shepherd Dog

註冊機構（分類）
FCI（暫時認可：牧羊犬）；
UKC（畜牧犬）

起源與歷史

就如牠的近親羅馬尼亞喀爾巴阡山脈牧羊犬，米利泰克牧羊犬也是喀爾巴阡山脈的本地牧羊犬。牠的外觀與喀爾巴阡山脈牧羊犬完全不同，厚厚的外層毛讓牠看起來像一隻大型（又強壯）的熊。牠被培育為牧羊及護衛犬，據說牠無懼面對那些對抗其畜群或家人的獵物。如同喀爾巴阡山脈牧羊犬，米利泰克牧羊犬也是在 2005 年被世界畜犬聯盟（FCI）暫時認可。

個性

當與工作有關時，這隻毛茸茸的大狗態度堅定且務實，也是一隻愛撒嬌和迷人的伴侶犬。牠深受寵愛，特別是與牠一起工作數世紀的人們。牠被認為對兒童和其他動物都很好，並且無論發生什麼事情，都會照顧著自己的家人。

照護需求

運動

米利泰克牧羊犬需要住在農場讓牠可以工作。相反地，如果沒有這樣的環境，牠需要每天數次有強度的散步才能保持身心健康，也才不會亂搗蛋。

飲食

愛好運動的米利泰克牧羊犬是一隻貪吃鬼，因此需要控制牠的體重。牠需要食物所帶給牠的能量，但也要注意保持身材。最好給予高品質、適齡的飲食。

速查表

適合小孩程度	梳理
適合其他寵物程度	忠誠度
活力指數	護主性
運動需求	訓練難易度

梳理

必須定期梳理才能讓豐厚的被毛保持在好控制的狀態，要多注意臉部周圍，長毛有時會蓋住擦傷，也可能變得較凌亂。耳朵需要保持清潔和乾燥。

健康

米利泰克牧羊犬的平均壽命為十二至十五年，根據資料並沒有品種特有的健康問題。

訓練

米利泰克牧羊犬樂於接受指令，只要領導者公平公正，牠會願意為他做任何事情。這是一隻優秀的工作犬，也樂意在活動中表演或者參加競賽，只要牠的主人在一旁就可以。

艾特拉科尼克獵犬

Cirneco dell'Etna

品種資訊

原產地
義大利

身高
公 18-20 英寸（45.5-50 公分）／
母 16.5-18 英寸（42-45.5 公分）

體重
公 22-26.5 磅（10-12 公斤）／
母 17.5-22 磅（8-10 公斤）

被毛
直、堅挺、平滑；半長毛、緊密

毛色
淺黃褐色、白色；或有橙色斑塊；白色斑紋｜亦有淺沙色、淺至深的棕褐色 [KC]

其他名稱
西西里靈緹犬（Sicilian Greyhound）；
西西里獵犬（Sicilian Hound）

註冊機構（分類）
AKC（FSS：狩獵犬）；ARBA（狩獵犬）；
FCI（狐狸犬及原始犬）；KC（狩獵犬）；
UKC（視覺型獵犬及野犬）

起源與歷史

西西里的大島位於義大利的「腳趾」位置，也就是艾特拉科尼克獵犬數千年來一直居住的地方。「Cirneco」一詞源於希臘語「kyrenaikos」，或「來自昔蘭尼的狗」，即現今北非的利比亞。該詞彙首次出現於 1533 年西西里的一項法規中，針對那些利用「cernechi」進行狩獵的人實施制裁。「Dell'Etna」之名則來自西西里東側一萬英尺高（3,048 公尺）的活火山埃特納火山（Mount Etna），艾特拉科尼克獵犬即是在這個由熔岩所形成的地帶狩獵兔子。1930 年代，該品種幾乎快被世人遺忘，直到一位名叫毛里齊奧．米涅科（Maurizio Migneco）的獸醫注意到此情況，由男爵夫人阿加塔．帕特諾．卡司德洛（Agata Paternó Castello）建立了育種計畫，率領該品種的復育，也在 1939 年獲得義大利育犬協會的認證。如今，在全球許多國家都能看到艾特拉科尼克獵犬的蹤影。牠是一個獨立保育的品種，存活了數個世紀相對來說都不曾改變，且愛好者們願意繼續保持這樣的狀態。

個性

溫柔親人卻也帶著強大求生的本能，畢竟艾特拉科尼克獵犬原本就是為了能夠整天在乾旱地形上打獵而培育出來的品種。雖然現在牠工作量已經減少很多，但是牠的彈性與適應性都還存留在血脈之中。牠是一隻受人喜愛也很忠誠的伴侶犬，非常容易照顧。在誘餌追獵競賽中，牠絕對是一位積極且非常有競爭力的參賽者，具有極強的運動能力。

速查表

適合小孩程度	●●●○○	梳理	●○○○○
適合其他寵物程度	●●●○○	忠誠度	●●●●○
活力指數	●●●○○	護主性	●●○○○
運動需求	●●●○○	訓練難易度	●●●●○

照護需求

運動

艾特拉科尼克獵犬很享受散步的時光，有時調皮，有時又很合群，不過牠很快就可以安定下來，用剩餘的時間繼續充電休息。牠充滿好奇心，很有運動天賦，應該多讓牠參加比賽或運動，在最短的時間內消耗牠的能量。

飲食

艾特拉科尼克獵犬需要高品質、適合體型的飲食。

梳理

牠平滑的短毛只需偶爾用梳毛手套梳理，保持其光滑度與光澤。

健康

艾特拉科尼克獵犬的平均壽命為十二至十五年，根據資料並沒有品種特有的健康問題。

訓練

據說艾特拉科尼克獵犬是反應力最好的狗之一。牠致力於並渴望取悅牠的家人，多帶點鼓勵和一致性的訓練能帶出牠最好的一面，而且從小就開始社會化對牠會頗有益處。

克倫伯獵鷸犬 Clumber Spaniel

速查表

適合小孩程度

適合其他寵物程度

活力指數

運動需求

梳理

忠誠度

護主性

訓練難易度

品種資訊

原產地

英格蘭

身高

公 18-20 英寸（45.5-51 公分）／母 17-19 英寸（43-48 公分）

體重

公 68.5-85 磅（31-38.5 公斤）／母 55-70 磅（25-32 公斤）｜公 79.5 磅（36 公斤）／母 65 磅（29.5 公斤）[ANKC] [FCI] [KC]

被毛

絲滑、濃密、直、扁平、耐候；腿和胸部有豐富的羽狀飾毛

毛色

主要為白色帶檸檬色或橙色斑紋

註冊機構（分類）

AKC（獵鳥犬）；ANKC（槍獵犬）；CKC（獵鳥犬）；FCI（驅鳥犬）；KC（槍獵犬）；UKC（槍獵犬）

起源與歷史

克倫伯獵鷸犬是在 1700 年代後期培育出來的品種，很可能是由一位法國公爵在受到該國革命威脅時，將他的狗帶到英格蘭的諾丁漢。牠的家人包括英國新堡公爵（Duke of Newcastle），一眼就愛上這個品種，牠主要是用來驅趕並銜回鳥禽。該品種名稱的緣由，無疑來自這位公爵的克倫伯莊園（Clumber Park）。後來其他英國皇室也陸續開始飼養此品種，阿爾伯特親王為克倫伯獵鷸犬帶來維多利亞女王的注意。國王愛德華七世則是將其飼養於他的山德里甘犬舍（Sandringham Kennels），愛德華七世的兒子喬治五世也繼承了這項傳統，因為他也熱衷於打獵等戶外運動。克倫伯獵鷸犬在數個世紀以來一直都很受歡迎，儘管不如那些更輕盈及迅速的獵犬，牠還是一位出名的獵禽高手，無論是單獨或群體行動。

個性

成年的克倫伯獵鷸犬非常討喜、親切和溫柔，喜愛家庭時光。幼犬時的牠也很有趣，別有一番魅力。牠喜歡玩取回的遊戲和游泳，也因此使牠成為孩童們的好玩伴。牠有狩獵的本能和能力，而牠緩慢穩定的風格對那些享受悠哉步伐的人來說非常棒。牠很黏家人，儘管牠從不膽怯或害羞，但牠對陌生人還是會保持警戒。

照護需求

運動

作為一名運動員，克倫伯獵鷸犬喜歡戶外活動，像是灌木樹籬及農田這些地方，有許多小獵物藏匿在此。牠也喜歡每天散步好幾次，讓牠可以伸展雙腿並嗅吸周圍的氣味。牠喜歡游泳和玩取回的遊戲，這對牠來說都是極好的鍛鍊。

飲食

克倫伯獵鷸犬需要高品質、營養充足的飲食。

梳理

克倫伯獵鷸犬需要經常梳理和梳毛，畢竟牠很常換毛。牠濃密的羽狀飾毛需要時常修剪保持整齊，臉上的紋路需要保持清潔以防止感染。牠的大嘴唇和臉頰讓牠常流口水，不過用毛巾擦拭即可。

健康

克倫伯獵鷸犬的平均壽命為十至十二年，品種的健康問題可能包含自體免疫溶血性貧血（AIHA）、心肌病、眼瞼內翻、髖關節發育不良症、椎間盤疾病，以及視網膜發育不良。

訓練

熱情洋溢又敏感，克倫伯獵鷸犬很好訓練。然而，牠有一個溫柔的靈魂，並不會對較強硬的訓練有所回應，牠的工作模式需要溫柔堅定些。可以通過大量的社交活動來幫助牠舒緩對陌生人的警惕心。

美國可卡犬 Cocker Spaniel（American）

速查表

適合小孩程度
適合其他寵物程度
活力指數
運動需求
梳理
忠誠度
護主性
訓練難易度

品種資訊

原產地

美國

身高

公 15 英寸（38 公分）／母 14 英寸（35.5 公分）｜公 14.5-15.5 英寸（37-39 公分）／母 13.5-14.5 英寸（34-37 公分）[FCI] [KC]

體重

15-30 磅（7-13.5 公斤）[估計]

被毛

雙層毛，外層毛中等長度、絲滑、扁平或略呈波浪狀，底毛足夠以達保護作用；耳朵、胸部、腹部、腿部有豐富的羽狀飾毛

毛色

墨黑色；除黑色外的任何純色（ASCOB），從最淺的奶油色到最深的紅色；雜色，雙色以上，其中一種必須為白色，包含黑白色、紅白色、棕白色、雜色｜亦有深褐色 [UKC]

其他名稱

American Cocker Spaniel

註冊機構（分類）

AKC（獵鳥犬）；ANKC（槍獵犬）；CKC（獵鳥犬）；FCI（驅鳥犬）；KC（槍獵犬）；UKC（槍獵犬）

起源與歷史

美國版的可卡犬是由早期進口的西班牙獵犬演化而來。1940 年代，牠的體型較小，並且與牠的英國祖先截然不同，因此才賦予牠不同於英國可卡犬的身分。二十世紀中葉時，牠是美國最受歡迎的犬種，炙手可熱多年。牠之所以能夠這麼受歡迎，是因為牠可以為許多家庭提供雙重用途——週間作為伴侶和玩伴，週末則變成獵犬。後來，牠逐漸演變為一隻展示犬，而牠居高不下的聲望卻不可避免地導致了該品種的氣質問題，由於供不應求，不道德的育種者急於繁殖而忽視良好的育種操作。在 1980 至 1990 年代，可卡犬再次成為美國育犬協會（AKC）註冊名單中的佼佼者。

牠的受歡迎程度最終有所減弱，這讓今天的可卡犬繁殖者不再將注意力集中於外層毛，而是更著重在氣質。可卡犬再次活躍於狩獵測試和野外測試，牠也擁有更多的「愉快」氣質，使牠在二十世紀初仍然大受歡迎。憑藉其小巧的體型、各種顏色、可愛的表情和甜美的氣質，牠仍然是一隻深受喜愛的狗。

個性

具有良好氣質的可卡犬可能是你所認識最甜美的小狗，你絕對無法想像。牠很快樂、充滿自信、聰明溫柔，擁有大而深情的一雙眼睛，是一個非常可愛的品種。牠的體型大到適合與家人一起郊遊及游泳，分享各種家庭活動，但也小到能夠隨時隨地輕易運送，難怪牠長期以來在美國都深受歡迎。

照護需求

運動

屬於活躍且精力充沛的小狗，喜歡外出活動，也需要經常運動。牠俏皮聰明，喜歡玩遊戲。長時間散步後，牠很快就能夠平靜下來。

飲食

可卡犬需要高品質的飲食，讓被毛保持在良好的狀態，並且不要太刺激皮膚。

梳理

可卡犬濃密的被毛需要定期照護，主人通常會讓專業美容師來照顧牠。牠有一雙大眼睛和長長的羽狀飾毛耳朵，這些都需要特別地注意，以免受到感染或過於骯髒。

健康

可卡犬的平均壽命為十二至十五年，品種的健康問題可能包含過敏、自體免疫溶血性貧血（AIHA）、白內障、櫻桃眼、耳部感染、眼瞼外翻、眼瞼內翻、青光眼、血友病、髖關節發育不良症、甲狀腺功能低下症、膝蓋骨脫臼、犬漸進性視網膜萎縮症（PRA），以及皮膚問題。

訓練

可卡犬很容易訓練，並且可以在各種有趣的活動和競賽發光發亮，包括服從度和敏捷度比賽、狩獵測試、飛球競賽等。經過適當訓練，可卡犬也能成為特殊治療犬。

英國可卡犬 Cocker Spaniel（English）

品種資訊

原產地
英格蘭

身高
公 15.5-17 英寸（39-43 公分）／
母 15-16 英寸（38-40.5 公分）

體重
公 28-34 磅（12.5-15.5 公斤）／
母 26-32 磅（12-14.5 公斤）｜
28-32 磅（12.5-14.5 公斤）
[ANKC] [FCI] [KC]

被毛
雙層毛，中等長度、扁平或略呈波浪狀、絲滑；豐富的羽狀飾毛

毛色
多種變化：純色如黑色、肝紅色、紅色調；多色如清晰的斑紋、碎斑或雜色，包含黑色、肝紅色、紅色調，皆帶白色；或有棕褐色斑紋

其他名稱
Cocker Spaniel；English Cocker Spaniel

註冊機構（分類）
AKC（獵鳥犬）；ANKC（槍獵犬）；CKC（獵鳥犬）；FCI（驅鳥犬）；KC（槍獵犬）；UKC（槍獵犬）

起源與歷史

所有獵犬的來源都可以追溯到最初用牠們來打獵的國家，也就是西班牙。許多人認為，早在凱撒入侵時（大約西元前 55 年）就已將這一品種引入英格蘭。在富有的英國公民的土地上，身為獵鳥高手，且具有森林中狩獵的敏銳天賦，牠們迅速獲得了威望，能清楚地指向標的物（引導牠們的主人），並從叢林中驅逐鳥兒。牠們以其令人印象深刻的取回獵物技巧而聞名。到了十九世紀初，此品種最適合用來狩獵雉雞、松雞和山鷸，因而被稱為「cocking」或「cocker spaniels」。在這個關鍵時期，史賓格犬、薩塞克斯獵犬和可卡犬都出生在同一犬窩。最大隻的小狗被歸類為史賓格犬，中型的小狗則被稱為薩塞克斯獵犬，而最小型的則被認為可卡犬。這群狗是用體型大小來被歸類。在十九世紀後期，各個品種確立分類，不再混雜進行交配。

現代史中，可卡犬一直在英格蘭犬種排行榜上高居不下。美國人也十分喜愛牠，只是用稍微不同的方式接納了此品種。1940 年，育犬協會（KC）正式將這些品種分為美國可卡犬和可卡犬。在大西洋彼岸，美國育犬協會（AKC）和加拿大育犬協會（CKC）做了同樣的事情，不過他們將之分類為可卡犬和英國可卡犬。在其他地方，這些品種則被定義為英國可卡犬和美國可卡犬。

現在，英國可卡犬稍微高一些，輪廓沒這麼分明，被毛不如美國表親厚重。牠保留了獵鳥本能，在狩獵測試和野外測試中很受歡迎。英國可卡犬因以其柔軟的嘴巴而聞名，即使在困難的地形下也能夠有極好的獵捕表現。

速查表

項目	評分	項目	評分
適合小孩程度	5/5	梳理	5/5
適合其他寵物程度	4/5	忠誠度	4/5
活力指數	3/5	護主性	2/5
運動需求	3/5	訓練難易度	5/5

個性

英國可卡犬是一隻快樂且友善的狗，尾巴會不斷地向你搖擺。牠很開心，熱情洋溢，無論是洗澡還是打獵，只要牠和主人在一起，就會感到很興奮。牠並不是一隻緊張的狗，因此這種興奮傾向於生活之樂，而非坐立不安。這個可愛和親切的品種幾乎與每個人都相處融洽。

照護需求

運動

快樂的英國可卡犬是一位熱愛散步的社交名流，散步不僅允許牠們嗅吸氣味和探索，並且也是與大夥見面和問候的時刻。牠也是一名獵人，最愛去充滿鳥氣味的地方遠足，用打獵挑戰自我。英國可卡犬也是一位熟練的游泳者和獵犬，也以在海邊玩取回網球的遊戲。

飲食

英國可卡犬需要適齡的犬糧，也必須因活動水平和新陳代謝有所調整。

梳理

英國可卡犬細緻絲滑的被毛，特別是羽狀飾毛，需要經常梳理以保持牠的最佳狀態。長毛往往會打結，必須清除雜物、污垢和一天中自然會沾黏的東西。牠長而沉重的耳朵靠近牠的頭，使牠們容易受到感染，因此需要日日整理，保持清潔。

健康

英國可卡犬的平均壽命為十二至十五年，品種的健康問題可能包含耳部問題、家族性腎病、髖關節發育不良症，以及犬漸進性視網膜萎縮症（PRA）。

訓練

聰明、反應快、熱情，有強烈取悅欲，訓練英國可卡犬是件快樂事情。除了狩獵訓練外，牠也可以很快學會家庭禮儀，並在各種犬類活動中具有競爭力，從服從度、敏捷度至犬類自由式游泳都沒問題。牠愛慕的眼神和絲滑的外層毛讓牠成為寵物療法的寵兒。

長毛牧羊犬 Collie, Rough

速查表

適合小孩程度

適合其他寵物程度

活力指數

運動需求

梳理

忠誠度

護主性

訓練難易度

品種資訊

原產地

大不列顛

身高

公 22-26 英寸（56-66 公分）／母 20-24 英寸（51-61 公分）

體重

公 45-75 磅（20.5-34 公斤）／母 40-65 磅（18-29.5 公斤）

被毛

雙層毛，外層毛直、粗糙，底毛柔軟、毛茸茸、緊密

毛色

深褐白色、三色（黑色帶大量的棕褐色斑紋）、藍大理石白色；或有白色、棕褐色斑紋｜亦有白色 [CKC] [UKC]

其他名稱

粗毛柯利犬（Rough Collie）；蘇格蘭牧羊犬（Scotch Collie；Scottish Collie）

註冊機構（分類）

AKC（畜牧犬）；ANKC（工作犬）；CKC（畜牧犬）；FCI（牧羊犬）；KC（畜牧犬）；UKC（畜牧犬）

起源與歷史

柯利犬（Collie）有兩種類型：根據其外層毛的差異，可分為粗毛型與平毛型。這兩種牧羊犬有相同的歷史，甚至相同的品種標準。幾個世紀以前，牠們在蘇格蘭和英格蘭北部為勤勞盡忠的牧羊犬和護衛犬，「柯利犬」的名字來自蘇格蘭黑面科利羊（Colley），而剛好這群羊就分配給柯利犬監督。幾百年以來，長毛牧羊犬都是嚴謹的工作犬，卻沒有固定的工作類型。1860 年代，維多利亞女王探訪蘇格蘭時被長毛牧羊犬深深吸引，也因此帶了幾隻回到英格蘭，大大地增加長毛牧羊犬在英格蘭和在世界其他地區的知名度。為了能夠在展示中更有競爭力，繁殖者讓長毛牧羊犬與蘇俄獵狼犬交配，因而產生工作犬型與展示犬型。前者仍然是真正的「蘇格蘭牧羊犬」，而現今大眾所認識的長毛牧羊犬則是展示型的後代。

當提到牧羊犬時，大多數的美國人往往是想到長毛牧羊犬品種，有美麗厚實的毛髮，擁有獅子般的鬃毛圍繞在臉邊。很難想像，現在家戶喻曉的長毛牧羊犬以前在蘇格蘭以外的地方一度鮮為人知。後來，長毛牧羊犬因 1954 年推出的「靈犬萊西」（Lassie）電視影集而聲名大噪，一播就是二十個年頭。這個品種從此永生不朽，成為深情且聰明的象徵。

個性

聰明、善良又高尚，長毛牧羊犬就如靈犬萊西一樣，成為家中的「英雄」。然而，並非所以牧羊犬都天賦異稟，但也不可低估或對牠有過高的期望。以牠的聰明機智，牠希望有一個公正忠誠的家庭，不會對牠採用苛刻的訓練模式。身為畜牧犬／護衛犬，牠其實是一位獨立的思想家——無論往好處，還是壞處。長毛牧羊犬也是以牠們的忠誠度和勇敢而著名。

照護需求

運動

大量的活動能讓長毛牧羊犬從中獲益良多，無論是長時間散步、在樹林裡嬉戲、以及任何牧羊犬或監護犬的任務。

飲食

長毛牧羊犬是一名好食客，應該餵食高品質的食物，但牠不該吃太多，因為牠厚厚的被毛有時會隱藏其實際體重。

梳理

長毛牧羊犬擁有豐厚的被毛，需要經常梳毛和打理。柔軟濃密的底毛會掉毛，若不照顧就會打結。會季節性大量換毛。

健康

長毛牧羊犬的平均壽命為十四至十六年，品種的健康問題可能包含牧羊犬眼異常（CEA）、牧羊犬鼻症、皮肌炎、髖關節發育不良症、MDR-1 基因突變，以及犬漸進性視網膜萎縮症（PRA）。

訓練

若以正向且尊重的適當方式訓練牧羊犬，這會是一件開心的事。如果過於嚴厲，牠則會沒有反應。牠應該從幼犬時期開始社會化，來幫助克服潛在的羞怯感，一旦牠得到關注就能夠茁壯成長。牧羊犬的許多才能都需要培養，牠在放牧、服從、敏捷和治療等活動中具有很大的潛能。

短毛牧羊犬 Collie, Smooth

速查表

適合小孩程度

適合其他寵物程度

活力指數

運動需求

梳理

忠誠度

護主性

訓練難易度

品種資訊

原產地

大不列顛

身高

公 22-26 英寸（56-66 公分）／
母 20-24 英寸（51-61 公分）

體重

公 45-75 磅（20.5-34 公斤）／
母 40-65 磅（18-29.5 公斤）

被毛

雙層毛，外層毛短、硬、濃密、扁平，底毛濃密、柔軟、毛茸茸

毛色

深褐白色、三色（黑色帶大量的棕褐色斑紋）、藍大理石白色；或有白色、棕褐色斑紋｜亦有白色 [CKC] [UKC]

其他名稱

蘇格蘭牧羊犬（Scotch Collie；Scottish Collie）；平毛柯利犬（Smooth Collie；Smooth-haired Collie）

註冊機構（分類）

AKC（畜牧犬）；ANKC（工作犬）；CKC（畜牧犬）；FCI（牧羊犬）；KC（畜牧犬）；UKC（畜牧犬）

起源與歷史

柯利犬（Collie）有兩種類型：根據其外層毛的差異，可分為粗毛型與平毛型。這兩種牧羊犬有相同的歷史，甚至相同的品種標準。幾個世紀以前，牠們在蘇格蘭和英格蘭北部為勤勞盡忠的牧羊犬和護衛犬，「柯利犬」的名字來自蘇格蘭黑面科利羊（Colley），而剛好這群羊就分配給柯利犬監督。幾百年以來，長毛牧羊犬都是嚴謹的工作犬，卻沒有固定的工作類型。1860 年代，維多利亞女王探訪蘇格蘭時被長毛牧羊犬深深吸引，也因此帶了幾隻回到英格蘭，大大地增加長毛牧羊犬在英格蘭和在世界其他地區的知名度。為了能夠在展示中更有競爭力，繁殖者讓長毛牧羊犬與蘇俄獵狼犬交配，因而產生工作犬型與展示犬型。前者仍然是真正的「蘇格

蘭牧羊犬」，而現今大眾所認識的長毛牧羊犬則是展示型的後代。

短毛牧羊犬在英國比長毛品種更受歡迎。然而在美國，長毛牧羊犬因長篇電視影集「靈犬萊西」（Lassie）而聲名大噪，大受歡迎，劇中剛好就是由一隻長毛牧羊犬擔任主角。

個性

喜歡交朋友、聰明、善良又高貴，短毛牧羊犬是隻勇敢忠誠的家庭寵物。據說，曾經有一隻名叫波比（Bobbie）的短毛牧羊犬在度假時與家人走失，牠獨自步行了 2,000 英里（3,218.5 公里）找回自己的家人。許多人說短毛牧羊犬能夠讀家人的心，能給予堅定的愛與奉獻。訓練短毛牧羊犬不難，而且跟孩童與其他寵物都處得來。只要有任何人接近他們家，短毛牧羊犬就會馬上吠叫，提醒主人。

照護需求

運動

大量的活動能讓長毛牧羊犬從中獲益良多，無論是長時間散步、在樹林裡嬉戲，以及任何畜牧犬或護衛犬的任務。

飲食

短毛牧羊犬是一名好食客，應該餵食高品質的食物。

梳理

短毛牧羊犬擁有濃密的被毛，與長毛牧羊犬相較之下，牠的毛比較短。不過牠還是需要經常梳理，讓外表（以及內在的感受）都能夠在最佳的狀態。短毛牧羊犬會季節性大量換毛。

健康

短毛牧羊犬的平均壽命為十四至十六年，品種的健康問題可能包含牧羊犬眼異常（CEA）、牧羊犬鼻症、皮肌炎、髖關節發育不良症、MDR-1 基因突變，以及犬漸進性視網膜萎縮症（PRA）。

訓練

若以正向且尊重的適當方式訓練牧羊犬，這會是一件開心的事。如果過於嚴厲，牠則會沒有反應。牠應該從幼犬時期開始社會化，來幫助克服潛在的羞怯感，一旦牠得到關注就能夠茁壯成長。牧羊犬的許多才能都需要培養，牠在放牧、服從、敏捷和治療等活動中具有很大的潛能。

棉花面紗犬 Coton de Tulear

速查表

適合小孩程度

適合其他寵物程度

活力指數

運動需求

梳理

忠誠度

護主性

訓練難易度

品種資訊

原產地
馬達加斯加

身高
公 10-11.5 英寸（26-28 公分）／
母 9-10 英寸（23-25 公分）|
10-12.5 英寸（25-32 公分）[KC]

體重
公 9-13 磅（4-6 公斤）／
母 8-11 磅（3.5-5 公斤）

被毛
單層毛，柔軟、柔順、濃密、量多；棉花質地；可略呈波浪狀

毛色
白底｜亦有黑色；灰色、黃色、三色、白色斑紋 [AKC]

其他名稱
圖利亞拉棉花犬（Coton de Tulear）

註冊機構（分類）
AKC（FSS：家庭犬）；ARBA（伴侶犬）；CKC（玩賞犬）；FCI（伴侶犬及玩賞犬）；KC（玩賞犬）；UKC（伴侶犬）

起源與歷史

圖利亞拉是非洲海岸馬達加斯加島上的一個富裕地區，那裡的小白狗們與居民一同居住了幾個世紀。「Coton」是法語的「棉花」，用來描述牠的外層毛。據稱，這隻比熊型犬於十六世紀時與西班牙和葡萄牙的水手抵達馬達加斯加。牠在馬達加斯加以外的地區（特別是圖利亞拉外）鮮為人知，直到二十世紀後，牠開始引起全世界愛好者的注意。1970 年代初期，羅伯特．J．羅素（Robert J. Russell）博士將該品種帶到美國，並為美國棉花面紗犬協會（CTCA）制定了標準。在歐洲，該品種首先被廣泛地引進法國，也制定了世界畜犬聯盟（FCI）的標準。牠至今在全世界愈來愈受歡迎。

個性

棉花面紗犬是一隻可愛又喜歡交際的小狗，其溫柔親切的天性讓牠變得魅力十足。牠與孩子們和其他動物都相處得很好，牠很黏家人，不喜歡獨處。不過，牠也精力充沛，帶有警惕心，棉花面紗犬是一個有能力的監督者，面對任何可能的入侵者或者有趣的活動都會汪汪叫。儘管牠熱情洋溢，並且渴望取悅主人，棉花面紗犬也有頑強獨立的一面，並非沒有任何個性。

照護需求

運動

只要在家中陪伴家人，或者到外面散步或郊遊，都能夠讓牠得到足夠的運動量。牠是一名游泳健將，也喜歡玩遊戲。兩者對牠來說都是很好的運動方式。

飲食

棉花面紗犬需要高品質、適合體型的飲食。

梳理

由於棉花面紗犬擁有人類般的毛髮，牠需要人類給予牠們日常的照護：定期梳毛和梳理，來防止毛髮打結。建議使用末端沒有球粒的針狀梳，以免撕扯外層毛。牠完全沒有或者沒有強烈的氣味，所以每年只需要洗澡幾次就夠了。牠的腳趾之間也會有毛髮，所以要修剪。牠不太換毛，而且像其他比熊類型的品種一樣，牠會是過敏症患者不錯的寵物選擇。

健康

棉花面紗犬的平均壽命為十四至十八年，根據資料並沒有品種特有的健康問題。

訓練

棉花面紗犬反應快，也樂於取悅主人，更能夠在正面鼓勵之下快速學習任何事物。牠善於用後腿「跳舞」，並且很容易學會小把戲。

蒙特內哥羅山獵犬 Crnogorski Planinski gonič

品種資訊

原產地
塞爾維亞／黑山共和國

身高
17-21 英寸（44-54 公分）

體重
44-55 磅（20-25 公斤）[估計]

被毛
雙層毛，外層毛短、濃密、粗而不厚、光滑、扁平、平滑，底毛發育良好

毛色
黑色帶棕褐色斑紋

其他名稱
Jugoslavenski Planinski Gonič；Montenegrin Mountain Hound；Serbian Mountain Hound；南斯拉夫山獵犬（Yugoslavian Mountain Hound）

註冊機構（分類）
FCI（嗅覺型獵犬）

起源與歷史

蒙特內哥羅山獵犬是巴爾幹獵犬的後裔，曾在塞爾維亞獵殺野豬和鹿等大型獵物。牠與塞爾維亞三色獵犬和保沙瓦獵犬都有血緣關係，皆起源於塞爾維亞西南部山區，此處需要全能獵犬來做一整天的工作。中型的蒙特內哥羅山獵犬會獵捕野兔和狐狸等小型獵物，而這個稀有品種至今都還在自己的崗位上。

個性

這隻未被寵壞的品種性格和氣質都十分穩定，對主人很信任，反應力佳。牠是一名狩獵高手，也是全方位的家庭伴侶。

照護需求

運動

只要蒙特內哥羅山獵犬與家人一起在農場工作，或者尋找獵物，就能夠滿足牠

的運動量。只要有工作做，牠都會很開心。

速查表

適合小孩程度 ●●●○○	梳理 ●●○○○
適合其他寵物程度 ●●●○○	忠誠度 ●●●○○
活力指數 ●●●○○	護主性 ●●○○○
運動需求 ●●●○○	訓練難易度 ●●●○○

飲食

體格強健的蒙特內哥羅山獵犬是一名饕客，但需要監控牠的體重。牠需要食物給予能量，但牠也必須維持身形。最好給予高品質、適齡的飲食。

梳理

蒙特內哥羅山獵犬粗糙的短毛很容易保持清潔和整潔，需要偶爾用軟毛刷刷一下或用梳毛手套快速地梳理來清理一些死毛，刺激皮膚。狩獵後，必須要檢查腳部是否有擦傷，內耳需要保持清潔以防止感染。

健康

蒙特內哥羅山獵犬的平均壽命為十一至十四年，根據資料並沒有品種特有的健康問題。

訓練

面對公平友善的領導者，蒙特內哥羅山獵犬反應就會良好。由於此品種歷代都有特定任務，牠們其實很容易就會追求祖先們的腳步。

克羅埃西亞牧羊犬 Croatian Sheepdog

品種資訊

原產地
克羅埃西亞

身高
16-20 英寸（40-50 公分）

體重
29-43 磅（13-19.5 公斤）[估計]

被毛
雙層毛，外層毛柔軟、濃密、呈波浪狀或捲曲，底毛濃密

毛色
黑色；可接受少許白色斑紋

其他名稱
Hrvatski Ovcar

註冊機構（分類）
FCI（牧羊犬）；UKC（畜牧犬）

起源與歷史

克羅埃西亞位於地中海、東歐與巴爾幹島的交會處，一個歷史悠久豐富的地區。在斯洛維尼亞肥沃的平原上，克羅埃西亞牧羊犬就在這個地帶成長，經過種種考驗後，被培育成一名真正的牧羊犬和畜群的護衛者。紀錄顯示，從十四世紀到現在，該品種的外觀沒有明顯的變化。最早的文獻可追溯到 1374 年，並指出：「犬隻高度約 18 英寸（46 公分），中等長度的黑色捲毛，頭部為短毛，耳朵豎立或半豎立，適合保護所有農場動物。」此文獻發現於賈科沃一份名為「Canis pastoralis croaticus」的檔案中，也是該品種的原始名稱。獸醫 Stjepan Romic 博士發現了這份文獻，並成功地將克羅埃西亞牧羊犬帶到世人眼前。該名獸醫鼓勵選擇性育種以維護該品種，並致力於讓克羅埃西亞牧羊犬得到世界畜犬聯盟（FCI）的認證。

個性

克羅埃西亞牧羊犬是一隻獵鳥犬，能量可以滔滔不絕地湧現，對於自己想做的事情，牠十分堅定也很專注。雖然牠盡職盡責，但牠也熱愛人群，強烈需要有人在自己身邊。牠警覺敏捷，是一位特殊的牧民，也是位機敏警惕的保護者。社會化能夠幫助牠舒緩天生對陌生人的警覺心。

照護需求

運動

克羅埃西亞牧羊犬需要一份全職工作來佔據牠的腦海。如果牠無法在牧場上放牧或保護牲畜，那牠會需要運動或其他活動，像是放牧、敏捷、競爭性服從、搜索救援，或其他對牠來說具有挑戰的事情。

速查表

適合小孩程度	梳理
適合其他寵物程度	忠誠度
活力指數	護主性
運動需求	訓練難易度

飲食

克羅埃西亞牧羊犬是一種活躍的工作犬，需要高品質的飲食。

梳理

克羅埃西亞牧羊犬會定期換毛，但卻也容易保持乾淨。除此之外，牠偶爾需要刷牙。

健康

克羅埃西亞牧羊犬的平均壽命為十三至十四年，根據資料並沒有品種特有的健康問題。

訓練

這隻狗兼具敏感度和敏銳度，對於積極的訓練方式會有比較良好的反應，要讓牠覺得有挑戰性。如果牠的能量沒有通過訓練（和鍛鍊）當中消耗掉，那麼牠將會變得非常有破壞性。

捲毛尋回犬 Curly-Coated Retriever

品種資訊

原產地
大不列顛

身高
公 27 英寸（69 公分）／母 25 英寸（63.5 公分）｜公 25-27 英寸（63.5-68.5 公分）／母 23-25 英寸（58.5-63.5 公分）[AKC]

體重
65-80 磅（29.5-36.5 公斤）[估計]

被毛
單層毛，防水、具細小且緊密的捲毛

毛色
黑色或肝紅色

其他名稱
Curly Coated Retriever

註冊機構（分類）
AKC（獵鳥犬）；ANKC（槍獵犬）；CKC（獵鳥犬）；FCI（尋回犬）；KC（槍獵犬）；UKC（槍獵犬）

起源與歷史

這隻可靠穩重的獵犬起源於十九世紀初期的英國，由捲毛英國水犬（Close-curled English Water Dog）、老式水獵犬（Old Water Spaniel）以及聖約翰紐芬蘭犬（St. John's Newfoundland dog）雜交而成。有人推測愛爾蘭水獵犬、貴賓犬、指示犬以及拉布拉多可能也造就了今天的捲毛尋回犬——擁有軟嘴巴（soft mouth）的優秀尋回犬。儘管牠可能帶有許多品種的血脈，捲毛尋回犬已經以相同的標準繁殖了近兩個世紀。牠在澳洲和紐西蘭特別受歡迎，在那裡牠被珍視為一隻優秀的狩獵伴侶，並且擁有獵捕鵪鶉和水禽的特殊天賦。牠獨特的外層毛具有防水和自行乾燥的特性，對牠來說，在這樣的狩獵區環境裏頭是非常有利。

個性

捲毛尋回犬是以其溫柔的氣質而聞名。牠很容易相處，但也有頑皮的一面，有時甚至過於搗蛋。牠可能不如牠的尋回犬表親來得溫馴，但牠有很多天賦。此品種在水中從容自在，不過回到家中，牠是一位積極外向的好夥伴，需要家人的關注與訓練。

照護需求

運動

此品種需要大量的運動，這隻大型的獵鳥犬需要也熱衷於戶外活動的時間，特別是可以游泳時。

飲食

這隻活躍、擅長運動的捲毛尋回犬需要高品質、營養充足的飲食。

速查表

項目	評分	項目	評分
適合小孩程度	5/5	梳理	3/5
適合其他寵物程度	4/5	忠誠度	4/5
活力指數	4/5	護主性	2/5
運動需求	5/5	訓練難易度	3/5

梳理

捲毛尋回犬的捲毛很容易照顧，只要有梳毛和梳理都能夠保持毛髮的捲度，但也必須要清除死毛。刷完後，可以灑點水讓捲毛定型。

健康

捲毛尋回犬的平均壽命為十至十二年，品種的健康問題可能包含胃擴張及扭轉、捲毛問題、癲癇、眼部問題、肝醣儲積症（GSD）、心臟問題，以及髖關節發育不良症。

訓練

捲毛尋回犬是一隻聰明的狗，牠渴望工作也喜歡接受訓練，所以一定要讓牠如願以償才能保持牠精神的敏銳。牠有時候會比較粗魯滑稽，一旦牠理解了，就會發光發亮。

捷克狼犬 Czechoslovakian Vlcak

品種資訊

原產地
捷克共和國

身高
公至少 25.5 英寸（65 公分）／
母至少 23.5 英寸（60 公分）|
公 25.5 英寸（65 公分）／
母 23.5 英寸（60 公分）[UKC]

體重
公至少 57 磅（26 公斤）／
母至少 44 磅（20 公斤）

被毛
直、緊密；底毛出現於冬季

毛色
黃灰色至銀灰色、深灰色；淺色面罩 |
灰色，非深灰色 [AKC]

其他名稱
Ceskoslovenský Vlcak；Czechoslovakian Wolfdog；Czech Wolfdog

註冊機構（分類）
AKC（FSS：畜牧犬）；FCI（牧羊犬）；
UKC（畜牧犬）

起源與歷史

捷克狼犬如名稱所示，「Czechoslovakian Vlcak」或「Czechoslovakian Wolfdog」，一部分是狼，一部分是犬。在捷克社會主義共和國（現為捷克共和國）進行了大約三十年的實驗，此品種才得到認可，實驗始於將德國牧羊犬（公）與喀爾巴阡狼（母）交配。現在，捷克狼犬完全吸引所有與牠們見過面的人，牠們看起來像一隻狼，只是體型高挑又輕巧。據說，牠們是高超的追蹤者，能夠做任何事情。

個性

捷克狼犬確實是一個獨特的品種，不斷地巡視周圍，充滿警戒心，牠不會回頭看人，但絕對知道自己的主人或家人在哪裡。牠無所畏懼，能夠分辨何者何事充滿危險或善意，也因此是一隻優秀的看門狗，也特別地忠心。捷克狼犬能夠用不同方式交流，不僅僅吠叫而已。牠對陌生人充滿警戒，也不太能完全與其他寵物處得來。

照護需求

運動

捷克狼犬保留著野外活動的強烈直覺，包括追蹤的能力，因此牠會需要一些屬於自己的戶外時間。牠是一隻輕盈靈活的狗，喜歡玩耍、跑步、追蹤和長時間散步，任何能夠讓牠外出又跟家人在一起的活動都好。

速查表

適合小孩程度

梳理

適合其他寵物程度

忠誠度

活力指數

護主性

運動需求

訓練難易度

飲食

這個精力充沛的品種需要高品質、營養充足的飲食。

梳理

除季節性嚴重換毛之外，捷克狼犬乾淨無味，幾乎不需要梳理。

健康

捷克狼犬的平均壽命為十三至十六年，品種的健康問題可能包含髖關節發育不良症。

訓練

捷克狼犬需要從幼犬時期就接受訓練。牠很聰明，學得很快，必須是能夠激勵牠，又帶挑戰性的訓練，因為牠很快會對死記硬背的指令或期望感到無聊。牠必須一輩子都學習社會化禮儀。

長毛臘腸犬 Dachshund, long-haired

速查表

適合小孩程度

適合其他寵物程度

活力指數

運動需求

梳理

忠誠度

護主性

訓練難易度

品種資訊

原產地

德國

身高

標準型：14-18 英寸（35-45.5 公分）[估計] ｜胸圍 14 英寸（35 公分）[FCI] ／迷你型：最大 14 英寸（35 公分）[估計] ｜胸圍 12-14 英寸（30-35 公分）[FCI] ／獵兔型：最大 12 英寸（30 公分）[估計] ｜胸圍最大 12 英寸（30 公分）[FCI]

體重

公 18 磅（8 公斤）／母 17 磅（7.5 公斤）[ANKC] ／標準型：16-32 磅（7.5-14.5 公斤）｜超過 11 磅（5 公斤）[CKC] ｜最重 20 磅（9 公斤）[FCI] ／迷你型：最重 11 磅（5 公斤）｜理想 10 磅（4.5 公斤）[ANKC] [CKC] ｜ 11 磅（5 公斤）[KC] ／獵兔型：最重 6 磅（2.5 公斤）[估計]

被毛

雙層毛，外層毛光滑、柔軟、光亮、直或略呈波浪狀

毛色

單色：紅、奶油／雙色：黑、巧克力、野豬色、灰、淺黃褐，皆帶棕褐色或奶油色斑紋／花斑 [AKC] ｜黑棕褐、深棕、深紅、淺紅、花斑、虎紋、虎斑 [ANKC] ｜純紅、黑帶棕褐色斑點、巧克力 [CKC] ｜單色：紅、紅黃、黃／雙色：深黑、棕、灰（非 FCI 標準）、白（非 FCI 標準）帶棕色或黃色斑紋／花斑 [FCI] [UKC] ｜所有顏色皆可，除了白色 [KC]

其他名稱

Dackel；Kaninchen（獵兔型）；Normalgrosse（標準型）；Normalschlag（標準型）；Teckel；Zwerg（迷你型）；Zwergteckel（迷你型）

註冊機構（分類）

標準型與迷你型：AKC（狩獵犬）；ANKC（狩獵犬）；CKC（狩獵犬）；FCI（臘腸犬）；KC（狩獵犬）；UKC（嗅覺型獵犬）／獵兔型：FCI（臘腸犬）

起源與歷史

臘腸犬起源於德國，用來陪伴在獵人身邊，像是法國的的巴色特獵犬。牠們是德國尋血獵犬的後裔，差別在於牠們是短腿版本。臘腸犬也被拿來與㹴犬和小獵犬雜交，其育種結果不僅擁有明確的獵犬特質，也具有剛毛型和長毛型。牠是名副其實的獵犬，德語「dachs」意即「獾」，一種身體結實短小又能彎曲的動物。

自中世紀以來，臘腸犬會追蹤圍捕獵物以及保護自己的家園，一直以來都在服務獵人們和他們的家庭。標準型臘腸犬主要用來追蹤獵物，獵捕食獾和野豬。迷你型臘腸犬則是會圍捕野兔。除了標準型和迷你型臘腸犬，國際育種組織世界畜犬聯盟（FCI）也承認獵兔型臘腸犬。這是因為臘腸犬的發源地德國會以胸圍來分類，而不像美國是用體重。因此，他們會依照臘腸犬能夠進入的洞穴尺寸來分類，而獵兔型臘腸犬是三種類型中，胸圍最小的。

現今，長毛臘腸犬因其獨特身形而得到普遍的賞識，不僅因為牠的長背和短腿，還有牠寬闊的胸部、細長的頭部配上小巧的額段，以及高調的耳朵和長長的尾巴。憑藉光滑柔軟的被毛，長毛臘腸犬與短毛和剛毛臘腸犬截然不同。該品種時常出現於藝術、文學和電影中。

個性

長毛臘腸犬很活動、機靈、善良也充滿喜感，看似短腿的伴侶，其實也是個性十足。牠仍然是世界上數一數二的獵捕高手，而且牠對挖掘和追逐後院的獵物情有獨鍾，甚至會追捕土撥鼠。當牠認為或懷疑有任何威脅時，牠絕對是會保護自己所愛的家人。最重要的是，牠被稱為多方適用且迷人的寵物犬，無論是在大城市的公寓里或者在鄉村環境中，牠一樣都活蹦亂跳。

照護需求

運動

臘腸犬是一隻很活潑的獵犬，對任何事情都充滿好奇。牠每日需要數次的散步才能滿足牠這樣的欲望，最好是久一點的散步，但不需要太費力。牠本來就是養來打獵的品種，因此可以在崎嶇的地形行走，也有良好的挖掘能力。但是牠不用長時間的運動，當工作（或散步）結束後，牠就準備好去打個盹了。

飲食

臘腸犬很愛吃，應該要監控牠的體重。吃太多或過重很不健康，因為會讓牠原本就不尋常的體型承受更多壓力，背部和關節容易出問題。最好給予高品質、適齡的飲食。

梳理

若不定期梳理，牠的細毛容易打結。牠的長耳朵也容易受到感染，必須經常檢查。

健康

長毛臘腸犬的平均壽命為十二至十四年，品種的健康問題可能包含庫欣氏症、牙齒問題、癲癇、甲狀腺功能低下症、椎間盤疾病，以及膝蓋骨脫臼。

訓練

臘腸犬是嗅覺型獵犬，因此很容易被周圍的氣味分散注意力。考量到牠們離發聲方向（也就是人類）的距離，毫無疑問地，牠們對訓練沒有太多的反應。作為優秀的夥伴，牠們確實想要取悅主人，所以用積極樂觀的訓練方法，堅持不懈就會讓牠們願意接受指令。對臘腸犬而言，連續跳躍的運動或活動都不太建議，因為可能會產生背部問題。

短毛臘腸犬 Dachshund, Smooth

速查表

適合小孩程度

適合其他寵物程度

活力指數

運動需求

梳理

忠誠度

護主性

訓練難易度

品種資訊

原產地

德國

身高

標準型：14-18 英寸（35-45.5 公分）[估計] ︱胸圍 14 英寸（35 公分）[FCI] ／迷你型：最大 14 英寸（35 公分）[估計] ︱胸圍 12-14 英寸（30-35 公分）[FCI] ／獵兔型：最大 12 英寸（30 公分）[估計] ︱胸圍最大 12 英寸（30 公分）[FCI]

體重

公不超過 25 磅（11.5 公斤）／母不超過 23 磅（10.5 公斤）[ANKC] ／標準型：16-32 磅（7.5-14.5 公斤）︱超過 11 磅（5 公斤）[CKC] ︱最重 20 磅（9 公斤）[FCI] ／迷你型：最重 11 磅（5 公斤）︱理想 10 磅（4.5 公斤）[ANKC] [CKC] ︱ 11 磅（5 公斤）[KC] ／獵兔型：最重 6 磅（2.5 公斤）[估計]

被毛

短、濃密、有光澤、平滑服貼

毛色

單色：紅、奶油／雙色：黑、巧克力、野豬色、灰、淺黃褐，皆帶棕褐色或奶油色斑紋／花斑 [AKC] ︱所有顏色皆可，除了白色 [ANKC] [KC] ︱純紅、黑帶棕褐色斑點、巧克力 [CKC] ︱單色：紅、紅黃、黃／雙色：深黑、棕、灰（非 FCI 標準）、白（非 FCI 標準）帶棕色或黃色斑紋／花斑 [FCI] [UKC]

其他名稱

Dackel；Kaninchen（獵兔型）；Normalgrosse（標準型）；Normalschlag（標準型）；Teckel；Zwerg（迷你型）；Zwergteckel（迷你型）

註冊機構（分類）

標準型與迷你型：AKC（狩獵犬）；ANKC（狩獵犬）；CKC（狩獵犬）；FCI（臘腸犬）；KC（狩獵犬）；UKC（嗅覺型獵犬）／獵兔型：FCI（臘腸犬）

起源與歷史

臘腸犬起源於德國，用來陪伴在獵人身邊，像是法國的的巴色特獵犬。牠們是德國尋血獵犬的後裔，差別在於牠們是短腿版本。臘腸犬也被拿來與㹴犬和小獵犬雜交，其育種結果不僅擁有明確的獵犬特質，也具有剛毛型和長毛型。牠是名副其實的獵犬，德語「dachs」意即「獾」，一種身體結實短小又能彎曲的動物。

中世紀以來，臘腸犬會追蹤圍捕獵物及保護自己的家園，一直都在服務獵人們和他們的家庭。標準型臘腸犬主要用來追蹤獵物，獵捕食獾和野豬。迷你型臘腸犬則會圍捕野兔。除了標準型和迷你型臘腸犬，國際育種組織世界畜犬聯盟（FCI）也承認獵兔型臘腸犬。這是因為臘腸犬的發源地德國會以胸圍來分類，而不像美國是用體重。因此，他們會依照臘腸犬能夠進入的洞穴尺寸來分類，而獵兔型臘腸犬是三種類型中，胸圍最小的。

現今，短毛臘腸犬因其獨特的身形而得到賞識，不僅是因為牠的長背和短腿，還有牠寬闊的胸部、細長的頭部配上小巧的額段，以及高調的耳朵和長長的尾巴。憑藉有光澤的短毛，短毛臘腸犬與長毛和剛毛臘腸犬截然不同。該品種時常出現於藝術、文學和電影中。

個性

短毛臘腸犬很活動、機靈、善良也充滿喜感，看似短腿的伴侶，其實也是個性十足。牠仍然是世界上數一數二的獵捕高手，且牠對挖掘和追逐後院的獵物情有獨鍾，甚至會追捕土撥鼠。當牠認為或懷疑有任何威脅時，牠絕對會保護牠愛的家人。最重要的是，牠被稱為多方適用且迷人的寵物犬，無論是在大城市的公寓或者在鄉村環境中，牠一樣都活蹦亂跳。

照護需求

運動

臘腸犬是一隻很活潑的獵犬，對任何事情都充滿好奇。牠每日需要數次的散步才能滿足牠這樣的欲望，最好是久一點的散步，但不需要太費力。牠本來就是養來打獵的品種，因此可以在崎嶇的地形行走，也有良好的挖掘能力。但是牠不用長時間的運動，當工作（或散步）結束後，牠就準備好去打個盹了。

飲食

臘腸犬很愛吃，應該要監控牠的體重。吃太多或過重很不健康，因為會讓牠原本就不尋常的體型承受更多壓力，背部和關節容易出問題。最好給予高品質、適齡的飲食。

梳理

在三種臘腸犬之中，短毛臘腸犬最容易照顧。只要用梳毛手套、軟刷和濕布快速地梳理一下就能夠保持毛髮的光滑性與光澤。此品種的長耳朵容易受到感染，因此必須要定期檢查。

健康

短毛臘腸犬的平均壽命為十二至十四年，品種的健康問題可能包含庫欣氏症、牙齒問題、癲癇、甲狀腺功能低下症、椎間盤疾病，以及膝蓋骨脫臼。

訓練

臘腸犬是嗅覺型獵犬，因此很容易被周圍的氣味分散注意力。考量到牠們離發聲方向（也就是人類）的距離，毫無疑問地，牠們對訓練沒有太多的反應。作為優秀的夥伴，牠們確實想要取悅主人，所以用積極樂觀的訓練方法，堅持不懈就會讓牠們願意接受指令。對臘腸犬而言，連續跳躍的運動或活動都不太建議，因為可能會產生背部問題。

剛毛臘腸犬 Dachshund, Wirehaired

速查表

適合小孩程度

適合其他寵物程度

活力指數

運動需求

梳理

忠誠度

護主性

訓練難易度

品種資訊

原產地

德國

身高

標準型：14-18 英寸（35-45.5 公分）[估計] ｜胸圍 14 英寸（35 公分）[FCI] ／迷你型：最大 14 英寸（35 公分）[估計] ｜胸圍 12-14 英寸（30-35 公分）[FCI] ／獵兔型：最大 12 英寸（30 公分）[估計] ｜胸圍最大 12 英寸（30 公分）[FCI]

體重

公 20-22 磅（9-10 公斤）／母 17.5-20 磅（8-9 公斤）[ANKC] ／標準型：16-32 磅（7.5-14.5 公斤）｜超過 11 磅（5 公斤）[CKC] ｜最重 20 磅（9 公斤）[FCI] ／迷你型：最重 11 磅（5 公斤）｜理想 10 磅（4.5 公斤）[ANKC] [CKC] ｜ 11 磅（5 公斤）[KC] ／獵兔型：最重 6 磅（2.5 公斤）[估計]

被毛

雙層毛，外層毛均勻短毛、厚、粗糙，底毛細緻、較短；有鬍鬚

毛色

單色：紅、奶油／雙色：黑、巧克力、野豬色、灰、淺黃褐，皆帶棕褐色或奶油色斑紋／花斑 [AKC] ｜所有顏色皆可 [ANKC] ｜純紅、黑帶棕褐色斑點、巧克力 [CKC] ｜單色：紅、紅黃、黃／雙色：深黑、棕、灰（非 FCI 標準）、白（非 FCI 標準）帶棕色或黃色斑紋／花斑／亦有野豬色和枯葉色 [FCI] [UKC] ｜所有顏色皆可，除了白色 [KC]

其他名稱

Dackel；Kaninchen（獵兔型）；Normalgrosse（標準型）；Normalschlag（標準型）；Teckel；Zwerg（迷你型）；Zwergteckel（迷你型）

註冊機構（分類）

標準型與迷你型：AKC（狩獵犬）；ANKC（狩獵犬）；CKC（狩獵犬）；FCI（臘腸犬）；KC（狩獵犬）；UKC（嗅覺型獵犬）／獵兔型：FCI（臘腸犬）

起源與歷史

臘腸犬起源於德國，用來陪伴在獵人身邊，像是法國的的巴色特獵犬。牠們是德國尋血獵犬的後裔，差別在於牠們是短腿版本。臘腸犬也被拿來與㹴犬和小獵犬雜交，其育種結果不僅擁有明確的獵犬特質，也具有剛毛型和長毛型。牠是名副其實的獵犬，德語「dachs」意即「獾」，一種身體結實短小又能彎曲的動物。

中世紀以來，臘腸犬會追蹤圍捕獵物及保護自己的家園，一直都在服務獵人們和

他們的家庭。標準型臘腸犬主要用來追蹤獵物，獵捕食獾和野豬。迷你型臘腸犬則是會圍捕野兔。除了標準型和迷你型臘腸犬，國際育種組織世界畜犬聯盟（FCI）也承認獵兔型臘腸犬。這是因為臘腸犬的發源地德國會以胸圍來分類，而不像美國是用體重。因此，他們會依照臘腸犬能夠進入的洞穴尺寸來分類，而獵兔型臘腸犬是三種類型中，胸圍最小的。

現今，剛毛臘腸犬因其獨特的身形而得到賞識，不僅是因為牠的長背和短腿，還有牠寬闊的胸部、細長的頭部配上小巧的額段，以及高調的耳朵和長長的尾巴。憑藉粗糙的被毛，剛毛臘腸犬與長毛和短毛臘腸犬截然不同。該品種時常出現於藝術、文學和電影中。

個性

牠很活動、機靈、善良也充滿喜感，看似短腿的伴侶，其實個性十足。牠仍然是世界上數一數二的獵捕高手，而且牠對挖掘和追逐後院的獵物情有獨鍾，甚至會追捕土撥鼠。當牠認為或懷疑有任何威脅時，牠絕對會保護自己所愛的家人。最重要的是，牠被稱為多方適用且迷人的寵物犬，無論是在大城市的公寓里或者在鄉村環境中，牠一樣都活蹦亂跳。

照護需求

運動

臘腸犬是一隻很活潑的獵犬，對任何事情都充滿好奇。牠每日需要數次的散步才能滿足牠這樣的欲望，最好是久一點的散步，但不需要太費力。牠本來就是養來打獵的品種，因此可以在崎嶇的地形行走，也有良好的挖掘能力。但是牠不用長時間的運動，當工作（或散步）結束後，牠就準備好去打個盹了。

飲食

臘腸犬很愛吃，應該要監控牠的體重。吃太多或過重很不健康，因為會讓牠原本就不尋常的體型承受更多壓力，背部和關節容易出問題。最好給予高品質、適齡的飲食。

梳理

在三種臘腸犬之中，剛毛臘腸犬最需要毛髮照護，因為粗糙的外層毛需要修剪以及保持乾淨，最好是交給專業美容師來處理。此品種的長耳朵容易受到感染，因此必須要定期檢查。

健康

剛毛臘腸犬的平均壽命為十二至十四年，品種的健康問題可能包含庫欣氏症、牙齒問題、癲癇、甲狀腺功能低下症、椎間盤疾病，以及膝蓋骨脫臼。

訓練

臘腸犬是嗅覺型獵犬，因此很容易被周圍的氣味分散注意力。考量到牠們離發聲方向（也就是人類）的距離，毫無疑問地，牠們對訓練沒有太多的反應。作為優秀的夥伴，牠們確實想要取悅主人，所以用積極樂觀的訓練方法，堅持不懈就會讓牠們願意接受指令。對臘腸犬而言，連續跳躍的運動或活動都不太建議，因為可能會產生背部問題。

大麥町 Dalmatian

速查表

適合小孩程度

適合其他寵物程度

活力指數

運動需求

梳理

忠誠度

護主性

訓練難易度

品種資訊

原產地
克羅埃西亞（前南斯拉夫）

身高
公 22-24 英寸（56-61 公分）／
母 21-23 英寸（54-59 公分）｜
19-23 英寸（48-58.5 公分）[AKC] [UKC]

體重
公 59.5-70.5 磅（27-32 公斤）／
母 53-64 磅（24-29 公斤）

被毛
短、光滑、有光澤、硬、濃密

毛色
純白底帶黑色或肝紅色斑點

其他名稱
Dalmatinac；Dalmatiner

註冊機構（分類）
AKC（家庭犬）；ANKC（家庭犬）；CKC（家庭犬）；FCI（嗅覺型獵犬）；KC（萬用犬）；UKC（伴侶犬）

起源與歷史

這獨特品種的真實起源和用途充滿傳奇。大麥町的身形與指示犬及東歐的緊皮小耳獵犬有些相似，然而牠既非槍獵犬也非嗅覺型獵犬，因此這並不是今天定義牠的原因，雖然有些歷史指出牠曾被當作槍獵犬、追蹤犬、牧羊犬、護衛犬及拉車犬，甚至捕鼠犬。其名稱來自牠最早出現紀錄的國家：克羅埃西亞（前南斯拉夫）。

無論牠的起源為何，在歐洲從中世紀開始，這隻斑點狗會與馬匹一起工作。隨著牠在 1700 年代進入英格蘭，該處的貴族即為他們華麗的馬車、穿制服的司機和匹配的高腳馬找到了完美的點綴。起初，大麥町在長途跋涉的旅途中陪伴在左右，這樣一來能夠保護旅客不受強盜攔路搶劫，但該品種最終更成為富人們的象徵。這些狗會走在前頭為他們「開路」，或者像裝飾般地走在前後方。大麥町在一般人的馬房或馬廄內也受到歡迎，後來因出現在設有馬拉運水車的消防站裡而聞名，在城市裡，牠們通常會領頭吠叫為消防員開路。

這項工作傳統在美國傳承下來。數年來，幾乎每個消防站都有一隻大麥町作為吉祥物。為了維持馬車的傳統，現在仍有人對大麥町做野外測試，讓牠們在遠距離外陪伴馬車。此耐力是該品種的天性，且無論到哪，其受歡迎程度不容小覷，往往都會得到人們認可的微笑。

個性

大麥町是既聰明又會獨立思考的狗，牠對主人的忠誠度與牠本身的能力和獨立執行的態度不相上下。牠也是充滿活力和熱情的狗，只是牠享樂的態度會讓無法駕馭牠的人沮喪。不過如果能駕馭牠，就會知道這是一隻忠誠又愛運動的好夥伴。大麥町需要社會化和積極的訓練，讓牠能夠自在地與孩子和其他動物相處。如果深得牠心，牠絕對會是值得信賴的夥伴。

照護需求

運動

大麥町能量十足，每天都需要運動好幾次。如果不讓牠運動，牠必定會變得有破壞性。原本就是要讓牠在漫長而艱難的旅程中陪伴教練和消防車隊，所以牠們是極佳的慢跑和徒步旅行的伴侶。然而，牠的好奇心可能會讓牠誤入歧途，所以要有牽繩，除非牠處於安全的圍欄區內。牠會很樂意與主人一起跑步和玩耍。

飲食

精力充沛的大麥町需要均衡、高品質的飲食來保持健康。

梳理

牠的短毛會定期換毛，要經常梳理並以馬梳梳毛。只要定期照護，牠絕對是鎂光燈的焦點。

健康

大麥町的平均壽命為十一至十三年，品種的健康問題可能包含先天性耳聾、癲癇、髖關節發育不良症、甲狀腺功能低下症、皮膚過敏和相關問題，以及尿路結石。

訓練

大麥町在服從性競賽中能有高水準表現，如果有適當動機，牠們會學習快速，表現自己的能力。然而，獨立的天性讓牠們對於想關注的事物有選擇性，且常常不在訓練者身上。多點耐心和一致的練習，就能讓牠們有所表現。牠們從幼犬時期直到長大都必須學習社會化。

丹第丁蒙㹴 Dandie Dinmont Terrier

品種資訊

原產地
大不列顛

身高
8-11 英寸（20-28 公分）

體重
18-24 磅（8-11 公斤）

被毛
雙層毛，外層毛為約 2 英寸長（5 公分長）的硬捲毛，底毛柔軟、如棉毛

毛色
胡椒色（從深藍黑到淺銀灰）和芥末色（從紅棕到淺黃褐不等）

註冊機構（分類）
AKC（㹴犬）；ANKC（㹴犬）；CKC（㹴犬）；FCI（㹴犬）；KC（㹴犬）；UKC（㹴犬）

起源與歷史

丹第丁蒙㹴來自蘇格蘭和英國的邊境國家，源自邊境牧羊犬、湖畔㹴、貝靈頓㹴和威爾斯㹴的相同祖先。由於外層毛的顏色位於藍色和肝紅色之間，俐落的毛質既堅硬又柔軟，外加長長的下垂耳朵，使牠更接近貝靈頓㹴的血統。然而，由於其獨特的身體特徵，例如短而彎曲的腿、拱形的腰部以及圓圓的頭和大眼睛，都有可能是因為交配到多種的獵犬和賽犬。

丹第丁蒙㹴最早可追溯到十七世紀，是獵捕水獺和獾的專家。這些狗大多數都由該地區的幾個家族飼養，如阿蘭斯家族（Allans）。「吹笛手」威力·阿蘭斯（Willie Allan）在 1704 年去世，過世前飼養著一群血統優秀的丹第丁蒙㹴。儘管有人出高價想買下他的狗，也遭婉拒。他的兒子和孫子繼承了該傳統，偶爾會給一兩位朋友或當作謝酬。曾經華特·史考特（Walter Scott）爵士路過此地區時，遇見了一位名叫約翰·大衛森（John Davidson）的佃農，他先前獲得了一對丹第丁蒙㹴，因此持續在此區繁殖丹第丁蒙㹴以及類似的品種，但不一定是純種。因此，該名爵士在其小說《蓋伊·曼納林》（Guy Mannering）（1814）中使牠們名垂青史，其中有位農民角色名叫丹第丁蒙（效仿大衛森），同樣維護了此品種。從那時開始，該品種

就被稱為丹第丁蒙㹴。在 1840 年代，法國國王路易斯・菲利普也飼養了一對丹第丁蒙㹴。

速查表

適合小孩程度
梳理
適合其他寵物程度
忠誠度
活力指數
護主性
運動需求
訓練難易度

個性

丹第丁蒙㹴時而撒嬌，時而憨萌，也會偶爾對人冷淡和任性。面對陌生人時，牠會有所保留，希望保護自己的家園。牠也可以很堅定勇敢，也不失聰明。牠無法容忍沒禮貌的小朋友，但可以接受也會愛護親切的孩童。丹第丁蒙㹴需要從幼犬時期開始學習社會化，這樣才能讓牠自在地與其他人和動物處於一室。

照護需求

運動

丹第丁蒙㹴需要適度運動，每天散步幾次加上玩耍時間就足夠了。

飲食

丹第丁蒙㹴需要均衡、高品質的飲食來保持健康。

梳理

如果想讓丹第丁蒙㹴看起來像隻表演犬，牠就會需要專業的美容，平衡粗軟毛的比例，給予專業的護理，也只有專業美容師能夠保留牠臉龐鮮明的特徵。

健康

丹第丁蒙㹴的平均壽命為十二至十五年，品種的健康問題可能包含背部問題、癲癇、青光眼、甲狀腺功能低下症，以及原發性水晶體脫位。

訓練

對於正面激勵性質的訓練，獨立思考的丹第丁蒙㹴回應非常積極。牠需要從小學習與孩童、其他動物和不同類型的成年人相處，這樣才能培養牠的自信。相反地，如果沒這樣做，牠會變得脾氣暴躁或者過度害羞，牠的直覺更是會告訴牠避之唯恐不及。

丹麥布羅荷馬獒 Danish Broholmer

品種資訊

原產地
丹麥

身高
公 29.5 英寸（75 公分）／
母 27.5 英寸（70 公分）

體重
公 110-154 磅（50-70 公斤）／
母 88-132 磅（40-60 公斤）

被毛
雙層毛，外層毛短、緊密，底毛厚

毛色
黃色帶黑色面罩、金黃紅色、黑色；
或有白色斑紋

其他名稱
布羅荷馬獒（Broholmer）

註冊機構（分類）
FCI（獒犬）；UKC（護衛犬）

起源與歷史

布羅荷馬獒從頭到尾都源自丹麥，從中世紀以來就是如此。一開始是英國人送獒犬給丹麥皇室，讓牠們與當地犬隻交配，當時送的品種可能是早期的大丹犬型，後來才成為布羅荷馬獒。這些狗獵捕雄鹿、協助人們將牛趕到市集上，更是大型農場和莊園的護衛犬。

丹麥國王弗雷德里克七世和他的配偶丹納伯爵夫人（Countess Danner）擁有數隻布羅荷馬獒。一幅於 1859 年所完成的畫像中，在這對夫婦旁還有他們最喜愛的「泰克」（Tyrk），躺在他們的腳下。大約在同一時間，布羅霍姆及菲因島的考古學家尼爾斯．弗雷德里克．瑟賀德伯爵（Count Niels Frederik Sehested），開始收集並編制該品種，也賦予牠現今的名稱。該名伯爵送給那些承諾維持該品種的支持者許多幼犬，他們花費了數十年來標準化布羅荷馬獒。那段期間，布羅荷馬獒受到許多貴族、知名作家以及平民的喜愛。然而，在兩次世界大戰之間，飼養大型犬及昂貴的餵養習慣都已退流行，且當時許多人以為這隻丹麥犬只是古代品種。

然而，犬類學家吉特．魏斯（Jytte Weiss）對本土品種開始感興趣，也致力於將牠拉回原來的地位。羅荷馬獒品種重建協會成立於 1975 年，並與丹麥育犬協會合作，復育布羅荷馬獒。如今，牠是一隻大型獒犬，有著結實的頭部，強壯的身體

前側帶出強而有力的姿態，

適合小孩程度	梳理
適合其他寵物程度	忠誠度
活力指數	護主性
運動需求	訓練難易度

個性

親切善良的布羅荷馬獒散發著自信的氣息，但牠對周圍所發生的事情都保持著警惕和警覺。

照護需求

運動

育種者慎重地警告所有的主人，不要過度訓練年輕的布羅荷馬獒，因為牠的大小會影響到牠的關節部位，過量運動只會導致像髖關節發育不良這樣的問題。布羅荷馬獒成犬喜歡出門，需要經常運動。

飲食

丹麥布羅荷馬獒需要均衡、高品質的飲食來保持健康。

梳理

只要輕輕地幫布羅荷馬獒梳毛，用濕布擦拭一下，就能夠讓緊密的短毛保持乾淨。

健康

布羅荷馬獒的平均壽命為六至十一年，品種的健康問題可能包含髖關節發育不良症。

訓練

布羅荷馬獒是一隻可愛的狗，對有耐心且正向的訓練有所反應。

丹麥／瑞典農場犬 Danish / Swedish Farmdog

品種資訊

原產地
斯堪地那維亞

身高
公 13.5-14.5 英寸（34-37 公分）／母 12.5-14 英寸（32-35 公分）

體重
15-25 磅（7-11.5 公斤）[估計]

被毛
平滑、硬、短、緊密

毛色
白色為主，帶各種組合的純色或多色色塊斑紋

其他名稱
丹麥農場犬（Danish Farmdog）；Danish -Swedish Farmdog；Dansk/Svensk Gårdhund；Farmdog

註冊機構（分類）
ARBA（伴侶犬）

起源與歷史

丹麥／瑞典農場犬至少可以追溯到 1700 年代，多年來一直是丹麥和瑞典家庭的多功能農場犬，牠能夠守衛家園、捕鼠、獵鳥、趕牛，也是人類（尤其孩童）的好伴侶。直到大約五十年前，在丹麥人和瑞典人的農村裡，牠的人氣隨著小型家庭農場的消失而衰退，且變得不容易看到。然而，丹麥育犬協會和瑞典育犬協會共同努力，讓該品種死灰復燃。

如今，大家都還記得丹麥／瑞典農場犬，牠在其原生地仍擁有忠實的愛好者，儘管在其他地方相當罕見。

個性

丹麥／瑞典農場犬活潑愛玩，全身上下更是古靈精怪，是一隻精神飽滿的伴侶犬。牠非常喜歡得到關注，並會因此欣喜若狂。事實上，如果剝奪牠與人的接觸，牠確實會感到很受傷。丹麥 / 瑞典農場犬幾乎對任何人都很友善，包括孩童和其他動

物。

速查表

適合小孩程度	梳理
適合其他寵物程度	忠誠度
活力指數	護主性
運動需求	訓練難易度

照護需求

運動

丹麥／瑞典農場犬在牠的家鄉是真正的工作犬，喜歡保持忙碌的狀態。牠不會錯過任何參與活動的機會，會隨時隨地關注著牠的主人，目不轉睛。如果是在城市的環境中，牠需要數次的散步才能夠滿足。

飲食

活躍的丹麥／瑞典農場犬需要均衡、高品質的飲食來保持健康。

梳理

牠是一隻「易洗快乾」的狗，平滑的短毛可以快速地刷幾下，偶爾用橡膠手套梳理梳理，即可保持其最佳狀態。牠也會換毛，所以梳毛必不可少。

健康

丹麥／瑞典農場犬的平均壽命為十至十五年，根據資料並沒有品種特有的健康問題。

訓練

丹麥／瑞典農場犬喜歡取悅他人，學習快速也極度熱心，這樣的特質使牠在馬戲團中贏得眾多焦點。牠喜歡學習技巧和服從命令。丹麥／瑞典農場犬喜歡挑戰成功後的關注，因此也非常適合各式各樣的犬類運動。

德國布雷克犬 Deutsche Bracke

品種資訊

原產地
德國

身高
16-21 英寸（40-53 公分）

體重
32-50 磅（14.5-22.5 公斤）[估計]

被毛
對短毛犬而言的長毛、濃密、硬

毛色
紅色至黃色帶黑色鞍型或披風及白色「歐洲蕨」斑紋

其他名稱
Deutsche Sauerlandbracke；德國獵犬（German Hound）

註冊機構（分類）
FCI（嗅覺型獵犬）；UKC（嗅覺型獵犬）

起源與歷史

德國布雷克犬演化自多用途、熱衷於追蹤的凱爾特獵犬（Celtic hound），是用於德國森林作業的品種類型。早期包括威斯特布若卡犬（Westphalian Bracke）以及紹爾蘭賀茲布雷克犬（Sauerlander Holzbracke），主要皆起源於西德的西發里亞（Westphalia）和紹爾蘭地區。曾經有一段時間，有人試圖繁殖斯坦因布雷克犬（Steinbracke），是一種比德國布雷克犬稍微小一點的版本。

所有這些零散的種類最終都匯集於同一個品種名稱之下，而德國布雷克犬也成為德國正式承認的官方品種。德國布雷肯犬協會（Deutsche Bracken Club）自 1896 年以來一直致力於研究此類型，直到 1955 年才制定出書面標準。

在德國，布雷克犬仍然習慣在山丘和低海拔山林間獵取野兔、狐狸、兔子和公豬。牠最擅長嗅聞熾熱的氣味，會用悠揚鈴聲般的吠叫通知獵人。牠長長的腿讓牠行動迅速，並且佔領多數領土。牠高超的鼻子讓牠能夠進行嗅覺的工作，能夠悄悄地追蹤受傷的動物。

個性

牠是一隻非常優秀的獵犬，也是一隻溫和友善的狗。時間一到，牠就會很樂意地從狗舍回家。

速查表

適合小孩程度 ●●●●○	梳理 ●○○○○
適合其他寵物程度 ●●●●○	忠誠度 ●●●○○
活力指數 ●●●○○	護主性 ●●○○○
運動需求 ●●●○○	訓練難易度 ●●○○○

照護需求

運動

布雷克犬會在田間之中運動。如果牠專門作為伴侶犬，那牠會需要定期散步，讓牠有機會使用牠的鼻子。

飲食

布雷克犬需要均衡、高品質的飲食來保持健康。

梳理

布雷克犬平滑密實的短毛很容易保持乾淨，只要偶爾梳梳毛，用濕布擦拭一下即可。

健康

德國布雷克犬的平均壽命為十至十二年，品種的健康問題可能包含髖關節發育不良症。

訓練

布雷克犬能把工作做得很好，但如果要訓練其他非狩獵的指令，牠會需要先學習與其他各式各樣的人及動物相處。牠需要耐心且堅定但正向的訓練。

德國長耳獵 Deutscher Wachtelhund

品種資訊

原產地
德國

身高
公 18.875-21.25 英寸（48-54 公分）／母 17.75-20.5 英寸（45-52 公分）

體重
40-66 磅（18-30 公斤）

被毛
雙層毛，外層毛厚、堅韌、緊貼，底毛厚；可多呈波浪狀或捲毛｜亦平滑 [FCI]｜或有頸部飾毛 [FCI]

毛色
棕色、紅色、棕雜色、紅雜色，亦有花色和虎紋；或有紅色或白色斑紋

其他名稱
Deutscher Wachtel；German Quail Dog；德國小獵犬（German Spaniel）；Wachtelhund

註冊機構（分類）
ARBA（狩獵犬）；FCI（驅鳥犬）；UKC（槍獵犬）

起源與歷史

這隻小獵犬在二十世紀初培育自多個品種，該「配方」從未被公開，但無疑地，牠應該有古老的歐洲水犬以及其他獵犬品種的血脈。

德國長耳獵不僅是一隻能在潮濕或沼澤地區從容自在的獵犬，牠也能夠狩獵野兔與狐狸，用吠叫通知獵人獵物的所在地。牠也有殘暴的一面，面對狐狸，甚至是狼的時候，牠自然地會直接攻擊喉嚨的部位。身為驅鳥犬，牠善於巡捕帶有羽毛的獵物，而且能夠用敏感的嗅覺在林間追蹤血跡，找到受傷的獵物，像是小鹿或公豬。牠特別擅長在叢林和有積水的地區行動。德國長耳獵擁有德國人稱之為「jagdpassion」的特質，也就是強烈的追捕欲望，能夠在獵人家中有突出的表現。

個性

德國長耳獵是一隻服從和熱情的狩獵伴侶，牠真正為了工作而活。

照護需求

運動

德國長耳獵需要進行大量的運動，外出打獵就足夠。

飲食

此品種需要均衡、高品質的飲食來保持健康。

速查表

適合小孩程度	梳理
適合其他寵物程度	忠誠度
活力指數	護主性
運動需求	訓練難易度

梳理

德國長耳獵厚厚的波浪狀被毛在潮濕的地帶有保護作用，特別是泡在濕冷的水中時。當牠工作結束時，必須梳理牠的毛髮，保持乾淨，避免打結。打獵回來後，也必須檢查牠低垂的耳朵是否有任何污垢和碎片，以確保沒有感染。

健康

德國長耳獵的平均壽命為十二至十四年，品種的健康問題可能包含肘關節發育不全、髖關節發育不良症，以及皮膚過敏和相關症狀。

訓練

此品種的血液裡流著滿滿的狩獵欲望，牠只需要一名喜好打獵等戶外運動的人，帶出牠的聰明才智，讓牠發揮與生俱來的能力。

丁格犬 Dingo

速查表

適合小孩程度

適合其他寵物程度

活力指數

運動需求

梳理

忠誠度

護主性

訓練難易度

品種資訊

原產地
澳大利亞

身高
19-23 英寸（48.5-58.5 公分）[估計]

體重
公 18.5-47.5 磅（8.5-21.5 公斤）／
母 18.5-37.5 磅（8.5-17 公斤）[估計]

被毛
雙層毛，外層毛短、粗糙、耐候 [估計]

毛色
薑黃色、紅薑色、棕褐色、黑色、白色；或有白色斑紋 [估計]

其他名稱
澳洲土狗（Australian Native Dog）；澳洲野犬（Warrigal）

註冊機構（分類）
ARBA（狐狸犬及原始犬）

起源與歷史

丁格犬的第一個骨骸來自大約三千年前，在澳大利亞還未脫離大陸，也並非四面臨海之前。該野生犬最初由威廉．丹皮爾船長（Captain William Dampier）在 1699 年記載下來，丁格犬為中東和東南亞原始野犬的直系後代，後來變得兇猛些，因此回到了野外。在那裡，丁格犬成為澳洲原生的哺乳動物之一。原住民們時不時地將小狗帶入他們的部落，並將牠們當寵物飼養，或者協助牠們進行狩獵。丁格犬偶然地與其他犬種雜交，實際上也對另一個現代品種有所貢獻，那就是澳洲牧牛犬。

如今，丁格犬與其他品種雜交的混種犬被受唾棄，因為澳洲的經濟大多仰賴家畜，但丁格犬會獵

捕家畜，因此經常被視為害蟲而遭殺害。即便到現在，牠仍被認為是野生動物，因此只能從已註冊和經認可的野生動物園和動物園出口。

丁格犬被視為「活化石」，澳洲野犬訓練協會（Australian Native Dog Training Society）也致力於保護此品種，他們的座右銘是「給丁格犬一個公道。」

個性

如果丁格犬從小就在家中飼養，就可以被馴服，只是牠還是會保留一些奔放及謹慎的野生特質。如果要牠在一個典型的國內環境中生活舒適自在，那麼這隻害羞敏感的小狗必須儘早社會化，並且持續下去。

照護需求

運動

丁格犬有極大的運動量需求，最好能夠讓牠在一個安全有圍欄的區域漫步探索。如果牠被飼養成伴侶犬、表演犬或者獵鳥犬的話，牠必須接受繫狗鍊的訓練，這樣才能時常帶牠出門。

飲食

丁格犬需要均衡、高品質的飲食來保持健康。

梳理

丁格犬的底毛會換毛，但牠短且粗糙的外層毛很好照顧，只需偶爾刷毛即可。

健康

丁格犬的平均壽命為十三至十八年，根據資料並沒有品種特有的健康問題。

訓練

由於丁格犬還保留著強烈的野性本能，在訓練牠時，必須多給予耐心，試著理解牠，才能和平共處，最終成為伴侶犬。牠需要從早期學習社會化，並且頻繁練習。

杜賓犬 Doberman Pinscher

品種資訊

原產地
德國

身高
公 26-28.5 英寸（66-72 公分）／
母 24-27 英寸（61-69 公分）

體重
公 88-99 磅（40-45 公斤）／
母 70.5-77 磅（32-35 公斤）

被毛
平滑、短、硬、厚、緊密；可接受頸部有極細微的底毛｜不可有底毛 [FCI]

毛色
黑色；鐵鏽色斑紋｜亦有紅色、藍色、淺黃褐色；鐵鏽色斑紋 [AKC] [CKC] [UKC]｜亦有棕色、藍色、淺黃褐色；鐵鏽色斑紋 [ANKC] [KC]｜僅黑棕色；鐵鏽色斑紋 [FCI]

其他名稱
都柏文犬（Doberman）

註冊機構（分類）
AKC（工作犬）；NKC（萬用犬）；CKC（工作犬）；FCI（平犬及雪納瑞）；KC（工作犬）；UKC（護衛犬）

起源與歷史

卡爾．弗里德里希．路易．杜賓（Karl Friedrich Louis Dobermann）是一位在危險區域工作的稅務專員，因此需要一隻兇猛、聰明、可靠的保護犬在身旁。在 1860 年代後期，他決定培育自己的私人護衛犬，一隻看似大型的迷你杜賓犬。

品種類型在極短的時間內做了改良。首先，杜賓先生添加了老式德國牧羊犬的韌性、聰明以及健全，並帶入德國平犬的血統，讓牠有㹴犬的熱情及迅速的反應。威瑪犬則是貢獻了狩獵能力和一個優良的鼻子，以及淺毛色。除了羅威那犬的力量、護衛本能和勇氣之外，另外也加入了靈緹犬的速度，以及曼徹斯特㹴的光滑短毛。

杜賓先生最終培育出一隻精瘦、出色的戰鬥機器，其他人都認為要擁有這隻狗需要很大的勇氣。該品種在美國鼎鼎有名，其中有一隻狗在比賽中贏得三條最佳獎項，卻沒有任何評審有勇氣去檢查牠的嘴巴（最後有發現該犬隻缺牙，是一個嚴重的品種缺陷）。

杜賓犬引人注目的肌肉外觀，散發出運動的天賦和自信，鬥牛犬為美國海軍陸戰隊的吉祥物，而杜賓犬則被譽為海軍戰犬。杜賓先生的狗在為人類服務的表現上出類拔萃，無論是作為搜救犬、治療犬、警犬、導盲犬等，育種者在繁殖上已不專於兇猛性，而是轉向杜賓犬的聰明才智與反應。

速查表

適合小孩程度

梳理

適合其他寵物程度

忠誠度

活力指數

護主性

運動需求

訓練難易度

個性

精心培育的杜賓犬如今是一隻聰明忠誠的狗，就像杜賓先生的狗一樣愛玩也令人膽怯。牠們精力充沛，運動力十足，腳步輕盈也如貴族一般高貴。多功能性仍是此品種的特徵。

照護需求

運動

杜賓犬需要進行大量的運動來消耗能量，並維持身材。無論是一場追逐或捉迷藏的遊戲，或者帶著狗鍊進行訓練，對牠而言都是很開心的事情。

飲食

此品種需要均衡、高品質的飲食來保持健康。牠們也是公認的貪吃王，一路上看到什麼就吃什麼。

梳理

杜賓犬亮麗有光澤的被毛容易照顧，只需要用軟刷及梳毛手套打理一下即可。

健康

杜賓犬的平均壽命為十至十二年，品種的健康問題可能包含胃擴張及扭轉、癌症、頸椎不穩定、慢性活動性肝炎（CAH）、色素稀釋性脫毛症、擴張性心肌病（DCM）、甲狀腺功能低下症，以及類血友病。

訓練

反應迅速、可塑性高的杜賓犬警戒心很強，卻也渴望學習及取悅他人。牠需要一名公正的領導人，會鼓勵牠發揮自己的才能，卻也會幫牠劃下界限。如果從幼犬就接觸小動物及孩童，即可與他們和平共處。

波爾多獒犬 Dogue de Bordeaux

品種資訊

原產地
法國

身高
公 23.5-27 英寸（60-68.5 公分）／
母 22.5-26 英寸（57-66 公分）

體重
公至少 110 磅（50 公斤）／
母至少 99 磅（45 公斤）

被毛
細緻、短、柔軟

毛色
各種深淺的棕褐色單色；或有白色斑紋；或有黑色或棕色面罩

其他名稱
波爾多鬥牛犬（Bordeaux Bulldog）；波爾多犬（Bordeaux Dog）；Bordeaux Mastiff；法國獒（French Mastif）

註冊機構（分類）
AKC（工作犬）；ANKC（萬用犬）；ARBA（工作犬）；FCI（獒犬）；KC（工作犬）；UKC（護衛犬）

起源與歷史

波爾多獒犬的大小和類型與鬥牛獒相似，但前者已有數百年的歷史，並且與來自亞洲的獒犬，以及從羅馬競技場跋涉到高盧的馬魯索斯犬有更密切的關係。最初，波爾多獒犬作為兩用戰犬，如果沒在戰場上，牠們就必須守護家畜不被熊和狼群攻擊。不久後，牠們被用來鬥狗，以壯觀性及娛樂性質來說，觀眾們覺得法國的鬥狗和西班牙的鬥牛相似。有時候，比賽過於沉悶時，就會將一隻美洲豹丟進鬥狗圈內，讓場子活躍起來。

接近中世紀末期，人們逐漸對鬥狗失去興趣，因此波爾多獒犬開始趕牛群。當鬥狗完全被禁止後，此品種的需求也相對減少，但還是會有人讓波爾多獒犬守護自己的莊園。十九世紀和二十世紀之間，波爾多獒犬逐漸消失。

1960 年代，雷蒙·特里奎特教授（Raymond Triquet）攬起了保育此品種的任務。他認為寬大的頭部是該品種的特徵，並決定保留下來。他也認為波爾多獒犬應該是一名強壯有力的出色運動員。

如今的波爾多獒犬比過去溫和很多，並在全世界愈來愈受歡迎。

速查表

適合小孩程度	梳理
🐾🐾🐾 (3/5)	🐾🐾🐾 (3/5)
適合其他寵物程度	**忠誠度**
🐾 (1/5)	🐾🐾🐾🐾🐾 (5/5)
活力指數	**護主性**
🐾🐾 (2/5)	🐾🐾🐾🐾🐾 (5/5)
運動需求	**訓練難易度**
🐾🐾🐾 (3/5)	🐾🐾 (2/5)

個性

這隻大型愛流口水的狗也有一些泰迪熊的個性，必須多鼓勵這一面，才能讓這個性逐日滋長。不過，牠也是一隻有明顯下巴和身材強壯的動物，因為力大無窮，可能會無意間造成重大傷害。該品種對其他狗有攻擊性。

照護需求

運動

運動對波爾多獒犬來說十分重要，必須要保持身材和能力，因此要定期運動。牠一扭一扭的步伐讓牠無法走太快，不過只要有運動就能從中受益。

飲食

波爾多獒犬需要均衡、高品質的飲食來保持最佳狀態。

梳理

波爾多獒犬的被毛容易整理，只需簡單的梳理即可，但頭部可能較為困難。牠們的皺紋曾經用來保護牠們，以避免受其他動物用牙齒或其他危險部位攻擊，而現今成為潛在的感染源。需要用乾淨的布，每週仔細地清理幾次，若有任何問題即可馬上發現。

健康

波爾多獒犬的平均壽命為八至十二年，品種的健康問題可能包含胃擴張及扭轉、肘關節發育不全、髖關節發育不良症、內生骨疣、心臟問題、甲狀腺功能低下症，以及皮膚問題。

訓練

波爾多獒犬需要嚴格堅定的訓練，且訓練者必須得到牠的尊重，這確實滿棘手。牠必須從小就學習社會化，儘管牠過於大隻而且看起來不感興趣，但還是要強迫牠學習。

荷蘭山鶉獵犬 Drentse Patrijshond

品種資訊

原產地
荷蘭

身高
公 23-25 英寸（58-63 公分）／
母 22-23.5 英寸（55-60 公分）

體重
44-55 磅（20-25 公斤）[估計]

被毛
濃密、覆蓋全身

毛色
白色；棕色斑紋

其他名稱
Drentsche Patrijshond；Drent'scher Huhnerhund；Drentse Partridge Dog；Dutch Partridge Dog

註冊機構（分類）
FCI（指示犬）；UKC（槍獵犬）

起源與歷史

荷蘭山鶉獵犬起源於荷蘭的德倫特省，並出現在數個世紀前的繪畫中。該品種培育於十六世紀，其祖先是來自西班牙的斯比翁能犬（Spioenen），以及源自相同祖先的蹲獵犬或獵犬。

荷蘭山鶉獵犬起先是為了德倫特省獵人的需求而改良過，幾個世紀以來都是獵人的最愛。牠既是一個指示犬，也是一個很好的尋回獵犬，擅長水上工作。儘管牠會徹底地四處搜尋，但荷蘭山鶉獵犬不會超過射程的距離，永遠在獵人附近。牠同樣擅長捕獵兔子和雉雞，還有難以捉摸的松雞。這是一個罕見的品種，更是獵人的忠實追隨者。

個性

荷蘭山鶉獵犬溫和友善、反應佳、安靜且有教養，難怪荷蘭人願意繼續跟荷蘭山鶉獵犬一起打獵並且生活在一塊。牠體積並不大，能夠趴在人類腳下，但也不會過於小隻，完全可以視為狩獵夥伴。

速查表

適合小孩程度	梳理
4/5	3/5
適合其他寵物程度	忠誠度
4/5	3/5
活力指數	護主性
4/5	2/5
運動需求	訓練難易度
4/5	4/5

照護需求

運動

荷蘭山鶉獵犬跟獵人並肩工作時是牠最快樂的時光，牠很喜歡在戶外也享受人類的陪伴，就算是在公園附近繞繞也能讓牠心滿意足。儘管牠回家後會自己悄悄地走到床上，佔據自己的位置，但牠絕對不是久坐不動的狗。如果運動量不足，牠就會不好受。

飲食

荷蘭山鶉獵犬需要均衡、高品質的飲食來保持健康。

梳理

荷蘭山鶉獵犬的厚毛和羽狀飾毛需要經常梳理，才能保持乾淨不打結。牠的耳朵也需要定期檢查，避免受到感染。

健康

荷蘭山鶉獵犬的平均壽命為十至十四年，品種的健康問題可能包含犬漸進性視網膜萎縮症（PRA）。

訓練

荷蘭山鶉獵犬天生守規矩並且反應佳，往往帶給訓練者許多歡樂。牠對大聲或嚴厲的紀律反應不佳，這樣其實會嚇到牠。最好是冷靜正向的指導，對牠比較有幫助。

瑞典臘腸犬 Drever

品種資訊

原產地
瑞典

身高
公 12.5-16 英寸（31.5-40.5 公分）／
母 12-15 英寸（30.5-38 公分）

體重
32-34 磅（14.5-15.5 公斤）[估計]

被毛
緊密、粗糙、直

毛色
所有顏色皆可；白色斑紋｜但無白色或
肝紅棕色 [FCI]

其他名稱
瑞典達克斯布若卡犬
（Swedish Dachsbracke）

註冊機構（分類）
ARBA（狩獵犬）；CKC（狩獵犬）；
FCI（嗅覺型獵犬）；UKC（嗅覺型獵犬）

起源與歷史

早在二十世紀，威斯特達克斯布若卡犬就從德國進口到丹麥和瑞典。此品種因為牠們的狩獵能力而受到讚賞，並與丹麥的瑞士獵犬配種，培育出丹麥達克斯布若卡犬（Danish Dachsbracke）。當這些丹麥犬被帶到瑞典時，牠們又與威斯特達克斯布若卡犬回交，最終培育出瑞典臘腸犬。

瑞典語「Drev」意即「狩獵」，而瑞典臘腸犬也最擅長狩獵。這隻行動緩慢但穩定的工作犬會獵捕野兔和狐狸，並且偶爾會以卓越的耐力獵鹿，牠甚至有勇氣對付野豬。牠是瑞典最受歡迎的狗之一。

個性

瑞典臘腸犬是一隻和藹可親、脾氣平穩的狗，據說牠嗅到氣味時會發出一種可愛的叫聲，在家中則變得安靜低調。此犬種主要作為狩獵犬，而非伴侶犬。

照護需求

運動

瑞典臘腸犬能從定期運動中受益，而且如果無法在現實生活中狩獵，至少要加入模擬狩獵和追捕的活動。

飲食

瑞典臘腸犬需要均衡、高品質的飲食來保持健康。

速查表

適合小孩程度	梳理
適合其他寵物程度	忠誠度
活力指數	護主性
運動需求	訓練難易度

梳理

該品種的濃密短毛容易照顧，用梳子梳理，並以濕布擦拭即可。

健康

瑞典臘腸犬的平均壽命為十二至十四年，根據資料並沒有品種特有的健康問題。

訓練

瑞典臘腸犬擅長狩獵遊戲，但有時會變得有點頑固，過於獨立。牠需要有耐心、堅定且正向的訓練。

鄧克爾犬 Dunker

品種資訊

原產地
挪威

身高
公 20-22 英寸（50-55 公分）／
母 18.5-21 英寸（47-53 公分）

體重
35-50 磅（16-22.5 公斤）[估計]

被毛
直、硬、濃密、不會過短

毛色
黑或藍大理石色；淺黃褐色和白色斑紋

其他名稱
挪威獵犬（Norwegian Hound）

註冊機構（分類）
FCI（嗅覺型獵犬）；UKC（嗅覺型獵犬）

起源與歷史

1820 年代，威廉鄧克爾（Wilhelm Dunker）透過將土狗與俄國的哈利青犬（Harlequin Hound）雜交，成功地培育出鄧克爾犬。他的目標是開發一種耐力十足獵犬，能通過氣味狩獵野兔。最後，他也巧妙地培育成功。牠是少數帶有哈利青犬（大理石）基因的獵犬之一，使牠擁有大理石藍的斑紋，以及哈利青犬個體所帶有的清晰藍色雙眼。這隻優雅的狗結合了視覺型獵犬的神色與嗅覺型獵犬的實質骨架，且不會顯得笨重或粗糙。

現今，鄧克爾犬可能是挪威最常見的嗅覺型獵犬之一，不過牠很少在其他地方看到，甚至在原產地也很少見。這個品種是因其狩獵能力和卓越的氣質才得以存活。

個性

鄧克爾犬是一隻甜美撒嬌的獵犬，在房子裡很安靜，也很有禮貌。牠對孩童們都很好，也能適應農村或城市生活。牠是一隻聰明的狗，對認識的人充滿好奇心，也愛跟他們一起玩耍。

照護需求

運動

鄧克爾犬被育種為有耐力和持久力的品種，所以只要能夠外出工作，牠都會很開心。如果當天的行程沒有狩獵，牠會需要數次輕快的散步，才能讓牠的思緒和身體保持在最佳狀態。

飲食

活躍的鄧克爾犬需要均衡、高品質的飲食來發揮最佳表現。

速查表

項目	評分	項目	評分
適合小孩程度	4/5	梳理	3/5
適合其他寵物程度	3/5	忠誠度	3/5
活力指數	3/5	護主性	2/5
運動需求	5/5	訓練難易度	4/5

梳理

該品種濃厚的短毛會換毛，所以需要定期梳理，讓牠保持在最佳狀態並不難。牠長長的獵犬耳朵必須定期檢查，以防止受到感染。

健康

鄧克爾犬的平均壽命為十二至十五年，根據資料並沒有品種特有的健康問題。

訓練

鄧克爾犬適應力強，也喜歡取悅他人，是一隻樂於接受訓練的聰明獵犬。學習社會化對每個人都有益處，牠天生就是一隻溫又親切的狗。

荷蘭牧羊犬 Dutch Shepherd

品種資訊

原產地
荷蘭

身高
公 22.5-24.5 英寸（57-62 公分）／
母 22-23.5 英寸（55-60 公分）

體重
65-67 磅（29.5-30.5 公斤）[估計]

被毛
短毛型：雙層毛硬、緊密、不會過短，底毛如羊毛／長毛型：雙層毛長、直、粗糙、緊密，底毛如羊毛／粗毛型：雙層毛濃密、厚、粗糙、蓬亂，底毛濃密、如羊毛；有鬍鬚和髭鬚

毛色
短毛型：棕底或灰底帶虎斑（金黃虎斑）；或有黑色面罩／長毛型：同短毛型／粗毛型：藍灰色和椒鹽色，銀色虎斑或金色虎斑

其他名稱
Dutch Shepherd Dog；Hollandse Herder；尼德蘭牧羊犬（Hollandse Herdershond；Holland Shepherd）

註冊機構（分類）
ARBA（畜牧犬）；FCI（牧羊犬）；UKC（畜牧犬）

起源與歷史

荷蘭牧羊犬有三種外層毛類型，與比利時牧羊犬和早期德國牧羊犬相似（顏色除外），荷蘭牧羊犬如同其比利時表親，皆以同樣的身形標準來鑑定。自 1700 年代初期以來，牠們就以其現有的身形而聞名，當時這些品種也已經有出口到澳洲。與德國相鄰的荷蘭內陸地區，是以牧羊和畜群養殖為主的國家，這些牧羊犬表現極佳，有非常棒的畜牧能力，因此廣泛受到歡迎。隨著時間的推移，羊群逐漸減少，這些狗也逐漸消失。然而，在過去的幾十年中，許多育種者渴望也成功地保留這些優良品種的後代。

短毛荷蘭牧羊犬是最受歡迎的，因為牠容易保持乾淨，接著才是粗毛型以及長毛型。有些牧羊犬很幸運，能夠與畜群一起工作，但有些狗則轉向護衛和警察的工作。牠們擅長快節奏緊繃的運動，如敏捷、飛球、競爭性服從、追蹤和畜牧。

速查表

適合小孩程度

梳理（長毛）

訓練難易度

適合其他寵物程度

梳理（短毛）

活力指數

忠誠度

運動需求

護主性

個性

荷蘭牧羊犬行動迅速且很聰明，被描述為「狡猾聰明的狗」。雖然這些狗很友善和活潑，但牠們領土佔有欲很強，並且一般不適合在密閉的環境中成長。這個品種是隻工作狂，自然而然地想要牧養家畜和捍衛家園。只要牠有充分地運動，能夠保衛領域以及處於能夠讓牠保持身心繁忙的環境中，牠就會很開心。

照護需求

運動

荷蘭牧羊犬必須定期進行高強度的運動。如前所述，牠是一位出色的慢跑夥伴，擅長利用牠的智慧和運動能力，包括敏捷、牧羊、服從、保護和服務工作。

飲食

荷蘭牧羊犬需要均衡、高品質的飲食來保持健康。

梳理

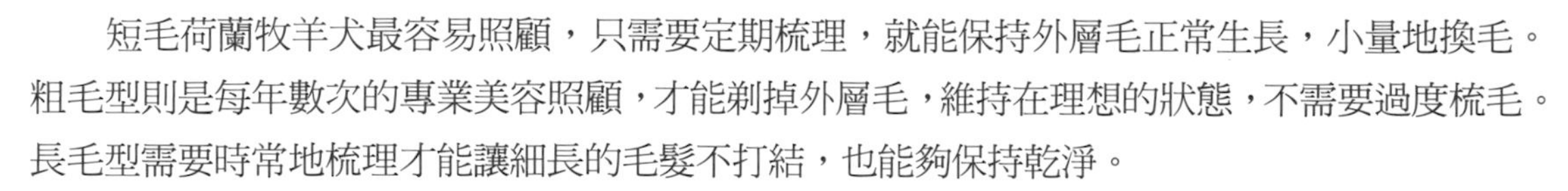

短毛荷蘭牧羊犬最容易照顧，只需要定期梳理，就能保持外層毛正常生長，小量地換毛。粗毛型則是每年數次的專業美容照顧，才能剃掉外層毛，維持在理想的狀態，不需要過度梳毛。長毛型需要時常地梳理才能讓細長的毛髮不打結，也能夠保持乾淨。

健康

荷蘭牧羊犬的平均壽命為十二至十四年，根據資料並沒有品種特有的健康問題。

訓練

荷蘭牧羊犬對訓練反應佳，學習迅速。牠需要一名訓練者不斷地挑戰牠的學習力，牠總是樂於接受挑戰。

荷蘭斯牟雄德犬 Dutch Smoushond

品種資訊

原產地
荷蘭

身高
公 14.5-16.5 英寸（37-42 公分）／
母 14-16 英寸（35-40 公分）｜
14-16.5 英寸（35.5-42 公分）[UKC]

體重
20-22 磅（9-10 公斤）

被毛
粗糙、剛硬、直；蓬亂的外觀；有鬍鬚和髭鬚

毛色
各種深淺的黃色單色、深稻草色佳

其他名稱
Hollandse Smoushond

註冊機構（分類）
FCI（平犬及雪納瑞）；
UKC（㹴犬）

起源與歷史

在 19 世紀後期，德國粗毛型平犬（現代雪納瑞的祖父）在德國很常見。德國人偏好黑色或椒鹽色的狗，因此通常會銷毀常見的紅色或黃色幼犬。當時，一位名叫阿布拉斯（Abraas）的荷蘭商人購買了一群「不合格品」，將牠們帶到阿姆斯特丹，並以「heerenstalhonden」或紳士馬廄犬的名義出售。這些毛茸茸的粗毛犬帶來了一陣風潮，並發展成斯牟雄德犬，也在二十世紀初成為最受歡迎的家庭犬。

在兩次世界大戰之間，牠的數量銳減，並且在第二次世界大戰期間幾乎消失。最後兩窩產於 1949 年，之後則沒有繁殖，因此牠很快地就從正式品種名單中被除名，並宣布滅絕。然而，在 1970 年代，一位名叫巴爾克曼夫人（Mrs. H. M. Barkman）的荷蘭女士，從小就迷戀斯牟雄德犬，因此決定嘗試重新培育這個品種。透過廣告以及與荷蘭的育種者聯繫，看看是否有任何一隻小狗與她手中照片的狗相似。若是母犬且可以繁殖，她就會找出一隻合適的公犬，並檢查牠們所產下的小狗。

如今，斯牟雄德犬再次出現於荷蘭，但荷蘭人希望數量不要過多，以免對基因池產生不利影響，但該品種又再次地引起一場旋風。

個性

荷蘭斯牟雄德犬也是隻㹴犬，擁有㹴犬的好奇心和堅韌性。但是，與㹴犬不同的是，牠非常低調，並且是一隻很棒的家庭犬。不熟的人面前，牠會很安靜，但與家人和朋友十分親熱和吵鬧，這也是牠的獨特魅力。牠與其他狗、兒童甚至小動物都相處得很好。

速查表

適合小孩程度

梳理

適合其他寵物程度

忠誠度

活力指數

護主性

運動需求

訓練難易度

照護需求

運動

荷蘭斯牟雄德犬喜歡外出，是一隻相當活躍的狗，每天必須散步兩次。

飲食

這個品種需要均衡、高品質的飲食來保持健康。

梳理

牠粗糙剛硬的被毛本來就會看起來蓬亂，不需要過於在意。不過，正如多數㹴犬的被毛，如果完全不照顧，只會變得很粗糙，每年應該還是要讓專業美容師修剪幾次。

健康

荷蘭斯牟雄德犬的平均壽命為十二至十五年，根據資料並沒有品種特有的健康問題。

訓練

斯牟雄德犬聰明專注，性情溫和，比其他㹴犬更不帶侵略性。牠的個性使牠成為訓練者的理想人選。基本上，牠樂於接受訓練。

東西伯利亞雷卡犬 East Siberian Laïka

品種資訊

原產地
西伯利亞

身高
公 21.5-25 英寸（55-63 公分）／母 21-24 英寸（53-61 公分）

體重
40-53 磅（18-24 公斤）[估計]

被毛
雙層毛，外層毛長、直、粗糙、濃密，底毛濃密、柔軟｜外層毛中等長度 [UKC]

毛色
椒鹽色、白色、灰色、黑色、各種深淺的紅棕色；斑塊、碎斑

其他名稱
Vostotchno-Sibirskaïa Laïka

註冊機構（分類）
FCI（狐狸犬及原始犬）；UKC（北方犬）

起源與歷史

雷卡犬（Laïka），意指「吠叫者」，歷來都是頑強的雪橇犬，也是熊、馴鹿、麋鹿等大型獵物的獵犬。[蘇聯] 全聯盟犬類大會（All-Union Cynological council）在 1947 年命名了四個狩獵／拉雪橇犬，分別是俄歐雷卡犬、卡累里亞—芬蘭雷卡犬（Karelo-Finnish Laïka）、東西伯利亞雷卡犬和西西伯利亞雷卡犬。人們也在這個世紀中做出了一番努力，選擇性地培育地區代表性的雷卡犬。在 1950 年代，蘇聯政府僱用了幾個官方育種中心，大動作地參與定義各個雷卡犬品種。

東西伯利亞雷卡犬橫跨西伯利亞大部分的東部地帶，包括貝加爾湖地區、伊爾庫次克省、鄂溫克族領土，黑龍江流域以及海域。由於這個地區相當廣闊，東西伯利亞雷卡犬的類型也相當廣泛，各種類型適合不同地區的特定地形和傳統狩獵風格。

個性

東西伯利亞雷卡犬擁有強烈的狩獵本能，但對牠的家人始終保持親切，也沉著冷靜。牠是一個很好的護衛犬，因為牠會對其領土內所發生的任何事情保持警戒。牠很忠誠，很保護自己的人。牠可以與其他狗一起保衛自己的領土，但如果要牠不在裏頭追逐小型家庭動物，牠必須要接受相關訓練。

速查表

適合小孩程度	●●●○○	梳理	●●○○○
適合其他寵物程度	●●○○○	忠誠度	●●●●○
活力指數	●●●○○	護主性	●●●●●
運動需求	●●●●○	訓練難易度	●●●●○

照護需求

運動

這是一個強大、活躍的品種，可以在困難地形中走數個鐘頭。其天性需要並渴望大量的運動。

飲食

活躍的東西伯利亞雷卡犬通常都是饕客，需要高品質、適齡的飲食來茁壯成長。在牠的全盛時期，會需要比平常更大份的食物。

梳理

平常僅需最小程度的梳理。每週梳理或刷毛一次有助於清除死毛。在季節性換毛期間，可能需要更頻繁地梳理或刷毛。

健康

東西伯利亞雷卡犬的平均壽命為九至十二年，品種的健康問題可能包含過敏、癲癇，以及髖關節發育不良症。

訓練

東西伯利亞雷卡犬個性冷靜、聰明，而且訓練有素。早期的訓練與社會化很重要，能夠馴化支配的傾向。缺乏適當的社會化可能會導致對其他狗較具侵略性。

英國獵狐犬 English Foxhound

品種資訊

原產地
英格蘭

身高
23-25 英寸（58-64 公分）

體重
65-70 磅（29.5-31.5 公斤）[估計]

被毛
短、硬、有光澤、濃密、耐候

毛色
任何認可的獵犬顏色和斑紋｜黑色、棕褐色、白色、任何前述顏色的組合、由白色與野兔色、獾色（或黃色）和棕褐色組成的「餡餅圖樣」[AKC] [CKC] [UKC]

其他名稱
獵狐犬（Foxhound）

註冊機構（分類）
AKC（狩獵犬）；ANKC（狩獵犬）；CKC（狩獵犬）；FCI（嗅覺型獵犬）；KC（狩獵犬）；UKC（嗅覺型獵犬）

起源與歷史

在十三世紀，獵狐運動成為英格蘭的風潮，因此獵人們需要專門的獵犬，來追蹤敏捷又狡猾的紅狐狸。對這項運動而言，聖休伯特獵犬／尋血獵犬的動作太慢，儘管牠們有部分的英國獵狐犬血統。為了改良品種，牠們與更快、更輕的獵犬雜交，甚至混雜靈緹犬來提高速度。

多年以來，每組獵隊都會培育出自己的獵犬風格，種類不一。但到了 1800 年，存在許多大型標準化的品種群，且各個社會階級的獵犬飼主所保存的精細紀錄，最後會被存入獵狐犬協會（MFHA），因此大多數英國獵狐犬的血統可以追溯到一百五十多年前。在英格蘭，獵狐犬是跟隨騎兵，因此這隻狗必須快速，耐力也要很強。牠們也需要有適當的吠叫聲、動力和熱情。

獵狐犬在 1700 年代後期引進美國，喬治．華盛頓（George Washington）就是一位獵狐愛好者，因此在他的犬舍內飼養了許多獵犬。在美國東北部有一些獵狐者仍使用英國獵狐犬來狩獵，然而也有一些獵人用牠們來培育適合其特定地形的獵狐犬。這包含美國獵狐犬，亦有其他獵狐犬、獵浣熊犬以及嗅覺型獵犬。

個性

英國獵狐犬是一隻高貴的品種，完全體現了牠作為獵人的使命。群獵犬是如此積極、活躍，行動被氣味驅動著，牠們從戶外到家庭和火爐邊的過渡期會滿辛苦的。有一些英國獵狐犬的品性更適合室內生活，不過擁有者必須要自己發掘這樣的傾向。身為典型的群居動物，英國獵狐犬通常與其他人相處得很好，而且也是一隻溫和親切的狗。

速查表

適合小孩程度	梳理
適合其他寵物程度	忠誠度
活力指數	護主性
運動需求	訓練難易度

照護需求

運動

英國獵狐犬為成群狩獵而生，牠們需要狩獵所提供的運動量。就算是被育種來展示或陪伴，牠們強烈的戶外狩獵欲望還是需要被滿足，這通常需要大量的運動才能達到。

飲食

英國獵狐犬需要高品質的飲食。此品種不適合吃人類的食物，會導致消化不良。

梳理

看起來總是整潔的英國獵狐犬很容易保持乾淨，只需要偶爾刷毛即可。

健康

英國獵狐犬的平均壽命為九至十一年，品種的健康問題可能包含癲癇、髖關節發育不良症，以及腎臟疾病。

訓練

從幼犬時期就必須開始讓牠學習社會化和耐性訓練，並非因為牠很難相處或不聰明，而是因為牠傾向群體行動，而且會被氣味驅動，這可能使牠優先順從本能，而非聽從飼主。

英國蹲獵犬 English Setter

品種資訊

原產地
英格蘭

身高
公 25-27 英寸（63.5-69 公分）／
母 24-25.5 英寸（61-65 公分）

體重
公 55-70 磅（25-31.5 公斤）／
母 50-60 磅（22.5-27 公斤）

被毛
長、扁平、絲滑；有羽狀飾毛

毛色
黑白（藍色貝爾頓）、橙白（橙色貝爾頓）、檸檬白（檸檬貝爾頓）、肝紅白（肝紅貝爾頓）、三色（藍色貝爾頓帶棕褐色斑紋）｜亦有純白 [CKC] [UKC]

註冊機構（分類）
AKC（獵鳥犬）；ANKC（槍獵犬）；CKC（獵鳥犬）；FCI（指示犬）；KC（槍獵犬）；UKC（槍獵犬）

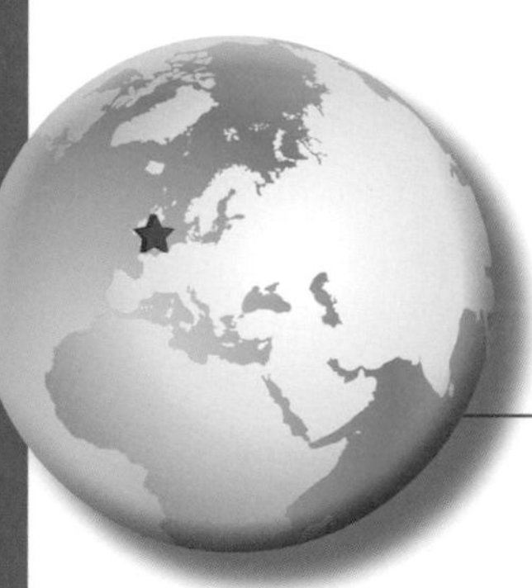

起源與歷史

蹲獵犬源自早期用於英國各地的獵犬，該名稱「蹲獵」來自此品種的狩獵風格：牠們會緩慢地並像貓一般，瞄準目標爬向獵物，肩膀甚至會向下沉一點。現代英國蹲獵犬的發展可歸功於英格蘭十九世紀中期的愛德華・拉弗拉克（Edward Laverack）和普賽爾・勒維林（Purcell Llewellin）。拉弗拉克認為外觀很重要，而他那群帥氣的「拉弗拉克們」（譯注：此指蹲獵犬）現今皆為展場的最佳主角們。他也對他的蹲獵犬們進行野外測試，讓牠們不單只有漂亮的臉蛋。另一方面，勒維林主要是對狩獵感興趣，因此做了改良，將較快速的拉弗拉克犬帶入一些戈登蹲獵犬和愛爾蘭蹲獵犬的特性。「勒維林」品系在美國成為野外測試獲勝者的同義詞；事實上，牠們已眾所周知，有些人將勒維林蹲獵犬視為一個品種。

現今的英國蹲獵犬在展示型和狩獵型上仍顯示出差異，展示型更加優雅，被毛也較厚重。由於展示型的育種者對狩獵能力感興趣，因此牠們變得愈來愈活躍，也更具競爭力，在狩獵測試或野外測試中皆有所表現，這隻迅速又能幹的獵鳥犬能夠不遜於他人地帶回鳥隻。

個性

英國蹲獵犬溫和彬彬有禮，平靜友善，喜愛撒嬌，也希望主人有所回饋。孩子們是牠最喜歡的玩伴之一。當牠正在玩耍、狩獵或者去散步時，牠的熱情一湧而現。只要回到家中，就會安靜下來，使他也成為一個非常合適的家庭犬。牠喜歡挖掘和遊蕩，做任何事情都是全神貫注。

速查表

適合小孩程度	梳理
適合其他寵物程度	忠誠度
活力指數	護主性
運動需求	訓練難易度

照護需求

運動

待在室內就很安靜，走到戶外就變得調皮喧鬧，英國蹲獵犬特愛長時間散步，以及在鄉村或城市間度過一段美好的時光。

飲食

英國蹲獵犬需要高質量適齡的飲食。如果在田野間工作，牠會需要更多的食物補充能量。

梳理

英國蹲獵犬長長的羽狀被毛需要定期刷理，防止污垢和打結。應定期檢查牠的耳朵，以免受到感染。

健康

英國蹲獵犬的平均壽命為十至十二年，品種的健康問題可能包含耳部感染、遺傳性眼盲，以及髖關節發育不良症。

訓練

英國蹲獵犬渴望討好，但訓練者需要溫和些，因為牠對強硬的態度反應不佳。牠是一隻快樂、外向的狗，喜歡並需要從幼犬時期開始學習社會化。

英國牧羊犬 English Shepherd

品種資訊

原產地
美國

身高
公 19-23 英寸（48.5-58.5 公分）／
母 18-22 英寸（45.5-56 公分）

體重
公 45-60 磅（20.5-27 公斤）／
母 40-50 磅（18-22.5 公斤）

被毛
雙層毛，外層毛長、直或呈波浪狀、中等粗糙、厚、有光澤，底毛柔軟、細緻

毛色
黑棕褐、三色（黑、白和棕褐）、深褐白、黑白｜亦有棕褐白 [UKC]

註冊機構（分類）
ARBA（畜牧犬）；UKC（畜牧犬）

起源與歷史

英國牧羊犬的直系祖先是看顧牛羊的狗，在西元前 55 年，伴隨凱撒（Caesar）和他的軍隊前往不列顛群島。接著，英國牧羊犬與早期的開拓者來到了美國，成為這些家庭中不可或缺的成員，因為他們確實也需要一隻全能的農場犬──工作者、保護者和玩伴。雖然牠被稱為英國牧羊犬，但牠其實是一隻美國品種，在美國發展成現今的樣貌。美國農民利用老式蘇格蘭牧羊犬、邊境牧羊犬以及其他工作犬的雜交，培育出英國牧羊犬。多年以來，牠被稱為「農場牧羊犬」，而牠現在的名稱是為了與其他類型的牧羊犬區分開來。牠並沒有特意被宣傳或者被當作展示犬，但是牠的聲譽通過口碑傳播，就是單純的一隻工作犬。與「眼神強勁」的邊境牧羊犬相反，牠們是「眼神鬆散」的牧羊犬，並且能夠獨立或在指導下有很好的工作表現。

個性

英國牧羊犬是隻平靜、穩定且敏銳的全能犬，這樣特質使牠成為一隻很好的看門犬。牠很積極、堅強也耐寒，是位忠誠友善的家庭成員，或不可缺，也是一隻多功能的工作犬。牠對小孩很好，會幫助他們拉車、學習走路，並在他們爭吵時擔任裁判。

照護需求

運動

英國牧羊犬認為家人是生命的一切，牠的運動量也取決為家人的需求，無論是看管一個大農場，還是長時間散步。沒有足夠的運動量和精神刺激，這個聰明的品種會感到十分無聊而變得有破壞性。

飲食

英國牧羊犬是一名饕客，需要高品質的飲食。

速查表

適合小孩程度	梳理
適合其他寵物程度	忠誠度
活力指數	護主性
運動需求	訓練難易度

梳理

該品種擁有厚實的長毛，需要經常梳理。

健康

英國牧羊犬的平均壽命為十二至十五年，品種的健康問題可能包含肘關節發育不全以及髖關節發育不良症。

訓練

英國牧羊犬是一隻聰明的狗，能夠輕鬆快速地學習。牠的多功能性使牠成為一名有價值的工作犬，只要牠在身邊，都能夠帶來歡樂。

史賓格犬 English Springer Spaniel

速查表

適合小孩程度

適合其他寵物程度

活力指數

運動需求

梳理

忠誠度

護主性

訓練難易度

品種資訊

原產地

英格蘭

身高

公 20 英寸（51 公分）／母 19 英寸（48.5 公分）｜ 20 英寸（51 公分）[ANKC] [FCI] [KC]

體重

公 50 磅（22.5 公斤）／母 40 磅（18 公斤）｜ 40-50 磅（18-22.5 公斤）[UKC] ｜取決於其他特點 [CKC]

被毛

雙層毛，外層毛中等長度、直、耐候；適量的羽狀飾毛，底毛短、柔軟、濃密｜亦有波浪狀毛 [AKC] [CKC] [UKC]

毛色

黑白、肝紅白、三色（肝紅白或黑，以及白色帶棕褐色斑紋）｜亦有藍色或肝紅雜色 [AKC] [CKC] [UKC]

註冊機構（分類）

AKC（獵鳥犬）；ANKC（槍獵犬）；CKC（獵鳥犬）；FCI（驅鳥犬）；KC（槍獵犬）；UKC（槍獵犬）

起源與歷史

英國的驅鳥獵犬通常都會被稱為「彈跳」（springing）獵犬，因為牠們習慣從掩護中「彈出」來捉取獵物。這些狗以大小做區分，即便是同一窩的幼犬。最小的為可卡犬，中型的為田野獵犬，最大型的則是史賓格犬。這樣的作法導致諸多混亂，同一隻狗可能這一年被註冊為「田野獵犬」，但次年因為長大而變成「史賓格犬」。最終，在十九世紀後期，這些品種被完全地區分開來，並且禁止不同品種雜交。英國史賓格犬在 1900 年獲得正名，並於 1902 年在英國獲得正式品種的認可。在英國史賓格犬野外狩獵測試協會（ESSFTA）的指導下，該品種不久後在美國獲得認可。

現今有兩個類型的英國史賓格犬，儘管牠們往往被視為同一種：狩獵型和展示型。狩獵型被育種為更高能量的工作犬，身上有更多的白色。展示型則較為結實、耀眼，身上有較多的肝紅色或黑色。

個性

典型的英國史賓格犬很像牠的表親英國可卡犬，牠很快樂、親人、好玩，是隻多才多藝的小可愛。牠很聰明、性情平和，學習快速，是位值得尊敬的夥伴。牠喜歡游泳，經常會被水吸引，無論是湖泊的水還是泥濘的水坑。史賓格犬對小孩以及大多數的動物都很友善，不過有時候牠對於自己喜愛的人具有佔有欲。那是因為牠跟家人關係很密切，因此當牠獨處時會覺得很難受，也可能會產生惱人的吠叫問題。

照護需求

運動

對於史賓格犬來說，愈多運動愈好。牠很願意隨時隨地陪伴在主人身邊，這樣會讓牠很開心，只要能夠參與家人的活動，要牠從被窩起床都沒有問題。為了滿足牠身身心上的需求，每天必須要輕鬆地散步數次。

飲食

英國史賓格犬需要高品質的飲食。這個品種容易增重，因此不要過度餵食。

梳理

史賓格犬細緻的被毛需要經常梳理和注意。牠耳朵和四肢上的羽狀飾毛必須要保持乾淨，不要讓它打結。應該要經常檢查牠的耳朵是否有感染跡象，偶爾也需要洗澡才能保持乾淨的白色毛。

健康

史賓格犬的平均壽命為十二至十四年，品種的健康問題可能包含耳部感染、癲癇、髖關節發育不良症、磷酸果糖激酶（PFK）缺乏症，以及犬漸進性視網膜萎縮症（PRA）。

訓練

你要求什麼，史賓格犬都會做到，而且很快就能跟上訓練的節奏。這隻愛運動的品種喜歡學習任何事物，並且可以參與像是狩獵、追蹤、敏捷、服從、飛球、自由式，以及其他飼主可能想嘗試的任何運動。如果能夠從幼犬時期讓牠與各式各樣的人與動物來往，隨著牠長大就能夠看到社會化的好處了。

英國玩具獵狐犬 English Toy Spaniel

速查表

適合小孩程度

適合其他寵物程度

活力指數

運動需求

梳理

忠誠度

護主性

訓練難易度

品種資訊

原產地

大不列顛

身高

大約 10 英寸（25.5 公分）[估計]

體重

8-14 磅（3.5-6.5 公斤）[估計]

被毛

量多、長、直或略呈波浪狀、絲滑、有光澤；豐厚的毛邊和羽狀飾毛；有鬃毛

毛色

布倫海姆（紅白色）、查理斯王子（三色：白、黑和棕褐）、查理斯王（黑棕褐色）、紅寶石（濃赤褐紅色）

其他名稱

查理斯王小獵犬（King Charles Spaniel）

註冊機構（分類）

AKC（玩賞犬）；ANKC（玩賞犬）；CKC（玩賞犬）；FCI（伴侶犬及玩賞犬）；KC（玩賞犬）；UKC（伴侶犬）

起源與歷史

自從有了小獵犬以後，玩賞犬就開始佔據我們的大腿，溫暖我們的心。在英格蘭和歐洲，如此小巧的體積配上迷人獵犬的個性讓牠在寵物界內的名聲居高不下。現存的蹲獵犬體型愈來愈小（可能使用了其他小型犬來交配），但這些小伴侶犬基本上是小型化的槍獵犬。直到十九世紀，這個品種的特徵，像是縮短的鼻口、半球形的頭部和突出的眼睛才被認可，也逐漸有更多人欣賞。多年來，這些玩賞犬被稱為「棉被」，因為牠們不僅是很棒的伴侶，更是暖手暖腳器！國王查理二世非常喜歡這些快樂的狗，因此塞繆爾．皮普斯（Samuel Pepys）在十七世紀時寫下這樣的評論：「我只有觀察到，國王一直在玩弄他的狗，而不在意他的生意。」這位虔誠的國王很快地就讓小狗冠上他的名字，成為查理斯王小獵犬，而他們至今仍然使用

這個名字，但在北美地區，他們稱其為英國玩具獵狐犬。牠們的顏色甚至冠上皇室名稱：最受歡迎的是黑棕褐色，被稱為「查理斯王」；三色則是「查理斯王子」；紅白色是「布倫海姆」（以馬爾博羅公爵的莊園命名）；純紅色則是「紅寶石」。

個性

這隻玩具小獵犬（被愛好者暱稱為「查理斯」）擁有其同名大人物的討喜特質：對生命的熱忱、愛撒嬌的天性以及對家人的熱情。牠天生就表現良好又很安靜，並且以玩賞犬而言牠的要求不多，不過對牠來說在人類身邊很重要。雖然牠在主人身邊時很歡樂也愛社交，不過面對陌生人時牠會感到害羞，但只要對待牠時帶有好意及尊重，牠很快就能夠克服害羞感。

照護需求

運動

英國玩具獵狐犬善於交際，時常期待著出遊，也珍惜每次出遊的機會，只是你會發現腳下有一團毛球蹦蹦跳跳的。牠十分有趣，喜歡和各個年齡層的人一起玩。

飲食

查理斯會挑食，需要高品質、適合體型的飲食。

梳理

查理斯細緻絲滑的被毛和羽狀飾毛近乎及地，必須經常梳洗。鼻子、嘴巴和眼睛周圍皮膚的褶皺也需要小心注意，因為這些溫暖又濕潤的部位容易受到感染。

健康

英國玩具獵狐犬的平均壽命為十至十二年，品種的健康問題可能包含白內障、耳部感染、青光眼、二尖瓣疾病（MVD）、膝蓋骨脫臼，以及開放性動脈導管（PDA）。

訓練

英國玩具獵狐犬天生表現良好，也是位很好的聽眾，所以牠們幾乎沒有訓練問題，只是有時候牠們會小小調皮一下，家庭訓練可能會是一個挑戰。為了儘量減少內向的問題，早期社會化很重要。

英國玩具㹴（黑褐）English Toy Terrier（black and tan）

品種資訊

原產地
英格蘭

身高
10-12 英寸（25-30 公分）

體重
6-8 磅（2.5-3.5 公斤）

被毛
厚、緊密、有光澤

毛色
黑棕褐色

其他名稱
黑褐㹴（Black and Tan）

註冊機構（分類）
ANKC（玩賞犬）；ARBA（伴侶犬）；FCI（㹴犬）；KC（玩賞犬）

起源與歷史

英國玩具㹴（黑褐㹴）的起源可以追溯到十九世紀英格蘭的黑褐色捕鼠㹴犬。這些狗對生活在新興工業地區以及農場和帆船上的人們而言最有價值，因為這些地方常常有鼠患。有些人對於自己㹴犬的捕鼠能力感到非常驕傲，因此會把㹴犬們丟進「鼠坑」，看哪一隻㹴犬能夠在最短的時間內殺死最多老鼠。令人欣慰的是，這樣的活動已經被法律禁止，但飼養㹴犬的潮流還是沒有退燒。曾經有一段時間，人們努力改良牠的身形，使牠變得愈來愈小，這有損該品種，但這也都過去了。現今的英國玩具㹴十分健壯活潑，外觀優雅和諧。儘管近年來牠在原產地的人氣有所下降，但專業的育種員正試圖保護該品種。

英國玩具㹴與玩具曼徹斯特㹴（曼徹斯特㹴的小品種）經常被搞混。事實上，牠們確實源自同一個品種。然而，大約在二十世紀中葉，牠們開始往不同方向發展。這兩種體型的曼徹斯特㹴（玩具型和標準型）在美國允許品種間的雜交，但在英國不被允許。因此，英國玩具㹴發展成較小型的狗，頭部比玩具曼徹斯特㹴更短，並且被認為是獨立品種。

個性

英國玩具㹴是一隻粗獷大膽的玩賞犬。牠有敏銳的聽力，不眠不休的警覺心，但從不過度緊張。牠活潑、深情，會回應自己的主人。

照護需求

運動

牠喜歡散步，可以在小空間中滿足牠的運動需求。

飲食

有些英國玩具㹴很挑食，需要餵食適合體型的高品質飲食。

速查表

適合小孩程度	梳理
適合其他寵物程度	忠誠度
活力指數	護主性
運動需求	訓練難易度

梳理

牠光滑的短毛很容易保持乾淨，偶爾使用軟毛刷以及梳毛手套梳理，再用軟布擦拭。

健康

英國玩具㹴的平均壽命為十二至十四年，品種的健康問題可能包含膝蓋骨脫臼。

訓練

英國玩具㹴在耐心和持續的訓練下學習力最佳，只要是牠認為可以信任的人，牠會樂於服從指令。

安潘培勒山犬 Entlebucher Mountain Dog

品種資訊

原產地
瑞士

身高
公 17.5-19.5 英寸（44-50 公分）／母 16.5-19 英寸（42-48 公分）／ 15.5-19 英寸（40-50 公分）
[CKC] [UKC]

體重
55-65 磅（25-29.5 公斤）

被毛
雙層毛，外層毛短、緊貼、粗糙、有光澤，底毛濃密

毛色
三色（黑、白和棕褐；黑、白和黃）；棕色、白色、黃色斑紋｜亦有純黑 [AKC]

其他名稱
Entelbuch Mountain Dog；Entelbucher Cattle Dog；Entlebucher；Entlebucher Mountain Dog；Entlebuch Cattle Dog；Entlebuch Mountain Dog；Entlebucher Sennenhund

註冊機構（分類）
AKC（FSS：畜牧犬）；ARBA（畜牧犬）；CKC（工作犬）；FCI（瑞士山犬及牧牛犬）；KC（工作犬）；UKC（護衛犬）

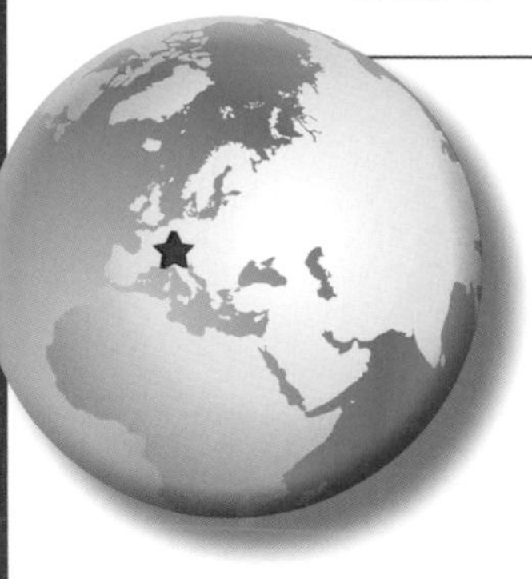

起源與歷史

安潘培勒山犬源自瑞士的恩特勒布赫（Entlebuch），是四種瑞士山犬中體型最小的，其他還包括阿彭策爾山犬、伯恩山犬以及大瑞士山地犬。「Sennenhund」的意思是「阿爾卑斯山牧人的狗」，而牧人們會讓平毛短尾的安潘培勒山犬驅趕牲畜到市集裡。直到二十世紀初，安潘培勒山犬都沒有與阿彭策爾山犬區分開來。然而，在阿爾伯特．海姆教授（Albert Heim）和柯伯勒博士（B. Kobler）的努力下，該品種開始被推廣，並於 1926 年成立了瑞士安潘培勒牧牛犬協會（Swiss Club of Entlebuch Cattle Dogs）。安潘培勒山犬多年來發展緩慢，在原產地有一些愛好者，因為其萬用性和可愛性而備受讚賞。

個性

安潘培勒山犬是一隻有保護性但不具侵略性的品種。牠勇敢和警覺且讓人感到愉悅，是一隻很棒的家庭犬。雖然牠們獨立有自信，但也忠實於自己的主人。牠們熱愛人類，對其他狗和動物也很友善。

速查表

適合小孩程度	梳理
適合其他寵物程度	忠誠度
活力指數	護主性
運動需求	訓練難易度

照護需求

運動

健壯的安潘培勒山犬喜歡在做工作時鍛鍊身體，比如拉車或為了某種運動而做訓練。牠喜歡在戶外活動，不管是遠足或在城市中漫步，牠都很享受。

飲食

安潘培勒山犬享受牠們的食物。如果可以的話，會傾向讓牠胖一點。牠們需要高品質、適齡的飲食。

梳理

安潘培勒山犬很好照顧，只需要偶爾梳理一下即可。牠會換毛，但量不多。

健康

安潘培勒山犬的平均壽命為十至十二年，品種的健康問題可能包含髖關節發育不良症以及犬漸進性視網膜萎縮症（PRA）。

訓練

安潘培勒山犬能夠融入家庭生活，也很樂意接受訓練學習的機會。牠非常聰明，學得很快，但因其獨立特質，牠需要一位優秀的領導者以及持續的訓練，最好是積極一點的方式。

藍色匹卡迪檔獵犬 Epagneul Bleu de Picardie

品種資訊

原產地
法國

身高
公 22.5-23.5 英寸（57-60 公分）／母犬較小

體重
大約 45 磅（20.5 公斤）[估計]

被毛
扁平或略呈波浪狀；有羽狀飾毛

毛色
斑駁的灰黑色，形成藍色調帶黑色斑塊

其他名稱
Blue Picardy Spaniel；Épagneul Blue de Picardie

註冊機構（分類）
CKC（獵鳥犬）；FCI（指示犬）；UKC（槍獵犬）

起源與歷史

法國皮卡第的獵犬包括匹卡迪檔獵犬和藍色匹卡迪檔獵犬，兩者皆與法國獵犬有密切關係，並且都是以法國開發地，索姆河灣附近的皮卡第（Picardy）命名。這裡是一個重要的水禽狩獵地，法國人因此培育出在最苛刻且困難的條件下，擅長搜尋和尋回獵物的獵犬。皮卡第成為英國人最喜愛的狩獵場所，也時常帶他們的蹲獵犬一起狩獵。這些英國蹲獵犬（可能為戈登蹲獵犬）與匹卡迪檔獵犬雜交，創造出藍色匹卡迪檔獵犬。牠的斑駁被毛與匹卡迪檔獵犬不同，在 1920 年代被公認為獨立品種，儘管除了顏色之外，牠們幾乎一模一樣。藍色匹卡迪檔獵犬的專長是在沼澤地區狩獵鷸（一種涉禽）。

個性

藍色匹卡迪檔獵犬是一名優雅、功能強大、勤奮的狩獵者，而且很渴望取悅牠的主人。牠是一隻溫和的品種，喜歡受到家人的關注和寵愛。儘管牠善於社交，對人和其他動物也很友善，但牠很警覺，並會在陌生人接近時發出警告。

速查表

適合小孩程度	梳理
適合其他寵物程度	忠誠度
活力指數	護主性
運動需求	訓練難易度

照護需求

運動

如同大多數的獵犬，藍色匹卡迪檔獵犬需要大量的運動來消除多餘的能量，每天至少需要一小時的運動。只要牠能夠使用天生的尋回能力，牠就會感到心滿意足。

飲食

牠需要適合其活動量與生活方式的適齡飲食。

梳理

藍色匹卡迪檔獵犬厚實的被毛會換毛，所以需要定期梳理。牠身上的羽狀飾毛也需要注意，防止污垢和打結。牠的耳朵不像牠親戚那般沉重，但仍然必須經常檢查以防止受到感染。

健康

藍色匹卡迪檔獵犬的平均壽命為十至十五年，根據資料並沒有品種特有的健康問題。

訓練

這是一隻隨和的狗，很樂意接受訓練，正向且鼓勵的方法對這個品種最有效。

匹卡迪檔獵犬 Epagneul Picard

品種資訊

原產地
法國

身高
21.5-23.5 英寸（55-60 公分）

體重
大約 44 磅（20 公斤）[估計]

被毛
略呈波浪狀、濃密、不過於絲滑

毛色
灰色斑駁帶棕色斑塊；棕褐色斑紋

其他名稱
Epagneul Picard；Picardy Spaniel

註冊機構（分類）
ARBA（獵鳥犬）；FCI（指示犬）；
UKC（槍獵犬）

起源與歷史

法國皮卡第的獵犬包括匹卡迪檔獵犬和藍色匹卡迪檔獵犬。匹卡迪檔獵犬是較古老的品種，與法國獵犬有密切的關係。牠的名字是以法國開發地，索姆河灣附近的皮卡第（Picardy）命名。這裡是一個重要的水禽狩獵地，法國人因此培育出在最苛刻且困難的條件下，擅長搜尋和尋回獵物的獵犬。

在 1920 年代，匹卡迪檔獵犬與藍色匹卡迪檔獵犬被區分為不同品種，儘管除了顏色之外，牠們幾乎一模一樣。匹卡迪檔獵犬的數量在二十世紀中葉時逐漸減少，但後來法國的獵人對此品種重新燃起興趣，使牠免於滅絕。匹卡迪檔獵犬在沼澤中捕捉鴨子的表現非常出色，也能夠在野外或樹林中獵捕其他鳥類及動物，表現同樣卓越。

個性

牠的狩獵風格聚集了兩種類型（獵犬和蹲獵犬）的精髓，牠的個性也結合兩者的溫柔與彈性，是一隻享受生活的獵犬。牠在野外非常勇敢，但在家裡脾氣溫和馴服。牠個性溫馴，對每個人都友善，並且熱愛戶外活動。

速查表

項目	評分	項目	評分
適合小孩程度	●●●●●	梳理	●●●○○
適合其他寵物程度	●●●●●	忠誠度	●●●○○
活力指數	●●●●○	護主性	●●○○○
運動需求	●●●●●	訓練難易度	●●●●●

照護需求

運動

這個天生為獵犬的品種，每天需要輕快地散步數次才能滿足牠的運動需求。在街坊周圍散步無法滿足這隻活躍的狗，因為牠需要大量的運動，最好能去尋找獵物。

飲食

匹卡迪檔獵犬很愛吃，任何食物都可以。因此，牠們的食物攝取量必須被監控，以免過度發胖。在牠們青壯年期，牠們會消耗大量的能量，因此需要最高品質的飲食，以確保牠們獲得所需的營養。

梳理

匹卡迪檔獵犬厚實的被毛會換毛，所以需要定期梳理。牠身上的羽狀飾毛也需要注意，防止污垢和打結。牠的耳朵不像牠親戚那般沉重，但仍然必須經常檢查以防止受到感染。

健康

匹卡迪檔獵犬的平均壽命為十至十五年，根據資料並沒有品種特有的健康問題。

訓練

訓練這隻溫順隨和的狗是一種樂趣。牠很聰明，並且渴望取悅，也期待飼主給與指令，這樣會讓訓練變得很輕鬆。

蓬托德梅爾獵犬 Epagneul Pont-Audemer

品種資訊

原產地
法國

身高
20.5-23 英寸（52-58 公分）

體重
40-53 磅（18-24 公斤）[估計]

被毛
捲、略為蓬鬆

毛色
棕色，斑駁的棕灰色帶枯葉色毛邊為最佳

其他名稱
Epagneul de Pont-Audemer；Pont-Audemer-Spaniel；Spaniel de Pont-Audemer

註冊機構（分類）
FCI（指示犬）；UKC（槍獵犬）

起源與歷史

這隻工作獵犬起源於十九世紀法國西北部的歐德梅爾橋地區。牠擅長水上作業，據說其祖先可以追溯到貴賓犬／巴貝犬，雖然一定有與其他法國獵犬以及英國和愛爾蘭水獵犬雜交。這隻狗不僅擅長在沼澤中尋找鴨子，牠也是一隻很好的指示犬，可以找到其他獵物。第二次世界大戰後，僅剩下少數的蓬托德梅爾獵犬，因此必須與愛爾蘭水獵犬雜交，以防止該品種走向滅絕。儘管牠是一隻純熟的獵犬，但牠在原生地諾曼底和皮卡第並不出名，甚至在這些地方少之又少。在 1980 年代，法國皮卡第獵犬協會擔起該品種的責任，並致力於保護牠。

個性

蓬托德梅爾獵犬是一隻卓越的水犬，能在沼澤中捕捉鴨子，但也是隻出色的指示犬及獵犬。牠具有典型獵犬溫和深情的個性，在主人面前調皮的程度讓牠被暱稱為「le petit clown des marais」（沼澤地的小丑）。

照護需求

運動

蓬托德梅爾獵犬是一個耐勞的品種，需要大量的運動，通常是狩獵和在沼澤中工作。

飲食

蓬托德梅爾獵犬需要高品質的飲食。

速查表

適合小孩程度	梳理
適合其他寵物程度	忠誠度
活力指數	護主性
運動需求	訓練難易度

梳理

蓬托德梅爾獵犬厚實、微捲的被毛需要每週梳理，以保持乾淨整潔。

健康

蓬托德梅爾獵犬的平均壽命為十至十四年，根據資料並沒有品種特有的健康問題。

訓練

蓬托德梅爾獵犬反應佳、學習快速，善於接受訓練。牠天生是一名獵犬和尋回犬，並不需要太多的指導。

愛沙尼亞獵犬 Estonian Hound

品種資訊

原產地
愛沙尼亞共和國

身高
18-21 英寸（45.5-53.5 公分）[估計]

體重
33-44 磅（15-20 公斤）[估計]

被毛
短、粗糙、厚、有光澤、濃密 [估計]

毛色
黑棕褐色、棕褐色鞍型斑 [估計]

其他名稱
Gontchaja Estonskaja

註冊機構（分類）
UKC（嗅覺型獵犬）

起源與歷史

愛沙尼亞共和國位於北歐的波羅的海地區。在二十世紀初期，大型且快速的獵犬在狐狸和野兔的獵區，開始大量攻擊原先數量充足的野生山羊。因此，愛沙尼亞獵人需要一隻體型更小、更低調的獵犬，可以追蹤小型獵物，但無法跟上山羊。他們將最小隻的獵犬與米格魯雜交來縮小體型，並且得到足以度過雪季的發達四肢；接著也與瑞士荷蘭獵犬（Swiss Neiderlaufhunds）交配，帶來天籟般的聲線、堅持不懈的追蹤能力以及早熟度；最後，為了得到更好的耐力而與獵狐犬雜交。到了 1954 年，該品種正式被引進，品種標準也被承認。愛沙尼亞獵人以及前蘇聯的獵人們都熱烈地歡迎這個品種。在 1957 年的莫斯科犬展上，愛沙尼亞獵犬獲得了特別獎，而創始人也獲得一枚金牌，大家對於愛沙尼亞的育種者都讚不絕口。

個性

據說愛沙尼亞獵犬在一歲生日前，就已經準備去狩獵了。基於不同品種的貢獻，使牠成為一隻既熱情又堅定的獵犬，能夠整天高興地狩獵，晚上則是在床上一覺好眠。牠的體型使牠適合小型的生活空間，而因為牠天生對陌生人帶有警覺心，使牠成為一名優秀看門犬。

照護需求

運動

小型敏捷的愛沙尼亞獵犬需要大量運動，牠很有耐力，並且在從事狩獵工作時感到特別高興。

飲食

愛運動的愛沙尼亞獵犬需要高品質的飲食。

速查表

適合小孩程度 ●●●●○	梳理 ●○○○○
適合其他寵物程度 ●●●●○	忠誠度 ●●●●○
活力指數 ●●●●○	護主性 ●●●●○
運動需求 ●●●●●	訓練難易度 ●●○○○

梳理

愛沙尼亞獵犬的短毛很容易照顧，只需要用梳毛手套就能保持其光澤。

健康

愛沙尼亞獵犬的平均壽命為十二至十五年，根據資料並沒有品種特有的健康問題。

訓練

愛沙尼亞獵犬天生就會捕捉小型動物，如果要讓牠轉移注意力，這件事情必須要讓牠感興趣。牠愛撒嬌，與其他人和動物都相處得很好。早期的社會化很重要。

埃什特雷拉山犬 Estrela Mountain Dog

速查表

適合小孩程度

適合其他寵物程度

活力指數

運動需求

梳理（長毛）

梳理（短毛）

忠誠度

護主性

訓練難易度

品種資訊

原產地
葡萄牙

身高
公 23.5-28.5 英寸（65-72 公分）／
母 24.5-27 英寸（62-68 公分）

體重
公 88-110 磅（40-50 公斤）／
母 66-88 磅（30-40 公斤）

被毛
兩種類型：長毛型的外層毛扁平或略呈波浪狀、稍微粗糙、厚、緊密，底毛濃密；有羽狀飾毛；有環狀毛／短毛型的外層毛短、稍微粗糙、厚，底毛較短、濃密

毛色
虎斑、淺黃褐色、狼灰色、黃色；
白色斑紋；深色面罩

其他名稱
Cão da Serra da Estrela；Serra da Estrela Mountain Dog

註冊機構（分類）
AKC（FSS：工作犬）；ARBA（工作犬）；
FCI（獒犬）；KC（畜牧犬）；
UKC（護衛犬）

起源與歷史

葡萄牙中部的埃什特雷拉山脈是這個古老品種的起源地。夏季時，從十月到三月之際，牧羊人會將羊群從高海拔的埃什特雷拉平原遷移至較低海拔地區。這些葡萄牙牧羊犬就如西班牙的牧羊犬一樣，幾百年以來都是循著同樣的路線放牧，身邊總是有守衛羊群的狗。富有的地主偶爾會心血來潮徵收一些狗作為土地護衛犬。這些狗往往比較大型，隨著羊群的銳減以及生活方式的改變，支援線上會以較大型的狗為主。

埃什特雷拉山犬的第一個正式品種標準編寫於 1930 年。在 1970 年之前，該品種的人氣起起伏伏，直到大革命之後，大家對葡萄牙本土品種重拾興趣，才帶來埃什特雷拉山犬的復興潮流。牠不僅在原生地大受歡迎，在鄰國也受到相同的待遇。每年在埃什特雷拉山脈地區，飼養者們會同聚於「concursos」（一個小型專業展）來討論他們的狗。該品種在 1974 年引入英國，1998 年首次正式進口到美國。

個性

身為一隻大型犬，埃什特雷拉山犬是任何掠奪者的強大對手。幸運的是，牠並不需要面對生死攸關的關頭。牠很冷靜但無所畏懼，並會毫不猶豫地對任何威脅做出反應，使牠成為一名特殊的守護犬。牠很聰明、忠誠，深愛著牠所認識的人，但對陌生人則保持警戒。牠會出自於本能保護家中任何孩子，但牠需要儘早和持續性地接受社會化訓練，以便能夠放心地讓牠在小型寵物和其他狗身邊活動。

照護需求

運動

只要能夠認真的工作，埃什特雷拉山犬就能夠心滿意足，最好能夠在戶外巡邏。相反地，如果沒有工作，牠就會需要長時間散步和運動。

飲食

埃什特雷拉山犬可能會挑食，數個世紀以來，牠們都跟牧羊人吃同樣的食物。牠們需要高品質的飲食來保持健康，有些飼主難以讓牠維持在足夠的體重。

梳理

平毛型和長毛型都有厚實的軟毛，而且會常換毛。牠們需要頻繁地梳理，至少每週一次，以保持良好的狀態。

健康

埃什特雷拉山犬的平均壽命為十至十四年，品種的健康問題可能包含肘關節發育不全以及髖關節發育不良症。

訓練

從幼犬時期開始訓練和社會化很重要，以便培養埃什特雷拉山犬面對任何狀況。這個性格獨立的品種需要持續的訓練以及前後一致的領導。牠會習慣性吠叫。

歐亞犬 Eurasier

品種資訊

原產地
德國

身高
公 20.5-23.5 英寸（52-60 公分）／母 19-22 英寸（48-56 公分）

體重
公 50.5-70.5 磅（23-32 公斤）／母 39.5-57.5 磅（18-26 公斤）

被毛
雙層毛，外層毛中等長度、粗糙、鬆散，底毛厚

毛色
所有顏色和顏色組合，除了純白、白色斑塊、肝紅色｜僅黑色、淺黃褐色、紅色、深褐色、狼灰色；黑色斑紋 [AKC]

其他名稱
Eurasian

註冊機構（分類）
AKC（FSS：家庭犬）；ANKC（家庭犬）；ARBA（狐狸犬及原始犬）；CKC（工作犬）；FCI（狐狸犬及原始犬）；KC（萬用犬）；UKC（北方犬）

起源與歷史

歐亞犬是 1960 年代所培育出來的現代品種。德國韋因海姆的朱利尤斯．維普費爾（Julius Wipfel）想要一隻大型而獨特的狐狸犬，不但要保留典型狐狸犬的智慧、獨立性以及鮮明的色澤，還要更加溫柔以及擁有更溫和的脾氣。因此，維普費爾從一群德國的荷蘭毛獅母犬（凱斯犬）開始，牠們會受到重視是因為牠們健康、長壽又深愛著家人。接著，他讓荷蘭毛獅犬與鬆獅犬雜交，因為後者雖然親人卻也因冷靜、獨立且忠誠的本性而聞名。維普費爾於 1966 年將他的新品種稱為「毛獅鬆犬」（Wolf-Chow），並成立了毛獅鬆犬育種協會（Kynologische Zuchtgemeinschaft fuer Wolf-Chow-Polarhunde），後來改名為歐亞犬協會（Eurasier-Klub e.V., Sitz Weinheim）。由於近親繁殖的問題，維普費爾希望為他的新品種引入新的血統，因而與薩摩耶雜交，為毛獅鬆犬添加薩摩耶的活力與親人天性。世界畜犬聯盟（FCI）於 1973 年認可了該品種，並將名稱改為歐亞犬，以反映歐

洲和亞洲狐狸犬中最優秀的品種。牠在歐洲很多地方很受歡迎，但在這塊陸地之外就鮮人為知。

速查表

適合小孩程度	梳理
適合其他寵物程度	忠誠度
活力指數	護主性
運動需求	訓練難易度

個性

歐亞犬是一隻聰明、脾氣溫和、友善而且很冷靜的狗，天生充滿警戒心。牠並不膽怯，也不會咄咄逼人，但牠對陌生人漠不關心。然而，在家中，牠深情、慈愛和忠誠。事實上，牠希望能夠一直都在家人身邊。如果讓牠獨自一人的話，牠會感到非常痛苦。

照護需求

運動

歐亞犬是育種為家庭寵物，不需要大量的運動，但牠必須每天散步和給牠玩耍的時間來滿足牠的需求。

飲食

歐亞犬需要高品質、適齡的飲食。

梳理

歐亞犬的厚毛需要每週梳理一次，以防止變得黯淡粗糙。在季節性換毛時期，更是要頻繁地梳理。

健康

歐亞犬的平均壽命為十至十三年，根據資料並沒有品種特有的健康問題。

訓練

歐亞犬對嚴厲的訓練方法反應不佳。牠需要一位公平、堅定而且有自信的領導者。如果牠往後需要面對不同的人、新的地方和其他動物，那麼對於這種天生警戒心高的狗來說，就必須從幼犬時期進行社會化訓練。

田野獵犬 Field Spaniel

速查表

適合小孩程度

適合其他寵物程度

活力指數

運動需求

梳理

忠誠度

護主性

訓練難易度

品種資訊

原產地

英格蘭

身高

18 英寸（45.5 公分）｜公 18 英寸（45.5 公分）／母 17 英寸（43 公分）[AKC]

體重

35-55 磅（16-25 公斤）

被毛

單層毛，長度適中、扁平或略呈波浪狀、絲滑、有光澤、濃密、防水；適量的羽狀飾毛

毛色

黑色、肝紅色、雜色；或有白色或棕褐色斑紋｜亦有肝紅金色 [AKC] [CKC] [UKC]

註冊機構（分類）

AKC（獵鳥犬）；ANKC（槍獵犬）；CKC（獵鳥犬）；FCI（驅鳥犬）；KC（槍獵犬）；UKC（槍獵犬）

起源與歷史

幾百年來，獵犬往往都是用來狩獵，小型的用來做伴侶犬，大型的則是在陸地上或水域裡驅趕小型獵物。獵犬其實原本不像眾所周知的那樣，用「品種」做區分，而是按體型大小和牠們所從事的工作來分類。到了十九世紀中葉，隨著犬展的到來，英國愛好者們開始為牠們的獵犬分成不同「類型」，其中包括英國史賓格犬、可卡犬和薩塞克斯獵犬等。早期的田野獵犬是大型黑色可卡犬和各種薩塞克斯獵犬等的後代。田野獵犬幾乎完全是為了十九世紀晚期的犬展所育種出來的，當時還一炮而紅。由於目的並非是為了比賽，只是希望能打動犬展的評審們，後來身形逐漸極端化，變得又長又低。隨著該品種愈來愈受歡迎，健康問題也一一出現，就如花朵一般地盛開凋謝。1920 年代，專職育種者讓田野獵犬恢復正常值，他們的努力也因此得到回饋，讓該品種繼續存在。牠受歡迎的程度不像以往如此高漲，但愛好者們為

此感到高興。

個性

田野獵犬是獵犬中最稀有的，而那些認識牠的人會說牠可能是最甜蜜的獵犬。溫柔友善的田野獵犬是一隻隨和的狗，也深愛著家人，雖然血液中帶著良好的狩獵本能，牠還是能夠配合家人的腳步，隨時隨地就準備好相隨。就算是幼犬時期，牠也不偷懶，反而精力十足，有時候還會調皮搗蛋。牠對陌生人有所保留，應該要從小就進行社會化，盡可能地幫助牠在世界上建立安全感。田野獵犬願意並能夠參加任何活動，從悠閒的狩獵、敏捷賽到治療犬的訓練，但牠也喜歡窩在主人身上，特別是漫長的散步後。

照護需求

運動

田野獵犬最適合定期且頻繁劇烈運動。牠在房子裡溫柔冷靜，但這並非代表牠不需要長時間散步，或者做其他需要出門的活動。

飲食

田野獵犬很享受食物，需要高品質的飲食，讓牠保持健康的體重。

梳理

田野獵犬的被毛有一些羽狀飾毛，需要特別照護，應該時常梳理來保持在最佳的狀態。展示犬的被毛要經常剃毛，以便讓毛髮的生長恰到好處。如同其他獵犬，厚毛的耳朵需要保持清潔以防止受到感染。

健康

田野獵犬的平均壽命為十至十二年，品種的健康問題可能包含耳部感染、髖關節發育不良症，以及甲狀腺問題。

訓練

只要是正向的訓練方式，田野獵犬通常都反應良好，也願意積極服從。牠很敏感，過於嚴厲的口吻會讓牠退避三舍。然而，當牠靈感湧現時，牠會去做任何事情。牠需要從幼犬時期開始做積極的社會化訓練，幫助牠克服害羞的個性，並提升牠的自信心。

巴西菲勒獒犬 Fila Brasileiro

速查表

適合小孩程度

適合其他寵物程度

活力指數

運動需求

梳理

忠誠度

護主性

訓練難易度

品種資訊

原產地

巴西

身高

公 25.5-29.5 英寸（65-75 公分）／
母 23.5-27.5 英寸（60-70 公分）

體重

公至少 100 磅（45.5 公斤）／
母至少 88 磅（40 公斤）

被毛

短、平滑、濃密、緊密

毛色

除了白色的任何純色、鼠灰色、斑塊或花斑；或有黑色面罩｜亦有黑棕褐色，不可藍色 [FCI]

其他名稱

Brazilian Mastiff；Cão de Fila

註冊機構（分類）

ARBA（工作犬）；FCI（獒犬）

起源與歷史

巴西菲勒獒犬最早的紀錄可以追溯到十七世紀，當時巴西的牧場主人住在荒郊野外，需要一個強大的工作犬種，可以追捕大型獵物，護衛家畜和保護財產。菲勒獒犬也是培育來引導半野生牛，牠們通常會咬住一隻耳朵來引導牛轉彎或讓牠停下來。事實上，葡萄牙語「filar」意即「抓住或使安全」。據說，菲勒獒犬流著尋血犬、德國鬥牛犬（bullenbeisser，古代鬥牛犬）、獒犬和阿蘭多雜種犬的血脈。從這些品種中，牠獲得了超凡的追蹤能力、勇氣、韌性、放牧和護衛本能，以及鬆垮的皮膚。由於牠是一個工作犬種，蹲獵犬的特質並非優先考量，而且培育者直到二十世紀才開始正式育種；正式標準設定於 1960 年代。

此品種對牠的家人有絕對的忠誠度，甚至有一句巴西諺語說「如菲勒一樣忠誠」。但正如牠對家人的忠誠是一種極端，牠天生對陌生人充滿不信任感也是如此，或者如巴西標準所述的「ojeriza」（厭惡）。這種侵略性的氣質使牠贏得帶有暴力的名聲，因此導致牠在某些地區被禁止飼養。然而，牠的愛好者相信，透過適當繁殖和負責的飼主，該品種並非是個威脅。

個性

大菲勒獒犬不單只是一隻巨人，牠身具勇氣、警覺心以及護衛的天性，更是忠心不二的品種。只要有任何人事物威脅到自己心愛的家人或農場，牠會毫不猶豫地擊敗他。菲勒獒犬充滿保護性，並且溺愛孩子。如果與其他動物一起飼養，牠也會溫柔地對待牠們。由於菲勒獒犬與家人保有強大的密切關係，社會化對牠而言很重要，盡可能地讓牠多接觸人群。不建議新手飼養此品種，因為需要透過訓練和領導來適當地管理其護衛本能。

照護需求

運動

菲勒獒犬不需要很多運動，但牠會需要感覺自己有用處，是家庭的一部分。牠的運動來自於日常生活，特別是保護自己的家庭和財產。

飲食

菲勒獒犬需要適合其體型和活動量的高品質飲食。

梳理

菲勒獒犬濃密的短毛只需要偶爾用梳毛手套和濕布擦拭即可。

健康

巴西菲勒獒犬的平均壽命為十至十二年，品種的健康問題可能包含胃擴張及扭轉、肘關節發育不良、髖關節發育不良症，以及犬漸進性視網膜萎縮症（PRA）。

訓練

巴西菲勒獒犬被育種為一隻能夠獨立做出攸關生死決定的犬種，牠認真負責，飼主／訓練者必須要懂得並能夠與牠共事，引導出牠最好的一面。牠需要從幼犬開始學習社會化，而且必須持續做這樣的訓練，讓牠身心都處於健康的狀態。

芬蘭獵犬 Finnish Hound

品種資訊

原產地
芬蘭

身高
公 21.5-24 英寸（55-61 公分）／
母 20.5-23 英寸（52-58 公分）

體重
45-55 磅（20.5-25 公斤）[估計]

被毛
雙層毛，外層毛直、粗糙、濃密、緊密，
底毛短、濃密、柔軟

毛色
三色，帶黑色披風，棕褐色位於頭部與
身體其他部位，並有白色斑紋

其他名稱
Finnish Bracke；Suomenajokoira

註冊機構（分類）
FCI（嗅覺型獵犬）；UKC（嗅覺型獵犬）

起源與歷史

芬蘭獵犬的歷史可以追溯到十八世紀。當時，芬蘭獵人想要開發一種獵犬來獵取野兔和狐狸。為了培育芬蘭獵犬，育種者使用了各地區的獵犬，像是法國、德國、瑞士，以及當地的斯堪地那維亞獵犬。牠看起來像一隻大型狐狸，牠的大耳朵很可能來自於德國祖先的禮物。當牠追蹤氣味時決不鬆懈，但與挪威獵犬不一樣的是，牠不習慣拾回獵物，相反地，一旦獵物被定位，牠就會發出一種獨特的嚎叫聲。在牠的原生地芬蘭和瑞典，牠確實是一隻受歡迎的工作犬，但在這些國家以外的地方很少能看見牠的蹤影。

個性

芬蘭獵犬完全是一個狩獵者，個性勤奮、對獵物鍥而不捨。在家中，牠脾氣溫和又愛撒嬌，十分享受與家人共度的時光。牠性格溫和、值得信賴，並且是一位優秀、溫馨的夥伴。

速查表

適合小孩程度	梳理
●●●●●	●○○○○
適合其他寵物程度	**忠誠度**
●●●●○	●●●○○
活力指數	**護主性**
●●●○○	●●○○○
運動需求	**訓練難易度**
●●●●○	●●○○○

照護需求

運動

芬蘭獵犬是一隻活潑的狗，對牠來說用一整天狩獵狐狸和兔子絕對是完美的一天。如果牠不能狩獵，牠也可以長時間散步以及與家人玩耍。需要讓牠在一個安全的地區，放開牽繩讓牠奔跑，並讓牠跟著自己的直覺去搜索尋找。

飲食

芬蘭獵犬具有典型獵犬對食物的熱愛。牠需要高品質的飲食，而且不應該吃太多。

梳理

芬蘭獵犬的短毛需要保持清潔，偶爾用梳毛手套梳理一下。

健康

芬蘭獵犬的平均壽命為十二至十五年，品種的健康問題可能包含髖關節發育不良症。

訓練

芬蘭獵犬對追逐獵物最感興趣，因此氣味往往會分散牠的注意力。訓練牠將專注力轉於其他事情上需要多點耐心和幽默感。能夠堅持下去的話將會產生很好的結果。

芬蘭拉普蘭犬 Finnish Lapphund

品種資訊

原產地
芬蘭

身高
公 18-20.5 英寸（45.5-52 公分）／
母 16-18.5 英寸（40.5-47 公分）

體重
33-53 磅（15-24 公斤）〔估計〕

被毛
雙層毛，外層毛長、量多、直、粗，底毛柔軟、濃密；公犬尤其有大量鬃毛

毛色
所有顏色皆可；或有斑紋｜僅黑色、金黃色、棕色、金色、深棕褐色、白色，皆帶黑色、奶油色、金色、棕褐色、灰色、白色、白棕褐色斑紋；黑色鞍型斑 [AKC]

其他名稱
Lapinkoira；拉普蘭牧羊犬（Lapponian Shepherd Dog）；Suomenlapinkoira

註冊機構（分類）
AKC（FSS：畜牧犬）；ANKC（工作犬）；ARBA（狐狸犬及原始犬）；CKC（畜牧犬）；FCI（狐狸犬及原始犬）；KC（畜牧犬）；UKC（北方犬）

起源與歷史

芬蘭拉普蘭犬與瑞典拉普蘭犬其實有著密切關係，這兩種狐狸犬都起源於拉普蘭，此地區與挪威北部、瑞典、芬蘭和俄羅斯西北部接壤。在該區域生活的半游牧民族薩米部落用牠們來狩獵馴鹿和保護家園。當部落的人開始定居時，這些狗的功能從狩獵變成放牧馴鹿。因此，幾個世紀以來，牠們都堅守在同樣的崗位上，直到馴鹿放牧的需求開始消失。

在 1940 年代，芬蘭的育種者對標準化和保存該品種開始感興趣。在 1945 年，芬蘭育犬協會接受了「拉普蘭牧羊犬」（正如牠最初的命名）的第一個品種標準，長毛型和短毛型皆可。最後，這兩種被毛類型被區分成兩個品種——長毛型為芬蘭拉普蘭犬，而短毛型為拉普蘭畜牧犬。該品種於 1993 年獲得現名。如今仍然可以看到牠工作的身影，雖然多數時候牠被視為重要的伴侶犬。牠現在是芬蘭最受歡迎的品種之一，其知名度在世界各地不斷地上升。

個性

拉普蘭犬內心就是一位牧民，喜歡將家人（和其他任何牠能牧養的人）聚在一起。牠多才多藝，渴望取悅並且學習快速。牠厚重的外層毛可以防止潮濕和寒冷，讓牠準備好接受任何事情。牠勇敢、親切、聰明和順從，難怪拉普蘭犬是芬蘭最受歡迎的品種之一。

速查表

適合小孩程度 ●●●●○	梳理 ●●●○○
適合其他寵物程度 ●●●●○	忠誠度 ●●●●●
活力指數 ●●●○○	護主性 ●●●○○
運動需求 ●●●○○	訓練難易度 ●●●●●

照護需求

運動

拉普蘭犬只要能夠經常鍛鍊身體就能夠茁壯成長。牠個性警惕，也隨時都在準備好的狀態。只要讓牠參與活動，牠都會表現出牠最好的那一面，無論是在主人的農場工作，還是陪伴孩子們放學回家。

飲食

芬蘭拉普蘭犬很愛吃，必須餵高品質、均衡的飲食，以防止過重。

梳理

牠厚重柔軟的底毛會換毛，需要定期梳理，以保持毛髮正常生長，防止打結並讓死毛脫落。如果適當梳理，拉普蘭犬會是一隻俊俏的狗，牠的被毛既防水又能保持恆溫。

健康

芬蘭拉普蘭犬的平均壽命為十二至十六年，品種的健康問題可能包含白內障以及犬漸進性視網膜萎縮症（PRA）。

訓練

拉普蘭犬對飼主的需求很敏感，而且經常在沒有指導的情況下按照他的預期行動。牠很容易訓練，並能在某些活動中表現傑出。

芬蘭獵犬 Finnish Spitz

品種資訊

原產地
芬蘭

身高
公 17-20 英寸（43-51 公分）／
母 15.5-18 英寸（39.5-45.5 公分）

體重
公 26.5-35 磅（12-16 公斤）／
母 15.5-29 磅（7-13 公斤）｜
31-35 磅（14-16 公斤）[KC]

被毛
雙層毛，外層毛直、長、粗糙，底毛短、柔軟、濃密

毛色
紅棕色調、金紅色；或有白色斑紋

其他名稱
Suomenpystykorva

註冊機構（分類）
AKC（家庭犬）；ANKC（狩獵犬）；CKC（狩獵犬）；FCI（狐狸犬及原始犬）；KC（狩獵犬）；UKC（北方犬）

起源與歷史

幾千年前，當狩獵部落遷移到現在的俄羅斯時，他們帶來了一隻古老的狐狸犬。那群定居於芬蘭的人經過數個世紀，培育出現今的芬蘭獵犬。這隻漂亮的金紅色古代挪威犬最初用來追蹤熊和麋鹿，但現在主要用於狩獵芬蘭野鳥，特別是大雷鳥（類似野火雞）和黑松雞。其暱稱「吠鳥犬」就是來自牠獨特的狩獵風格。牠敏銳的嗅覺能力讓牠能發現鳥類，接著牠會過真假音吠叫（不停地吠叫），鳥兒就會「著魔」，乖乖坐在樹上看著牠，而獵人就能夠悄悄地靠近獵物。

1890 年代，林務員和獵人雨果・理查德・桑德伯格（Hugo Richard Sandberg）及雨果・羅斯（Hugo Roos）努力讓該犬得到芬蘭育犬協會的認可，並協助定義該品種的類型。後來因獵鳥數量減少，芬蘭獵犬的數量也在 1970 年代後期受到影響。而當鳥隻數量在 1980 年代開始恢復時，該品種亦然。芬蘭獵犬為芬蘭的國犬。

個性

一旦主人與芬蘭獵犬熟悉之後，芬蘭獵犬就會展現調皮好笑的一面，積極尋求關注和互動。忠誠和勇敢是牠的兩項特徵，當與家人的關係變得緊密，就很少有事物能干擾牠們。因此，牠絕對會保護家人，跟陌生人保持距離。年輕時的社會化有助於磨平牠的菱菱角角，但這真的就是牠原本的表達方式。這不代表牠會害羞或者是像個怪胎。牠會抗拒過度情緒化，需要處於牠覺得舒服的狀態。芬蘭的「吠鳥犬」喜歡用聲音作為牠表達的方式。

速查表

項目	評分	項目	評分
適合小孩程度	●●●●○	梳理	●●●○○
適合其他寵物程度	●●●●○	忠誠度	●●●●●
活力指數	●●●○○	護主性	●●●●○
運動需求	●●●●○	訓練難易度	●●○○○

照護需求

運動

活躍的芬蘭獵犬享受任何運動時光。在適當的氣候下，牠可以成為一名優秀的慢跑夥伴（在高溫下會表現不佳）。無論天氣好壞，都需要放牠在外面跑步、玩耍和探索，這絕對是必要的。

飲食

芬蘭獵犬愛吃，甚至會學習任何把戲，這樣才能從家人那裡獲得額外的獎勵。牠需要高品質的飲食，幫助牠維持適當的體重。

梳理

芬蘭獵犬有著厚實柔軟的底毛，會季節性大量換毛，應當在這時段經常梳理。除此之外，其實不需要太注意牠的被毛，就能保持其自然健康的外表和光澤。

健康

芬蘭獵犬的平均壽命為十二至十五年，根據資料並沒有品種特有的健康問題。

訓練

芬蘭獵犬需要一位具有耐心和良好幽默感的訓練者。牠不是特別聽從家人的指令，但對周圍的人充滿崇敬。牠是一位獨立思考者，牠的訓練應該包含定期的社會化，以及頻繁但短暫的激勵性訓練。

平毛尋回犬 Flat-Coated Retriever

速查表

適合小孩程度

適合其他寵物程度

活力指數

運動需求

梳理

忠誠度

護主性

訓練難易度

品種資訊

原產地

英格蘭

身高

公 23-24.5 英寸（58.5-62 公分）／
母 22-23.5 英寸（56-60 公分）

體重

公 60-80 磅（27-36.5 公斤）／
母 55-70.5 磅（25-32 公斤）｜
60-70 磅（27-31.5 公斤）[CKC]

被毛

長度和密度適中、直或略呈波浪狀、有光澤、扁平、耐候；有羽狀飾毛

毛色

黑色、肝紅色

其他名稱

Flat Coated Retriever

註冊機構（分類）

AKC（獵鳥犬）；ANKC（槍獵犬）；CKC（獵鳥犬）；FCI（尋回犬）；KC（槍獵犬）；UKC（槍獵犬）

起源與歷史

平毛尋回犬起源於十九世紀中葉的英格蘭，作為一種近距離狩獵的獵犬。牠的祖先包括拉布拉多、紐芬蘭犬、蹲獵犬、牧羊犬和獵犬型水犬。平毛尋回犬享有「獵場看守人之犬」的稱號，因為牠被廣泛用於英國的莊園中。老彈和小彈是獵場看守人赫爾（J. Hull）的狗，牠們被認為是現代平毛尋回犬（最初稱為波浪毛尋回犬）的基礎。1880 年代，牠的型態被固定下來，主要透過雪莉（S.E. Shirley）的努力，讓牠成為英國和北美流行犬種。直到 1960 年代中期，因為二戰的影響讓平毛尋回犬的數量銳減，但斯坦利奧尼爾（Stanley O'Neill）努力挽救該品種。如今，牠是一隻略受歡迎的尋回犬，大多數的愛好者也希望維持現狀，這樣能避免過度繁殖而帶來平毛尋回犬的健康和性格問題。不同於其他尋回犬通常會被分為「狩獵型」和「展

示型」，平毛尋回犬兩者兼並，並且樣樣精通。

個性

平毛尋回犬的個性是牠的決定性特徵。牠是一個友善的狩獵尋回犬，外向、熱情又溫馴。牠對孩童很好，尤其是年齡較大的兒童，可以應付他的活潑好動。牠是一位敏銳聰明的獵犬，能夠充滿自信地在田野裏頭工作，回家時也都興高采烈地。牠與主人的關係會非常密切，常常需要彼此的陪伴。牠會晚熟一點，一生之中還是保有牠幼犬時的調皮個性，有些愛好者會稱牠為狗界的「彼得潘」。

照護需求

運動

平毛尋回犬需要運動，而且是要大量的運動。牠的生活樂趣中就是要找到一個宣洩口，只要牠能夠在戶外跑跑、玩耍、狩獵、尋回、游泳或花費足夠的時間在其他活動之上，牠就能夠在家中安靜下來。如果運動量以及精神刺激不夠，牠會變得焦慮甚至帶有破壞性。

飲食

活躍的平毛尋回犬需要含有良好蛋白質來源的高品質飲食。

梳理

平毛尋回犬擁有天生會發出光澤的被毛，只需要偶爾梳理來維持牠美麗的外表。耳朵、胸部、前腿和尾巴上的羽狀飾毛可根據需求修剪，但不應剃毛。

健康

平毛尋回犬的平均壽命為十至十二年，品種的健康問題可能包含癌症、肘關節發育不良、青光眼、髖關節發育不良症，以及犬漸進性視網膜萎縮症（PRA）。

訓練

平毛尋回犬天性快樂熱情，隨時準備好讓主人教牠任何東西，而且牠學習力很快。但是，牠容易感到無聊，所以課程應該簡短而且能激發牠的積極性。牠對人的熱愛讓牠很容易進行社會化。在敏捷、狩獵、追蹤、飛球或服從等活動中，你能夠從平毛尋回犬得到很大成就感。

法國鬥牛犬 French Bulldog

速查表

適合小孩程度

適合其他寵物程度

活力指數

運動需求

梳理

忠誠度

護主性

訓練難易度

品種資訊

原產地

法國

身高

12 英寸（30.5 公分）[估計]

體重

公 28 磅（12.5 公斤）／母 24 磅（11 公斤）｜ 18-30 磅（8-13.5 公斤）[FCI] [UKC] ｜輕量型低於 22 磅（10 公斤）／重量型 22-28 磅（10-12.5 公斤）[CKC] ｜不超過 28 磅（12.5 公斤）[AKC]

被毛

短、細緻、平滑、有光澤、柔軟

毛色

虎斑、淺黃褐色｜亦有白色、虎斑白色 [AKC] [CKC] [UKC] ｜亦有花色 [ARBA] [FCI] [KC] ｜亦有任何顏色，除了黑、黑白、黑棕褐、肝紅、鼠灰 [AKC] [CKC] ｜亦有任何顏色，除了黑棕褐、肝紅、鼠灰 [UKC]

其他名稱

Bouledogue Français

註冊機構（分類）

AKC（家庭犬）；ANKC（家庭犬）；CKC（家庭犬）；FCI（伴侶犬及玩賞犬）；KC（萬用犬）；UKC（伴侶犬）

起源與歷史

說法國鬥牛犬純粹是法國品種實在是有點不恰當。在 1860 年代，鬥牛犬在英格蘭大受歡迎，特別是英格蘭中部的蕾絲製造業地帶，小型鬥牛犬特別搶手。後來，工業革命造成了蕾絲產業低迷，工匠們搬到了法國，同時也帶著他們的玩具鬥牛犬。在那裡，鬥牛犬與各種法國犬種交配繁殖，創造出現今的法國鬥牛犬。當時，該品種有「蝙蝠耳」（直立）或者「玫瑰耳」（摺起，如鬥牛犬）。歐洲人偏愛後者，喜歡實際上是小型鬥牛犬的狗，而美國的愛好者則偏愛蝙蝠耳。在許多紛紛擾擾之後（其中包括 1898 年的威斯敏斯特犬展，蝙蝠耳愛好者從中離席，創辦自己的蝙蝠耳犬展），美國人最終將蝙蝠耳定型，成為該品種的標誌之一。法國鬥牛犬在二十世紀初流行起來，但是牠的數量在第一次世界大戰後在美國有所下降，可能是因為波士頓㹴的盛行。1980 年代和 1990 年代期間，該品種捲土重來，且知名度不斷攀升。

個性

法國鬥牛犬愛玩、充滿好奇心、黏人又帶點粗魯，是位優秀的伴侶以及玩伴。牠那聰明機智的表情能夠表現出牠有趣歡樂的態度，牠與所有人都相處融洽，包括其他寵物和狗，而且牠本質上是一個幸福快樂的狗。法鬥易於護理，個性又隨和，如果硬要雞蛋裡面挑骨頭，可能是因為牠口鼻較短，傾向於打呼和流口水。

照護需求

運動

法國鬥牛犬並不需要太多運動，只要能夠陪伴主人在街坊周圍散步或每日一次的小探險就能讓牠心情愉悅。牠不應該在高溫下過度運動，因為縮短口鼻會使牠更難呼吸。

飲食

法國鬥牛犬需要高品質的飲食，可能會對某些添加物和人工成分敏感。

梳理

法國鬥牛犬柔軟的短毛很容易保持乾淨整潔，偶爾梳理一下即可。牠臉上的皺紋應該保持清潔和乾燥，以免受到感染。

健康

法國鬥牛犬的平均壽命為十至十二年，品種的健康問題可能包含過敏、短吻犬症候群、軟顎延長、半椎體、椎間盤疾病、鼻孔狹窄，以及類血友病。

訓練

法國鬥牛犬有固執的一面，但心地善良，如果覺得值得，也會聽從訓練的指令。牠對於能帶出牠外向性格的訓練反應最佳，對於苛刻的訓練則會沒有反應。如果牠成為關注的焦點，牠會樂於向主人展示牠的才能。幼犬期間開始讓牠學習社會化對牠有好處，而且牠也會樂在其中。

法國獵犬 French Spaniel

品種資訊

原產地
法國

身高
公 22-24 英寸（56-61 公分）／
母 21-23 英寸（53.5-58.5 公分）

體重
44-55 磅（20-25 公斤）[估計]

被毛
中等長度、直或略呈波浪狀、有光澤、防水、耐候

毛色
白棕色帶中型斑點

其他名稱
Epagneul Français；Épagneul Français

註冊機構（分類）
CKC（獵鳥犬）；FCI（指示犬）；UKC（槍獵犬）

起源與歷史

自中世紀以來，法國獵犬就負責為自己的主人叼銜獵物。牠是最古老的指示犬之一，有著尋找、指示和驅鳥的天賦，並且在大多數地形中來去自如，包括結冰的水域上。該品種在十七世紀就一直陪伴著法國國王打獵，直到 1891 年，品種標準才被建立起來。協助成立第一個法國獵犬協會的富尼耶神父（Father Fournier），在建立現代品種方面具有影響力。1970 年代，該品種被帶往北美，並且在往後的幾十年中，被加拿大和美國的愛好者們譽為真正靠得住的狩獵犬，雖然牠還是在原產地最受歡迎。牠們是中型工作犬，擅長狩獵松雞和山鷸。憑藉其多功能性、出色的定位能力以及持久的耐力，法國獵犬至今仍是最受人喜愛的獵犬。

個性

法國獵犬以其高尚品格而聞名：牠善良、聰明、端莊，也是一名誠實、愛撒嬌但又堅定專注的狩獵伴侶。牠能夠與所有的家人很親密，但最親密的還是與牠一起

奔馳在林間狩獵的主人。牠與其他寵物和孩子都能夠相處得很好，能從小時候開始社會化更好。牠友善的態度讓所有認識牠的人都能夠為牠傾心。

速查表

適合小孩程度	梳理
適合其他寵物程度	忠誠度
活力指數	護主性
運動需求	訓練難易度

照護需求

運動

法國獵犬是一隻活躍的獵犬，能夠歡天喜地地在惡劣的條件下搜索獵物。如果牠沒有適當的運動，會讓牠感到無聊，也無法專心。牠需要能夠在戶外跑步、玩耍、探索和狩獵。

飲食

這隻活躍的獵犬需要高品質的飲食，來滿足牠在戶外所消耗的能量。

梳理

法國獵犬濃密的中長毛需要定期梳理，以防止污垢和打結。羽狀飾毛部位需要特別注意，尤其是長又沉重的耳朵，若不保持清潔會容易受到感染。

健康

法國獵犬的平均壽命為十二至十五年，根據資料並沒有品種特有的健康問題。

訓練

只要有禮地對待法國獵犬，告訴牠指令，牠就會乖乖地回應你。牠天資聰明、尊重他人也渴望取悅主人。如果用嚴格的訓練方法，牠會表現不佳。實際上，這樣會扭曲牠高尚的精神。

佛瑞斯安水犬 Frisian Water Dog

品種資訊

原產地
荷蘭

身高
公 23 英寸（59 公分）／
母 21.5 英寸（55 公分）

體重
33-44 磅（15-20 公斤）[估計]

被毛
皆為緊密的捲毛，除了頭部和腿部；粗糙且具油脂

毛色
黑色、棕色、黑色帶白色斑紋、棕色帶白色斑紋

其他名稱
荷蘭水獵犬（Dutch Spaniel）；Otterhoun；Wetterhoun

註冊機構（分類）
FCI（水犬）；UKC（槍獵犬）

起源與歷史

佛瑞斯安水犬也被稱為「Wetterhoun」，從這個名稱就能發現此品種的原產地，因為「Wetterhoun」是荷蘭語的「水犬」。具體來說，牠起源於荷蘭西北部的弗里斯蘭省（Friesland）。弗里斯蘭人擁有自己的語言和文化，他們培育出佛瑞斯安水犬和另一隻名叫斯塔比嚎犬的荷蘭狩獵犬。

佛瑞斯安水犬自十七世紀以來就被弗里斯蘭人稱為獵犬，用來捕殺水獺（漁民的天敵）。為了做好這項工作，牠需要能夠偶爾承受寒酷的水溫，整天辛勤地工作，並且在面臨危險時無所畏懼。隨著水獺的數量減少，佛瑞斯安水犬找到了另一份工作，成為貼身的獵犬，尤其能夠在沼澤地區派上用場。牠喜歡在水中工作，牠寬闊而強壯的身體讓牠能夠度過各式各樣的狀況。牠至今還是以這樣的身份繼續與荷蘭人一起工作，但除了在荷蘭之外，很少在其他地方能夠看到這個品種。

個性

荷蘭人說，這隻狗很像弗里斯蘭人，非常頑固，但一旦擄獲牠們的心，牠就會變得忠誠可愛。牠的標準要求讓牠擁有固執的性格，並與陌生人有所保留。荷蘭佛

瑞斯安水犬協會將這個品種描述為「謹慎的弗里斯蘭人，帶著一顆赤子之心」。在家中牠十分安靜，深愛著自己的家人，並且與孩子們處的很好。但是，牠們需要大量的日常運動，來消耗能量。牠們沉默寡言的本性也使牠們成為天生的看門犬。

速查表

項目	評分	項目	評分
適合小孩程度	4/5	梳理	2/5
適合其他寵物程度	4/5	忠誠度	4/5
活力指數	5/5	護主性	4/5
運動需求	5/5	訓練難易度	4/5

照護需求

運動

佛瑞斯安水犬必須進行大量的運動。才能保持身體和精神健康。反之，牠會感到無聊，進而變得有破壞性。牠是一隻強大而無畏的狗，需要給牠舞台發揮自己的力量。能夠在水中搜索會讓牠更加快樂。

飲食

佛瑞斯安水犬很愛吃，如果沒有讓牠做足運動，就必須要監控牠的食物攝取量，以防止讓牠過胖。牠們可以消耗大量的能量，並需要最高品質的飲食，以確保牠們獲得適當的營養。

梳理

所有的佛瑞斯安水犬需要保持良好的外型，偶爾要梳理一下。因為牠喜歡在室外消磨時間，特別是水中，所以應定期檢查牠的耳朵是否有感染的跡象。

健康

佛瑞斯安水犬的平均壽命為十二至十四年，品種的健康問題可能包含癲癇以及髖關節發育不良症。

訓練

佛瑞斯安水犬是一隻狩獵的夥伴，會為牠的獵人用盡全力追捕獵物。然而，如果主人是新手，並且不是一名強而有力的領導者，佛瑞斯安水犬可能就會擅作主張，自己做決定。牠最擅長與經驗豐富的獵手們打交道，因為他們能夠理解牠強硬的本性以及敏感的那一面。不能用苛刻的方法對待牠，但牠需要堅定的領導者。牠可以與孩子和其他動物共同相處，但需要事前的社會化。

德國長毛指示犬 German Longhaired Pointer

速查表

適合小孩程度

適合其他寵物程度

活力指數

運動需求

梳理

忠誠度

護主性

訓練難易度

品種資訊

原產地

德國

身高

公 23.5-27.5 英寸（60-70 公分）／母 23-26 英寸（58-66 公分）

體重

大約 66 磅（30 公斤）

被毛

雙層毛，外層毛光滑、堅實、緊貼、平滑或略呈波浪狀，底毛良好；毛不會過量或過短

毛色

棕色帶白色斑紋、斑駁｜亦有純棕色，深雜色、淺雜色、棕白色 [FCI] [KC] ｜或有淺黃褐色斑紋 [FCI]

其他名稱

Deutsch Langhaar；Deutscher Langhaariger Vorstehhund；Langhaar

註冊機構（分類）

CKC（獵鳥犬）；FCI（指示犬）；KC（槍獵犬）；UKC（槍獵犬）

起源與歷史

幾個世紀以來，長毛指示犬在德國被用於獵捕鳥類和其他大型獵物。牠們原本是大型且強壯的狩獵犬，後來野外工作逐漸取代樹林間的工作。接著，在十九世紀中葉，牠與英國蹲獵犬和法國獵犬雜交，將該品種改良為更靈活的獵犬。1870 年代，在德國開始出現該品種的協會，並於 1879 年確定了型態和品種標準。現代的德國長毛指示犬血脈可以追溯到五隻狗——Mylord、Job、Don、Roland 和 Kalckstein，牠們都是優秀的種犬，不僅賦予長毛指示犬牠們的工作能力，也帶來棕色的外觀。

德國長毛指示犬在 1950 年代來到了美國和加拿大，但基於德國嚴格的品種進口規定，長毛指示犬在北美仍然十分罕見。除非通過嚴格的測試要求，包括狩獵和性格測試，否則德國長毛指示犬不被允許交配繁殖。儘管這隻獵犬的平滑被毛和清澈的棕色眼睛讓牠看起來十分柔和，但德國長毛指示犬其實能夠完成所有德國犬能夠完成的狩獵活動，表現也十分出色。

個性

作為全家人的大朋友，德國長毛指示犬既親切又敏感，與孩子和其他狗狗都相處得很好。牠聰明忠誠，性格冷靜穩重。大多數育種者只會將此品種犬出售給獵人，因為這樣牠們才能夠在野外活動，處於最佳狀態。

照護需求

運動

德國長毛指示犬需要大量的運動。牠最喜歡的運動是跑步和游泳，牠需要很大的空間來鍛鍊身體，以及同樣熱衷於運動的主人。牠的精力和熱情使牠成為許多體育和活動的主要競爭者，包括野外測試、敏捷、服從和追蹤獵物的運動，不單能夠表現出色，並且也能夠讓他鍛鍊身體。

飲食

德國長毛指示犬是一隻活躍的工作犬，需要高品質的飲食。

梳理

雖然牠的被毛很長，但其實很容易照顧，只需要經常梳理即可。牠長長的耳朵可能帶有細菌，應經常檢查是否受到感染。

健康

德國長毛指示犬的平均壽命為十至十四年，根據資料並沒有品種特有的健康問題。

訓練

德國長毛指示犬很容易訓練（儘管牠很快就會感到無聊），只要牠對這個活動感興趣，牠幾乎可以做任何事情。牠特別喜歡學習能夠讓牠保持活力的事情。

德國平犬 German Pinscher

速查表

適合小孩程度
適合其他寵物程度
活力指數
運動需求
梳理
忠誠度
護主性
訓練難易度

品種資訊

原產地
德國

身高
17-20 英寸（43-51 公分）

體重
31-44 磅（14-20 公斤）

被毛
短、濃密、平滑、有光澤、緊密

毛色
任何純色，從淺黃褐色至各種深淺的公牛紅色，黑藍色帶紅棕褐色斑紋｜僅各種深淺的公牛紅色和黑色帶紅色或棕色斑紋 [CKC]

其他名稱
Deutscher Pinscher；Standard Pinscher

註冊機構（分類）
AKC（工作犬）；ANKC（萬用犬）；ARBA（工作犬）；CKC（家庭犬）；FCI（平犬及雪納瑞）；KC（工作犬）；UKC（㹴犬）

起源與歷史

德國平犬的歷史可以追溯到幾個世紀前。牠原本是農民們的㹴犬，用於看門以及害蟲控制。雖然牠體型太大無法鑽到地下，但牠可以自己處理地面上的任何事情。無疑地，這個品種與迷你杜賓犬和杜賓犬的關係密切，與標準雪納瑞也有血緣關係：牠們都被視為現今已絕種的捕鼠杜賓犬（Rat Pinscher）的後裔。在十九世紀後期，可以從書中看到「平毛平犬」和「剛毛平犬」，即為現今的德國平犬和標準雪納瑞。

德國平犬在 1879 年得到德國的正式認可。由於第一次和第二次世界大戰的關係，該品種幾乎滅絕。透過培能・榮格（Werner Jung）先生的努力，才將牠從遺忘中拯救出來。當時他在德國各個農場中搜尋了平犬型的優良代表，所以現今的德國平犬可以追溯到榮格的育種計劃。德國平犬以狩獵害蟲的強度和無畏而聞名，並且能夠守護家人，成為伴侶犬。

個性

多才多藝的德國平犬很熱衷於也很看重自己的工作，因此牠需要時時保有高度警覺，能夠獨立思考，謹慎以及對陌生人保持警惕。牠很聰明也有自信，擁有高度發達的感官，總是「開機著」。如果牠的家人受到威脅，牠就會證明自己無所畏懼和頑強的那一面。牠必須具有強大的領導能力，或者將家裡「按照牠的方式」運行。牠在成年後仍然像幼犬一般愛玩。

照護需求

運動

德國平犬需要一直工作，來刺激牠的身體和精神，直到牠心滿意足。相反地，如果牠的運動量不夠，牠就會想辦法表達出來，往往是主人最不願意看到的方式。牠的工作應該包括看門，保護家園免受害蟲侵害，並參與所有的活動，尤其是遊戲、散步、郊遊和運動。

飲食

活躍的德國平犬需要高品質的飲食，以保持身體健康以及光滑閃亮的被毛。

梳理

該品種擁有濃密的短毛，只要偶爾梳理一下就能夠保持乾淨整潔。

健康

德國平犬的平均壽命為十二至十四年，品種的健康問題可能包含白內障、髖關節發育不良症，以及類血友病。

訓練

德國平犬非常聰明，可以接受幾乎任何訓練。然而，牠需要一位堅定公平的訓練者來指揮牠，因為牠學得很快，容易感到無聊。培訓的重點主要在於讓牠能夠發洩牠的能量。牠天生性格謹慎，並且與陌生人保持距離，所以應該要讓牠從小開始學習社會化。

德國粗毛指示犬 German Rough-Haired Pointer

品種資訊

原產地
德國

身高
公 23.5-27.5 英寸（60-70 公分）／
母 23-27 英寸（58-68 公分）

體重
59.5-70.5 磅（27-32 公斤）[估計]

被毛
堅挺、粗糙、如鬃毛、鬆散；有鬍鬚；
或有難以看見的底毛

毛色
棕色或帶白色胸斑塊、棕雜色或帶棕色
斑塊、淺雜色或帶棕色斑塊

其他名稱
Deutsch Stichelhaar；German Broken-Coated Pointer；German Rough-Haired Pointing Dog；Stichelhaar

註冊機構（分類）
FCI（指示犬）；UKC（槍獵犬）

起源與歷史

在十九世紀上半葉，德國獵人試圖開發一種本土獵犬，能夠在智力、可訓練性和多功能性方面表現得十分出色。到了 1860 年代，三種多用途的狩獵犬逐漸出現，牠們的差別在於被毛類型：長毛指示犬、短毛指示犬以及粗毛指示犬。這些類型後來將成為不同品種的基礎，其中包括德國粗毛指示犬（在其原生地通常被稱為 Stichelhaar）。

德國粗毛指示犬是德國最古老的粗毛指示犬品種，可以追溯到 1886 年。牠是德國剛毛指示犬（Drahthaar）的四個基礎品種之一，其他分別為普德爾指示犬、格里芬犬和德國短毛指示犬。德國粗毛指示犬可能是中世紀德國指示犬中最接近的類型，能夠用來追蹤及尋回獵物以及水域工作。雖然該品種得到德國協會和世界畜犬聯盟（FCI）的認可，但德國粗毛指示犬和德國剛毛指示犬之間的區別漸漸模糊，前者現今十分稀有。

個性

德國粗毛指示犬是一位熱衷獵取和尋回的獵犬，特別是在水中。牠天生就是喜歡與主人在戶外活動，而且牠具有隨和的性質，是一名友善忠實的夥伴。

速查表

項目	評分	項目	評分
適合小孩程度	4/5	梳理	2/5
適合其他寵物程度	4/5	忠誠度	3/5
活力指數	4/5	護主性	2/5
運動需求	4/5	訓練難易度	3/5

照護需求

運動

這隻活力十足的品種需要充分的日常運動，如散步或慢跑。牠喜歡取回東西，並會盡可能地能夠四處搜索。

飲食

德國粗毛指示犬很愛吃，但也很挑剔。最好是每天少量多餐，但必須是高品質且適齡的食物。

梳理

德國粗毛指示犬的被毛幾乎不需要整理，每週或每兩週梳理一次就足夠了。需要注意讓牠的鬍鬚保持清潔，不然吃飯時一定會弄髒。

健康

德國粗毛指示犬的平均壽命為十至十二年，根據資料並沒有品種特有的健康問題。

訓練

德國粗毛指示犬雖然不像其他德國指示犬品種學習得這麼快，但還是可以適度地訓練。

德國牧羊犬 German Shepherd Dog

速查表

適合小孩程度
適合其他寵物程度
活力指數
運動需求
梳理
忠誠度
護主性
訓練難易度

品種資訊

原產地
德國

身高
公 23.5-26 英寸（60-66 公分）／母 21.5-24 英寸（55-61 公分）

體重
公 66-88 磅（30-40 公斤）／母 48.5-70.5 磅（22-32 公斤）

被毛
雙層毛，外層毛中等長度、濃密、粗糙、緊密，底毛厚；頸部或有環狀毛

毛色
多數顏色皆可，除了白色 [AKC] [CKC]｜多數顏色皆可，包含白色 [UKC]｜黑色帶紅棕褐色、棕褐色、金黃色至淺灰色斑紋、純黑、純灰；無白色 [ANKC] [FCI] [KC]

其他名稱
阿爾薩斯狼犬（Alsatian）；Deutscher Schäferhund

註冊機構（分類）
AKC（畜牧犬）；ANKC（工作犬）；CKC（畜牧犬）；FCI（牧羊犬）；KC（畜牧犬）；UKC（畜牧犬）

起源與歷史

德國牧羊犬是世界上最被廣泛認可的品種之一，在許多國家因其智力、可訓練性、適應性和堅韌性而廣為人知。該品種的基礎可以追溯到騎兵上尉馬克斯·馮·史蒂芬尼茲（Max von Stephanitz，被視為該品種之父），他在參加狗展時買了一隻工作犬，當時他認為這隻狗十分強壯也很能幹，擁有德國牧羊犬所必備的特質。1899 年 4 月，馮·史蒂芬尼茲在其成立的德國牧羊犬協會（Verein für Deutsche Schäferhunde）註冊了一隻名為 Horand von Grafrath 的狗。他從 1899 年到 1935 年都在領導及管理這間推廣德國牧羊犬的協會。儘管後來牧羊的需求下降，馮·史蒂芬尼茲堅決不讓牧羊犬受到影響。他鼓勵警察和軍隊使用該品種，因此在第一次世

界大戰期間，有四萬八千隻牧羊犬「入伍」，參加了德國軍隊的行列。儘管美國和英國在一戰後對德國相關的事物帶有歧視的眼光，但該品種卻反而逐漸壯大。如今，德國牧羊犬的用途可能比任何其他品種都要多：牠們擅長搜索和救援，能參與警察、軍隊和站崗的工作，能夠鑑別氣味，作為指導犬、協助犬以及伴侶犬。

就被毛和顏色而言，直到 1915 年有三種類型：短毛型、長毛型及剛毛型。剛毛型自此消失，長毛型仍存在，但未達到認可的標準。此品種的顏色也引起一些爭議，白色外層毛的基因自品種成立以來就存在，但許多品種協會認為這個顏色在賽圈內是不合格，甚至無法登記為白色牧羊犬。對許多協會來說，「白色德國牧羊犬」是另一獨立品種。

個性

德國牧羊犬因卓越的忠誠度、勇敢和智慧而大受讚賞。作為一隻能夠執行眾多特殊服務和一系列任務的狗，牠本質上是很穩定，泰然自若，擁有良好的自我控制力。牠耐心十足，思考敏捷，具有鑑別能力和敏銳的觀察力。精心培育的德國牧羊犬在許多方面都很出色，包括家庭伴侶和保護者。對所有年齡層的孩子都很溫柔善良，並且非常喜歡周遭的人。

照護需求

運動

身為一名聰明又敏感的運動健將，德國牧羊犬最適合定期進行高強度的運動。牠能夠接受任何模式的訓練，從事與人相關的工作或體育活動。儘管牠適應力佳，但德國牧羊犬無法一整天坐在那裡等待偶爾出門。牠必須在身心上受到刺激，才能發揮他的潛力。

飲食

德國牧羊犬需要高品質且均衡的飲食以保持身體健康。有些德國牧羊犬可能會食物過敏，因此應避免使用食用色素和防腐劑。

梳理

牠濃密的底毛需要定期梳理，才能保持最佳狀態。牠會季節性大量的換毛。外層毛有保護和絕緣的作用，能夠自行保持整潔。牠不應該經常洗澡，因為會耗盡皮膚和外層毛的重要油脂。

健康

德國牧羊犬的平均壽命為十至十四年，品種的健康問題可能包含過敏、主動脈狹窄、胃擴張及扭轉、白內障、庫欣氏症、肘關節發育不良、癲癇、犬胰外分泌不足（EPI）、肝醣儲積症（GSD）、血管肉瘤、髖關節發育不良症、甲狀腺功能低下症、角膜翳，以及犬腦下垂體性侏儒症。

訓練

德國牧羊犬伴隨著訓練而成長。多年來作為服務犬，牠在競爭性服從、放牧、敏捷、飛球和許多運動中都表現傑出。牠學習快速，欣賞能快速思考的訓練者，讓牠能不斷接受挑戰。

德國短毛指示犬 German Shorthaired Pointer

速查表

適合小孩程度

適合其他寵物程度

活力指數

運動需求

梳理

忠誠度

護主性

訓練難易度

品種資訊

原產地

德國

身高

公 23-26 英寸（58.5-66 公分）／
母 21-25 英寸（53.5-63 公分）

體重

公 55-70 磅（25-31.5 公斤）／
母 45-60 磅（20.5-27 公斤）

被毛

雙層毛，外層毛短、粗、濃密、硬，
底毛濃密、短

毛色

純肝紅、肝紅色和白斑點、肝紅色和白斑點及碎斑、肝紅色和白碎斑、肝紅雜色｜亦有純黑或黑白同肝紅色的變化 [ANKC] [FCI] [KC] [UKC] ｜或有棕褐色斑紋 [ANKC] [FCI] [UKC]

其他名稱

Deutsch Kurzhaar；Deutscher Kurzhaariger Vorstehhund

註冊機構（分類）

AKC（獵鳥犬）；ANKC（槍獵犬）；
CKC（獵鳥犬）；FCI（指示犬）；
KC（槍獵犬）；UKC（槍獵犬）

起源與歷史

早在 1700 年代，德國人將狗統稱為「huehnerhunden」（驅鳥犬），當時尚未發展特定類型，但應該都源自於布雷克犬和工作緩慢的尋血獵犬（兩種皆為追蹤獵犬），並以指示犬做改良。到了 1800 年代，多功能槍獵犬的各個品種逐漸被定型。

到了十九世紀中葉，阿爾布列和．索爾．布朗費爾王子（Albrecht zu Solms-Braunfels）想創造一隻多用途的狩獵犬，並鼓勵飼養者追求功能勝於外觀。他的追蹤犬，也就是德國驅鳥犬及英國指示犬，被視為德國短毛指示犬的基礎。起初，這個品種體型矮又笨重，有一雙長耳朵且速度緩慢，但由於指示犬血脈的加入，使牠擅長水域工作、追蹤及尋回。在 1900 年代，此品種開始進口到美國，而美國獵人也歡天喜地地迎接牠的到來，牠不只受到認真獵人的喜愛，也有人因為牠的外表與性格而喜歡牠，該品種也被形容為「有兩把刷子，並非花瓶」；在美國，牠是任何品種中擁有最多雙重冠軍（狩獵型和展示型）的犬種之一。

個性

牠個性熱情洋溢，對任何事都如此，無論是散步、能打獵的任何機會、跟人相處、旅行、用餐或運動。牠很聰明也是個開心果，深愛自己的家庭。事實上，牠熱愛所有人，跟孩子們也處得非常融洽。如果要雞蛋裡挑骨頭，那就是 GSP 的能量。如果要牠保持身體和精神健康，牠的活力會滿到溢出，幾乎是一種讓人緊張的能量中，因此需要較有創意的發洩出口。

照護需求

運動

如同其他指示犬，德國短毛指示犬需要運動，愈多愈好。街區散步並無法滿足牠，因為牠需要奔跑。經適當訓練後，應該將牠定期帶到公園或其他空地上，在那裡牠可以奔馳於田野之間，潛入池塘，並在灌木叢間尋找獵物。牠會十分感激主人讓牠這樣做，生理上也得到滿足。狩獵、敏捷、飛球、競爭性服從等犬類運動也可以讓牠釋放幾乎無止盡的能量，是一個絕佳的發洩途徑。

飲食

德國短毛指示犬是名饕客，若飼主沒注意牠就容易吃得過多。最好給予高品質的飲食。

梳理

德國短毛指示犬光滑的短毛不需過多的照顧就能夠保持整潔。可以用帶顆粒的梳毛手套搓揉一下，去除死毛並按摩皮膚，是一種雙重享受。牠的耳朵必須保持清潔，不然容易受到感染。如果牠經常游泳或打滾在最喜歡的泥土之中，就會需要洗澡。

健康

德國短毛指示犬的平均壽命為十二至十五年，品種的健康問題可能包含胃擴張及扭轉、癲癇、眼部問題、髖關節發育不良症，以及類血友病。

訓練

德國短毛指示犬非常積極，也願意回應主人，因為牠是如此地以人為本。牠的目標就是要取悅主人（只要牠對指令有興趣的話）。每天進行幾次簡短的正向訓練就能達到最佳效果。如果與牠喜歡的獎勵結合在一起，像是戶外活動或美味零食，牠會更樂意服從。

德國狐狸犬——荷蘭毛獅犬 German Spitz, Grossspitz

品種資訊

原產地
德國

身高
18 英寸（46 公分）

體重
38.5-40 磅（17.5-18 公斤）[估計]

被毛
雙層毛，外層毛長、直、蓬鬆，底毛短、厚、如羊毛

毛色
黑色、棕色、白色

其他名稱
Deutscher Grossspitz；Giant Spitz

註冊機構（分類）
FCI（狐狸犬及原始犬）

起源與歷史

德國狐狸犬源自於濃密厚毛的北歐牧羊犬，例如在北方很常見的薩摩耶犬和拉普蘭犬。由於中世紀時期維京人出沒於德國北部和荷蘭，這些犬種可能就是在當時被京盜賊和劫掠者帶到這些地區。這些狗遍布歐洲乃至不列顛群島，為真正的畜牧和牧羊品種，為這個產地發展做出貢獻，並成為德國狐狸犬的祖先。

早在 1450 年，德國文獻和歷史就有提到德國狐狸犬，而在十八世紀，法國博物學家布豐伯爵（Georges Louis Leclerc, Comte de Buffon）在他的論文《自然史》（Histoire Naturelle, Générale et Particulière）中寫道，他相信德國狐狸犬是所有家畜的祖先。十七世紀末期，波美拉尼亞人飼養大型的白色狐狸犬，符騰堡州的人們則是飼養黑棕色品種來看守他們的農場和財產。

原始的狐狸犬後來演變成不同大小和顏色。現今，世界畜犬聯盟（FCI）根據體型認可五個品種，所有類型在原產地和歐洲都非常受歡迎。體型從大到小分別為：凱斯犬、荷蘭毛獅犬、德國絨毛犬、德國小型狐狸犬以及博美犬。凱斯犬與博美犬在許多國家都被認為是不同犬種，而荷蘭毛獅犬（或巨型狐狸犬）並非真的「巨型」，比較像是小型的薩摩耶犬。

個性

德國狐狸犬一直以來都是房屋和家庭的忠實看門犬。雖然荷蘭毛獅犬十分英勇也很願意保護牠的家人，但在家裡也有牠有趣、好奇和活潑的一面。牠聰明也善於社交，跟主人關係緊密，需要得到主人的關注和喜愛。牠適應力好，不只樂於從事戶外活動，也能夠乖乖窩在火爐旁邊。牠天生帶有防備心，會時不時狂吠。

速查表

適合小孩程度	梳理
適合其他寵物程度	忠誠度
活力指數	護主性
運動需求	訓練難易度

照護需求

運動

積極警惕的荷蘭毛獅犬需要能夠看守牠的領地，並固定巡邏。牠也需要每天運動，無論是長時間散步還是慢跑。牠的好奇心、強壯的體格和全季性的外層毛讓牠在任何氣候下都能夠盡情地玩耍。牠的好奇心，堅固的體格和全季大衣讓牠隨時準備在任何天氣中嬉戲。

飲食

荷蘭毛獅犬需要適齡、高品質的飲食。

梳理

擁有雙層毛的荷蘭毛獅犬需要經常梳理，才能避免毛髮打結，保持乾淨。牠會定期換毛，如果主人太忙的話，最好就交給專業的寵物美容師來處理。

健康

荷蘭毛獅犬的平均壽命為十二至十五年，根據資料並沒有品種特有的健康問題。

訓練

荷蘭毛獅犬是位獨立思考者，有時候訓練會得很有挑戰性。但牠最終是願意去取悅主人，學習力也很好，只要你多點耐心與讚美。這隻冰雪聰明的狗會厭倦死記硬背的訓練方式。由於牠對陌生人帶有防備心，所以需要從幼犬時期就開始進行社會化訓練。

德國小型狐狸犬 German Spitz, Kleinspitz

品種資訊

原產地
德國

身高
9-11.5 英寸（23-29 公分）

體重
最多 10 磅（4.5 公斤）[估計]

被毛
雙層毛，外層毛長、直、粗糙、蓬鬆，底毛短、厚、如羊毛

毛色
所有顏色變化和斑紋

其他名稱
Deutscher Kleinspitz；Miniature Spitz；Small Spitz

註冊機構（分類）
ANKC（家庭犬）；FCI（狐狸犬及原始犬）；KC（萬用犬）；UKC（北方犬）

起源與歷史

德國狐狸犬源自於濃密厚毛的北歐牧羊犬，例如在北方很常見的薩摩耶犬和拉普蘭犬。由於中世紀時期維京人出沒於德國北部和荷蘭，這些犬種可能就是在當時被京盜賊和劫掠者帶到這些地區。這些狗遍布歐洲乃至不列顛群島，為真正的放牧和牧羊的犬品種，為這個產地發展做出貢獻，並成為德國狐狸犬的祖先。

早在 1450 年，德國文獻和歷史就有提到德國狐狸犬，而在十八世紀，法國博物學家布豐伯爵（Georges Louis Leclerc, Comte de Buffon）在他的論文《自然史》（Histoire Naturelle, Générale et Particulière）中寫道，他相信德國狐狸犬是所有家畜的祖先。十七世紀末期，波美拉尼亞人飼養大型的白色狐狸犬，符騰堡州的人們則是飼養黑棕色品種來看守他們的農場和財產。

原始的狐狸犬後來演變成不同大小和顏色。現今，世界畜犬聯盟（FCI）根據體型認可五個品種，所有類型在原產地和歐洲都非常受歡迎。體型從大到小分別為：凱斯犬、荷蘭毛獅犬、德國絨毛犬、德國小型狐狸犬以及博美犬。凱斯犬與博美犬在許多國家都被認為是不同犬種當德國小型狐狸犬和博美犬首度在美國獲得認可時，牠們皆被註冊為「博美犬」，但分成兩個級別：高於和低於 7 磅（3 公斤）。最終，美國育犬協會（AKC）禁止在賽圈中使用較重的德國小型狐狸犬。

速查表

適合小孩程度	梳理
適合其他寵物程度	忠誠度
活力指數	護主性
運動需求	訓練難易度

個性

德國狐狸犬一直以來都是房屋和家庭的忠實看門犬。牠很警覺勤奮，但也能夠與周遭的環境相處融洽。牠們喜歡受到關注，而且跟人互動時，牠似乎都會微笑。牠認真對待自己的「財產」（家庭），並與陌生人保持距離，對於可疑的麻煩或危險都抱持著警覺，隨時準備好吠叫。

照護需求

運動

活躍的德國小型狐狸犬需要每天運動，牠熱愛陪主人散步或慢跑。

飲食

這隻活潑的狗需要高品質且適合體型的飲食。

梳理

德國小型狐狸犬有雙層毛，如果不時常梳理，毛髮就會打結。牠會定期換毛，如果主人太忙的話，最好就交給專業的寵物美容師來處理。

健康

德國小型狐狸犬的平均壽命為十二至十五年，品種的健康問題可能包含膝蓋骨脫臼。

訓練

德國小型狐狸犬任性又固執，但如果你抱著耐心和尊重對待牠，牠想取悅主人的渴望將能夠克服任何訓練所帶來的挑戰。由於牠對陌生人帶有防備心，所以需要從幼犬時期就開始進行社會化訓練。

德國絨毛犬 German Spitz, Mittelspitz

品種資訊

原產地
德國

身高
12-15 英寸（30-38 公分）

體重
15-25 磅（7-11.5 公斤）[估計]

被毛
雙層毛，外層毛長、直、粗糙、蓬鬆，底毛短、厚、如羊毛

毛色
所有顏色變化和斑紋

其他名稱
Deutscher Mittelspitz；Medium-Sized Spitz；Middle Spitz；Standard German Spitzc

註冊機構（分類）
ANKC（家庭犬）；FCI（狐狸犬及原始犬）；KC（萬用犬）；UKC（北方犬）

起源與歷史

德國狐狸犬源自於濃密厚毛的北歐牧羊犬，例如在北方很常見的薩摩耶犬和拉普蘭犬。由於中世紀時期維京人出沒於德國北部和荷蘭，這些犬種可能就是在當時被京盜賊和劫掠者帶到這些地區。這些狗遍布歐洲乃至不列顛群島，為真正的放牧和牧羊的犬品種，為這個產地發展做出貢獻，並成為德國狐狸犬的祖先。

早在 1450 年，德國文獻和歷史就有提到德國狐狸犬，而在十八世紀，法國博物學家布豐伯爵（Georges Louis Leclerc, Comte de Buffon）在他的論文《自然史》（Histoire Naturelle, Générale et Particulière）中寫道，他相信德國狐狸犬是所有家畜的祖先。十七世紀末期，波美拉尼亞人飼養大型的白色狐狸犬，符騰堡州的人們則是飼養黑棕色品種來看守他們的農場和財產。

原始的狐狸犬後來演變成不同大小和顏色。現今，世界畜犬聯盟（FCI）根據體型認可五個品種，所有類型在原產地和歐洲都非常受歡迎。體型從大到小分別為：凱斯犬、荷蘭毛獅犬、德國絨毛犬、德國小型狐狸犬以及博美犬。凱斯犬與博美犬在許多國家都被認為是不同犬種在英國，德國小型狐狸犬和德國絨毛犬都屬於德國狐狸犬的品種，但差別在於大小。由於這樣的區分是近期的事情，德國小型狐狸犬和德國絨毛犬有時還是會出現在同一批幼犬中。

速查表

項目	評分	項目	評分
適合小孩程度	5/5	梳理	4/5
適合其他寵物程度	4/5	忠誠度	5/5
活力指數	4/5	護主性	5/5
運動需求	4/5	訓練難易度	3/5

個性

德國狐狸犬一直以來都是房屋和家庭的忠實看門犬。德國絨毛犬機靈活潑又聰明，享受每每能夠「巡邏」自己領土的時光。牠獨立，卻也渴望撒嬌和以及得到關注。牠勇於冒險，隨時都準備參加任何一項家庭活動。牠警戒心很強，並會大聲提醒主人家中所發生的任何事情。

照護需求

運動

德國絨毛犬既好奇又積極，需要每天運動。牠強壯的體格和全季性的外層毛讓牠在任何氣候下都能夠盡情地玩耍。

飲食

精力充沛的德國絨毛犬需要高品質的飲食。牠有竊取食物的傾向，因此要注意必須將食物從牠可及之處移開。

梳理

德國絨毛犬有雙層毛，需要經常梳理，最好能夠每天快速地梳理一下，加上每週一次的大整理，才能避免毛髮打結。牠會定期換毛，如果主人太忙的話，最好就交給專業的寵物美容師來處理。

健康

德國絨毛犬的平均壽命為十二至十五年，品種的健康問題可能包含膝蓋骨脫臼。

訓練

雖然訓練德國絨毛犬有時可能會很有挑戰性，但這並不是因為牠不聰明。牠的獨立性意味著主人需要十足的耐心，但這隻聰明而且足智多謀的品種很有學習力，並且願意取悅主人。由於牠對陌生人帶有防備心，所以需要從幼犬時期就開始進行社會化訓練。

德國狐狸犬——凱斯犬 German Spitz, Wolfsspitz

品種資訊

原產地
德國

身高
19.5 英寸（49 公分）[FCI]

體重
55-66 磅（25-30 公斤）[估計]

被毛
雙層毛，外層毛長、直、粗糙，底毛厚、如絨毛；有頸部環狀毛

毛色
灰色、黑色和奶油色的混合

其他名稱
Keeshond

註冊機構（分類）
FCI（狐狸犬及原始犬）

起源與歷史

凱斯犬（Wolfsspitz）是最大型的德國狐狸犬，另外還包括荷蘭毛獅犬、德國絨毛犬、德國小型狐狸犬以及博美犬，皆擁有相同的歷史背景。根據世界畜犬聯盟（FCI），牠被視為德國狐狸犬的其中一種，但對於許多其他協會而言，牠是一個獨立品種，被稱為凱斯犬（Keeshond）。

完整資訊詳見凱斯犬（Keeshond）。

德國狐狸犬——博美犬 German Spitz, Zwergspitz

品種資訊

原產地
德國

身高
8 英寸（20 公分）

體重
3-7 磅（1.5-3 kg）[估計]

被毛
雙層毛，外層毛長、直、粗糙、蓬鬆，底毛短、厚、如羊毛

毛色
黑色、棕色、白色、橙色、灰色調、其他顏色 [FCI]

其他名稱
Dwarf Spitz；Pomeranian；Toy German Spitz

註冊機構（分類）
FCI（狐狸犬及原始犬）

起源與歷史

博美犬（Zwergspitz）是最小型的德國狐狸犬，另外還包括凱斯犬、荷蘭毛獅犬、德國絨毛犬以及德國小型狐狸犬，皆擁有相同的歷史背景。根據世界畜犬聯盟（FCI），牠被視為德國狐狸犬的其中一種，但對於許多其他協會而言，牠是一個獨立品種，被稱為博美犬（Pomeranian）。

完整資訊詳見博美犬（Pomeranian）。

德國剛毛指示犬 German Wirehaired Pointer

速查表

適合小孩程度

適合其他寵物程度

活力指數

運動需求

梳理

忠誠度

護主性

訓練難易度

品種資訊

原產地

德國

身高

公 23.5-27 英寸（60-68 公分）／
母 22-25 英寸（56-64 公分）

體重

公 55-75 磅（25-34 公斤）／
母 45-64 磅（20.5-29 公斤）

被毛

雙層毛，外層毛硬、粗糙、濃密、扁平，底毛濃密；有鬍鬚

毛色

純肝紅、肝紅白色 [AKC] [CKC] [UKC] ｜ 棕雜色或帶斑塊、黑雜色或帶斑塊、棕色或白色胸斑塊、淺雜色 [ANKC] [FCI] ｜ 肝紅白色、純肝紅、黑白色 [KC]

其他名稱

Deutsche Drahthaar；Deutscher Drahthaariger Vorstehhund

註冊機構（分類）

AKC（獵鳥犬）；ANKC（槍獵犬）；CKC（獵鳥犬）；FCI（指示犬）；KC（槍獵犬）；UKC（槍獵犬）

起源與歷史

在德國，人們一直對剛毛獵槍犬有濃厚的興趣，十九世紀後期有幾個犬種皆可證明。最初，德國的剛毛犬協會收養了所有擁有剛毛的獵犬，但後來就出現各個犬種的組織，例如普德爾指示犬、格里芬犬、德國粗毛指示犬以及德國剛毛指示犬（在其原生地通常被稱為 Drahthaar），這些品種很可能起源於同一批幼犬。儘管許多獵犬是高度專業化，但德國剛毛指示犬是一隻具有耐力的全能獵犬，在各種地形和水域中都能表現非常出色，更能應付各式各樣的獵物，因此剛毛成為全能的代名詞。

德國剛毛指示犬在 1920 年代與德國短毛指示犬一起進口到美國，但是到了後期才為人知曉，也不像短毛型一樣大受歡迎。Verein Deutsch-Drahthaar，也就是此品種的官方協會以及剛毛品種的註冊處，有許多嚴格的育種規定，並且需要在剛毛犬繁殖之前進行型態和能力表現測試。這導致美國與歐洲的犬種之間稍微有些不同。

個性

德國剛毛指示犬和牠的親戚德國短毛指示犬一樣，對於狩獵和戶外活動也有相同的熱情。總而言之，牠是一隻稍微更溫柔也更保守的狗，只在熟人面前表現出牠的深情（和醜陋的一面）。由於牠天生較沉默，必須從幼犬時期開始學習社會化，學著與其他狗和寵物以及各種各樣的人類相處，這非常重要。

照護需求

運動

德國剛毛指示犬需要運動來維持身體和精神的健康。牠是一隻運動能力強大的獵犬，牠熱愛在灌木間打滾狩獵，並有耐力可以耗一整天。這隻全候性的狗享受各種戶外活動和犬類運動。

飲食

德國剛毛指示犬是一隻活躍的狗，食慾旺盛。牠需要高品質的飲食來滿足牠的能量需求。

梳理

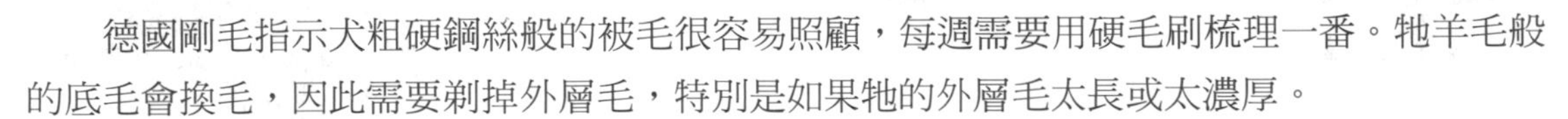

德國剛毛指示犬粗硬鋼絲般的被毛很容易照顧，每週需要用硬毛刷梳理一番。牠羊毛般的底毛會換毛，因此需要剃掉外層毛，特別是如果牠的外層毛太長或太濃厚。

健康

德國剛毛指示犬的平均壽命為十二至十四年，品種的健康問題可能包含白內障、肘關節發育不良、髖關節發育不良症，以及皮膚癌。

訓練

德國剛毛指示犬聰明且樂於接受訓練，只要不使用苛刻的方法，訓練牠其實不難。在野外，牠的學習力特別快速，只要牠覺得有受到尊重，牠也能在其他事情上表現傑出。

巨型雪納瑞 Giant Schnauzer

品種資訊

原產地
德國

身高
公 25.5-27.5 英寸（65-70 公分）／母 23.5-25.5 英寸（60-65 公分）｜23.5–27.5 英寸（60-70 公分）[FCI] [UKC]

體重
75-103.5 磅（34-47 公斤）

被毛
雙層毛，外層毛剛硬、粗糙、濃密、堅韌，底毛柔軟；有鬍鬚

毛色
純黑、椒鹽色；椒鹽色帶深色面罩

其他名稱
Riesenschnauzer

註冊機構（分類）
AKC（工作犬）；ANKC（萬用犬）；CKC（工作犬）；FCI（平犬及雪納瑞）；KC（工作犬）；UKC（護衛犬）

起源與歷史

巨型雪納瑞是在德國南部被培育為牧牛犬。牠的祖先極可能是短毛驅牧犬，這是一種硬毛的牧羊犬，也有可能是黑大丹犬或法蘭德斯牧牛犬。當時主要出沒於慕尼黑地區附近，從十五世紀開始作為農場犬，直到鐵路的出現改變了牠的生活模式。為此，牠從農場搬到都市，開啟了牠守衛啤酒大廳和肉店的生活。正是在這段時間裡，牠與標準雪納瑞交配，成為了慕尼黑雪納瑞，並在世紀交替之際更名為「巨型雪納瑞」。此品種在兩戰為自己的國家服務，因而接近絕種。牠仍然在德國在守衛崗位上，而牠在美國和世界其他地區則因其勇氣和忠誠而受到重視。

巨型雪納瑞是三種雪納瑞的其中一種，都是在德國培育出來。儘管巨型、標準和迷你雪納瑞看起來像是同一隻狗但不同大小，實際上牠們是三個獨立的品種，標準雪納瑞則是三者的基礎標準。

個性

巨型雪納瑞大膽、活潑、保護性強，被描述為具有㹴犬氣質的工作犬，這意味著牠們認真對待自己的工作，絕不會退縮。巨型雪納瑞會很吵鬧愛玩，不認識牠的人可能會感到害怕。另一方面，牠們的忠誠和熱愛幾乎是一種狂熱，完全深愛著親近的人，無法忍受與他們分開。如果遇到危險，牠絕對會奮鬥到底。巨型雪納瑞身材高大，智力高超，擁有守衛／保護的本能，除非你是經驗豐富的飼主，不然牠絕對會變成一種挑戰，需要互相尊重與讚美。

速查表

適合小孩程度

梳理

適合其他寵物程度

忠誠度

活力指數

護主性

運動需求

訓練難易度

照護需求

運動

巨型雪納瑞是一種需要大量運動的犬種。如果無法運動，牠會變得無聊和難以相處，會用有害和破壞性的方式消耗牠多餘的能量。幸運的是，讓牠整天工作絕對會讓牠神采飛揚，喜歡參加敏捷度活動、飛球、拉車、服從活動、守衛工作或任何能夠讓牠在精神上和身體上受到挑戰的事情。

飲食

巨型雪納瑞的飲食需要足以應付牠的活動量。有些培育者建議每天餵三次少量的食物。

梳理

巨型雪納瑞有底毛，但幾乎不會換毛。不過，牠確實需要定期梳理和修剪，並且應該每年修剪幾次來維持。牠的鬍子、眉毛和耳朵也必須修剪。

健康

巨型雪納瑞的平均壽命為十至十二年，品種的健康問題可能包含胃擴張及扭轉、癲癇、髖關節發育不良症、甲狀腺功能低下症，以及腳趾癌。

訓練

聰明的巨型雪納瑞很快就會把人類摸清楚，如果訓練者不堅定又不公平，牠就會站上支配者的位置。牠是一個快速的學習者，並且有適當的動力，可以接受任何事情的訓練。訓練和幼犬時期的社會化是絕對的關鍵，因為如果少了這兩項，巨型雪納瑞可能會出現過度佔有欲或者過於侵略的傾向。

愛爾蘭峽谷㹴 Glen of Imaal Terrier

速查表

適合小孩程度

適合其他寵物程度

活力指數

運動需求

梳理

忠誠度

護主性

訓練難易度

品種資訊

原產地
愛爾蘭

身高
公最大 14 英寸（35.5 公分）／母犬較小｜12.5-14 英寸（31.5-35.5 公分）[AKC] [ANKC] [KC]

體重
公大約 35 磅（16 公斤）／母犬較輕

被毛
雙層毛，外層毛中等長度、粗糙，底毛柔軟

毛色
小麥色、藍色、虎斑；或有面罩

其他名稱
Irish Glen of Imaal Terrier

註冊機構（分類）
AKC（㹴犬）；ANKC（㹴犬）；ARBA（㹴犬）；FCI（㹴犬）；KC（㹴犬）；UKC（㹴犬）

起源與歷史

這隻愛爾蘭犬以威克洛鎮的爾蘭依馬爾山谷（Glen of Imaal）命名，風景如詩如畫但土壤貧瘠。許多當地農民是蘇格蘭低地和黑森傭兵的後裔，並在十六和十七世紀因服務於王權而分配到一些土地。這些堅定勤奮的人必須從岩石中謀生，要飼養一隻毫無幫助的狗更是困難。在這種情況下，愛爾蘭峽谷㹴的存在逐漸茁壯，追捕惡毒的獾、狐狸以及永遠抓不完的鼠輩。牠的腿比其他愛爾蘭獵犬短，這意味著牠不只能夠驅趕獾（獾的體重能高達 40 磅〔18 公斤〕），而是能夠到地底下，無聲無息地奮鬥到底。有趣的是，這些㹴犬也能夠提供「轉動炙叉」的服務，牠們會在跑步機上跑幾個小時，讓烤肉叉一直旋轉直到煮熟。牠們的低前額和強大的後軀使牠們特別適合這項任務。

愛爾蘭峽谷㹴多年來不被狗狗愛好者重視，直到二十世紀中葉，帕迪．布倫南

（Paddy Brennan）和威利·凱恩（Willie Kane）共同致力於建立該品種的聲望和數量。現今，世界各大註冊機構已經承認愛爾蘭峽谷㹴的品種。

個性

任何人與愛爾蘭峽谷㹴四目相看（只要峽谷㹴的眼睛沒被毛髮遮住的話）後，都能夠看到牠內心的小朋友，淘氣、勇敢、固執又愛吵鬧。牠必須要處理牠負責消滅的害蟲啊！跟當地居民一樣，牠對所有年齡層的孩子都是有禮、熱心和溫柔。從小就開始社會化對牠有幫助，儘管牠和大多數的寵物都處得來，但像豚鼠、雪貂和倉鼠這樣的小動物絕對讓牠坐立不安。峽谷㹴非常有趣，牠們喜歡挖掘和追逐。除非有事由，不然牠們很少會吠叫。

照護需求

運動

愛爾蘭峽谷㹴的運動量大多來自日間的活動，其中如果包含一段激烈的玩耍，牠會特別滿意。牠是一隻充滿好奇心又開朗的小狗，喜歡在定期散步期間打聽社區內所發生的消息。

飲食

愛爾蘭峽谷㹴需要高品質、適齡的飲食。

梳理

雖然牠常換毛，但峽谷㹴需要定期梳理，以防止牠過度蓬亂，會需要剃毛或專業的修剪。臉和腳趾之間的毛也必須定期修剪。

健康

愛爾蘭峽谷㹴的平均壽命為十二至十四年，品種的健康問題可能包含皮膚過敏。

訓練

愛爾蘭峽谷㹴在面對訓練時會表現出牠頑強的一面，但這並不意味著牠不夠聰明，只能說牠寧願做其他的事情而已。要使用正面積極的方式，牠才會比較願意回應。

黃金獵犬 Golden Retriever

速查表

適合小孩程度

適合其他寵物程度

活力指數

運動需求

梳理

忠誠度

護主性

訓練難易度

品種資訊

原產地

大不列顛

身高

公 22-24 英寸（56-61 公分）／
母 20-22.5 英寸（51-57 公分）

體重

公 65-75 磅（29.5-34 公分）／
母 55-70 磅（25-31.5 公斤）

被毛

雙層毛，外層毛直或呈波浪狀、堅實、濃密、防水，底毛良好；有頸部環狀毛

毛色

各種深淺的金色｜亦有奶油色調
[ANKC] [FCI] [KC]

註冊機構（分類）

AKC（獵鳥犬）；ANKC（槍獵犬）；
CKC（獵鳥犬）；FCI（尋回犬）；
KC（槍獵犬）；UKC（槍獵犬）

起源與歷史

1850 年代，英國當時流行黑色捲毛尋回犬和拉布拉多尋回犬，而在這些尋回犬中一直存在著少數的黃色隱性基因。直到十九世紀末，達德利．梅杰里班克斯爵士（Dudley Majoribanks）（特威特茅斯男爵〔Lord Tweedmouth〕）開始他的育種計劃，金黃色尋回犬才開始被視為一個獨立品種。梅杰里班克斯當時獲得了一隻黃色的平毛尋回犬，並希望加強水域尋回的能力，將牠培育成淺色捲毛的特威德西班牙水獵犬（Tweed Water Spaniels，現已滅絕）。二十年來，他進一步改良他的淺色獵犬，與拉布拉多犬、紅色蹲獵犬、其他波浪毛種以及盡可能地選擇尋血獵犬做配種。此品種一開始被登記為「黃金平毛犬」，直到 1920 年才被稱為黃金獵犬。

黃金獵犬在 1920 年代來到北美也立即受到歡迎，但第二次世界大戰使牠的數量下滑。二戰後，該品種重新受到歡迎。到了 1970 年代，有許多具影響力的育種計畫在美國進行，「美式」黃金獵犬的外觀開始與「歐式」或「英式」黃金獵犬有所區別，後者多為淺色、較重，且被毛呈波浪狀。然而，牠們仍被視為相同品種，標準也幾乎一模一樣。

如今，黃金獵犬是世界上備受喜愛的狗之一。牠是一隻出色且多用途的狗，擅長在狩獵場上活動，而且只要教一下就立即通。愈來愈多的服務犬機構將黃金獵犬作為他們的服務犬，因為牠性情平穩又容易訓練。

個性

可愛的黃金獵犬非常隨和，也是位能相處愉悅的伴侶，據說黃金獵犬天生就喜歡取悅主人。黃金時時都準備好去冒險，黃金宜動宜靜，能在野外散步也能和家人一起蜷縮在沙發上。牠很聰明，善於交際，幾乎能夠直覺性地理解周圍人對牠的期望。牠們與其他寵物、孩子和人們都相處得很好。牠們可以像小狗一樣任性，因為牠們對生活充滿熱情，直到年老都一樣。

照護需求

運動

在牠的一生中，黃金獵犬最喜歡大量運動，特別是幼犬時期。由於牠們擅長許多運動，所以要讓牠們多多參與不同活動。黃金獵犬也可以是慢跑的好夥伴，但牠也愛狩獵、游泳、跑步與玩耍。

飲食

黃金獵犬需要高品質、適齡的飲食。牠們愛吃，很常過重，因此需要監控牠的食物攝取量以防止肥胖。

梳理

黃金獵犬定期換毛，每週必須刷幾次。牠們飄逸的被毛也需要保持乾淨，防止打結，也要避免牠們從外面帶回來一些東西，像是毛刺和泥土。牠們的耳朵容易感染，應定期清潔。

健康

黃金獵犬的平均壽命為十至十二年，品種的健康問題可能包含白內障、肘關節發育不良、髖關節發育不良症、犬漸進性視網膜萎縮症（PRA），以及主動脈下狹窄（SAS）。

訓練

黃金獵犬真的是最容易訓練的犬種之一。這並非表示牠不需要耐心和積極態度來對待，就如我們會對待牠的同類一般。這僅代表只要受到尊重和給予有獎勵的訓練時，牠可以一點即通，並且樂意執行任務。

波蘭狩獵犬 Gończy Polski

速查表

適合小孩程度

適合其他寵物程度

活力指數

運動需求

梳理

忠誠度

護主性

訓練難易度

品種資訊

原產地

波蘭

身高

公 21.5-23 英寸（55-59 公分）／
母 19.5-21.5 英寸（50-55 公分）

體重

48.5-59.5 磅（22-27 公斤）[估計]

被毛

雙層毛，外層毛粗糙、緊密，底毛量多

毛色

黑棕褐色、棕褐色、紅色；
可接受小片白色斑紋

其他名稱

Polish Hunting Dog

註冊機構（分類）

FCI（暫時認可：嗅覺型獵犬）

起源與歷史

這種品種起源於波蘭南部，並在數個世紀以來一直受到高度重視，因為獵人們習慣帶著嗅覺型獵犬去打獵。事實上，波蘭狩獵犬可追溯到十三世紀的文獻。到了十七世紀，至少有兩種不同類型的波蘭嗅覺型獵犬已被承認。

1819 年，作家揚 · 施蒂爾（Jan Szytier）在一段文章中描述了波蘭母獵犬（brach）（一種較重的狩獵犬）和波蘭嗅覺型獵犬（體重較輕）。1821 年，Sylwan 期刊中的一篇報導描述並提供這兩種類型的插圖，而 1823 年的某篇詳細描述被視為該品種的首批標準。

該品種標準的改良大約是在 1970 年代末期，由著名的波蘭犬類學家約瑟夫（Jozef Pawuslewicz）完成，他是名獵人，也是波蘭狩獵犬的育種者。約瑟夫於 1979 年去世，但幸虧他的努力才得以讓該品種在波蘭犬學協會中註冊，並獲得世界畜犬聯盟（FCI）的暫時認可。至今牠仍然是很受歡迎的獵犬，常於波蘭南部的山區狩獵公豬和鹿，偶爾也會獵捕狐狸和野兔。

個性

作為一隻聰又勇氣十足的品種，波蘭狩獵犬能夠一整天努力狩獵。工作時，牠們十分敏捷快速，據說牠們的聲音可愛悅耳。在家中，牠雖然一開始會對陌生人充滿警戒，但是牠實際是隻溫和友善的狗。牠很黏家人，與孩子們相處得很好。牠也是家庭和壁爐的優秀守護者。

照護需求

運動

波蘭狩獵犬需要定期做激烈運動。如果一個獵人沒有機會追蹤和使用牠的鼻子，牠會變得焦躁不安，並且具有破壞性。

飲食

愛運動的波蘭狩獵犬是一名饕客，體重應該受到監控。最好給予高品質、適齡的飲食。

梳理

波蘭狩獵犬粗糙的短毛，只要定期梳理就能維持得很好。底毛的密度各不相同，夏季只有一點點，冬季時底毛會變得很厚。因此，牠會季節性換毛，換毛時需要額外注意。

健康

波蘭狩獵犬的平均壽命為十二至十四年，根據資料並沒有品種特有的健康問題。

訓練

波蘭狩獵犬聰明也渴望取悅主人，能夠以天生的本能做好工作，只要滿足牠的運動需求即可。牠很好訓練，但無法接受嚴格的訓練方法。透過早期和一致性的社會化訓練，可以紓緩牠對陌生人的警戒心。

戈登蹲獵犬 Gordon Setter

品種資訊

原產地
蘇格蘭

身高
公 24-27 英寸（61-68.5 公分）／
母 23-26 英寸（58.5-66 公分）

體重
公 55-80 磅（25-36.5 公斤）／
母 45-70 磅（20.5-31.5 公斤）

被毛
直或略呈波浪狀、柔軟、有光澤

毛色
黑色帶棕褐色斑紋

註冊機構（分類）
AKC（獵鳥犬）；ANKC（槍獵犬）；
CKC（獵鳥犬）；FCI（指示犬）；
KC（槍獵犬）；UKC（槍獵犬）

起源與歷史

在十七世紀的蘇格蘭，蹲獵小獵犬被歸類為「黑淡棕色」的蹲獵犬，並與當地的犬隻雜交，創造了一個可以存活於蘇格蘭嚴峻地形中的品種。最後，亞歷山大・戈登公爵四世（Alexander, the Fourth Duke of Gordon）的名稱被永久地與這些「黑棕褐色蹲獵犬」相連，由於他在十八世紀時擁有許多著名的犬隻。當時的文章指出：「戈登城堡蹲獵犬……速度不快，但牠們擁有良好的持久力，能夠從早到晚保持相同的穩定性。牠們的鼻子是一流的，以及牠們很少失準，或者在野外測試中被稱為知覺性站立……〔但是〕當牠們站立時，絕對會有鳥隻出現。」

1842 年，戈登公爵犬舍的兩名直系後裔犬隻，拉克（Rake）和蕾秋（Rachel）被帶往美國，被認為是該犬種的基礎。當此品種第一次抵達美國本土時，牠們就變成流行的狩獵犬。不久後，人們發現牠們無法在頂尖野外測試中與更快的英國蹲獵犬和指示犬一起競爭，因而減少了牠們的數量。該品種的有限數量可能阻止了牠們被區分為展示型與狩獵型，如同其他的狩獵犬種。

現今，戈登蹲獵犬的座右銘為「美麗、智慧與鳥類感知」，對於那些和牠一起狩獵並陶醉於其陪伴的人來說，這個座右銘道出了他們所有的心聲。

個性

戈登蹲獵犬的崇拜者形容牠為忠誠、溫柔、理智、禮貌、順從、快樂和愛撒嬌。戈登蹲獵犬是一隻擁有濃厚被毛的大狗，有流口水的傾向，但這並不阻止牠贏得他人芳心。在狩獵場上，牠穩重忠誠。在家中，牠跟小孩處得很融洽，稍微對陌生人帶點警戒心，畢竟牠還是能夠看門。如果牠看到牠喜歡愛的人寵愛其他寵物，牠的忠誠度和忠心有時會帶出嫉妒的那一面。但其實，牠還是很樂意分享牠的家。從幼犬時期的社會化非常重要。

速查表

項目	評分	項目	評分
適合小孩程度	●●●●●	梳理	●●●○○
適合其他寵物程度	●●●○○	忠誠度	●●●●○
活力指數	●●●○○	護主性	●●●●○
運動需求	●●●●●	訓練難易度	●●●○○

照護需求

運動

運動能力強大的戈登蹲獵犬對於打獵或探索戶外時都得心應手。牠喜歡散步、游泳和在公園散步，也會很樂意在任何惡劣天氣中做任何或所有事情。如果一天中沒有大量運動的話，牠會變得焦躁不安，將這種精力投入潛在的破壞和有害行為上。

飲食

這隻活躍的蹲獵犬需要高品質的飲食，以維持牠在野外所需的力量。

梳理

戈登蹲獵犬是一個相對容易梳理的品種。牠細緻的中長毛只需使用毛刷，每隔一段時間就梳理一下，保持牠的外表。必須讓牠的羽狀飾毛保持乾淨、避免打結，也要修剪耳朵和腳趾之間的長毛以保持健康和舒適。牠下垂的長耳朵可能會受到感染，因此必須徹底清潔。

健康

戈登蹲獵犬的平均壽命為十至十二年，品種的健康問題可能包含胃擴張及扭轉、髖關節發育不良症、甲狀腺功能低下症，以及犬漸進性視網膜萎縮症（PRA）。

訓練

戈登蹲獵犬是一隻很有教養的狗，能夠輕易快速地學習家中規則，只要你好好照顧牠。訓練者教導新事物時必須溫柔堅定，因為牠也有固執的一面，不接受嚴苛的訓練方式。社會化很重要。

大英法黑白獵犬 Grand Anglo-Français Blanc et Noir

品種資訊

原產地
法國

身高
公 25.5-28.5 英寸（65-72 公分）／
母 24.5-27 英寸（62-68 公分）

體重
60-80 磅（27-36.5 公斤）[估計]

被毛
短、堅韌

毛色
黑白色帶淺棕褐色斑紋

其他名稱
Great Anglo-French White and Black Hound

註冊機構（分類）
FCI（嗅覺型獵犬）；UKC（嗅覺型獵犬）

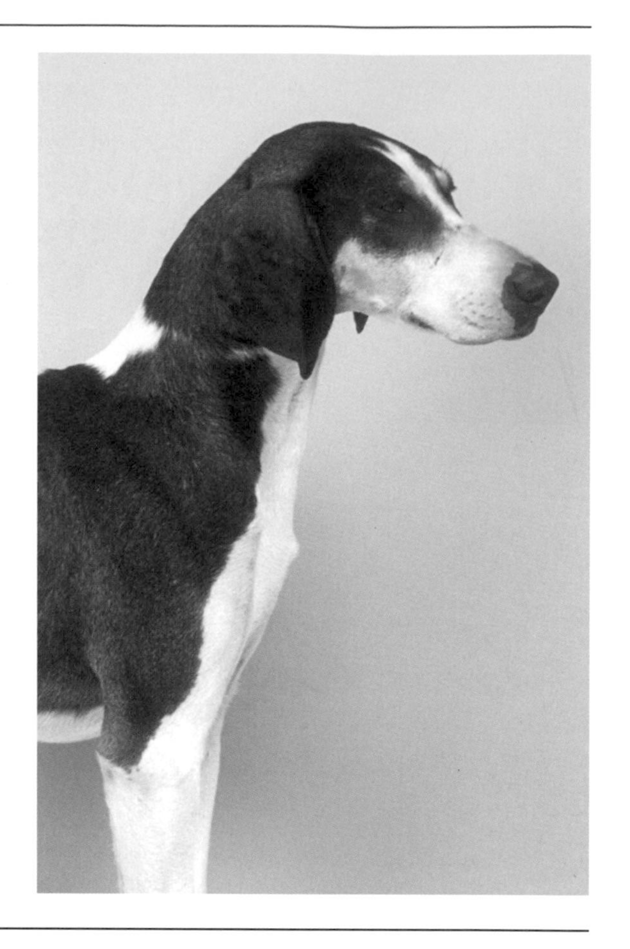

起源與歷史

「英法」這一稱號適用於十六世紀在法國培育出來的幾種嗅覺型獵犬，會根據毛色和體型做區分。較大型的狗，外觀除了顏色以外幾乎相同，皆被稱為「大英法犬」，牠們都是較大的法國獵犬與英國獵狐犬雜交的後代。大英法犬包括大英法黑白獵犬（黑白色）、大英法黃白獵犬（橙白色）以及大英法三色犬。牠們的顏色與較小型的表親們（英法中型獵犬和英法小型獵犬）相同，但體型不同。

所有的英法犬在法國皆被育種為工作型群獵犬，牠們的工作從古至今皆為追蹤和定位野兔、野雞、鵪鶉、野豬、小鹿等大小不一的獵物。現今這些能力強大的狗仍然在法國許多地方用於狩獵，牠們完全是實用性的犬種，很少會做展示。

個性

身為群獵犬，這些狗自然能夠與其他狗相處得很好。大英法黑白獵犬很甜美，脾氣也很穩定，天生就是培育來工作。既堅定又堅決，此品種聞到氣味時就必須打破砂鍋聞到底，這對獵人尋找獵物時非常有用。大英法黑白獵犬並非理想的家庭犬，因為狩獵是牠生命中的主要目標，且飼主大多是因此而飼養此品種。雖然牠們的善良和穩定的脾氣讓牠們能夠輕易地接受馴化的生活，但是如果牠們在室內的時間過長，狩獵的本能會讓牠們感到坐立不安。

速查表

項目	評分	項目	評分
適合小孩程度	●●●●○	梳理	●○○○○
適合其他寵物程度	●●●●○	忠誠度	●●○○○
活力指數	●●●○○	護主性	●○○○○
運動需求	●●●●○	訓練難易度	●●●○○

照護需求

運動

工作型群獵犬需要定期運動，通常透過狩獵來取得。

飲食

大英法犬需要高品質、均衡的飲食，以維持在野外的耐力。

梳理

由於大英法犬擁有濃密平滑的短毛，使牠們易於清潔和照顧。

健康

大英法黑白獵犬的平均壽命為十至十四年，根據資料並沒有品種特有的健康問題。

訓練

大英法犬從年長的夥伴們身上以及給予指導的獵人們身上學習。

大英法黃白獵犬
Grand Anglo-Français Blanc et Orange

品種資訊

原產地
法國

身高
23.5-27.5 英寸（60-70 公分）

體重
60-80 磅（27-36.5 公斤）[估計]

被毛
短、不會過厚

毛色
檸檬白或橙白

其他名稱
Great Anglo-French White and Orange Hound

註冊機構（分類）
FCI（嗅覺型獵犬）；UKC（嗅覺型獵犬）

起源與歷史

「英法」這一稱號適用於十六世紀在法國培育出來的幾種嗅覺型獵犬，會根據毛色和體型做區分。較大型的狗，外觀除了顏色以外幾乎相同，皆被稱為「大英法犬」，牠們都是較大的法國獵犬與英國獵狐犬雜交的後代。大英法犬包括大英法黑白獵犬（黑白色）、大英法黃白獵犬（橙白色）以及大英法三色犬。牠們的顏色與較小型的表親們（英法中型獵犬和英法小型獵犬）相同，但體型不同。

所有的英法犬在法國皆被育種為工作型群獵犬，牠們的工作從古至今皆為追蹤和定位野兔、野雞、鵪鶉、野豬、小鹿等大小不一的獵物。現今這些能力強大的狗仍然在法國許多地方用於狩獵，牠們完全是實用性的犬種，很少會做展示。大英法黃白獵犬是三者之中最罕見的大英法犬。

個性

身為群獵犬，這些狗自然能夠與其他狗相處得很好。大英法黃白獵犬很甜美，脾氣也很穩定，天生就是培育來工作。既堅定又堅決，此品種聞到氣味時就必須打破砂鍋問到底，這對獵人尋找獵物時非常有用。大英法黃白獵犬並非理想的家庭犬，因為狩獵是牠生命中的主要目標，且飼主大多是因此而飼養此品種。雖然牠們的善良和穩定的脾氣讓牠們能夠輕易地接受馴化的生活，但是如果牠們在室內的時間過長，狩獵的本能會讓牠們感到坐立不安。

速查表

項目	評分	項目	評分
適合小孩程度	●●●●○	梳理	●○○○○
適合其他寵物程度	●●●●○	忠誠度	●●○○○
活力指數	●●●○○	護主性	●○○○○
運動需求	●●●●○	訓練難易度	●●●○○

照護需求

運動

工作型群獵犬需要定期運動。

飲食

大英法犬需要高品質、均衡的飲食，以維持在野外的耐力。

梳理

由於大英法犬擁有濃密平滑的短毛，使牠們易於清潔和照顧。

健康

大英法黃白獵犬的平均壽命為十至十四年，根據資料並沒有品種特有的健康問題。

訓練

大英法犬從年長的夥伴們身上以及給予指導的獵人們身上學習。

大英法三色犬 Grand Anglo-Français Tricolore

品種資訊

原產地
法國

身高
23.5-27.5 英寸（60-70 公分）

體重
60-80 磅（27-36.5 公斤）[估計]

被毛
短、稍微堅韌

毛色
三色，通常帶黑色毯狀紋和分散的黑色斑塊；明亮或無黑色覆蓋的紅銅褐色

其他名稱
Great Anglo-French Tricolour Hound

註冊機構（分類）
FCI（嗅覺型獵犬）；UKC（嗅覺型獵犬）

起源與歷史

「英法」這一稱號適用於十六世紀在法國培育出來的幾種嗅覺型獵犬，會根據毛色和體型做區分。較大型的狗，外觀除了顏色以外幾乎相同，皆被稱為「大英法犬」，牠們都是較大的法國獵犬與英國獵狐犬雜交的後代。大英法犬包括大英法黑白獵犬（黑白色）、大英法黃白獵犬（橙白色）以及大英法三色犬。牠們的顏色與較小型的表親們（英法中型獵犬和英法小型獵犬）相同，但體型不同。

所有的英法犬在法國皆被育種為工作型群獵犬，牠們的工作從古至今皆為追蹤和定位野兔、野雞、鵪鶉、野豬、小鹿等大小不一的獵物。現今這些能力強大的狗仍然在法國許多地方用於狩獵，牠們完全是實用性的犬種，很少會做展示。大英法三色犬是三個大英法犬中最受歡迎的，只是耳朵稍短些。

個性

身為群獵犬，這些狗自然能夠與其他狗相處得很好。大英法三色犬很甜美，脾氣也很穩定，天生就是培育來工作。既堅定又堅決，此品種聞到氣味時就必須打破砂鍋問到底，這對獵人尋找獵物時非常有用。大英法三色犬並非理想的家庭犬，因

為狩獵是牠生命中的主要目標，且飼主大多是因此而飼養此品種。雖然牠們的善良和穩定的脾氣讓牠們能夠輕易地接受馴化的生活，但是如果牠們在室內的時間過長，狩獵的本能會讓牠們感到坐立不安。

速查表

項目	評分	項目	評分
適合小孩程度	4/5	梳理	1/5
適合其他寵物程度	4/5	忠誠度	2/5
活力指數	3/5	護主性	1/5
運動需求	4/5	訓練難易度	3/5

照護需求

運動

工作型群獵犬需要定期運動。

飲食

大英法犬需要高品質、均衡的飲食，以維持在野外的耐力。

梳理

由於大英法犬擁有濃密平滑的短毛，使牠們易於清潔和照顧。

健康

大英法三色犬的平均壽命為十至十四年，根據資料並沒有品種特有的健康問題。

訓練

大英法犬從年長的夥伴們身上以及給予指導的獵人們身上學習。

大巴色特格里芬凡丁犬 Grand Basset Griffon Vendéen

速查表

適合小孩程度

適合其他寵物程度

活力指數

運動需求

梳理

忠誠度

護主性

訓練難易度

品種資訊

原產地

法國

身高

公 15.5-17.5 英寸（40-44 公分）／
母 15.5-17 英寸（39-43 公分）

體重

40-45 磅（18-20.5 公斤）[估計]

被毛

中等長度、粗、扁平結構

毛色

黑棕褐、淺黃褐、黑白、灰白、白灰斑、檸檬白、橙白、白和深褐、黑白和棕褐 [AKC] ｜黑白色、黑棕褐色、黑色帶淺棕褐色斑紋、橙白色、三色、淺黃褐黑色、淺黃褐 [FCI] ｜白色帶檸檬色、橙色、深褐色、灰斑色或黑色斑紋的任何組合；三色 [KC]

其他名稱

Grand Basset Griffon Vendeen

註冊機構（分類）

AKC（FSS）；ARBA（狩獵犬）；
FCI（嗅覺型獵犬）；KC（狩獵犬）；
UKC（嗅覺型獵犬）

起源與歷史

法國人對於狩獵的熱情可追溯到數個世紀前。在西元前一世紀的羅馬統治下，粗毛獵犬被引進當時的高盧。牠們與白色的南方獵犬雜交，而這些產於法國西岸旺代地區的獵犬是最古老的品種之一。

法國獵犬以身高作區別，總共有四種凡丁犬：大格里芬凡丁犬（最大）、布林克特格里芬凡丁犬（中型）、大格里芬凡丁短腿犬（矮身）以及迷你貝吉格里芬凡丁犬（矮小）。「格里芬」這個名稱來自十五世紀的早期育種者，也就是國王的書記官（greffier）。「格里芬」最初被用來描述這些品種，但後來人們將此名稱與許多法國剛毛獵犬聯想在一起。有數隻格里芬犬被送給國王路易十二，因此該品種曾經被稱為「Chiens Blancs du Roi」，或是國王的白色獵犬。

如同其他小型法國獵犬，大巴色特格里芬凡丁犬被培育來獵捕兔子、野兔，偶爾也會追捕狐狸。起初，大巴色特格里芬凡丁犬和迷你貝吉格里芬凡丁犬起源於同一窩幼犬，且兩者曾經可以交配繁殖。然而，在 1950 年，迷你貝吉格里芬凡丁犬獲得獨立地位，並在二十五年後禁止兩者雜交。在法國和其他地方，大巴色特和迷你貝吉格里芬凡丁犬都是群體行動狩獵。儘管不如迷你貝吉格里芬凡丁犬那麼受歡迎，但大巴色特格里芬凡丁犬在北美慢慢地累積知名度。

個性

大巴色特格里芬凡丁犬隨興又帶著快樂的獵犬天性，如同其他格里芬凡丁犬，牠們喜歡逗留在戶外以及跟家人一起相處。牠們被育種為群體工作性質，因此與其他狗都相處得很融洽，不會有過分的佔有欲。牠們是各年齡層兒童的好同伴。

照護需求

運動

所有格里芬凡丁犬都是敏銳的獵人，有強烈直覺。只要每天能四處聞嗅，就會感到快樂。若有個大型安全區域，能自在地嗅探和探索牠的內心，大巴色特格里芬凡丁犬將會是一隻快樂的狗。如果缺少狩獵機會，至少也要能在戶外晃一下，如果是長時間的散步會更好。牠活潑熱情、不易疲倦，也不容易緊張。

飲食

大巴色特格里芬凡丁犬需要高品質、適齡的飲食。

梳理

大巴色特格里芬凡丁犬蓬亂的被毛天生如此，任何模樣的修剪都令人感到挫折。牠的雙層毛需梳理，外出回來後黏在身上的毛刺和泥土都要擦拭。牠的長耳朵可能會受感染，必須定期清潔。

健康

大巴色特格里芬凡丁犬的平均壽命為十二至十五歲，品種的健康問題可能包含過敏、肘關節發育不良、眼部問題、髖關節發育不良症，以及甲狀腺功能低下症。

訓練

格里芬犬不一定會聽別人的指示，但牠們可以接受哄騙、賄賂或誘拐，引導牠們去做主人喜歡的事，這樣皆大歡喜。如果做不到，法國人會說：「好吧，那就算了。」格里芬犬與主人總是會達到一個所有人都可以接受的共識。

大藍色加斯科尼獵犬 Grand Bleu de Gascogne

品種資訊

原產地
法國

身高
公 25-28.5 英寸（64-72 公分）／
母 23.5-27 英寸（60-68 公分）

體重
70.5-77 磅（32-35 公斤）[估計]

被毛
短、厚、濃密、平滑、耐候

毛色
完全雜色，呈現暗藍灰色的效果

其他名稱
Great Gascony Hound

註冊機構（分類）
ARBA（狩獵犬）；FCI（嗅覺型獵犬）；
KC（狩獵犬）；UKC（嗅覺型獵犬）

起源與歷史

大藍色加斯科尼獵犬是五種藍色加斯科尼犬的其中一種，其餘四種包括藍色加斯科尼短腿獵犬、小藍色加斯科尼獵犬、小藍色加斯科尼格里芬獵犬、藍色加斯科尼格里芬獵犬。牠們是位於法國西南部、鄰近庇里牛斯山及西班牙邊境的加斯科尼省所培育出的犬種。這些獵犬是古典法國犬種，源自於高盧人和腓尼基人獵犬貿易中的原始嗅覺型獵犬。加斯科尼犬和格里芬犬是法國兩個古老的犬種，也是大部分現代犬種的祖先。

大藍色加斯科尼獵犬原本是用來獵狼，就如其他相同用途的品種，都幾乎用盡生命來執行使命，讓歐洲的狼群滅絕。法國國王亨利四世於十六世紀後期和十七世紀初期在位時，擁有一群大藍色加斯科尼獵犬。1785 年，拉法耶特侯爵（General Lafayette）向喬治．華盛頓將軍（George Washington）獻上了七隻大藍色加斯科尼獵犬，因為他熱衷於狩獵，因而飼養了許多獵犬。他說大藍色加斯科尼獵犬的聲音聽起來像莫斯科的鐘聲。

大藍色加斯科尼獵犬是世界上最大的嗅覺型獵犬之一，身高達 28.5 英寸（72 公分），體重接近 80 磅（36.5 公斤）。牠的鼻子、跟蹤耐力以及牠那強烈而鏗鏘的聲音都受到讚賞，從遠處即可聽到其吠叫聲。

個性

大藍色加斯科尼獵犬是一隻善良勤勞的獵犬。牠們工作時可以單獨或群體行動，與孩子和其他犬隻相處融洽。貴族般的大藍色加斯科尼獵犬擁有無比的耐力，是法國非常有價值的獵犬。

速查表

適合小孩程度	梳理
適合其他寵物程度	忠誠度
活力指數	護主性
運動需求	訓練難易度

照護需求

運動

成群狩獵的藍色獵犬需要固定在野外運動。若是作為伴侶犬飼養，則可以從模擬打獵的途中獲益良多，但固定在公園或住家附近散步也足夠維持牠的體態。

飲食

這隻獵犬需要高品質、均衡的飲食。

梳理

短毛的大藍色加斯科尼獵犬很容易保持乾淨整潔的外觀。牠的大耳朵和下垂的上嘴唇需要經常注意，避免受到感染。

健康

大藍色加斯科尼獵犬的平均壽命為十至十二年，根據資料並沒有品種特有的健康問題。

訓練

成群狩獵是牠們的天性，若要學習家庭犬的禮儀、服從的細節或其他特殊訓練，則可能需要許多堅持和耐心。

大加斯科—聖通日犬 Grand Gascon-Saintongeois

品種資訊

原產地
法國

身高
公 25-28.5 英寸（63.5-72 公分）／
母 23-27 英寸（58.5-68 公分）

體重
大約 77 磅（35 公斤）[估計]

被毛
短、厚、濃密、平滑、耐候

毛色
白色帶黑色斑塊，或有斑點；棕褐色斑紋｜亦有全白 [UKC]

其他名稱
Great Gascon Saintongeois；Virelade；Virelade Hound

註冊機構（分類）
ARBA（狩獵犬）；FCI（嗅覺型獵犬）；UKC（嗅覺型獵犬）

起源與歷史

法國的聖通日地區位於西部沿海，位於加斯科尼的北方、普瓦圖南方。在法國大革命之前，有名的聖通日獵犬因獵狼而備受讚揚。但隨著法國貴族的沒落，該品種被棄置不用，僅剩零星個體以及牠的昔日傳說。1840 年代期間，維雷拉德男爵（Baron de Virelade）將他所能找到的少數留存個體與大藍色加斯科尼獵犬雜交，培育出現在的加斯科—聖通日犬。

加斯科—聖通日犬有兩個品種：大型和迷你型，牠們除了體型外，其餘特徵皆極為相似。世界畜犬聯盟（FCI）將牠們視為變種，但聯合育犬協會（UKC）將牠們註冊為獨立品種。

大加斯科—聖通日犬幾乎與另一隻加斯科獵犬（大藍色加斯科尼獵犬）等大，但是更加有力，具有令人驚嘆的馳騁英姿。牠習慣獵鹿、狐狸和野豬，極敏感的嗅覺使牠適應各種形式的狩獵。即使在牠的原產地仍非常罕見。

個性

大加斯科—聖通日犬性格溫和、親切和友善，與大家相處得很好，包括與其他兒童和狗。牠是一隻優秀的群獵犬，但也很容易適應家庭生活。

速查表

適合小孩程度	梳理
4/5	3/5
適合其他寵物程度	忠誠度
4/5	4/5
活力指數	護主性
3/5	3/5
運動需求	訓練難易度
3/5	3/5

照護需求

運動

大加斯科—聖通日犬只要能夠定期運動就最開心，最好是一個能夠讓牠使用鼻子嗅聞一下的地方。牠是一隻相當大型的犬種，需要出門伸展雙腿，也必須讓牠工作，使牠心滿意足。

飲食

聖通日犬很愛吃，通常會吞食任何得到手的食物。因此，必須要監控牠們的食物攝取量，以防止肥胖。牠們需要最高品質的飲食，以確保牠們獲得所需的營養。

梳理

只要定期梳理聖通日犬的被毛就能夠保持整潔乾淨，需要頻繁地清潔長耳以受到防感染。

健康

聖通日犬的平均壽命為十二至十四年，根據資料並沒有品種特有的健康問題。

訓練

聖通日犬聰明伶俐反應佳，很容易訓練。

大格里芬凡丁犬 Grand Griffon Vendéen

速查表

適合小孩程度
適合其他寵物程度
活力指數
運動需求
梳理
忠誠度
護主性
訓練難易度

品種資訊

原產地
法國

身高
公 24.5-27 英寸（62-68 公分）／
母 23.5-25.5 英寸（60-65 公分）

體重
66-77 磅（30-35 公斤）[估計]

被毛
雙層毛，外層毛長、可能濃密和粗糙，底毛濃密

毛色
黑白色、黑棕褐色、黑色帶淺棕褐色斑紋、橙白色、三色

其他名稱
Grand Griffon Vendeen；Large Vendéen Griffon

註冊機構（分類）
FCI（嗅覺型獵犬）；UKC（嗅覺型獵犬）

起源與歷史

法國人對於狩獵的熱情可追溯到數個世紀前。在西元前一世紀的羅馬統治下，粗毛獵犬被引進當時的高盧。牠們與白色的南方獵犬雜交，而這些產於法國西岸旺代地區的獵犬是最古老的品種之一。

法國獵犬以身高作區別，總共有四種凡丁犬：大格里芬凡丁犬（最大）、布林克特格里芬凡丁犬（中型）、大格里芬凡丁短腿犬（矮身）以及迷你貝吉格里芬凡丁犬（矮小）。「格里芬」這個名稱來自十五世紀的早期育種者，也就是國王的書記官（greffier）。「格里芬」最初被用來描述這些品種，但後來人們將此名稱與許多法國剛毛獵犬聯想在一起。有數隻格里芬犬被送給國王路易十二，因此該品種曾經被稱為「Chiens Blancs du Roi」，或是國王的白色獵犬。

如同其他大型法國獵犬，大格里芬凡丁犬被培育來獵捕大型獵物，像是狼和雄鹿。現今，大格里芬凡丁犬是所有格里芬犬凡丁犬中最罕見的，但在牠的原產地布列塔尼地區中，牠還是被譽為一流的獵犬。狩獵時，牠可以單獨也可以群體行動。

個性

大格里芬凡丁犬被描述為積極、迷人又勤奮。牠會堅持要盡可能地靠近在主人身旁，睡在最舒適的地方。如同其他格里芬凡丁犬，牠們喜歡逗留在戶外以及跟家人一起相處。牠們被育種為群體工作性質，因此與其他狗都相處得很融洽，不會有過分的佔有欲。牠們是各年齡層兒童的好同伴。然而，牠有固執的一面，經常被誤解為不服從。但並非如此！牠只是想做自己的事情。

照護需求

運動

所有格里芬凡丁犬都是敏銳的獵人，有強烈直覺。只要每天能四處聞嗅，就會感到快樂。若有個大型安全區域，能自在地嗅探和探索牠的內心，格里芬犬將會是一隻快樂的狗。如果缺少狩獵機會，至少也要能在戶外晃一下，如果是長時間的散步會更好。牠活潑熱情、不易疲倦，也不容易緊張。

飲食

大格里芬凡丁犬熱衷於吃東西，需要高品質的飲食，但需要監控牠的食物攝取量，以防止肥胖。

梳理

格里芬犬蓬亂的被毛天生如此，任何模樣的修剪都令人感到挫折。牠的雙層毛需要梳理，外出回來後黏在身上的毛刺和泥土都要擦拭一下。牠的長耳朵可能會受到感染，所以必須定期清潔。

健康

大格里芬凡丁犬的平均壽命為十二至十五年，品種的健康問題可能包含過敏、肘關節發育不良、眼部問題、髖關節發育不良症，以及甲狀腺功能低下症。

訓練

格里芬犬不一定會聽別人的指示，但牠們可以接受哄騙、賄賂或誘拐，引導牠們去做主人喜歡的事，這樣皆大歡喜。如果做不到，法國人會說：「好吧，那就算了。」格里芬犬與主人總是會達到一個所有人都可以接受的共識。

大丹犬 Great Dane

速查表

適合小孩程度

適合其他寵物程度

活力指數

運動需求

梳理

忠誠度

護主性

訓練難易度

品種資訊

原產地

德國

身高

公30英寸（76公分）／母28英寸（71公分）｜公至少31.5英寸（80公分）／母至少28.5英寸（72公分）[FCI]

體重

公至少119磅（54公斤）／母至少101.5磅（46公斤）

被毛

短、厚、有光澤

毛色

虎斑、淺黃褐色、藍色、黑色、黑白花、披風｜亦有波士頓[CKC]

其他名稱

Deutsche Dogge；German Mastiff

註冊機構（分類）

AKC（工作犬）；ANKC（家庭犬）；CKC（工作犬）；FCI（獒犬）；KC（工作犬）；UKC（護衛犬）

起源與歷史

沒有人知道這個偉大品種的歷史背景，可能是非常古老的獒犬型犬類（Alaunt）的後代。牠的身影被描繪於埃及貝尼哈桑（Beni-Hassan）的墓中，大約是在西元前2200年。牠可能也有愛爾蘭獵狼犬和英國獒犬的血統，且數百年來，大丹犬類的「獵豬犬」都被德國人和凱爾特人用來獵捕野豬、鬥牛和戰爭。狩獵兇猛的野豬需要一隻強大、敏捷和堅韌的狗，牠因此逐漸闖出名聲，而德國貴族也開始為他們的莊園找尋最好的犬種。1592年，布倫斯維克公爵（Duke of Braunschweig）將六百隻公大丹犬帶往丹麥狩獵野豬。另外，德國人繼續對該品種進行改良，由於大丹犬太受德國人喜愛，以至於牠們在1876年被宣佈為該國的國犬。

美國於十九世紀中葉開始進口大丹犬。威廉．「水牛比爾」．科迪（William

“Buffalo Bill” Cody）為早期的愛好者，基於牠守衛工作的背景，大丹犬因此得到本性凶狠的名聲，後來各個育種者也針對此特質著手訓練，但事實上大丹犬十分冤枉。大丹犬總是引人注目，討人喜歡，所以被稱為「犬界阿波羅」。有趣的是，牠唯一與丹麥相關的部分只有牠的名字，也只有在英語系國家才會被稱為大丹犬。在德國，牠則被稱為德國犬。

個性

現今的大丹犬是情人而非鬥士，不過對家人還是保留了強烈的保護本能。在大多數情況下，牠撒嬌、頑皮，也帶有耐心，喜歡和孩子們在一起。儘管牠很希望親近人類，有時候卻會太靠近或直接坐在一個小小朋友身上。丹麥人是親人的狗，這很有幫助，因為人們會立刻被牠吸引。

照護需求

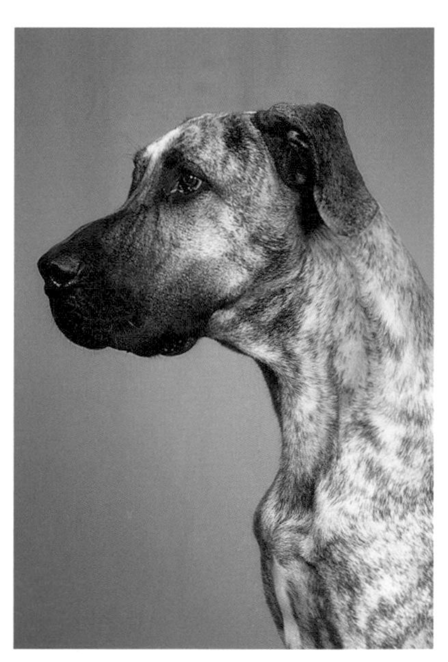

運動

奇怪的是，大丹犬的體型之大，卻不需要大量的運動。當然，牠需要伸展一下雙腿，需要每天輕鬆地散步，讓身心愉悅。但是牠在家裡很平靜，喜歡待在室內，只要家人在身邊牠都會很開心。

飲食

大丹犬不一定愛吃，但由於其體型龐大，必須大量進食。牠的飲食應該包含適合體型、高品質的食物。

梳理

大丹犬的厚短毛很容易照顧，雖然會定期換毛，但只需要用梳毛手套定期梳理，刷一刷即可讓死毛脫落、活絡皮膚。

健康

大丹犬的平均壽命為七至十年，品種的健康問題可能包含胃擴張及扭轉、心肌病、頸椎不穩定、髖關節發育不良症、淋巴瘤，以及骨肉瘤。

訓練

訓練大丹犬可能是一項挑戰。牠並不十分敏捷，但牠很聰明，很有責任心。牠被育種為一名獨立的思考者，需要用創造性的訓練技巧來吸引及維持牠的注意力（要有獎勵）。由於牠的保護本能以及大體型，需要盡可能地讓大丹犬從幼犬時間開始社會化。

大瑞士山地犬 Greater Swiss Mountain Dog

速查表

適合小孩程度

適合其他寵物程度

活力指數

運動需求

梳理

忠誠度

護主性

訓練難易度

品種資訊

原產地

瑞士

身高

公 25-28.5 英寸（63.5-72 公分）／
母 23.5-27 英寸（60-68.5 公分）

體重

公 132.5-154.5 磅（60-70 公斤）／
母 110-132.5 磅（50-60 公斤）[估計]

被毛

雙層毛，外層毛中等長度、厚、濃密，底毛濃密、短

毛色

黑色帶大量的鐵鏽色和白色斑紋

其他名稱

Great Swiss Mountain Dog；Grosser Schweizer Sennenhund

註冊機構（分類）

AKC（工作犬）；ARBA（工作犬）；CKC（工作犬）；FCI（瑞士山犬及牧牛犬）；UKC（護衛犬）

起源與歷史

大瑞士山地犬是羅馬軍隊通過歐洲征服而使用的獒犬式狗的後代，是瑞士山犬的四個品種之一，或「阿爾卑斯山牧人的狗」之一。牠被認為是四種中最古老的一個品種，其中還包括阿彭策爾山犬、伯恩山犬和安潘培勒山犬。

大瑞士山地犬作為屠夫犬、推車犬以及護衛犬，為瑞士的農民服務了數個世紀。在正式的育種計劃和官方品種標準起步之前，牠被簡單稱為 Metzgerhund 或「屠夫犬」。牠一直都是一隻受歡迎的工作犬，直到十九世紀末期，僅剩下少數留在荒郊野外的農場。這可能是因為聖伯納犬的人氣急起直追，或是因為在二十世紀初期開始出現推車和手推的替代品，而牠就顯得較不實用。二十世紀初期，弗蘭茨·謝爾萊勒（Franz Schertenleib）找到了一隻罕見的大瑞士山地犬，因為他從未見過像牠一樣的狗。他將這隻狗帶到一位受人尊敬的法官阿爾伯特·海姆博士（Albert Heim）

面前，因為法官對於瑞士山地犬的歷史瞭若指掌。原本以為大瑞士山地犬已經滅絕了，海姆看到這隻狗後就鼓勵謝爾萊勒以及其他育種者拯救此犬種。直到 1910 年，大瑞士山地犬終於受到瑞士註冊機構的認可。牠在 1960 年代被帶往美國，受到眾多愛好者喜愛，直到現在都還能看到牠的蹤影。

個性

性情溫和、聰明伶俐、做事純熟，大瑞士山地犬是一隻很棒的家庭犬。牠喜歡拉車或雪橇，特別是如果孩子們騎在牠們身上，因為牠是一個真正深愛人類的狗。牠仍然保留著一些護衛犬的本能，並且保護著牠的家人（雖然不帶侵略性）。牠是一隻很好的看門犬，因為牠會對任何不尋常的事情發出警告，但是一旦確定沒有任何威脅，牠就會回到牠一般平靜的狀態。牠是一隻緩慢成熟的狗，在第二年或第三年仍然像是小狗一般的個性。

照護需求

運動

大瑞士山地犬是一隻喜歡在戶外享受時光的大型犬，牠的雙層毛可以保護牠免受外在的傷害。陪伴家人散步和遠足都會讓牠很高興，但牠也很願意待在家中休息，輕鬆地安頓下來。

飲食

大瑞士山地犬需要高品質的飲食來保持最佳狀態。建議少量多餐，而非一次大量餵食。

梳理

大瑞士山地犬濃密的短毛很容易照顧，大約每週梳理一次能清除死皮、活絡肌膚和被毛。

健康

大瑞士山地犬的平均壽命為十至十二年，品種的健康問題可能包含胃擴張及扭轉、癲癇，以及髖關節發育不良症。

訓練

由於大瑞士山地犬帶有冷靜順從的本性，訓練大瑞士山地犬的工作其實是件令人開心的事情。牠可能不太熱衷於表演，但牠可靠穩定。因為牠的保護本能很強，所以必須從幼犬期開始學習社會化。牠是一隻傑出的拉車及推車犬，也十分服從。

大白熊犬 Great Pyrenees

速查表

適合小孩程度
適合其他寵物程度
活力指數
運動需求
梳理（長毛）
忠誠度
護主性
訓練難易度

品種資訊

原產地
法國

身高
公 27-32 英寸（68.5-81 公分）／母 25-29.5 英寸（63.5-75 公分）

體重
公至少 110 磅（50 公斤）／母至少 88 磅（40 公斤）｜公 100 磅（45.5 公斤）／母 85 磅（38.5 公斤）[AKC] [CKC]

被毛
耐候的雙層毛，外層毛長、扁平、厚、粗，底毛濃密、細緻、如羊毛；有頸部環狀毛

毛色
白色、白色帶灰色、貛色、紅棕色、棕褐色斑紋

其他名稱
Chien de Montagne des Pyrénées；Pyrenean Mountain Dog

註冊機構（分類）
AKC（工作犬）；ANKC（萬用犬）；CKC（工作犬）；FCI（獒犬）；KC（畜牧犬）；UKC（護衛犬）

起源與歷史

庇里牛斯山脈位於法國和西班牙中間，許多居民靠照顧牛群、羊群和其他牲畜來謀生。雖然大白熊犬的確切來源尚不清楚，但肯定的是，牠在那裡守著牧羊人的羊群已有數千年了。在法國大革命之前，法國貴族發現了大白熊犬，因此牠被帶回保護法國南部的大型城堡。道芬．路易十四將該品種命名為「法國皇家犬」。這並未影響牠們的人氣，也沒有因此減弱牠們的能力，因為牧羊人還是需要牠的幫忙。大白熊犬步履穩健，能走在艱難的道路上，而且牧羊人可以完全信任牠，大白熊犬以這樣的能力來保留牠在山中的位置。

十七世紀中葉，巴斯克漁民將大白熊犬帶到加拿大的海洋省份，牠們在那裡與尋回犬雜交，為紐芬蘭犬和蘭西爾犬創建了基因基礎。在二十世紀初期，法國貴族和育種專家伯納・賽納克・拉拉格（Bernard Senac-Lagrange）自主展開保護該品種的行動，因此大白熊犬的後代在二十世紀初被引進美國海岸城市。直到現在，大白熊犬還是繼續為法國農民服務，同時在世界各地享有溫和的巨人和華貴展犬的美譽。

個性

大白熊犬願意犧牲自己的生命來保護牠的畜群或牲畜。如果你了解這一點，就必須要學著尊重牠對待事物的嚴肅性。牠對陌生人保持警戒（天生被如此育種），但和家人在一起時，牠所願意給出的奉獻也永無止境，如果被遺棄或拋棄，牠就會苦惱不安。牠是一隻大聰明、氣勢雄偉的大型犬，雖然在家裡溫柔可靠，但不懂狗的人可能還是會卻步。牠應該從幼犬時期學會社會化，幫助牠接受世界中的各種變數。

照護需求

運動

大白熊犬需要定期運動，但不需要過多。每天幾次長時間散步就會令牠心滿意足。散步時要繫上牽繩，並在安全的圍欄空間內，否則牠會想要用牠最好的方式來「巡邏」大片的領土。

飲食

雖然大白熊犬是一隻大型犬，但牠往往比其他同體型的狗吃得更少，很可能是因為牠的代謝能力較低。最好提供牠健康、高品質的飲食。

梳理

大白熊犬濃密的被毛幾乎每天都要梳理，才能保持在最佳的狀態，但毛不需要剃光，因為它能夠在各種天氣下保護牠。偶爾要修剪腳趾周圍的毛並清潔耳朵。由於牠有下垂的上嘴唇，大白熊犬會流口水，因此需要經常擦拭牠的臉。

健康

大白熊犬的平均壽命為十至十二年，品種的健康問題可能包含胃擴張及扭轉、退化性脊髓神經病變、肘關節發育不良、第十一凝血因子缺乏症、髖關節發育不良症、骨肉瘤、犬漸進性視網膜萎縮症（PRA），以及皮膚問題。

訓練

放牧和守衛對大白熊犬來說如魚得水，牠天生就是知道該怎麼做。牠可以接受家庭禮儀和其他農場生活的指導，但訓練者需要多點耐心堅持下去。牠可能會有固執的一面，也不願意接受苛刻的訓練方式。

國家圖書館出版品預行編目資料

最完整犬種圖鑑百科／多明妮克.迪.畢托(Dominique De Vito), 海瑟.羅素瑞維茲(Heather Russell-Revesz), 史蒂芬妮.佛尼諾(Stephanie Fornino)著；謝慈等譯.
-- 初版. -- 臺中市：晨星，2021.06
面；　公分. --（寵物館；81）

譯自：World atlas of dog breeds

ISBN 978-986-443-884-6（平裝）

1.犬 2.動物圖鑑

437.35025　　　108007274

寵物館81

最完整犬種圖鑑百科（上）

作者	多明妮克・迪・畢托（Dominique De Vito）、 海瑟・羅素瑞維茲（Heather Russell-Revesz）、 史蒂芬妮・佛尼諾（Stephanie Fornino）
譯者	謝慈、鍾莉方、張郁笛、林金源
編輯	邱韻臻、李佳旻、林珮祺
排版	陳柔含、曾麗香
封面設計	言忍巾貞工作室
創辦人	陳銘民
發行所	晨星出版有限公司 407台中市西屯區工業30路1號1樓 TEL：04-23595820　FAX：04-23550581 行政院新聞局局版台業字第2500號
法律顧問	陳思成律師
初版	西元 2021 年 6 月 1 日
總經銷	知己圖書股份有限公司 106 台北市大安區辛亥路一段 30 號 9 樓 TEL：02-23672044 / 23672047　FAX：02-23635741 407 台中市西屯區工業 30 路 1 號 1 樓 TEL：04-23595819　FAX：04-23595493 E-mail：service@morningstar.com.tw
網路書店	http://www.morningstar.com.tw
訂購專線	02-23672044
郵政劃撥	15060393（知己圖書股份有限公司）
印刷	上好印刷股份有限公司

定價 1880元
（上下兩冊不分售）

ISBN 978-986-443-884-6

填寫線上回函
即享『晨星網路書店50元購書金』

您也可以填寫以下回函卡，拍照後私訊給 搜尋 / 晨星出版寵物館
就有機會得到小禮物唷！

◆讀者回函卡◆

姓名：________________ 性別：□男 □女 生日：西元 ／ ／
教育程度：□國小 □國中 □高中 / 職 □大學 / 專科 □碩士 □博士
職業：□學生 □公教人員 □企業 / 商業 □醫藥護理 □電子資訊
□文化 / 媒體 □家庭主婦 □製造業 □軍警消 □農林漁牧
□餐飲業 □旅遊業 □創作 / 作家 □自由業 □其他________
* 必填 E-mail：________________________ 聯絡電話：________________
聯絡地址：□□□____
購買書名：最完整犬種圖鑑百科

・促使您購買此書的原因？
□於 ________ 書店尋找新知時 □親朋好友拍胸脯保證 □受文案或海報吸引
□看____________網路平台分享介紹 □翻閱 ____________ 報章雜誌時瞄到
□其他編輯萬萬想不到的過程：________________________________

・怎樣的書最能吸引您呢？
□封面設計 □內容主題 □文案 □價格 □贈品 □作者 □其他 __________

・您喜歡的寵物題材是？
□狗狗 □貓咪 □老鼠 □兔子 □鳥類 □刺蝟 □蜜袋鼯
□貂 □魚類 □烏龜 □蛇類 □蛙類 □蜥蜴 □其他__________
□寵物行為 □寵物心理 □寵物飼養 □寵物飲食 □寵物圖鑑
□寵物醫學 □寵物小說 □寵物寫真書 □寵物圖文書 □其他__________

・請勾選您的閱讀嗜好：
□文學小說 □社科史哲 □健康醫療 □心理勵志 □商管財經 □語言學習
□休閒旅遊 □生活娛樂 □宗教命理 □親子童書 □兩性情慾 □圖文插畫
□寵物 □科普 □自然 □設計 / 生活雜藝 □其他 ________

加入晨星寵物館粉絲頁，分享更多好康新知趣聞
更多優質好書都在晨星網路書店 www.morningstar.com.tw